nutrition et alimentation des poissons et crustacés

nutrition
et alimentation
des poissons
et crustacés

J. GUILLAUME
S. KAUSHIK
P. BERGOT
R. MÉTAILLER
éd.

INSTITUT NATIONAL DE LA RECHERCHE AGRONOMIQUE
147, rue de l'Université – 75338 Paris cedex 07

INSTITUT FRANÇAIS DE RECHERCHE POUR L'EXPLOITATION DE LA MER
155, rue Jean-Jacques Rousseau, 92138 Issy-les-Moulineaux cedex

DU LABO AU TERRAIN

Ouvrages parus dans la même collection

Combattre les ravageurs des cultures : enjeux et perspectives
G. Riba, Christine Silvy
1989, 230 p.

Le canard de Barbarie
B. Sauveur, H. de Carville, éd.
1990, 182 p.

L'escargot *Helix aspersa*
Biologie-élevage
J.C. Bonnet, P. Aupinel,
J.L. Vrillon
1990, 124 p.

Les herbicides : mode d'action et principes d'utilisation
R. Scalla, éd.
1991, 464 p.

Les maladies des plantes maraîchères,
3e édition
C.M. Messiaen, D. Blancard,
F. Rouxel, R. Lafon
1991, 552 p.

Nutrition et alimentation des volailles
M. Larbier, B. Leclercq
1992, 355 p.

Les *Allium* alimentaires reproduits par voie végétative
C.M. Messiaen, J. Cohat,
J.P. Leroux, M. Pichon, A. Beyries
1993, 244 p.

Agrométéorologie des cultures multiples en régions chaudes
C. Baldy, C.J. Stigter
1993, 250 p.

Écopathologie animale
Méthodologie, application en milieu tropical
B. Faye, P.C. Lefevre, R. Lancelot,
R. Quirin
1994, 120 p.

Ravageurs des végétaux d'ornement
Arbres - Arbustes - Fleurs
D.V. Alford
Version française : M.F. Commeau,
R. Coutin, A. Fraval
1994, 464 p.

Efficacité et sélectivité des herbicides
C. Gauvrit
1996, 158 p.

Écotoxicologie : théorie et applications
V.E. Forbes, T.L. Forbes
Traduit par J.L. Rivière
1997, 256 p.

Les Deutéromycètes. Classification et clés d'identification générique
E. Kiffer, M. Morelet
1997, 306 p.

Maladies à virus des plantes ornementales
J. Albouy, J.-C. Devergne
1998, 492 p.

Structure des plantes
Atlas en couleur
B.G. Bowes
Version française de L. Gauthier
1998, 192 p.

© Quae, 2024
ISBN (papier) : 978-2-7592-4020-3
ISBN (PDF) : 978-2-7592-4021-0
ISBN (epub) : 978-2-7592-4022-7
ISSN : 1952-1251

REMERCIEMENTS

Nous adressons nos remerciements les plus vifs à tous ceux qui nous ont aidés dans la conception et la rédaction de cet ouvrage. Monsieur Bernard Chevassus-Au-Louis, ancien directeur général de l'INRA, nous a convaincus de l'utilité de notre travail et nous a encouragés. Messieurs Benoît Fauconneau, chef du département Hydrobiologie et Faune Sauvage de l'INRA et Bernard Leclercq, directeur de la station de Recherches avicoles de l'INRA de Nouzilly, ont consacré beaucoup de temps à la lecture du manuscrit et nous ont fait part de critiques et suggestions positives. Madame Sylvie Gros et Messieurs Didier Bazin, Hervé Le Delliou, Alain Sire et Frédéric Vallée ont contribué de façon essentielle à cet ouvrage en réalisant plus d'une centaine de dessins et figures. Madame Joëlle Mehur a eu la charge d'un important travail de secrétariat. Nous remercions collectivement, faute de pouvoir les citer individuellement, nos collègues des deux laboratoires qui composent l'unité mixte INRA-IFREMER de Nutrition des poissons, à savoir celui de Saint-Pée-sur-Nivelle et celui de Plouzané, de l'aide qu'ils nous ont apportée, en particulier pour la relecture des manuscrits, ainsi que le personnel du service des Éditions de l'INRA pour la qualité du travail réalisé.

SOMMAIRE

III. CAS PARTICULIER DES LARVES DE POISSONS ET DES CRUSTACÉS

12. Ontogenèse, développement et physiologie digestive chez les larves de poissons 249
F. J. Gatesoupe, J. L. Zambonino Infante, Chantal Cahu et P. Bergot

13. Alimentation des larves de poissons avec des proies vivantes 265
J. Robin, F. J. Gatesoupe

IV. ALIMENTATION DES POISSONS : APPLICATIONS

19. Facteurs antinutritionnels 365

J. Guillaume, R. Métailler

AVANT-PROPOS

L'aquaculture fournit maintenant 15 % des produits aquatiques consommables (statistiques FAO, 1994). Elle est en pleine expansion alors que la production des pêches semble plafonner depuis quelques années. De nombreuses formes d'aquaculture coexistent actuellement à l'échelle de la planète : l'énorme production de carpes chinoises et indiennes (70 % de l'aquaculture d'eau douce) correspond presque exclusivement à une production extensive, alors que la quasi-totalité des crevettes d'élevage sont produites selon des techniques semi-intensives où le rôle de la nourriture naturelle est non négligeable. Cependant, dans les pays développés ainsi que dans de nombreux pays en voie de développement, la production intensive avec aliment composé occupe une place grandissante. Le dynamisme de ces nouvelles productions aquacoles, et plus spécialement celui des productions intensives, a créé un besoin de données scientifiques et techniques de plus en plus précises et diversifiées. L'aquaculture ne trouve pas dans les disciplines qui l'intéressent le plus (la physiologie, la génétique, la pathologie, ainsi que la nutrition) la même somme de connaissances que l'aviculture ou la production porcine par exemple, bien que les recherches effectuées dans les différents laboratoires de nutrition aquacole génèrent une somme sans cesse croissante d'acquis scientifiques et techniques. Un besoin d'informations synthétiques, aussi à jour que possible, existe donc.

Le dernier ouvrage en langue française sur la nutrition des poissons a été publié par le CNRS en 1980 et cette édition est maintenant épuisée.

Le présent ouvrage n'a pas pour ambition de remplacer celui du CNRS. Son but est d'apporter des données de synthèse facilement accessibles aux étudiants, aux enseignants ainsi qu'aux techniciens de l'industrie qui s'intéressent aux productions aquacoles. Les uns et les autres ont facilement accès aux livres traitant des vertébrés supérieurs. Pour cette raison, les divers aspects de la nutrition des poissons et des crustacés sont présentés de façon comparative, avec des références fréquentes aux vertébrés supérieurs, mammifères et oiseaux. Les informations scientifiques relatives aux métabolismes de l'énergie ou des nutriments sont présentés de manière beaucoup plus succincte que dans l'ouvrage cité ci-dessus ; le lecteur désirant en savoir davantage est renvoyé à quelques ouvrages ou articles de synthèse cités en référence. En revanche, le domaine de la nutrition et de l'alimentation des poissons et des crustacés a été couvert de façon aussi large que possible. Des aspects très particuliers, comme la physiologie digestive des crustacés ou des larves de poissons, ont fait l'objet de chapitres séparés de même que des aspects très appliqués comme le choix des matières premières, la fabrication et même l'utilisation des aliments pour animaux aquatiques. Dans le but de rendre l'ouvrage aussi utile que possible, les chapitres explicatifs ont été suivis de tables de données chiffrées directement utilisables pour la formulation des aliments aquacoles.

Depuis l'apparition de l'épidémie d'encéphalopathie spongiforme bovine, l'utilisation d'aliments contenant des farines animales a revêtu un aspect éminemment suspect aux yeux du grand public européen. Le discrédit jeté sur les farines de viande et la confusion possible avec les autres farines d'origine animale nous ont amenés à faire une brève mise au point à propos de ces matières premières, bien que le caractère de circonstance de ce passage contrastât avec l'esprit général du livre.

Nous espérons que cet ouvrage, rédigé en majeure partie par les membres de l'Unité Mixte IFREMER-INRA de Nutrition des Poissons, apportera aux lecteurs de nombreuses informations utiles qui demeuraient éparses ou inédites à ce jour.

Jean GUILLAUME, Sadasivam KAUSHIK,
Pierre BERGOT, Robert MÉTAILLER.

Première partie

GÉNÉRALITÉS

1
INTRODUCTION

La nutrition des poissons n'a retenu l'attention des scientifiques que depuis une date récente. Jusqu'au milieu du XXe siècle les études n'avaient porté que sur l'anatomie du tube digestif et quelques aspects de la physiologie digestive ou de l'alimentation des animaux dans le milieu naturel. Dès la fin du XIXe siècle la production piscicole s'est étendue à des espèces carnivores élevées en bassins. Dès lors, l'alimentation des poissons d'élevage, qui reposait auparavant sur les aliments naturels, est devenue dépendante des aliments apportés par l'homme. Les premiers aliments « composés » élaborés à partir de matières premières diverses et couvrant, autant que faire se pouvait, les besoins des animaux, ont été les « granulés humides de l'Oregon » des années 50. Les granulés secs sont apparus aux États-Unis à la fin de la même décennie et au début des années 60 en Europe. Dès lors que la pisciculture s'alignait ainsi sur les élevages terrestres, l'étude des besoins nutritionnels des poissons s'imposait. Elle avait en fait démarré avant cette époque, en l'occurrence au tout début des années 40 à Cortland (Idaho, États-Unis). À partir des années 60 elle a pris un essor considérable.

Il existe aujourd'hui de par le monde plus de 20 équipes de recherche qui poursuivent des études, tantôt finalisées, tantôt fondamentales, sur la nutrition des poissons. Malgré un démarrage tardif toutes ont progressé rapidement car elles ont bénéficié des connaissances acquises sur les espèces terrestres. À certains égards, la nutrition de quelques poissons comme la truite arc-en-ciel (appelée simplement truite dans cet ouvrage) peut paraître bien connue. D'une façon générale, les connaissances demeurent cependant limitées, voire très limitées, surtout si on les rapporte au nombre d'espèces de poissons. En fait la nutrition des poissons ne souffre pas seulement de sa jeunesse mais aussi de handicaps spécifiques : difficultés d'étude liées au milieu et particularités nutritionnelles des poissons.

Difficultés d'étude

Les difficultés d'étude que rencontrent les nutritionnistes comme les physiologistes qui s'intéressent aux animaux aquatiques sont notables. Il est plus facile de faire une analyse de composition corporelle sur un poisson que sur un mammifère, mais il est beaucoup plus difficile de quantifier l'ingéré et *a fortiori* d'effectuer un bilan nutritionnel sur un poisson et plus encore sur une crevette que sur un animal terrestre. Des techniques particulières ont dû être élaborées et leur précision reste inférieure à celle des techniques que l'on utilise chez les animaux terrestres. Une série de difficultés, plus grandes encore, freine les recherches sur les larves. À ce stade, l'expérimentateur doit en effet faire face à la fois à la taille très réduite des organismes, à leur évolution rapide vers le stade juvénile et à des caractères éloignés de ceux des vertébrés.

Origine des particularités nutritionnelles des poissons et des crustacés

Les particularités nutritionnelles des poissons ont, comme l'indique le tableau 1.1, une origine qui peut être zoologique, biologique ou écologique. La classe des poissons est immense. Selon les estimations couramment admises les seuls téléostéens comptent à peu près autant d'espèces que l'ensemble des autres vertébrés : batraciens, reptiles, oiseaux et mammifères. Selon le point de vue de quelques taxonomistes s'appuyant sur la biologie moléculaire, ce nombre aurait même été sous-estimé de moitié. Ces espèces présentent un degré d'évolution variable et sont adaptées à des biotopes très différents. Seul un tout petit nombre a fait l'objet d'études de nutrition. Il est certes tentant de généraliser les connaissances acquises sur les espèces étudiées (quelques dizaines), mais il convient de garder la plus grande prudence et de ne pas extrapoler abusivement, dans tous les domaines du moins.

Les poissons forment la classe la plus primitive des vertébrés et présentent des caractères archaïques : on peut citer pêle-mêle des traits anatomiques tels que l'absence de dents mandibulaires, l'absence d'estomac dans plusieurs familles, la non-différenciation de l'intestin grêle et du gros intestin, des caractères physiologiques tels que l'importance des mécanismes d'absorption entérocytaire par pinocytose ou encore l'imperfection de la régulation de la glycémie après l'ingestion des glucides. La croissance continue des poissons, autrement dit l'absence de stade adulte, au sens propre du terme, constitue un autre caractère commun aux invertébrés et aux vertébrés inférieurs. Mais le caractère primitif qui a la plus grande importance pratique est sans conteste l'existence des stades larvaires. Seuls les sélaciens et quelques téléostéens sont ovovivipares et

Tableau 1.1. Particularités nutritionnelles des poissons.

Origine des particularités	Conséquences
Zoologiques	
40 000 espèces (?)	Grande diversité interspécifique Variabilité des besoins
Biologiques	
Stades larvaires Croissance continue Absence éventuelle d'estomac	Facteurs inconnus (?) Évolution différente des besoins avec l'âge (?) Processus de digestion particuliers
Physiologiques	
Ectothermie	Influence de la température sur la dynamique des fonctions digestives Besoin énergétique faible mais très variable avec la température
Ammoniotélie	Utilisation nette de l'énergie des protéines plus élevée
Écologiques	
Température corporelle moyenne basse	Rôle limité de la flore intestinale Maintien de la fluidité membranaire difficile Besoin en certains acides gras particuliers
Faible teneur en oxygène Viscosité du milieu élevée	Nécessité d'une « ventilation » considérable et recours fréquent à l'anaérobiose - hypertrophie du muscle blanc - grande quantité de protéines nécessaire à la synthèse de ce tissu (?)
Grande densité du milieu	Importance réduite du squelette. Besoins faibles en Ca et P
Diffusion lente des molécules	Rôle particulier des attractants alimentaires
Richesse du milieu en certains éléments	Apport de minéraux dissous par le milieu lui-même
Chaînes trophiques aquatiques particulières (dominance de carnivores)	Efficacité différente des sources d'énergie (catabolisme massif des protéines et utilisation limitée des glucides)
Abondance des acides gras polyinsaturés	Capacité de bioconversion réduite

leurs alevins naissent à un stade déjà évolué. Presque toutes les espèces présentant un intérêt aquacole pondent des oeufs de taille petite ou très petite donnant naissance à des larves dont la physiologie présente encore de très nombreuses inconnues et dont l'élevage est souvent ardu. Ce n'est sans doute pas un hasard si les premiers poissons soumis à une aquaculture intensive ont été les salmonidés, famille où les alevins franchissent aisément à la naissance les stades finals de leur « métamorphose ». Ces caractères archaïques sont d'inégale importance mais les particularités des larves continuent à freiner sérieusement le développement de l'aquaculture et, pour de nombreuses espèces aquacoles, l'alimentation des larves se fait encore selon des techniques plus ou moins empiriques.

Au plan physiologique, les poissons présentent de très nombreuses particularités, ne serait-ce que parce que leur système endocrinien est très différent de celui des mammifères et des oiseaux. Deux caractéristiques méritent mention, l'ectothermie et l'ammoniotélie :

– l'ectothermie, encore appelée poecilothermie ou poïkilothermie, influence de façon spectaculaire les dépenses, et donc les besoins énergétiques de l'animal qui sont étroitement dépendants de la température ambiante. Cette particularité influe directement sur les rapports qu'il convient de respecter entre énergie et nutriments. Par ailleurs, chez les ectothermes, dont la température interne est toujours inférieure à celle des homéothermes, la vie n'est possible que dans certaines conditions de fluidité des membranes cellulaires. Ces conditions sont réunies grâce à l'incorporation massive d'acides gras polyinsaturés caractéristiques des lipides des poissons. C'est l'une des plus grandes originalités de la nutrition, non seulement des poissons, mais aussi des autres ectothermes aquatiques ;

– l'ammoniotélie n'est pas systématique chez les poissons. Cependant, chez les téléostéens, la majeure partie des déchets azotés est bien rejetée sous forme d'ammoniaque. Ce phénomène influence la valeur énergétique nette des protéines ainsi que la pollution du milieu par les rejets azotés des poissons.

Le milieu dans lequel vivent les poissons et les autres animaux aquatiques n'a que peu de points communs avec le milieu aérien. Faible pression partielle d'oxygène alliée à densité et viscosité élevées de l'eau ont induit des caractères communs aux différents taxons d'animaux aquatiques non sessiles, en particulier le recours fréquent à l'anaérobiose et l'économie d'énergie due à la flottaison. Les conséquences secondaires de ces deux caractères comprennent le coût élevé de la ventilation ainsi que l'hypertrophie de la masse de fibres musculaires « blanches » (à métabolisme anaérobie) et l'atrophie du squelette. Ces particularités de la constitution de l'organisme se répercutent sur les besoins alimentaires. Le poisson, par exemple, demandera moins de calcium et de phosphore pour la constitution de son squelette qui est beaucoup plus frêle que celui d'un quadrupède de même biomasse.

Le milieu aquatique contient des molécules organiques ou minérales dissoutes dont certaines sont nécessaires aux organismes. Comparés aux animaux terrestres, les animaux aquatiques « primitifs » ont l'énorme avantage de pouvoir extraire directement de leur milieu une partie des nutriments dont ils ont besoin. À l'inverse, les molécules dissoutes qui ont la propriété de guider les animaux vers leurs proies ou leurs aliments diffusent beaucoup plus lentement que dans le milieu aérien. Les attractants alimentaires, ou phagostimulants, ont un rôle beaucoup plus important que sur terre, du moins dans certaines conditions, comme le passage, chez les larves ou petits juvéniles, de la nourriture « naturelle » à l'aliment composé.

On ne saurait achever cette présentation générale des particularités nutritionnelles des poissons sans mentionner leur position dans la chaîne trophique aquatique. Sur terre comme dans l'eau, la chaîne alimentaire prend naissance avec la photosynthèse. Mais alors que sur terre ce sont les plantes supérieures qui sont les plus abondantes, en mer le bas de la pyramide comprend essentiellement des algues unicellulaires. Alors que sur terre les vertébrés herbivores, et entre autres ceux dont se nourrit l'homme sont nombreux, en mer les algues ne sont généralement pas consommées par des vertébrés, mais par le zooplancton qui, à son tour, sert de nourriture aux larves de poissons. Les poissons marins sont à 85 % environ des carnivores de premier, voire de second ordre, et les poissons herbivores à l'état adulte sont très rares. Contrairement aux zootechniciens classiques qui se sont en premier lieu intéressés aux animaux tirant la majeure partie de leur énergie de l'amidon ou de la cellulose, les zootechniciens « aquacoles » ont affaire à des animaux adaptés à la transformation des protéines et des lipides.

Dans le cas des crustacés, la liste des particularités s'allonge bien entendu. L'anatomie du tube digestif ne présente plus que des analogies lointaines avec celle des vertébrés, même si les grandes fonctions restent à l'évidence les mêmes. L'exosquelette, ou carapace, a une composition bien distincte du squelette osseux des vertébrés et peut réduire les capacités d'absorption des minéraux présents dans l'eau via les téguments. La croissance par mues crée une discontinuité dans les flux de nutriments sans équivalent chez les vertébrés. Cependant beaucoup de facteurs tels que l'ectothermie, l'ammoniotélie ou encore la nature de la chaîne trophique influencent *a priori* les besoins de la même façon chez les poissons et les crustacés.

Similitudes entre poissons et vertébrés supérieurs : un schéma général

La liste des nutriments organiques et des éléments minéraux nécessaires à la vie est pratiquement la même chez les poissons, les crustacés et les vertébrés supérieurs (fig. 1.1). L'analogie s'étend aux besoins quantitatifs dans quelques cas importants comme celui des acides aminés essentiels ou celui des vitamines

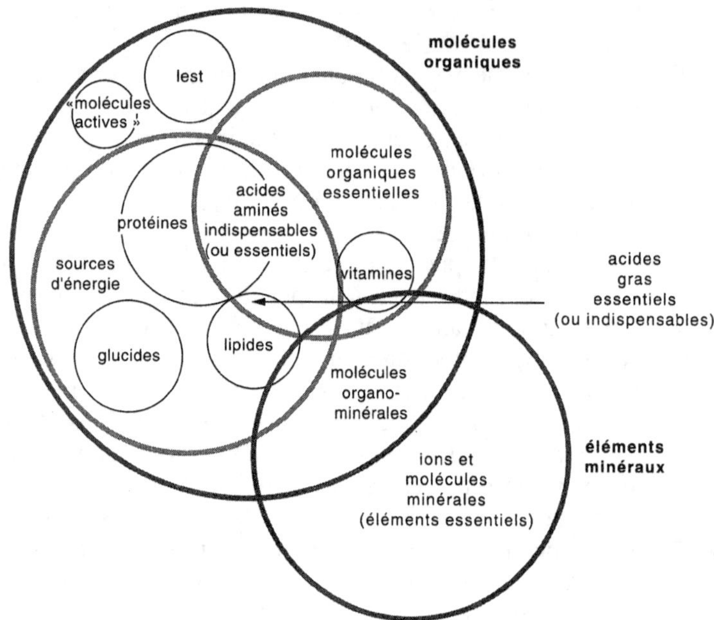

Figure 1.1. Représentation schématique des besoins nutritionnels des animaux (échelles non respectées). « Molécules actives » : composés organiques des aliments jouant un rôle positif (phagostimulant, facteur de croissance...) ou négatif (facteur antinutritionnel au sens large) (chap. 19). Lest : voir chap. 8, p. 183.

hydrosolubles. Il n'en est pas de même pour tous les besoins quantitatifs : les différences par rapport aux mammifères et aux oiseaux peuvent devenir notables. Il s'agit là du contenu même de cet ouvrage.

Références bibliographiques

GUILLAUME J., 1990. The nutritional characteristics and the formulation of diets for cultivated fish and crustaceans. *In* J. Mellinger, ed. : *Animal nutrition and transport processes*. Vol. 2. *Nutrition in wild and domestic animals*. Karger, Bâle. p. 203-214.

LOVE R.M., 1980. *The chemical biology of fishes*, vol. 2. Academic Press, Londres. 943 p.

NRC (National Research Council), 1993. *Nutrient requirements of fish*. National Academy Press, Washington D.C. 20418, 114 p.

2
TERMINOLOGIE
ET RAPPELS MÉTHODOLOGIQUES

Comme toute science ou technique, la nutrition a sa terminologie propre formée de néologismes et de mots communs auxquels est attribué un sens bien défini. Il paraît utile de rappeler les termes se rapportant aux notions principales.

De la nutrition à l'alimentation

Le mot nutrition, parfois employé dans le sens d'action de se nourrir, est réservé dans cet ouvrage à « science de la nutrition », branche de la physiologie ayant pour objet l'ensemble des processus assurant la fourniture à l'organisme de l'énergie et des nutriments nécessaires aux processus vitaux. L'alimentation, terme plus vague, sera employé ici dans le sens d'application de la nutrition à la production animale et plus spécialement pour tout ce qui touche l'estimation des rations et leur distribution. La technique de l'élaboration des aliments composés sera subdivisée en formulation (conception des formules) et technologie des aliments (procédés de fabrication).

D'une certaine manière la nutrition s'intéresse aux nutriments (et à l'énergie) comme l'alimentation s'intéresse aux aliments. Le nutriment est l'intermédiaire entre l'aliment et le métabolite ; glucose, acides aminés ou vitamines sont des nutriments. Protéines, glucides ou lipides sont parfois, mais abusivement, qualifiés de nutriments. Il s'agit en fait de macronutriments, terme peu employé il est vrai. On parle de nutriments énergétiques lorsqu'il s'agit de macronutriments pouvant fournir l'énergie, mais l'énergie alimentaire n'est pas un nutriment. Certains produits utilisables tels quels, comme le poisson de rebut, sont incontestablement des aliments au sens courant du terme. On qualifie cependant de plus en plus d'ingrédients ou matières premières tous les composants des aliments composés (appelés de plus en plus aliments sans autre précision) qui assurent la quasi-totalité de l'alimentation des poissons dans les élevages modernes. Les nutritionnistes parlent de régimes pour désigner les aliments expérimentaux. En nutrition comme en alimentation, ration désigne toujours une quantité distribuée et non un régime ou un aliment. La ration exprimée par unité de masse corporelle est le taux de rationnement ou d'alimentation. La ration peut aussi être exprimée en pourcentage de la ration maximale, c'est-à-dire de la ration ingérée quand l'animal est nourri à satiété ; on parle alors de niveau de rationnement ou d'alimentation.

La nutrition, principales branches et notions fondamentales

Il faut noter que la nutrition comprend plusieurs étapes : comportement et prise alimentaires, digestion et absorption (phase digestive), métabolisme des nutriments (phase métabolique), excrétion et élimination des déchets.

La première étape se rattache à l'éthologie ou science du comportement animal. L'animal manifeste vis-à-vis d'un aliment une appétence (ou un appétit) tandis que ce dernier est caractérisé par une appétibilité. Il faut bien noter qu'en nutrition la prise alimentaire (ingestion ou consommation) ne peut s'appeler absorption. Ce terme est réservé au passage de molécules alimentaires ou non alimentaires de la lumière intestinale (qui est extérieure à l'organisme au sens biologique) vers le milieu intérieur. La digestion des macronutriments n'est que la première étape de l'utilisation des aliments avant l'absorption. On caractérise souvent cette utilisation par la digestibilité, notion globale quantifiable par un bilan qui résulte en fait de la digestion et de l'absorption. La notion de digestibilité ne s'applique qu'à la matière sèche, à la matière organique et aux macronutriments. Pour les nutriments proprement dits on parle de disponibilité. Les différents coefficients de digestibilité seront définis dans le chapitre 4.

L'étape métabolique consiste en un ensemble de processus biochimiques dont la régulation complexe est sous la dépendance de facteurs génétiques et physiologiques. On caractérise généralement le bilan des processus métaboliques par la rétention (différence entre absorption et excrétion) d'un composé ou élément dans la masse corporelle. Quand la rétention correspond à l'accroissement d'un tissu ou d'une masse chimiquement bien défini (protéines corporelles par exemple), on parle d'accrétion. Le terme d'assimilation (périmé de longue date en nutrition) doit être évité car il est ambigu, s'appliquant parfois à la digestibilité. Rétention ou excrétion, comme absorption, désignent toujours des valeurs absolues ; leur efficacité est traduite par des coefficients de rétention ou d'utilisation qui seront définis dans les chapitres 5 et 11. Les excrétions se rapportent uniquement aux composés issus du milieu intérieur, l'élimination des fèces étant une égestion (terme rigoureux mais peu usité) ou rejet fécal, ou encore émission fécale. Les composés provenant de synthèses comme le mucus ou les produits sexuels correspondent à des productions. L'accrétion des tissus corporels est également une production.

Très rapidement les nutritionnistes ont été amenés à étudier les besoins qualitatifs, c'est-à-dire la nature des molécules ou éléments nécessaires qui prennent le nom d'indispensables ou d'essentiels quand le caractère indispensable est moins absolu. Le terme semi-indispensable, rejeté par les puristes, sera employé ici dans l'une ou l'autre de ses acceptations : soit molécule synthétisable à partir d'une molécule indispensable, soit molécule synthétisable dans certaines conditions, soit molécule difficilement synthétisable. Les besoins quantitatifs (quantités nécessaires de ces mêmes molécules ou éléments) peuvent être définis de deux manières différentes : les besoins absolus étant des quantités journalières (par exemple mg/animal/j ou mg/100 g d'animal/j) et les besoins relatifs des teneurs, ou des rapports (par exemple % du régime ou quantité/MJ d'énergie). Les besoins chez tout animal sont décomposables en besoins d'entretien et de production. L'état d'entretien correspond au stade où l'alimentation apporte à l'organisme une quantité suffisante de nutriments et d'énergie pour un bilan nul. L'approche analytique, où l'on calcule le besoin total à partir des besoins d'entretien et de croissance, est beaucoup moins utilisée dans l'élevage de poissons ou de crustacés que chez les mammifères terrestres ; elle conserve cependant un certain intérêt pour le calcul des rations. Pour être utilisable en alimentation, un besoin doit d'abord être converti en norme qui correspond au besoin assorti de marges de sécurité diverses.

Quelques critères d'efficacité de l'aliment

Les zootechniciens ont l'habitude de caractériser l'efficacité d'utilisation de l'aliment à l'aide du rapport aliment ingéré/gain de masse corporelle (appelé couramment gain de poids). Ce coefficient, qui en fait ne traduit pas une efficacité mais son inverse, a reçu plusieurs noms : indice de conversion et indice de consommation. C'est ce dernier terme qui est retenu dans cet ouvrage. Mais il faut bien noter que ce rapport n'est pas fonction seulement de la nature de l'aliment et de l'animal, il dépend également de la quantité ingérée. En effet, le gain de masse corporelle est une fonction affine (linéaire) de l'ingéré mais ne lui est pas directement proportionnel puisqu'il est proportionnel à l'ingéré audessus du besoin d'entretien. Dans la profession aquacole, on parle parfois d'indice de transformation quand on ajoute la masse des morts à celle du gain de masse corporelle. L'efficacité alimentaire, inverse de l'indice de consommation, est un critère plus logique et plus commode que ce dernier, ne serait-ce que parce qu'il reste défini aux alentours de l'entretien. Il serait souhaitable de la substituer à l'indice de consommation. Pour caractériser l'utilisation des protéines, on a recours à d'autres critères tels que le Coefficient d'Efficacité Protéique (CEP ou *Protein Efficiency Ratio, PER*) qui ne repose que sur le gain de biomasse ou encore d'autres tels que la Valeur Biologique, la Valeur Nette des Protéines (VNP ou *Net Protein Utilization, NPU*) également appelée utilisation nette des protéines ou le Coefficient d'Utilisation Pratique des Protéines (CUP ou *Protein Utilization Coefficient, PUC* ou *Protein Productive Value, PPV*) qui font intervenir le gain de protéines corporelles. D'autres coefficients enfin sont calculés à partir de la composition en acides aminés de la protéine : Indice chimique et Indice des acides aminés indispensables (ou indice d'Oser). La définition de tous ces critères sera donnée dans le chapitre 6.

Notons que la disponibilité d'un nutriment définie ci-dessus est parfois utilisée pour caractériser son utilisation maximale quand il est facteur limitant (c'est-à-dire quand c'est lui qui par sa rareté freine les performances de l'animal). La disponibilité peut alors résulter, non seulement des processus digestifs, mais de processus métaboliques. Il convient par conséquent de préciser la méthode utilisée pour sa détermination.

Description de la croissance

Chez les poissons la principale production est celle de chair qui peut être évaluée de façon simple par suivi de la croissance en masse (ordinairement appelée pondérale). Le critère immédiat pour mesurer la production est le gain de masse (pendant un temps donné). Sur des périodes courtes, l'accroissement de biomasse peut être considéré comme une fonction linéaire du temps et on définit souvent un Taux de Croissance qui est le gain de masse exprimé en pourcentage de la masse moyenne, ou encore un Taux de Croissance Journalier qui est un taux de croissance par unité de temps. Sur des périodes plus longues, il est impossible d'admettre que la croissance soit linéaire et les nutritionnistes utilisent très souvent un modèle exponentiel $M = M_o e^{kt}$ où M est la masse et t le temps. L'exposant k de la courbe, multiplié par 100, est appelé Taux de Croissance Spécifique (TCS ou *Specific Growth Rate, SGR*) et caractérise la croissance. Cependant, la courbe de croissance réelle ne conserve une allure exponentielle que pendant une brève période (phases larvaires par exemple). Par la suite, le meilleur ajustement proposé correspond à une fonction puissance (voir le modèle de Muller-Feuga, 1990, dans l'encadré ci-contre). L'accroissement instantané est proportionnel à la masse corporelle M élevée à la puissance m. La croissance exponentielle est un cas particulier de ce modèle pour m = 1. Dans le cas général, m, calculé par ajustement, revêt des valeurs comprises, selon l'espèce et le stade physiologique, entre 0,5 et 0,9. La croissance est également proportionnelle à une fonction thermique (chap. 5), à une fonction alimentaire et à un paramètre de correction. L'accroissement instantané est proportionnel à la masse corporelle M élevée à la puissance m comprise entre 0,5 et 0,9.

Description de la croissance par le modèle de Muller-Feuga, 1990

Équation générale (sous forme différentielle)

$$\frac{dM}{dt} = \Gamma\, f_1(M) f_2(\theta) f_3(r)$$

où M = masse corporelle

    t = temps

    θ = température

    r = niveau de rationnement = ration exprimée en pourcentage de la ration maximale

    Γ = facteur de correction fonction principalement de la qualité de l'environnement, de la technicité de l'éleveur et des caractéristiques génétiques et physiologiques des animaux.

Fonction somatique

$$f_1 = \Gamma\, M^m$$

L'intégration de cette fonction conduit à une expression simple et générale de l'indice de croissance spécifique (ICS) :

$$ICS = \frac{M^{1-m} - M_0^{1-m}}{(1-m)(t-t_0)}$$

où M_0 et t_0 sont les valeurs de M et t à l'instant 0.

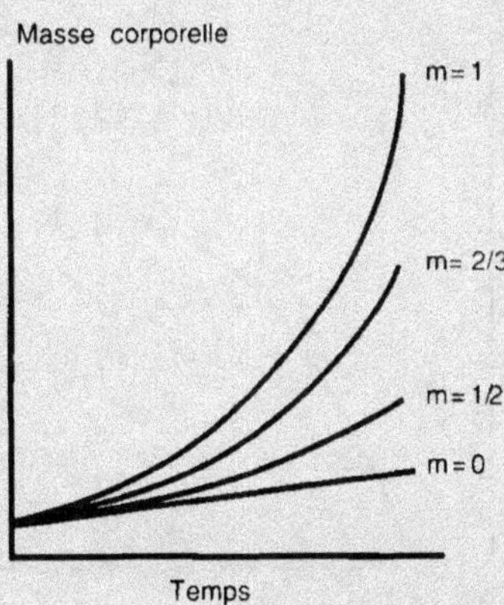

Fonction thermique

$$f_2 = e^{\alpha(\theta_M - \theta)} - e^{\beta(\theta_M - \theta)}$$

où θ_M = température maximale que l'animal peut supporter

α, β = coefficients

N.B. La fonction décrit bien la réalité aux approches de θ_M, mais moins bien aux températures basses : en-dessous de la valeur θ_l, la courbe est assimilée à une droite joignant le point d'annulation de la croissance et le point d'abscisse θ_l.

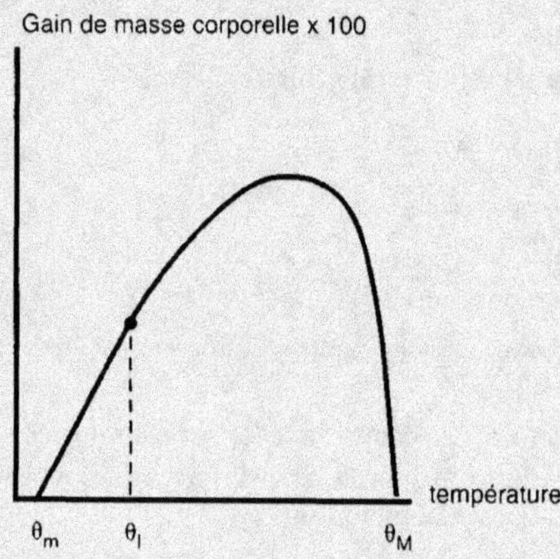

Fonction de rationnement

$$f_3 = \frac{Z(r)}{Z(r_s)}$$

où $Z(r)$ est la vitesse de croissance exprimée en pourcent de la vitesse de croissance permise par la ration maximale

e = entretien

r_s est le niveau de rationnement donnant le meilleur compromis entre croissance maximale et indice de consommation optimal.

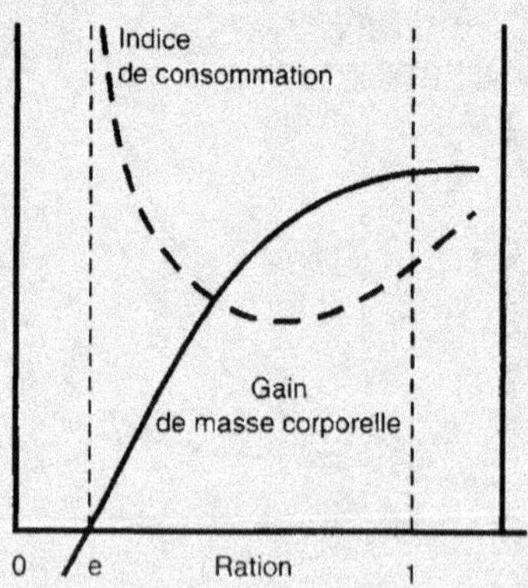

Un paramètre destiné à remplacer le TCS a été récemment proposé, il s'agit de l'Indice de croissance journalier (ICJ ou *daily growth index, DGI*). Ce coefficient dérive d'un modèle plus simple que celui de l'encadré précédent, mais relativement similaire. L'accroissement y est supposé proportionnel à la masse corporelle élevée à la puissance 2/3. Ce coefficient permet une meilleure comparaison de la vitesse de croissance de différents lots que le TCS, car il varie peu, contrairement au TCS, quand la masse corporelle passe de 1 g à plusieurs kg, bien qu'en toute rigueur l'exposant méritât d'être adapté à chaque cas. Bien qu'encore peu connu, l'ICJ est déjà employé par quelques chercheurs et quelques techniciens aquacoles. Un autre indice, le coefficient de croissance (CC), a été proposé. Il correspond à l'ICJ divisé par la « somme des températures », notion utilisée, surtout en physiologie végétale, mais qui correspond à une hérésie sur un plan purement scientifique. Le coefficient de croissance permet en théorie de comparer des lots élevés à des températures différentes, mais il a l'inconvénient d'être extrêmement critiquable dans sa définition même. La formule de ces différents indices est rappelée dans l'encadré ci-dessous.

Principaux coefficients utilisés pour estimer la croissance des poissons et des crustacés

Taux de croissance journalier :

$$TCJ = \frac{Mf - Mi}{tMi} \times 100$$

Indice dit « de croissance spécifique »[*] :

$$ICS = \frac{Mf^{1-m} - Mi^{1-m}}{t(1-m)} \times 100$$

Taux de croissance spécifique (cas où $m = 1$) :

$$TCS = \frac{LnMf - LnMi}{t} \times 100$$

Indice de croissance journalier (cas où $m = 2/3$) :

$$ICJ = \frac{Mf^{1/3} - Mi^{1/3}}{t} \times 100$$

Coefficient de croissance :

$$CC = \frac{Mf^{1/3} - Mi^{1/3}}{\Sigma t\theta} \times 100$$

où Mi et Mf désignent les masses individuelles moyennes initiale et finale

    t = durée de la période en jours

    Ln = logarithme népérien

    $\Sigma t\theta$ = « somme des températures » = somme des températures moyennes journalières en °C.

---

[*] Muller-Feuga (1990). Cet indice ne peut être employé qu'après détermination de la valeur de m.

Quelques rappels sur l'expérience type de nutrition piscicole

Les considérations sur la statistique et l'expérimentation ne sont pas du domaine de cet ouvrage. Néanmoins, comme il sera fait fréquemment allusion à des expériences, conduites le plus souvent en laboratoire, il paraît opportun de faire quelques rappels.

Une expérience de nutrition a pour objet de tester une hypothèse, par exemple l'addition de tel acide aminé est-elle bénéfique à la croissance, celle de tel acide gras modifie-t-elle la composition des lipides corporels, la suppression de telle vitamine a-t-elle une incidence sur la survie etc. ? Elle peut également viser des estimations de grandeurs comme la détermination d'un besoin nutritionnel quantitatif ou encore l'estimation d'un coefficient de digestibilité ou d'un paramètre économique. Les tests d'hypothèse se font avec deux sortes de risques : les risques de première et seconde espèce, respectivement appelés α et β par les statisticiens. Les conclusions n'ont jamais une portée absolue, elles peuvent être remises en cause avec un choix de risques différents, un dispositif plus précis ou encore des conditions modifiées. Toute expérience n'est en effet valable que dans des conditions bien définies (espèce, stade physiologique, salinité, température, taille des bassins, renouvellement de l'eau, durée de l'essai, contexte nutritionnel, etc.) qui doivent être précisées par l'expérimentateur. L'extrapolation à d'autres conditions doit être traitée au cas par cas.

En expérimentation aquacole, la durée des expériences est fixée pour des raisons d'ordre biologique. Ainsi, pour une expérience de croissance, il est conseillé de faire en sorte que la biomasse soit triplée au cours de l'essai. Pour des expériences sur les vitamines, par suite de l'importance des réserves, il faut utiliser de très jeunes animaux et parfois aller jusqu'au décuplement de la biomasse initiale.

Le problème du nombre de poissons à choisir se pose tout autrement. Rappelons d'abord qu'il est rarement possible d'élever des poissons individuellement. Même s'il est concevable, grâce à des marquages, de suivre des croissances animal par animal, il n'est pas possible d'étendre la démarche à l'ingestion et par conséquent à l'utilisation individuelle des nutriments. On est donc amené à travailler sur des lots dont les performances sont enregistrées et analysées globalement. Ce sont ces lots, et non les animaux eux-mêmes, qui constituent les unités expérimentales. Si cette manière de faire est tout à fait valable en soi, elle oblige cependant à un certain nombre de réserves et de précautions : ainsi l'efficacité alimentaire, qui est un rapport, mesurée sur un lot, n'est pas égale à la moyenne de l'efficacité alimentaire des individus du lot ; en cas de mortalité, les corrections sont concevables pour la biomasse, mais difficiles pour l'efficacité alimentaire.

Le nombre de répétitions (lots par traitement) nécessaires peut, en théorie, se calculer de façon assez simple pour des risques de première et de seconde espèce choisis *a priori*. Si l'on connaît l'ordre de grandeur de la différence (D) que l'on cherche à mettre en évidence, pour un critère donné et le coefficient de variation (cv) de ce même critère, on peut avoir recours à des abaques donnant le nombre de répétitions nécessaires en fonction du rapport D/cv. Ce nombre sera d'autant plus élevé que la précision recherchée est grande ou que le matériel animal est hétérogène pour le critère étudié. Dans les populations piscicoles, le cv de la biomasse est souvent deux fois plus élevé que chez les vertébrés terrestres. Il est possible de le réduire à volonté par tri et d'obtenir des lots très homogènes présentant un cv (intergroupes) de 3, 2, voire 1 %. Si le calcul indiqué ci-dessus s'appuie sur ces valeurs, il fournit un nombre de répétitions des plus réduits, 4 ou 3 par exemple. Toutefois le cv à prendre en considération est le cv final qui est toujours largement supérieur à celui de départ dans les groupes artificiellement homogénéisés, par suite d'une réapparition de la hiérarchie sociale. Dans la pratique, cette démarche n'est presque jamais suivie et les nombres de 3, 4 ou 5 répétitions employés plus ou moins systématiquement par de très nombreux expérimentateurs sont loin de garantir une puissance des tests idéale. Le risque de seconde espèce (conclure qu'il n'y a pas de différence alors qu'en fait cette différence existe) est très souvent sousestimé. Mais il ne faut pas oublier que le cv varie non seulement en fonction des populations, des modes d'élevage, mais aussi des critères étudiés. Il se classe en général dans un ordre croissant pour les grandeurs suivantes : teneur en protéines corporelles ou coefficient de digestibilité, efficacité alimentaire, gain de biomasse, activités enzymatiques ; un même protocole peut donc apparaître insuffisant pour certaines grandeurs et pléthorique pour d'autres. Il convient donc de garder une grande prudence dans l'interprétation de résultats négatifs de certaines expériences et *a fortiori* dans les possibilités d'extrapolation du laboratoire à la pratique. Mais, à l'inverse, des observations de terrain, même si elles portent sur de longues périodes et sur de très grands nombres d'animaux, correspondent très rarement à des comparaisons rigoureuses permettant un test statistique et une conclusion définitive.

Références bibliographiques

ALTMAN P.L., DITTNER D.S., 1974. Nutrition, digestion and excretion. *In Biology data books* (2nd edition) Bethesda, Maryland (Etats-Unis), p. 1433-1446.

CASTELL J.D., TIEWS K., 1980. Rapport du groupe de travail de la CECPI, de l'UISN et du CIEM sur la normalisation de la méthodologie dans la recherche sur la nutrition des poissons. (Hambourg, République fédérale d'Allemagne, 21-23 mars 1979). Organisation des Nations Unies pour l'Alimentation et l'Agriculture. 24 p.

COWEY C.B., 1992. Estimating requirements of rainbow trout. *Aquaculture,* 100, p. 177-189.

MULLER-FEUGA A., 1990. Modélisation de la croissance des poissons en élevage. Rapports scientifiques et techniques de l'IFREMER, n° 21. Publications IFREMER (Plouzané, France), 58 p.

PHILIPPEAU G., 1984. Puissance d'une expérience. Nombre de répétitions nécessaires pour comparer deux ou plusieurs traitements. Publication Institut Technique des Céréales et Fourrages (ITCF), Paris, 20 p.

SCHUHMACHER A., GROPP J., TACON A.G.J., HILGE V., ROSENTHAL H. (ed.), 1995. Proc. of the EIFAC workshop on methodology for determination of nutrient requirements in fish. J. *appl. ichthyol.*, 11, special issue (3-4), p. 129-400.

BASES DE LA NUTRITION DES ANIMAUX AQUATIQUES

3
COMPORTEMENT ALIMENTAIRE ET RÉGULATION DE L'INGESTION

En aquaculture, l'adéquation entre la quantité d'aliments distribuée et la quantité d'aliments ingérée est le meilleur garant d'une bonne gestion de l'alimentation. Il n'est cependant pas aisé d'atteindre cet objectif. Dans bien des situations, la quantité d'aliments distribuée dépasse les besoins, ce qui conduit à un surcoût pour le producteur et à une pollution de l'eau. Dans d'autres cas, la quantité distribuée est inférieure à la demande, ce qui a pour conséquence de limiter la croissance des poissons, et souvent d'accroître l'hétérogénéité des tailles. La quantité d'aliments susceptible d'être ingérée est en effet influencée par de nombreux signaux qui peuvent aussi bien déclencher, prolonger ou mettre fin à la prise d'aliments. Ces signaux peuvent induire un changement plus ou moins prononcé du comportement alimentaire à court, moyen ou long terme.

Régulation centrale et périphérique de l'ingestion

Bien que de nombreux travaux aient porté sur la nutrition des poissons, peu d'études concernent spécifiquement les mécanismes de régulation de l'ingestion volontaire. Chez les vertébrés homéothermes, il a été clairement montré qu'un organisme intègre les informations provenant de son environnement direct. L'animal modifie en conséquence son ingestion volontaire selon deux processus différents de régulation, l'un central et l'autre périphérique :

– le contrôle central est réalisé par l'hypothalamus qui joue un rôle primordial dans ce domaine. Grâce aux centres de l'appétit et de la satiété, cette région du cerveau intègre l'information provenant des différents signaux physiques, métaboliques ou endocriniens. Elle est à l'origine de stimulations ou d'inhibitions de la prise alimentaire par l'intermédiaire du système nerveux central (fig. 3.1) ;

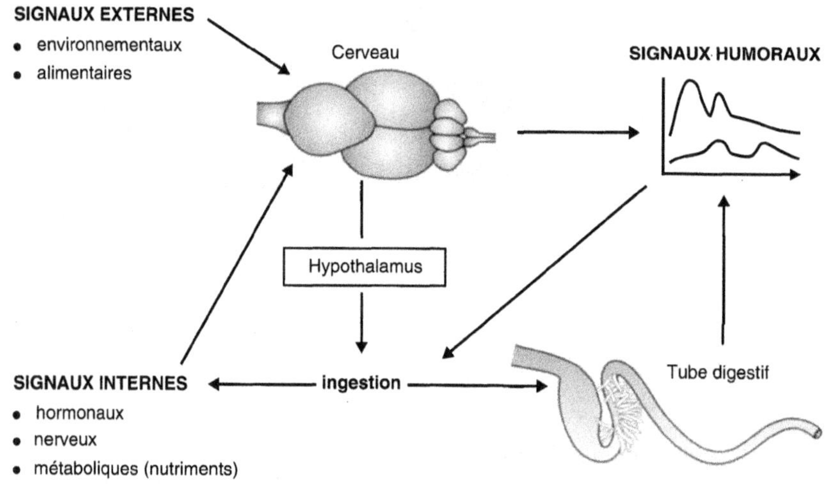

Figure 3.1. Schéma simplifié de la régulation neuro-hormonale de l'appétit.

– le contrôle périphérique englobe plusieurs voies de contrôle de l'ingestion, tels des signaux de type humoraux qui inhibent la prise alimentaire. Ces signaux, émis par le tube digestif ou le cerveau (peptides tels que la cholécystokinine, la bombésine, la somatostatine) peuvent provoquer l'arrêt de l'ingestion ou la régurgitation de l'aliment. Ils sont essentiellement à l'origine de la régulation à court terme.

Quelques travaux montrent que ces systèmes complexes agissent de concert pour maintenir la biomasse corporelle autour d'une valeur d'équilibre en fonction de l'âge, de la taille, du sexe et de la saison. La résultante de ce processus de régulation, donnée qui intéresse directement l'éleveur, est la quantité d'aliments volontairement ingérée par unité de temps et par unité de biomasse.

Techniques de mesure de l'ingéré volontaire

Pour mesurer l'ingéré volontaire de façon objective, la distribution manuelle des aliments jusqu'à satiété est souvent employée. Cette mesure, simple en apparence, est cependant fortement influencée par la perception propre à l'expérimentateur de ce qu'est la satiété chez un poisson. Elle nécessite aussi d'imposer arbitrairement des modalités de distribution des aliments (fréquence, horaires et durée des repas) qui ne sont pas forcément en phase avec les rythmes d'alimentation propres à l'espèce étudiée. Une autre façon de procéder consiste à distribuer en excès un aliment contenant une proportion connue d'une substance identifiable par rayons X (microbilles de verre par exemple) ou un élément radioactif. Cette méthode présente des avantages : elle élimine les erreurs dues à la perte ou à la régurgitation de particules alimentaires et elle permet d'étudier la variabilité inter-individuelle de l'ingestion, mais elle nécessite soit une manipulation des échantillons de poissons après chaque repas (rayons X), soit un abattage (éléments radioactifs). Une dernière méthode consiste à conditionner les animaux à s'auto-alimenter en manipulant eux-mêmes le levier d'un distributeur d'aliment. Ces distributeurs « à la demande » laissent une totale liberté de choix aux poissons pour l'heure, la fréquence et la quantité d'aliment qu'ils désirent. De ce fait, la distribution à la demande est peut-être le seul moyen d'assurer une ingestion *ad libitum*. Certaines espèces peuvent cependant être difficiles à conditionner à ces distributeurs, c'est le cas de la sole ou de l'esturgeon. De plus, la quantité d'aliment distribuée en réponse à chaque demande doit être soigneusement ajustée par réglage de l'appareil, et il est nécessaire de s'assurer régulièrement que la totalité des aliments distribués est consommée.

Grâce à ces différentes techniques de mesure, il est possible de mettre en évidence l'importance de différents facteurs à l'origine des variations de l'ingestion volontaire. Qu'ils soient intégrés par l'organisme de façon centrale ou périphérique, ces facteurs peuvent être regroupés en fonction de leur origine nutritionnelle, environnementale ou comportementale.

Facteurs agissant sur l'ingestion volontaire

Facteurs nutritionnels

Plusieurs expériences montrent que les poissons sont capables de distinguer deux aliments. À l'aide de distributeurs d'aliments à la demande, par exemple, il a été montré que la truite pouvait, après deux jours d'apprentissage, faire la différence entre des aliments à base de farine de poisson et des aliments à base de caséine, et manifester une nette préférence pour les premiers. Bien plus, dans certaines conditions, le poisson peut faire la différence entre des aliments déficients ou non en un nutriment essentiel. Ainsi, la truite est capable en quelques jours de détecter l'interversion de distributeurs d'aliments déficients ou non en zinc. De la même façon, le bar est capable de discriminer des aliments dont la teneur en méthionine est différente. La capacité des poissons à distinguer deux aliments et à exprimer une préférence pour le mieux équilibré n'a malheureusement été observée que chez peu d'espèces et la généralisation demeure hasardeuse. Par ailleurs, ce choix ne présage en rien de ce qui se passe lorsqu'un aliment déficient est présenté seul. On pourra alors observer soit une augmentation de l'ingéré volontaire, soit au contraire un refus de s'alimenter, selon le degré de carence et sans doute la nature des nutriments.

Lorsque les aliments distribués sont formulés de façon à ne présenter aucune déficience, la quantité d'aliments ingérés est régulée en fonction des besoins énergétiques des animaux, sur la base de la teneur des aliments en énergie digestible (fig. 3.2). Cette observation, vérifiée pour plusieurs espèces, nécessite tout de même d'être modulée en fonction du niveau énergétique de l'aliment et du passé nutritionnel des animaux. En effet, et bien que peu de données soient disponibles sur ce sujet, il n'est pas certain que cette régulation soit d'une grande efficacité lorsque l'aliment distribué est très peu ou particulièrement énergétique (chap. 22). On peut aussi observer, au moins chez les espèces dont l'estomac est bien individualisé, qu'à la suite d'une courte période de privation d'aliments, assurant une parfaite vidange gastrique, le premier repas pris correspond à la capacité volumique de l'estomac. Des récepteurs nerveux, sensibles à la pression exercée sur la paroi de l'estomac, limitent de cette façon l'ingéré maximal et contribuent au mécanisme de la satiété. La régulation de l'ingéré, sur la base de l'énergie digestible, n'est exercée qu'à partir du second ou troisième repas. Certains auteurs observent aussi que, durant les premiers jours qui suivent une période de jeûne, l'énergie ingérée dépend étroitement de l'état nutritionnel des poissons : plus les réserves lipidiques sont importantes, moins l'ingestion volontaire est importante et vice versa.

Enfin, il convient de rappeler que la présence d'attractants (chap. 18) peut mettre fin à une inappétence ou stimuler la prise alimentaire. De telles substances sont d'ailleurs fréquemment utilisées en alimentation des larves car elles permettent d'améliorer les résultats du sevrage (chap. 13).

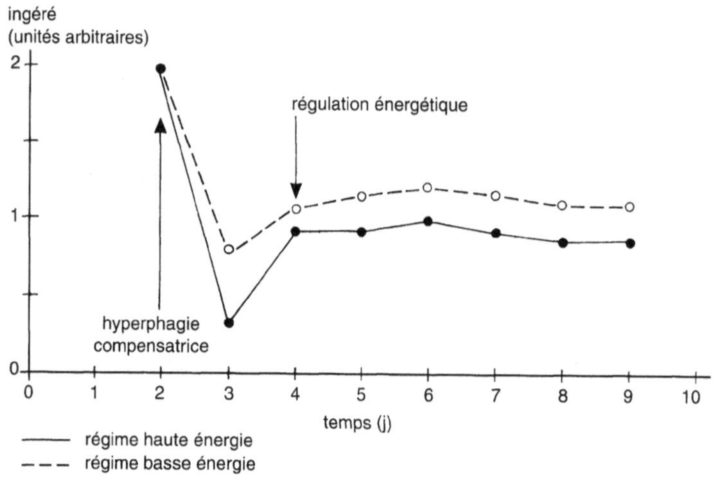

Figure 3.2. Évolution, après un jeûne de quelques jours,
de l'ingestion pour deux aliments à teneur en énergie digestible différente.

Facteurs environnementaux

Chez les ectothermes et en particulier les poissons, la température est le principal paramètre environnemental influençant l'ingestion volontaire. Pour chaque espèce, il existe en effet un optimum thermique pour lequel l'ingéré volontaire est maximal. En général, lorsque la température dépasse cet optimum, l'ingéré volontaire se maintient dans une certaine mesure avant de chuter brusquement quand un certain seuil thermique est atteint. Lorsque la température diminue, la baisse de l'ingéré volontaire est plus progressive jusqu'à un autre seuil au-dessous duquel le poisson ne s'alimente plus. Chez les poissons qui possèdent un estomac bien individualisé, tels que de nombreux salmonidés ou siluriformes, la température agit aussi sur l'intervalle séparant les prises d'aliments : à température basse, les prises alimentaires seront plus espacées qu'à température haute. Cet intervalle est à corréler directement avec le temps de vidange gastrique, temps inversement proportionnel à la température.

Les poissons sont aussi extrêmement sensibles aux caractéristiques chimiques de l'eau dans laquelle ils vivent. Dans ce cas, la réponse comportementale est généralement de type tout ou rien. Ainsi, chez la carpe commune, la présence en trop forte quantité d'ammoniaque ou de nitrites bloque la prise alimentaire, bien avant de provoquer la mort des poissons. De même, chez la truite, un taux d'oxygène dissous inférieur à 6 mg/L est capable d'arrêter la consommation d'aliment.

Facteurs comportementaux

Une inhibition momentanée de la consommation d'aliments est souvent observée à la suite de stress de natures diverses tels que la simple manipulation des poissons, ou la présence de prédateurs au voisinage direct des cages. Lorsque la cause du stress est supprimée, l'inhibition ne se maintient généralement que quelques heures. Si les animaux sont nourris *ad libitum*, cette période d'inhibition est suivie d'une courte phase d'hyperphagie compensatrice, qui annule ou diminue l'effet négatif du stress sur la croissance (fig. 3.3).

Certains facteurs peuvent avoir un effet à long terme sur la prise alimentaire. On peut alors parler de stress chronique. Par exemple, une densité d'élevage trop faible, en permettant aux poissons de structurer des relations interindividuelles, peut induire une hiérarchisation des individus, et donc faire apparaître des relations dominants-dominés. Cette situation conduit alors rapidement à une forte hétérogénéité de croissance. À l'inverse, chez certaines espèces comme la daurade ou le pagre, une densité d'élevage trop forte peut obliger les poissons à réduire leur distance de nage entre individus voisins. Dans une telle situation, la consommation d'aliments peut diminuer par suite de la réduction de l'espace vital.

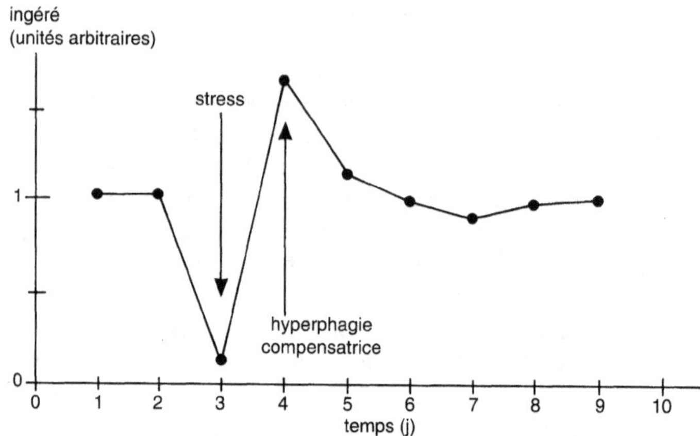

Figure 3.3. Évolution de l'ingestion volontaire à la suite d'un stress momentané (par exemple, capture-relâcher).

Indépendamment de tout stress apparent, des variations temporelles de l'ingestion volontaire d'aliments en relation avec l'environnement ont été observées à différentes échelles de temps (fig. 3.4). À l'échelle de la saison, le rôle de la température comme facteur de variation de la prise alimentaire est bien connu. L'effet de la photopériode sur la prise alimentaire, étudié à température constante, est plus controversé. Un consensus se dégage cependant selon lequel ce n'est pas la durée du jour qui agit sur l'ingéré volontaire, mais plutôt la modification de cette durée. Ainsi, par exemple, chez le saumon de l'Atlantique, la prise alimentaire est stimulée par une photopériode croissante (printemps). Des variations importantes à l'échelle de la quinzaine ou du mois et qui semblent liées aux cycles lunaires ont aussi été observées par plusieurs auteurs. Il convient de citer aussi les variations d'ingestion volontaire entre jours successifs, qui sont souvent observées même en conditions stables de laboratoire, et qui ne trouvent que rarement des explications.

Une dernière échelle de temps des variations de l'ingestion volontaire, qui est de loin la plus documentée, est celle du nycthémère. Les différents travaux sur la question permettent de conclure que la plupart des espèces présentent des phases marquées d'activité alimentaire en relation avec le cycle d'alternance jour/nuit. Certains poissons se nourrissent préférentiellement de jour (espèces diurnes, comme la truite). Leur activité alimentaire se caractérise souvent par une phase d'hyperphagie associée aux premières heures du jour et occasionnellement par un second pic qui précède le crépuscule. D'autres espèces, telles que le bar ou la carpe commune, ont la particularité de modifier aisément leur rythme alimentaire et peuvent se comporter en animaux diurnes durant un temps, pour devenir nocturnes ensuite. Il est généralement difficile de discerner la raison de ces changements qui sont observés même lorsque l'aliment est disponible en permanence. Certains auteurs ont montré que, chez

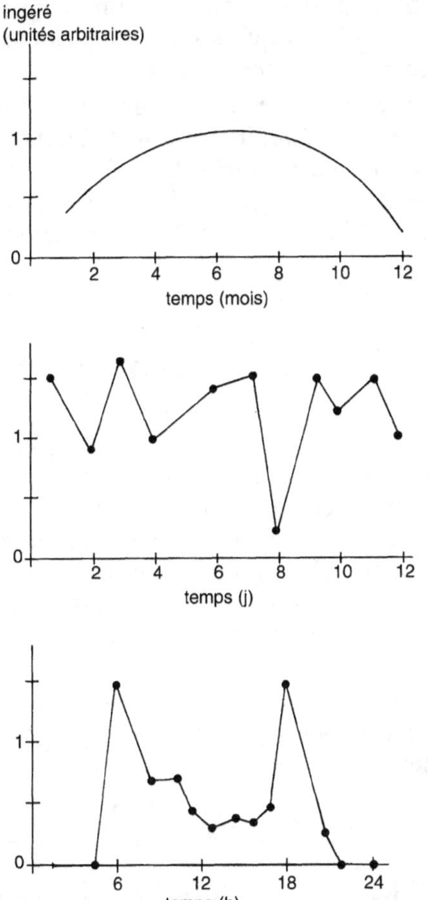

Figure 3.4. Variations temporelles de l'ingéré volontaire à différentes échelles de temps.

le saumon de l'Atlantique, l'activité alimentaire qui est généralement diurne devient nocturne lorsque la température s'abaisse au-dessous de 10 °C.

L'existence des rythmes alimentaires étant bien établie chez les poissons à différentes échelles de temps, il convient de s'interroger sur le contrôle de ces rythmes. Leur contrôle est-il endogène, ou bien uniquement environnemental ? En fait, les données dont on dispose sont assez fragmentaires et il est difficile de hiérarchiser simplement l'importance des différents synchroniseurs potentiels. Dans l'état actuel des connaissances, il semble que les principaux synchroniseurs environnementaux sont l'alternance jour-nuit, les cycles lunaires, la photopériode et la température. Cependant, l'existence d'une horloge interne, permettant au moins partiellement un contrôle endogène de ces rythmes, est probable. En effet, plusieurs auteurs ont montré en laboratoire que la truite, le bar et le poisson-chat américain pouvaient développer leur rythme alimentaire propre, d'une période légèrement différente de 24 h, lorsqu'ils sont soumis à une alternance de phases d'éclairement et d'obscurité d'une périodicité d'environ 1 h.

Les conséquences physiologiques ou pratiques de l'imposition d'un rythme d'alimentation plus ou moins arbitraire par l'éleveur sont encore presque inconnues. Il paraît cependant *a priori* souhaitable de calquer le plus possible la distribution de nourriture sur les rythmes de consommation propres à l'espèce ou mieux encore d'avoir recours à l'alimentation à la demande.

Conclusion

Les facteurs de variation de l'ingestion volontaire sont nombreux et de nature très diverse. Ils induisent des réponses tout aussi diverses, qu'il s'agisse du rejet de l'aliment, de l'arrêt momentané de l'ingestion, de l'hypophagie ou de l'hyperphagie. L'autorégulation de l'ingestion volontaire est influencée, entre autres choses, par des facteurs nutritionnels, et tout spécialement par l'énergie alimentaire. Elle suit aussi des rythmes à différentes échelles de temps.

Ces variations rendent complexe la gestion de la distribution d'aliments, et fournissent un argument de poids pour le développement de techniques d'alimentation à la demande.

Références bibliographiques

ALI M.A., 1992. *Rhythms in fishes*, Plenum Press, New York, 348 p.

BOUJARD T., 1994. Aquaculture et comportement animal. *Aquarevue*, 52, p. 21-44.

FLETCHER D.J., 1984. The physiological control of appetite in fish. *Comp. Biochem. Physiol.*, 78A, p. 617-628.

HALVER E., 1989. *Fish Nutrition*, 2nd ed., Academic Press, San Diego, 798 p.

TALBOT C., 1993. Some aspects of the biology of feeding and growth in fish. *Proc. Nutr. Soc.*, 52, p. 403-416.

4

PHYSIOLOGIE DIGESTIVE ET DIGESTIBILITÉ DES NUTRIMENTS CHEZ LES POISSONS

La physiologie digestive des poissons s'appuie d'abord sur des études anatomiques très nombreuses et parfois fort anciennes. Les études de physiologie proprement dite, beaucoup plus récentes, ont maintenant trait à des domaines aussi variés que la régulation du transit digestif, la structure moléculaire des enzymes, l'organisation des cellules absorbantes, la nature et le rôle des hormones du tube digestif. Par ailleurs les études de bilan digestif global, c'est-à-dire de digestibilité, conduites par les zootechniciens, ont fourni des résultats qui complètent les travaux des physiologistes et qui sont de première importance pour la nutrition appliquée et la formulation des aliments.

Anatomie et physiologie du tube digestif

Rappel sur l'anatomie du tube digestif

La classe des poissons, comme toutes les classes de vertébrés, présente une diversité du tube digestif dépassant largement celle de l'anatomie externe. Les zoologistes essaient de situer leurs observations par rapports à deux axes principaux : l'évolution des espèces d'une part, l'adaptation au régime d'autre part. Seules quelques données de base sur l'anatomie et la fonction du tube digestif seront présentées dans cet ouvrage.

Quelques généralités

Les poissons très primitifs (élasmobranches dont font partie requins et raies, chondrostéens dont font partie les esturgeons par exemple) ont un tube digestif très particulier : à l'estomac bien différencié fait suite un intestin normal puis un intestin renfermant une formation originale : la valvule spirale. Cette organisation dérive de l'enroulement de l'intestin en spirale serrée suivi de la fusion partielle des parois qui aboutit à une structure rappelant un escalier en colimaçon. Elle assure une grande capacité d'absorption pour une faible longueur d'intestin.

Chez les téléostéens la bouche a, comme dans les autres phylums, une anatomie étroitement adaptée au comportement alimentaire. L'anatomie du tube digestif est assez homogène dans les familles primitives, mais elle est assez variable dans les familles plus évoluées présentant une plasticité vis-à-vis de la nourriture, y compris parfois à l'intérieur de genres qui paraissent tout à fait homogènes du seul point de vue de l'anatomie extérieure. On peut trouver des types avec ou sans estomac, des types à œsophage court ou long, à intestin court rectiligne ou long et contourné avec de nombreux modes de replis ou d'enroulement dans les cas intermédiaires. Le nombre des caecums pyloriques varie de zéro à près d'un millier.

À d'autres points de vue, l'appareil digestif des poissons présente malgré tout des caractéristiques constantes :

– l'œsophage a toujours une musculature striée, permettant à l'animal une régurgitation tardive ;

– l'intestin ressemble à l'intestin grêle des mammifères ou à l'intestin des oiseaux et présente une certaine différenciation rappelant la succession duodénum, jéjunum, iléon des mammifères mais il n'existe pas de colon véritable ;

– la paroi de l'intestin ne comprend que 3 tuniques : muqueuse, musculeuse et séreuse car l'absence de « *muscularis mucosae* » empêche la distinction entre muqueuse et sous-muqueuse ;

– les villosités de l'intestin ne sont pas bien individualisées et sont plutôt des pseudo-villosités ou plis ;

– certains entérocytes gardent pendant toute la vie du poisson une fonction d'endocytose caractéristique des nouveau-nés des mammifères ;

– l'équipement en enzymes digestives est relativement voisin de celui que l'on connaît chez les vertébrés supérieurs.

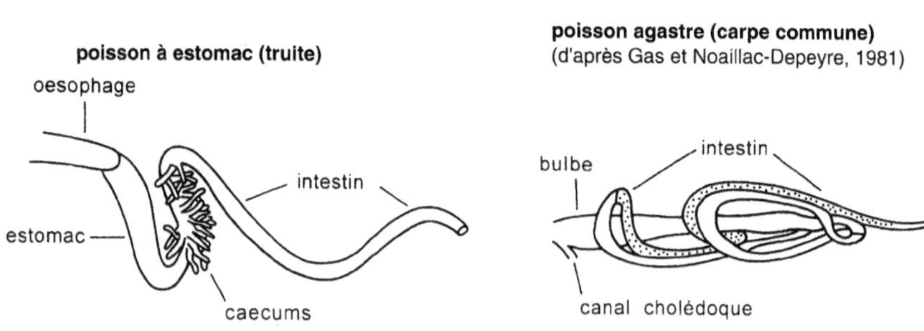

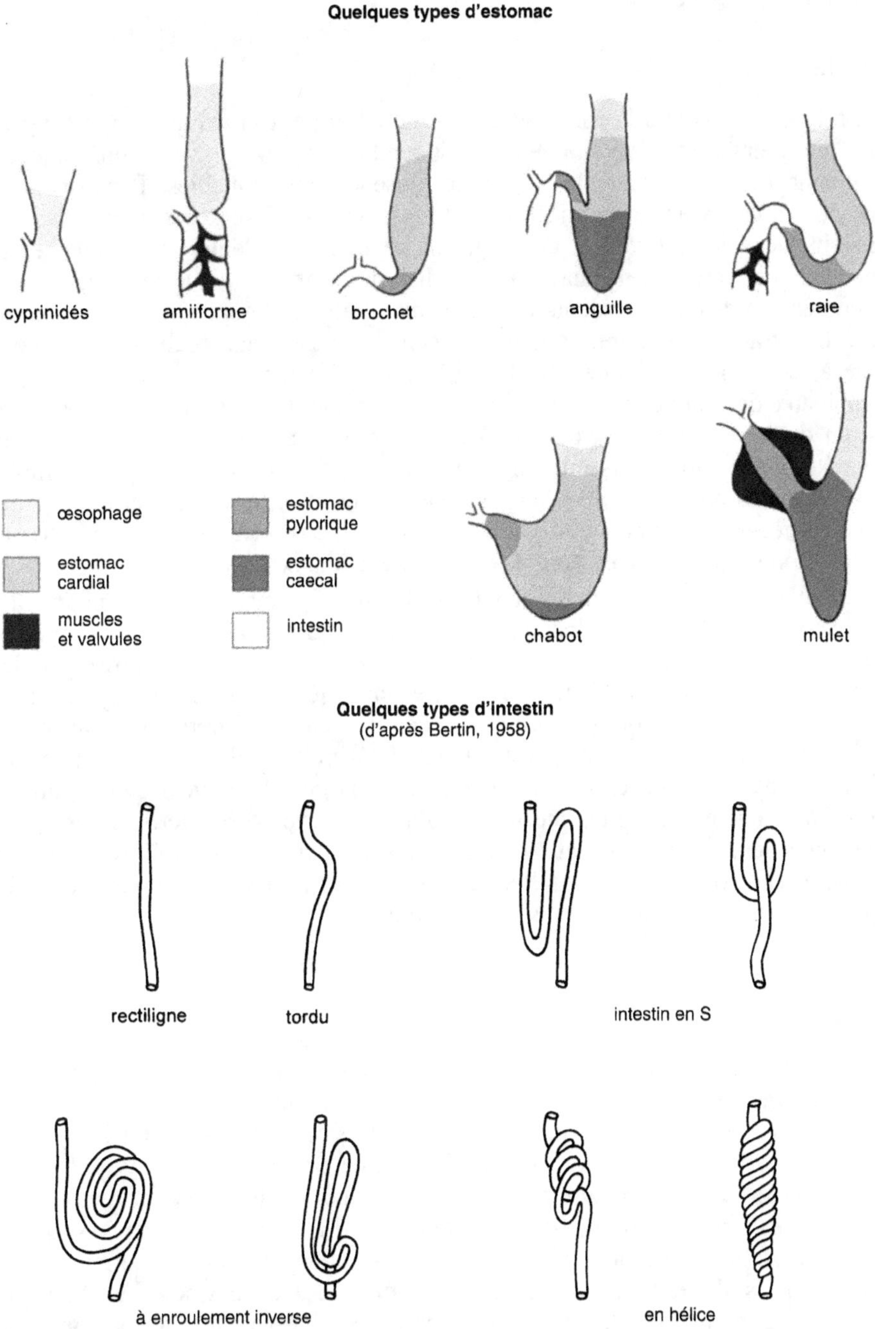

Quelques types d'estomac

Quelques types d'intestin
(d'après Bertin, 1958)

◀ ▲ **Figure 4.1.** Les deux grands types de tubes digestifs rencontrés chez les poissons.

Principaux organes

Bouche

La bouche assure à la fois l'aspiration de l'eau pour la respiration et l'ingestion d'aliments. Son fonctionnement est rendu complexe par le milieu aqueux lui-même (non compressible) et par la présence des branchies. Il existe donc une coordination entre les mâchoires, la « langue », la voûte du palais, les arc branchiaux et les opercules. D'une façon générale, les dents, quand elles existent, assurent rarement la mastication. Elles peuvent servir à la préhension et à la contention des proies (dents buccales, maxillaires, linguales ou vomériennes) ou à la filtration (dents pharyngiennes, dents associées aux branchies) qui consiste à retenir les particules et à les diriger vers l'estomac. Il existe deux types principaux de comportement : la capture des proies et la succion ; la filtration est en quelque sorte une extension de la succion à une forme de récolte de la nourriture. Quelques poissons ont des dents masticatrices. Ainsi, par exemple, les cyprinidés ont des dents pharyngiennes en position inférieure et une plaque masticatrice en position supérieure, les daurades peuvent broyer des coquilles et certains poissons herbivores ont des systèmes spéciaux de mastication.

La bouche est dépourvue de glandes salivaires. En revanche des papilles gustatives ont été mises en évidence grâce aux techniques d'histologie et de microscopie électronique à balayage, et leur fonction clairement démontrée par des expériences de comportement alimentaire ainsi que de nutrition appliquée. Il existe aussi d'autres organes dotés de cellules chémoréceptrices localisées à l'extérieur de la bouche qu'il est tentant d'assimiler à des cellules olfactives bien que la distinction entre sens olfactif et sens gustatif n'ait pas de signification claire en milieu aquatique. On attribue aux chémorécepteurs externes un rôle dans le repérage des attractants tandis que ceux des papilles gustatives auraient les diverses fonctions liées aux stades ultérieurs du comportement alimentaire, arrêt ou renforcement de l'ingestion.

Œsophage

L'œsophage des poissons est presque toujours court et large, ce qui faisait dire aux anciens auteurs que la bouche communiquait directement avec l'estomac. Sa muqueuse, bien distincte de celle de l'estomac ou de l'intestin, est garnie de nombreuses cellules à mucus. La grande originalité de l'œsophage des poissons réside dans la nature de sa musculeuse qui est formée pour tout ou partie de fibres striées à contraction volontaire. En d'autres termes, le poisson possède une latitude beaucoup plus grande que les vertébrés supérieurs pour régurgiter les aliments si leur taille, leur texture ou leur goût ne lui conviennent pas. Chez certains prédateurs, la musculeuse a évolué vers une forme complexe permettant apparemment une certaine contention des proies encore vivantes. Les œsophages longs se rencontrent chez quelques poissons comme l'anguille où de nombreux éléments militent en faveur d'une fonction osmorégulatrice de cet organe pendant la migration catadrome.

À la jonction de l'œsophage et de l'estomac il existe en général un sphincter cardial chez les espèces d'eau douce, mais non chez celles d'eau salée. On explique cette différence par le fait que le poisson d'eau douce essaie de minimiser son ingestion d'eau tandis que le poisson de mer doit boire continuellement pour assurer son osmorégulation.

Estomac

L'estomac, toujours absent chez les larves, apparaît aux alentours de la métamorphose ou quelquefois plus tard. Mais certaines familles telles que les cyprinidés en sont dépourvues. Dans d'autres familles, il est absent chez quelques genres ou espèces seulement. Parfois l'absence d'estomac paraît relever d'une cause logique : les poissons se nourrissant de coraux ingèrent des doses de carbonate de calcium telles qu'il leur serait difficile de diminuer le pH jusqu'à un niveau compatible avec une activité normale de la pepsine. D'une façon générale, les poissons sans estomac sont plus souvent des microphages ou des herbivores que des carnivores. Dans d'autres cas cependant, chez les cyprinidés par exemple, on trouve des espèces agastres se nourrissant d'aliments très différents.

La forme de l'estomac est très diverse, allant d'un simple renflement se transformant en poche allongée quand l'organe se remplit, à une poche bien individualisée. L'estomac peut avoir une forme coudée, en J et même en Y. Il est généralement séparé de l'intestin par une valvule ou un sphincter pylorique. Il est doté d'une possibilité de distension considérable chez les poissons carnivores qui avalent leur proie sans la fractionner ; en revanche les microphages ont un estomac beaucoup plus réduit. La musculature dominante est de type longitudinal. Malgré ces variantes anatomiques, tous les estomacs ont une structure histologique relativement homogène et assez peu différente, par ses fonctions du moins, de celle des vertébrés supérieurs. L'épithélium est de type endodermique, et l'on y distingue de nombreuses glandes en doigts de gant garnies de cellules sécrétrices de proenzymes digestives et d'acide chlorhydrique. D'autres types de cellules sécrètent des hormones ou du mucus. Les cellules mucosécrétrices sont en général seules présentes dans la partie distale.

Chez quelques poissons herbivores comme les mulets, la région pylorique forme un véritable organe individualisé à paroi racornie, entouré d'une musculature circulaire très épaisse, faisant suite à un estomac qui a perdu ses fonctions sécrétrices. Par analogie avec les oiseaux, cet organe a été appelé « gésier », il a un rôle purement triturateur. L'estomac est la seule région du tube digestif à contenu acide qui assure la dénaturation des protéines, un début d'hydrolyse, et tue une partie des bactéries ingérées. Le pH y est généralement de l'ordre de 2-3, mais peut monter aux alentours de 5, notamment chez les poissons marins qui boivent sans cesse une eau à pH voisin de 8.

Intestin

La terminologie employée par les anatomistes pour décrire l'intestin des poissons est extrêmement confuse, les parties décrites comme intestin antérieur, moyen, postérieur, duodénum, jéjunum, iléon ayant souvent des acceptions différentes d'un auteur à l'autre (par exemple, une région appelée moyenne par un auteur sera appelée distale par un autre, etc.). Cette confusion découle principalement de l'absence de différenciation anatomique externe marquée et elle rend l'interprétation des diverses publications très délicate. Seule la cytologie permet de distinguer 3 ou 4 régions ayant des rôles distincts.

L'intestin proximal, souvent appelé duodénum, présente chez les poissons sans estomac un renflement appelé « bulbe » qui est particulièrement développé dans certaines familles comme les cyprinidés. Cet organe peut à première vue être confondu avec un estomac vrai dont il assure une fonction, le stockage temporaire d'aliments après le repas. Il s'en distingue par ses autres fonctions : l'arrivée du canal cholédoque se situe toujours en amont du bulbe alors qu'il est en aval des estomacs vrais ; le pH du bulbe n'est jamais acide, on ne trouve pas de cellule sécrétrice de type gastrique et on ne détecte aucune activité pepsique.

La partie proximale de l'intestin des poissons à estomac, et seulement de ces derniers, porte souvent des diverticules aveugles : les caecums. Le nombre de ces organes va de zéro à plusieurs dizaines et même plusieurs centaines, il avoisine le millier chez le lieu noir. Dans certaines familles, comme les salmonidés, ce nombre est nettement distinct d'une espèce à l'autre. Il dépend de facteurs génétiques et peut être modifié par sélection. Il dépend également de la température de l'eau pendant le développement. Mais il ne semble être corrélé avec aucune caractéristique nutritionnelle. L'étude histologique n'a pas révélé de différence marquée entre intestin proprement dit et caecums dont la fonction est encore mal élucidée : visiblement les caecums ne sont le siège d'aucune sécrétion ou absorption particulière ; chez les espèces d'eau froide ils n'abritent pas non plus de flore spéciale. Certes, chez les poissons d'eau chaude, on peut y trouver des flores actives dans la synthèse de vitamines ou même, cas extrême, des flores cellulolytiques comme chez le *Kyphosus cornelii*, poisson herbivore australien voisin des sparidés. Mais certaines espèces herbivores strictes sont dépourvues de ces diverticules. Actuellement, la grande majorité des ichtyologistes considèrent les caecums comme une extension de la surface de l'intestin, « stratégie » permettant d'accroître la surface absorbante du tube digestif.

Histologiquement, la muqueuse intestinale rappelle celle des vertébrés supérieurs, elle présente des pseudovillosités multipliant la surface du cylindre apparent par vingt environ (fig. 4.2). Les entérocytes se multiplient dans les zones équivalant aux cryptes, se différencient en migrant le long des pseudovillosités en cellules à mucus ou cellules absorbantes et dégénèrent finalement aux sommets où elles se desquament. Les entérocytes sont des cellules à organites bien visibles dont la face luminale est couverte de microvillosités serrées multipliant la surface absorbante par un autre facteur vingt. Les microvillosités sont parcourues par une série de microfilaments de nature polysaccharidique qui se

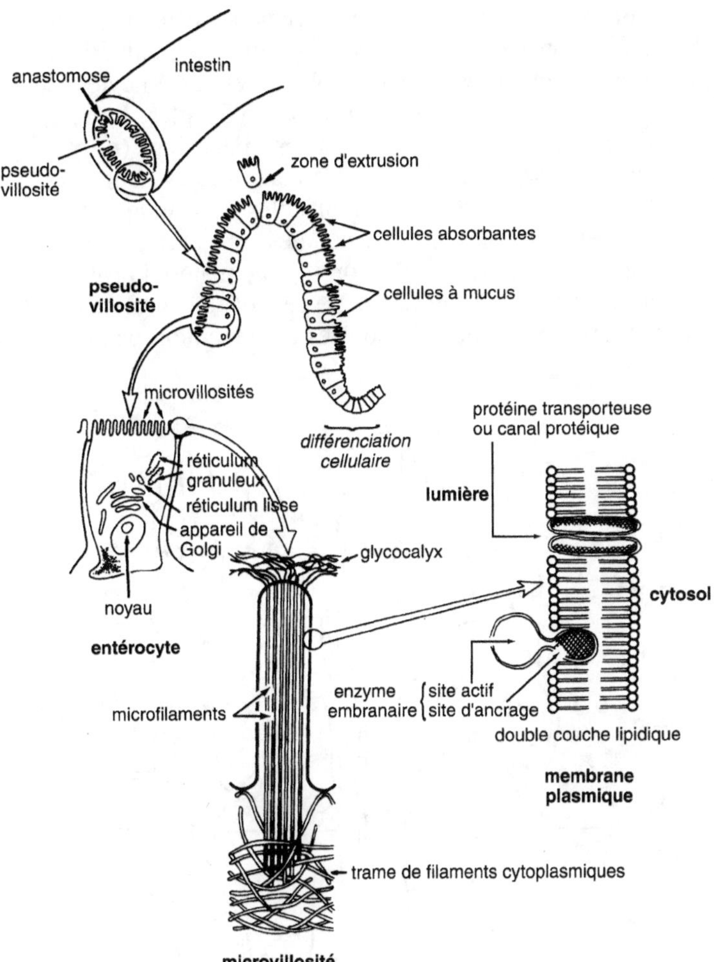

Figure 4.2. Représentation schématique de l'anatomie et de l'histologie de l'intestin, de la coupe de l'organe (échelle macroscopique) à la structure moléculaire de la membrane plasmique des microvillosités.

prolongent dans la lumière où ils forment un réseau filtrant, le glycocalyx. Leur membrane comprend des enzymes membranaires, des protéines transporteuses et des canaux ioniques. Toutes ces molécules protéiques sont enchâssées dans la double couche lipidique. Dans les cellules du duodénum, on observe après le repas d'abondantes formations lipidiques de deux types : lipides particulaires et lipides étalés (voir p. 67). Cette région joue visiblement un rôle actif dans l'absorption des lipides.

L'intestin moyen, parfois appelé jéjunum, se distingue difficilement des parties antérieure et postérieure par ses caractéristiques externes, bien que sa couleur soit parfois plus brune que celle de l'intestin proximal. Histologiquement, il présente des particularités remarquables : les entérocytes sont pourvus d'invaginations nombreuses à la base des microvillosités. Entre celles-ci et le noyau on observe des vacuoles de très grandes dimensions (fig. 4.3). Ces cellules rappellent les entérocytes de l'iléon des mammifères nouveau-nés qui assurent l'absorption par endocytose de molécules protéiques et leur digestion intracellulaire. Chez les poissons, ces cellules, présentes quel que soit l'âge, assurent visiblement une fonction d'absorption de matériel protéique.

L'intestin distal, parfois appelé iléon, est généralement très court. Les entérocytes n'ont que des microvillosités courtes et présentent peu de caractères de

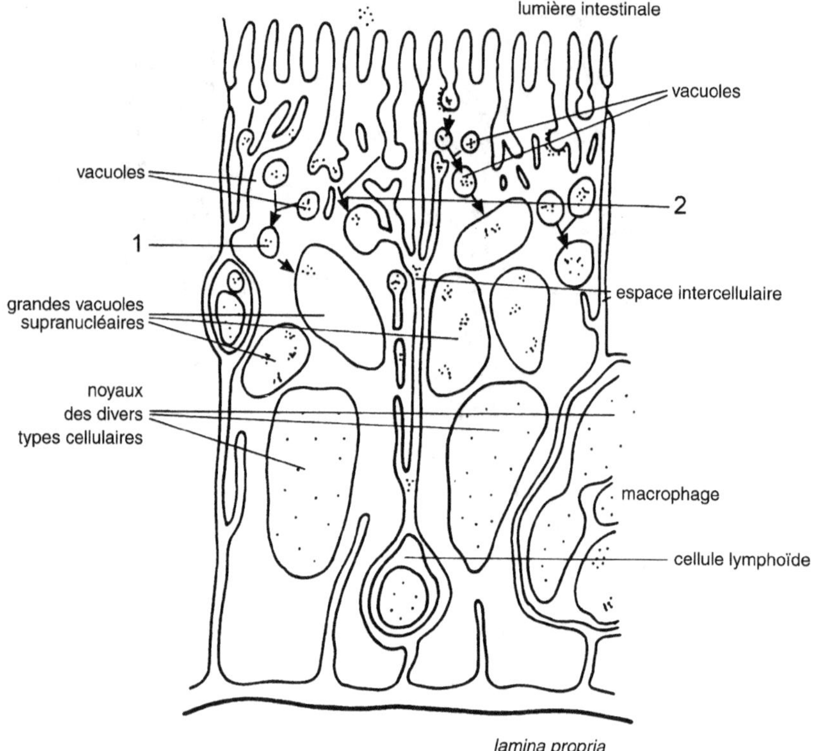

Figure 4.3. Cellules à endocytose caractéristiques de l'intestin postérieur des poissons (d'après Vernier et Sire, 1989). Les macromolécules protéiques de la lumière intestinale pénètrent par les invaginations localisées à la base des microvillosités. Elles forment des vacuoles qui peuvent, soit (1) fusionner pour donner des grandes vacuoles supranucléaires où les molécules sont digérées, soit (2) gagner l'espace intercellulaire, où elles entrent en contact avec les cellules lymphoïdes et les macrophages.

cellules absorbantes mais sont dotés d'un nombre élevé de mitochondries. On s'accorde à leur reconnaître d'abord un rôle osmorégulateur majeur par le biais de l'absorption d'ions minéraux. Cette partie est parfois prolongée par une zone préanale ou un rectum.

La longueur de l'intestin est très variable. Il existe une relation entre la longueur de cet organe par rapport à celle du corps et le régime alimentaire : d'une façon générale, les carnivores ont des intestins courts et les herbivores des intestins longs. Cette corrélation (au sens large du terme) qui se retrouve dans tout le règne animal doit être nuancée du fait de différences de vitesse de transit, de différences dans le développement des caecums, etc. Le repliement des intestins longs est de divers types : en S, à enroulement inverse, ou en hélice.

Glandes annexes

Le foie est toujours bien développé chez les poissons. Son anatomie est extrêmement diversifiée selon les taxons et son histologie est différente de celle des mammifères puisque les lobules sont absents. Les fonctions de l'organe sont cependant à peu près les mêmes que chez les vertébrés supérieurs. La sécrétion de bile est abondante, la vésicule biliaire n'est absente que dans de très rares cas. Chez certains poissons, le foie qui peut atteindre une taille considérable remplit un rôle « adipogénique » évident et constitue un organe de réserve de lipides comme chez certains oiseaux.

À l'opposé, le pancréas ne forme pas une glande individualisée, sauf chez quelques poissons comme les élasmobranches, les dipneustes ou le brochet par exemple. Dans presque tous les cas on observe seulement un ensemble diffus de cellules déposées autour du « duodénum », dans la région des caecums quand ils existent ; ces chapelets ou glandules peuvent interpénétrer les organes voisins et former un « hépatopancréas » (cas de la carpe commune). Les sécrétions enzymatiques se déversent dans le canal cholédoque. À côté de ces cellules digestives existent également des cellules endocrines (îlots de Langerhans) sécrétant l'insuline.

Autres fonctions

Le tube digestif, avec ses glandes annexes, est considéré comme le principal organe endocrinien des vertébrés supérieurs. Il est difficile de dire s'il en est de même chez les poissons dont l'endocrinologie n'est étudiée que depuis peu. Dans les parois du tube digestif lui-même, des cellules endocrines sécrétant cholécystokinine (CCK), gastrine, céruléine et glucagon ont été mises en évidence mais l'importance et le rôle de ces sécrétions demeurent mal connus.

La fonction immunitaire active du tube digestif est plus mal connue encore. Il n'existe pas de plaques de Peyers vraies permettant le contact des lymphocytes avec les bactéries (rôle dans l'immunité active), bien que ce contact ait visiblement lieu grâce à des lymphocytes dispersés dans le tissu épithélial de l'intestin (fig. 4.3).

Dans quelques familles (cobitidae, callichthyidae) existe une respiration intestinale assurée par des formations entourées de capillaires et rappelant les alvéoles pulmonaires. Signalons enfin l'existence dans l'épithélium du tube digestif de cellules encore mystérieuses, dites cellules en poire ou à bâtonnets selon les auteurs, que l'on retrouve aussi dans le rein ou les branchies. L'hypothèse selon laquelle il s'agirait d'un parasite ou d'un symbionte est aujourd'hui abandonnée. Le rôle, peut-être sécréteur, de ces cellules reste inconnu.

Enzymes digestives

Généralités

Les enzymes digestives des poissons, tout comme celles des autres vertébrés, se rattachent à trois types, dont deux principaux :

– les enzymes sécrétées par le pancréas et, de façon minoritaire, par l'estomac, sous forme de granules de zymogène ou proenzymes inactives mêlées à un suc digestif de composition ionique et de pH particuliers. Ces proenzymes, qui ne sont jamais d'origine buccale chez les poissons, sont activées dans l'estomac et surtout le duodénum ;

– les enzymes membranaires que l'on retrouve pour une petite part dans le chyme, mais qui n'agissent, dans les conditions normales, que liées à la membrane des microvillosités. Ces enzymes sont toutes intestinales. Elles ont pour fonction la dégradation de fragments des macromolécules filtrés par le glycocalyx. Elles sont situées près des systèmes de transport qui assurent l'absorption dans le cytoplasme de l'entérocyte ;

– les enzymes de cellules du tube digestif localisées ailleurs que sur la paroi, dans les lysosomes par exemple. Il est parfois difficile de dire si ces enzymes participent à la digestion extracellulaire car leur activité peut être détectée *in vitro* après lyse des cellules.

L'équipement en enzymes digestives n'est pas le même chez toutes les espèces. Par exemple, la pepsine est toujours absente chez les poissons sans estomac et la chitinase a été trouvée chez certaines espèces seulement. L'organe de sécrétion de certaines enzymes semble également varier d'une espèce à l'autre ; on a signalé des lipases et des amylases stomacales. Il faut cependant constater que la recherche d'activités enzymatiques dans les segments du tube digestif ne présente souvent qu'un caractère qualitatif. De plus les confusions dues au péristaltisme, aux enzymes des proies ou à l'activité de la flore intestinale sont possibles.

Enzymes issues de zymogènes (gastriques et pancréatiques)

Les principales enzymes de ce type sont listées dans le tableau 4.1.

L'activation des proenzymes se fait par coupure d'un peptide qui masque le site actif. Dans le cas de la pepsine, l'hydrolyse débute par l'action de l'acide chlorhydrique et elle est autocatalytique (hydrolyse du pepsinogène par la pepsine). Dans le cas des enzymes pancréatiques, il y a d'abord activation du trypsinogène par l'entérokinase, puis déclenchement d'une chaîne de réactions par action de la trypsine sur le chymotrypsinogène, les enzymes suivantes étant successivement activées : élastase, collagénase, carboxypeptidases A et B, phospholipase et colipase. À l'exception du couple lipase-colipase, les enzymes de ce type agissent alors sur les macromolécules par coupures internes (« endohydrolyse ») engendrant des molécules plus petites mais non absorbables telles quelles.

Tableau 4.1. Principales enzymes sécrétées sous forme de proenzymes chez les poissons.

	Enzyme	Activité	Organe	Espèce
Protéases	pepsine*	hydrolyse des liaisons internes	estomac	espèces à estomac
	trypsine	"		
	chymotrypsine	"		
	élastase	"	pancréas	toutes espèces
	collagénase	"		
Peptidases	carboxypeptidases A et B	hydrolyse des liaisons externes		
	carboxylestérase	hydrolyse des peptides	pancréas	toutes espèces
Glucosidases	amylase	hydrolyse de l'amidon (liaisons $\alpha1{\rightarrow}4$)	pancréas	toutes espèces
	chitinase	hydrolyse de la chitine	estomac pancréas autres tissus ?	espèces consommant surtout des insectes ou des crustacés
Lipases	Lipase pancréatique	hydrolyse des triacylglycérols (surtout position α)		
	Colipase		pancréas	toutes espèces
	Estérases	hydrolyse des triacylglycérols et des autres lipides		
Nucléases	Ribonucléase	Hydrolyse des acides nucléiques	pancréas	(mal connu)

* Une chymosine a été signalée chez plusieurs espèces, il s'agit d'une isoenzyme de la pepsine ayant une activité coagulante vis-à-vis du lait.

Protéases

Les protéases sont représentées par une enzyme gastrique, la pepsine, et quatre enzymes pancréatiques : trypsine, chymotrypsine, collagénase et élastase. Ces dernières sont des endopeptidases de la famille des protéases à sérine, enzymes qui possèdent le même site catalytique renfermant un résidu sérine. Elles ont une action complémentaire, chacune étant active sur des liaisons peptidiques bien définies et différentes (tabl. 4.2). Selon la séquence des acides aminés (AA) dans les chaînes peptidiques, l'hydrolyse aboutit à des A.A. libres ou des résidus peptidiques de taille très variable qui seront hydrolysés, de façon parfois très incomplète, par les peptidases.

Tableau 4.2. Sites d'action des principales enzymes digestives protéolytiques des poissons.

Enzyme	Liaison hydrolysée
Pepsine	NH_2 des acides aminés aromatiques et diacides
Trypsine	COOH de l'arginine ou de la lysine
Chymotrypsine	COOH des acides aminés aromatiques
Elastase	acides aminés aliphatiques (spécialement active sur élastine)
Carboxypeptidases	acides aminés dont COOH libre
Aminopeptidases	acides aminés dont NH_2 libre
Di et tri-peptidases	liaisons des di- et tripeptides

Lipases

La lipase dont la structure est très voisine de celle des protéases à sérine est, avec l'amylase, la seule enzyme pancréatique sécrétée directement sous forme active. Son activité n'est notable qu'en présence d'une autre molécule sécrétée par le même organe, la colipase. Le rôle principal de la colipase est le suivant : contrairement aux enzymes agissant en milieu aqueux, la lipase agit sur un des composés lipidiques qu'elle ne peut attaquer qu'à l'interface de globules en suspension dans la phase aqueuse. La présence de sels biliaires, en augmentant l'interface par élévation de la tension superficielle, rend le « positionnement » de la lipase sur les gouttelettes lipidiques difficile. La colipase, par son affinité double, permet la formation de complexes « gouttelettes lipidiques - lipase - colipase » où la lipase est en quelque sorte ancrée sur les lipides (fig. 4.4). Des travaux récents ont montré qu'après sa fixation sur la lipase, la colipase démasquait le site catalytique de la première enzyme. L'activation (*sensu lato*) considérable de cette dernière résulte donc de deux phénomènes bien distincts. La lipase des poissons diffère de celle des vertébrés supérieurs en ce sens qu'elle présente une affinité voisine pour les différents acides gras de la molécule de triacylglycérol (triglycéride) au lieu d'être surtout active sur ceux qui sont en position α (externe). Il faut noter enfin que si les sels biliaires jouent un rôle

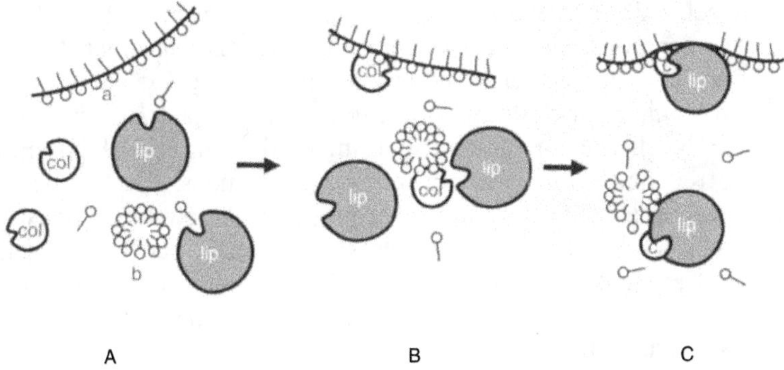

Figure 4.4. Mode d'action de la lipase et de la colipase. En A lipase et colipase sont libres et les sels biliaires (b) recouvrent la surface du globule lipidique (a), la lipase ne peut agir. En B la colipase se fixe sur le globule. En C la lipase est ancrée grâce à la colipase et peut hydrolyser les triacylglycérols (d'après Pérez *et al.*, 1986).

positif en émulsionnant les lipides, c'est-à-dire en favorisant leur dispersion dans le milieu aqueux, leur rôle principal se situe en aval, après hydrolyse des triacylglycérols par le complexe lipase - colipase (voir page 67).

Les autres enzymes lipolytiques des poissons sont mal connues. Des activités estérasiques de même que des activités phospholipasiques sont fréquemment signalées. Il est difficile d'affirmer qu'il existe des enzymes de ce type sécrétées par l'estomac et même le pancréas, d'autant plus que, d'une façon générale, les lipases sont assez peu spécifiques.

Glucosidases

La principale glucosidase est l'α 1 → 4 glucosidase, ou amylase, capable d'hydrolyser les liaisons α 1 → 4 de l'amylose ou des fragments linéaires de l'amylopectine ou du glycogène, mais non les liaisons α 1 → 6 qui sont à l'origine des ramifications de ces deux dernières molécules. Cette enzyme a été trouvée chez tous les poissons, y compris chez les carnassiers de haute mer, qui ne trouvent jamais d'amidon dans leur nourriture naturelle. Par attaque interne des chaînes linéaires, elle les hydrolyse en maltose, laissant au niveau des ramifications des résidus de taille assez variable, les dextrines limites.

Il existe quelques autres glucosidases dont l'activité est en général faible : la cellulase (β 1 → 4 glucosidase) est souvent détectée, mais il s'agit généralement d'enzymes exogènes d'origine bactérienne. Ce n'est que tout récemment que des éléments plus convaincants ont été obtenus en faveur de la présence d'une cellulase endogène chez la carpe herbivore même avec apport de terramycine, antibiotique censé inhiber tout développement bactérien dans le tube digestif. La présence de laminarinase, β 1 → 3 glucosidase, a été signalée chez des poissons consommateurs d'algues. Elle permet une hydrolyse partielle de la laminarine, polyholoside structural qui joue chez les algues un rôle assez similaire à celui de la cellulose chez les plantes terrestres. Les éléments en faveur de sa sécrétion par le pancréas ne sont pas très convaincants. Une autre enzyme hydrolysant des glucides complexes à liaison β est en revanche assez fréquente : il s'agit de la chitinase qui scinde les liaisons β 1 → 4 N-acétyl-glucosamine de la chitine en chitobiose (dimère de N-acétyl-glucosamine). Ce polymère se rencontre d'une part chez les champignons, d'autre part chez les invertébrés, en particulier les vers et les arthropodes. L'activité chitinasique (présente également chez certains mammifères) a été reliée par certains auteurs au comportement alimentaire : elle serait plus élevée chez les poissons se nourrissant de crustacés ou d'insectes, et tout spécialement chez les poissons avalant leur proie sans mastication.

Sécrétion et conditions d'activité

La sécrétion d'enzymes digestives suit une cinétique postprandiale qui n'est sans doute pas très éloignée de celle que l'on connaît chez les vertébrés supérieurs. Les hormones du tube digestif (gastrine, CCK, etc.) participent au déclenchement de la sécrétion des grains de zymogène et de la bile.

Les conditions physiques optimales pour l'activité de ces différentes enzymes sont illustrées sur la figure 4.5. Le pH optimal pour la pepsine se situe aux alentours de 2 - 3, pour toutes les autres enzymes il se situe aux alentours de 7 - 8. On distingue donc bien l'adaptation aux conditions de pH de l'estomac d'une part, du duodénum d'autre part. On ne possède pas beaucoup de données sur le pH optimal des autres enzymes stomacales. La température optimale d'activité de presque toutes les enzymes des poissons (et pas seulement des enzymes digestives) se situe entre 30 et 40 °C (fig. 4.5). Elle est donc toujours beaucoup plus proche de la température interne des homéothermes que de celle des ectothermes. Il faut cependant noter que chez les poissons d'eau froide on a trouvé des enzymes particulièrement actives à basse température.

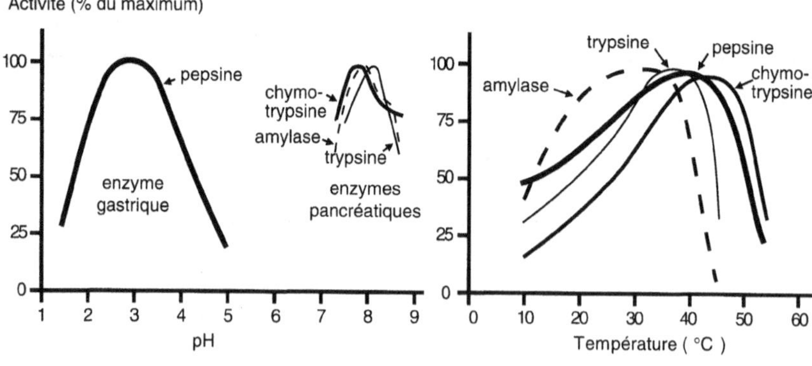

Figure 4.5. pH et températures optimales des principales enzymes stomacales et pancréatiques chez les poissons (d'après Uys et Hecht., 1987). Avec l'aimable autorisation d'Elsevier Science.

Enzymes membranaires de l'intestin

L'intestin des poissons, comme celui des autres vertébrés, ne sécrète pas d'enzyme. On trouve quelques glandes dans la partie proximale de l'intestin des gadidés, mais elles ne sécrètent sans doute que des ions. Les activités détectées dans le fluide intestinal peuvent être d'origine alimentaire, stomacale, pancréatique ou bactérienne. Elles peuvent aussi provenir des cellules, lysées ou non, qui se desquament au sommet des villosités ou encore de la rupture de la chaîne peptidique qui relie normalement les enzymes membranaires à la paroi des microvillosités. Il s'agit alors d'artefacts.

Les activités des enzymes membranaires, dans les conditions physiologiques, ne peuvent s'étudier que sur la paroi intestinale elle-même ; *in vitro* elles peuvent être dosées sur préparations de bordures en brosse. Elles sont encore peu connues. Les principales enzymes (tabl. 4.3) hydrolysent les fragments de macromolécules résultant de l'action des enzymes stomacales ou pancréatiques, c'est-à-dire les peptides, les disaccharides (maltose surtout) et les dextrines limites. L'action de la maltase sur le maltose, de même que celle de l'isomaltase sur les dextrines ramifiées aboutit à la formation de glucose qui est directement absorbable. L'action des peptidases n'aboutit pas à une hydrolyse complète en AA, mais en un mélange complexe et variable d'AA et de peptides dont seuls les plus petits (2 à 4 résidus) sont absorbables. L'activité de ces enzymes est schématisée sur la figure 4.2. On admet aujourd'hui que l'hydrolyse par les enzymes membranaires se situe toujours très près des sites d'absorption. Il a même été démontré que dans un cas, celui de la γ-glutamyl transférase, c'est la même protéine qui assure hydrolyse et transport.

Tableau 4.3. Principales enzymes membranaires intestinales des poissons.

Peptidases	dipeptidyl peptidase IV leucine aminopeptidase phénylalanine-glycine peptidase γ-glutamyl-transférase autres (probables)
Glucosidases	α-glucosidase (maltase) isomaltase chitobiase autres (mal connues)*
Lipases	estérases lipase (mal connue)
Diverses	phosphatase acide phosphatase alcaline
Nucléases	(localisation incertaine)

* La lactase a été signalée chez plusieurs espèces ; elle possède peut-être, comme l'isomaltase, un deuxième cycle actif, en l'occurrence un site responsable de l'activité céramidasique (hydrolyse des résidus glucidiques des hétéroprotéines).

Autres enzymes

Les aminopeptidases sont des exopeptidases actives sur l'extrémité amine des peptides de faible masse moléculaire résultant de l'action des endopeptidases. Ce ne sont pas des enzymes sécrétées dans des granules de zymogène sous forme inactive mais des enzymes lysosomales pancréatiques. La leucine-alanine peptidase est une enzyme lysosomale intestinale. Les estérases fréquemment mises en évidence par histoenzymologie seraient des enzymes endocellulaires jouant un rôle après endocytose de particules. L'activité de ces enzymes est plus grande chez les jeunes larves que chez les juvéniles (chap. 12). Bien que fréquemment détectées, les enzymes bactériennes n'ont en général qu'une activité très faible.

Activité globale de ces enzymes

Si la liste des enzymes digestives se révèle très proche de celle que l'on connaît chez les vertébrés supérieurs, il n'en est pas de même de leur activité globale. L'activité protéolytique totale est toujours très élevée, même chez les espèces dites herbivores. L'activité lipolytique est très variable, pouvant aller de valeurs considérables (saumon atlantique) à des activités modérées (turbot). Quant à l'activité amylolytique, détectée chez tous les poissons dès le début de la vie, elle est nettement plus grande chez les herbivores ou les omnivores (tabl. 4.4), montrant ainsi une bonne adaptation aux habitudes alimentaires en milieu naturel. Il faut noter que la sole, prédateur de mollusques riches en glycogène, a une activité amylasique élevée. La sécrétion d'amylase semble également ment augmenter à la suite d'une élévation de la température de l'eau.

Tableau 4.4. Activité amylasique chez quelques espèces de poissons en comparaison avec celle du carassin (base 100) (d'après Nagayama et Saito, 1968).

Espèce	Activité relative
Carassin	100
Carpe herbivore	84
Tilapia	44
Carpe commune	35
Carpe argentée	31
Truite	8
Anguille	1
Sériole	1

Absorption des nutriments

L'absorption des nutriments de la lumière intestinale vers le cytosol des enté-rocytes puis vers les vaisseaux sanguins se fait par deux processus bien distincts :

– l'absorption de particules ou macromolécules sans recours aux phénomè-nes de digestion évoqués ci-dessus ;

– l'absorption des petites molécules par des processus relevant de la diffu-sion simple, de la diffusion facilitée ou du transfert actif.

Absorption par endocytose

Le rôle des cellules à endocytose (fig. 4.3) localisées surtout dans la partie distale de l'intestin a bien été mis en évidence par des techniques d'immuno-fluorescence. Les invaginations situées à la base des microvillosités jouent le rôle de véritables récepteurs par où transitent les macromolécules protéiques qui pénètrent dans le cytosol sans perdre leurs propriétés fonctionnelles. Une partie de ces molécules subit une digestion intracellulaire dans les vacuoles, l'autre, quittant la cellule par exocytose sur la paroi basolatérale, atteint la cou-che appelée *lamina propria*. Elle peut alors exercer une activité antigénique vis-à-vis de l'animal par contact avec les lymphocytes. Ce phénomène peut être mis à profit pour les vaccinations ou l'administration de molécules protéi-ques actives par voie orale.

Sur un plan strictement nutritionnel, l'importance quantitative de l'absorption par endocytose est difficile à quantifier, mais il semble bien que seule une frac-tion très faible, de l'ordre de 1 à 6 % au plus des protéines alimentaires, soit absorbée selon ce mécanisme. Elle n'entrerait donc pas vraiment en ligne de compte pour l'apport d'AA chez le poisson. Mais ce phénomène, qui assure la totalité de l'absorption protéique dans les phylums très primitifs, pourrait être à l'origine de nombreuses réactions de type immunitaire qui correspondent à une composante de la « qualité » des protéines alimentaires encore très peu étudiée.

Absorption par diffusion ou transport

L'absorption par diffusion simple au travers des membranes est directement proportionnelle au gradient (fig. 4.6) et se caractérise par des cinétiques non asymptotiques. Elle n'est possible que dans le sens du gradient et ne s'observe que rarement pour les molécules hydrosolubles. Elle semble cependant être la règle pour les produits de dégradation des lipides.

Les absorptions par diffusion facilitée et par transport actif sont reconnaissa-bles à leurs cinétiques à courbe asymptotique et correspondent à l'intervention de molécules protéiques insérées au milieu de la double couche lipidique des membranes (fig. 4.2). Ces protéines ont un fonctionnement tout à fait analogue à celui des enzymes et les mêmes équations leur sont applicables si on remplace les concentrations par des flux (cinétiques de Michaelis-Menten, fig. 4.6). Le cas le plus classique est celui du transport du glucose ou des AA. Il s'agit d'un phénomène sodium-dépendant. Le transport du lumen vers le cytosol des entérocytes est en fait un co-transport de la molécule organique et de l'ion sodium (fig. 4.6). L'ion sodium suit le gradient décroissant, la faible concentration intracellulaire étant maintenue grâce à la pompe à sodium située sur la face basale. Cette « pompe » extrude l'ion vers le compartiment interne en utilisant l'énergie provenant de l'hydrolyse de l'ATP. Le glucose ou les AA s'accumulent donc dans le cytosol malgré le gradient croissant. Ils diffusent ensuite en suivant le gradient décroissant au travers de la paroi baso-latérale par diffusion facilitée (fig. 4.6). L'ensemble de ces mécanismes équivaut à un transport actif qui assure également l'absorption d'une grande quantité de peptides (généralement mono-, di- ou tripeptides).

La diffusion facilitée repose, elle aussi, sur l'existence de transporteurs. Mais, contrairement au transfert actif, elle ne fonctionne que dans le sens des gradients décroissants et ne nécessite pas d'énergie. Si les molécules qui franchissent la bordure en brosse sont transformées dans le cytosol (par exemple : isomérisation d'oses, réincorporation des acides gras dans les triacylglycérols), le gradient décroissant de la lumière vers le cytosol est maintenu. La diffusion facilitée est possible. Bien que le cas soit assez rare, elle peut, comme la diffusion simple, jouer un rôle quantitatif important.

L'absorption des lipides se fait, comme chez les autres animaux, via des particules appelées micelles formées d'acides gras, monoacylglycérols (résidus de l'hydrolyse des triacylglycérols par la lipase pancréatique) mais aussi de phospholipides (alimentaires ou biliaires), cholestérol et acides biliaires. Les divers composés lipidiques ainsi que d'autres composés liposolubles qui se trouvent dans les micelles en quantités mineures (vitamines du groupe A, caroténoïdes) diffusent au travers de la double couche lipidique après désagrégation de la micelle. Dans le réticulum endoplasmique et l'appareil de Golgi a lieu une resynthèse de triacylglycérols qui forment les « lipides particulaires », lipoprotéines équivalentes des chylomicrons des mammifères. Ces particules sont des formes de transport. Elles quittent l'entérocyte par exocytose et gagnent les divers organes via les vaisseaux sanguins ou lymphatiques. Les « lipides étalés » des entérocytes correspondent à une forme de stockage particulière aux poissons.

Les vitamines liposolubles sont absorbées via les micelles tandis que les vitamines hydrosolubles diffusent à travers les membranes, soit grâce à des transporteurs spécifiques, soit par diffusion passive. Les minéraux sont absorbés, soit à l'aide de transporteurs, soit via les canaux ioniques. Dans le cas des oligo-éléments, ils se fixent en général préalablement sur un acide aminé qui sert de ligand.

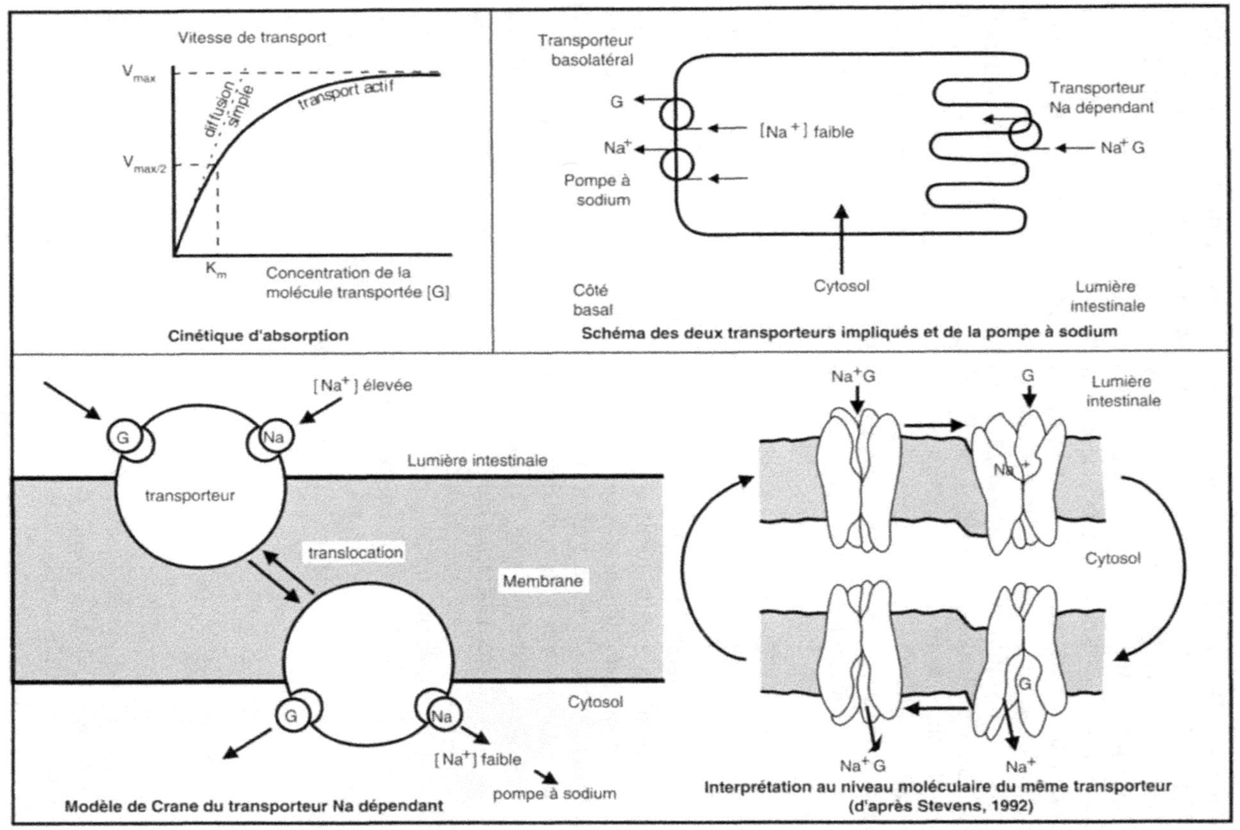

Figure 4.6. Mécanisme d'absorption du glucose (G) par transport actif. Le principe est le même pour d'autres oses, les acides aminés et les peptides.

Transit digestif

L'aliment ingéré par le poisson séjourne dans l'estomac, quand il existe, pendant une durée qui peut être relativement longue (souvent plusieurs dizaines d'heures quand la température est inférieure à 10 °C). La contribution de cet organe est spectaculaire pour les espèces avalant de grosses proies sans les fragmenter. La digestion commence alors par les téguments extérieurs et se fait grâce à des activités protéolytiques (en particulier l'activité élastasique) intenses alliées à une activité chitinolytique. Dans les autres cas, et en particulier dans celui des aliments composés, les mécanismes d'évacuation apparaissent plurifactoriels : ils sont fonction de l'espèce et de la taille du poisson, de la nature de l'aliment et de la ration ainsi que de la température. On s'accorde généralement à décrire la cinétique d'évacuation par une équation différentielle faisant intervenir la réplétion de l'estomac : plus cet organe est plein, plus il se vide rapidement et, à partir d'un certain seuil de vidange, l'organisme ne perçoit plus la sensation de réplétion et il y a retour de l'appétit.

Le temps de vidange gastrique, pour une espèce et un aliment donnés, est une fonction directe du niveau de consommation ; il est également à peu près proportionnel au logarithme de la masse corporelle (fig. 4.7). Pour un même niveau de consommation, l'évacuation sera plus rapide par un poisson de petite taille ; mais, pour une même quantité ingérée, ce sera l'inverse, une même quantité correspondant à un niveau d'ingestion plus grand chez le poisson plus petit. L'accélération du transit sous l'effet de l'élévation de la température (fig. 4.7) correspond à un Q_{10} très voisin de 2. Chez les espèces agastres, la vidange du tube digestif dans son ensemble semble suivre des cinétiques comparables à celle de la vidange stomacale, le bulbe intestinal jouant de ce point de vue un rôle assez similaire à l'estomac. Toutefois, les espèces à tendance herbivore ont une vitesse de transit beaucoup plus rapide que les espèces à tendance carnivore.

La connaissance de la ration ingérée volontairement en un repas et de la cinétique de vidange gastrique permet donc, en première approche, de calculer le nombre de repas à distribuer et la ration journalière totale.

Vue d'ensemble des phénomènes de digestion – absorption

L'efficacité de la digestion – au sens large du terme – résulte des processus de digestion (sens étroit), donc de sécrétion des enzymes, des processus d'absorption et du transit qui module le temps pendant lequel l'un et l'autre processus peuvent se produire.

L'interaction de ces trois phénomènes est loin d'avoir été étudiée en détail, ne serait-ce qu'en fonction de quelques facteurs qui peuvent les influencer fortement comme l'âge du poisson (ou sa taille), l'équilibre des nutriments ou la tempéra-

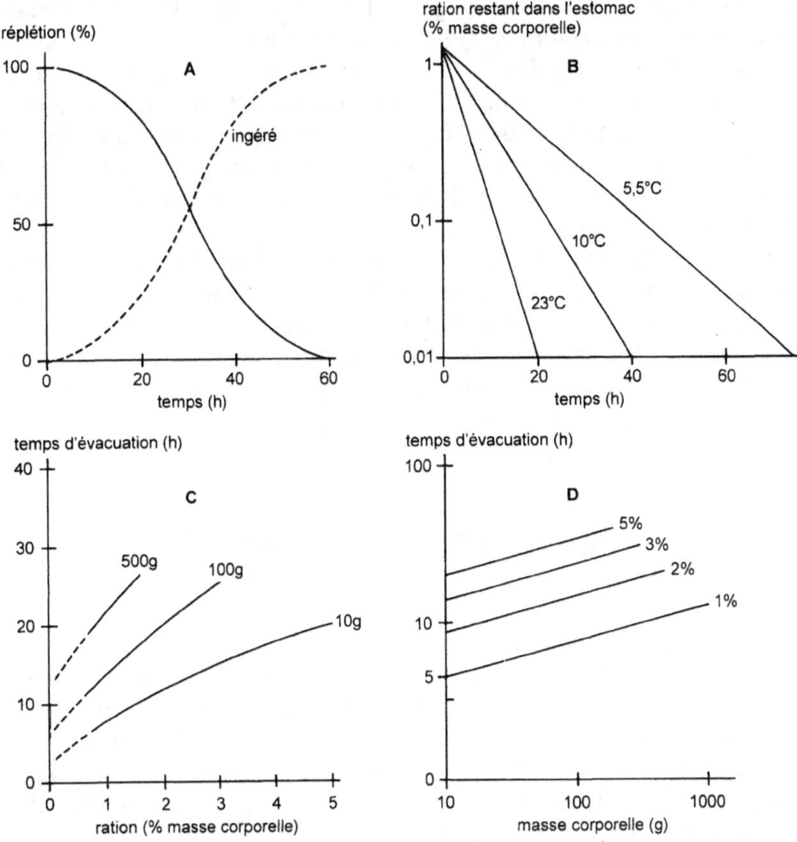

Figure 4.7. Régulation du transit digestif. A : relation entre vidange gastrique et retour de l'appétit (d'après Jobling, 1977). B : influence de la température sur le temps d'évacuation stomacale : modèle logarithmique. C : influence de la masse corporelle sur le temps d'évacuation stomacale. D : influence de la ration (% de la masse corporelle) sur le temps d'évacuation stomacale : relation logarithmique pour différentes températures. Les courbes décrivent l'allure générale des phénomènes mais ne correspondent à aucun cas précis.

ture. Si l'on excepte les cas pathologiques (quasi disparition des enzymes pancréatiques à la suite de la maladie pancréatique des salmonidés ou diarrhées accélérant le transit), les interrelations entre ces processus semblent aboutir à une régulation remarquable. Par exemple, une chute de température diminue l'activité des enzymes et la vitesse des processus d'absorption, elle ralentit le transit et diminue l'ingéré. Mais, chez les poissons eurythermes du moins, elle n'affecte pratiquement pas le bilan. Une augmentation des teneurs de l'aliment en protéines, glucides et lipides entraîne une stimulation rapide des sécrétions de trypsine, amylase et lipase respectivement. Cette régulation n'est ni instantanée, ni parfaite, mais la régulation des mécanismes d'absorption (comme chez les vertébrés supérieurs) suffit en général à maintenir l'efficacité globale des processus à des niveaux pratiquement inchangés après un temps d'adaptation qui est sans doute de l'ordre de la journée. De même, lors de la croissance (phase de métamorphose exceptée), les besoins varient en fonction de la masse corporelle et, si l'aliment est bien accepté, l'ingéré augmente parallèlement aux besoins. Malgré cela, les bilans digestifs demeurent presque toujours inchangés, ce qui prouve qu'il y a eu équilibre entre ingéré, sécrétions enzymatiques, absorption et vitesse de transit.

Le rôle de la salinité a été moins étudié. Le transfert d'un poisson euryhalin d'eau douce en eau salée accélère le transit, et peut diminuer la digestibilité. Le fonctionnement même des mécanismes d'absorption sodium-dépendants paraît d'ailleurs relever chez les poissons marins de principes différents, d'un point de vue fondamental, de ceux que l'on connaît chez les espèces d'eau douce ou les animaux terrestres (Ferraris et Ahearn, 1984).

Digestibilité des nutriments

La digestibilité constitue une mesure globale de l'ensemble des phénomènes résumés dans la première partie et qui aboutissent à l'absorption intestinale des nutriments du bol alimentaire. Une certaine partie de ceux-ci ne pouvant, pour des raisons diverses, franchir la muqueuse intestinale, est éliminée par voie anale dans les fèces, de même que les déchets d'origine métabolique (mucus, cellules desquamées, sécrétions enzymatiques) ou provenant de la flore bactérienne. De ce fait, la valeur nutritive d'un aliment dépend non seulement de son contenu en nutriments mais aussi de la capacité de l'animal à les digérer et les absorber. La digestibilité traduit le bilan digestif des nutriments ingérés absorbés par l'animal.

En aquaculture, les études de digestibilité ont un triple objectif : une meilleure connaissance de l'utilisation potentielle des nutriments, une amélioration de la qualité de l'aliment pour les poissons et, enfin, une diminution des déchets d'origine alimentaire permettant de préserver la qualité de l'environnement en général et de l'eau en particulier.

Coefficients d'utilisation digestive

Le coefficient d'utilisation digestive (CUD) permet de quantifier la digestibilité. Il peut être défini de deux façons selon que l'on tient compte ou non dans le bilan de la présence éventuelle d'une fraction d'origine endogène possible (essentiellement pour les lipides, les acides aminés et les minéraux) dans le rejet fécal.

On définit ainsi pour un nutriment donné le CUD apparent (CUDa) et le CUD réel (CUDr) :

$$CUDa = \frac{\text{ingéré} - \text{fécal}}{\text{ingéré}} \times 100$$

$$CUDr = \frac{\text{ingéré} - (\text{fécal} - \text{fécal endogène})}{\text{ingéré}} \times 100$$

En théorie, le CUDa dépend de l'état physiologique du poisson et du niveau d'ingestion, il permet d'évaluer l'aptitude de l'animal à retenir ou à utiliser une ration alimentaire. Le CUDr dépend surtout de la nature du régime et des capacités digestives de l'espèce et permet d'évaluer l'aptitude de l'aliment à fournir à l'animal le nutriment utilisable. En routine c'est le CUDa que l'on calcule, la détermination de la fraction endogène, faible chez le poisson, étant délicate.

Méthodes d'étude de la digestibilité

La plupart des études concernent les salmonidés en raison de leur relative facilité d'élevage. Toutefois, la digestibilité des nutriments est maintenant étudiée sur d'autres espèces : anguille, turbot, carpe, poisson-chat américain, etc. Le principe de la mesure implique la connaissance de l'ingestion et de l'émission fécale. La mesure peut s'effectuer selon deux méthodes : directe ou indirecte.

Méthode directe

Cette méthode implique de mesurer la totalité de l'aliment ingéré et des fèces émises correspondant à un ou plusieurs repas connus. On peut utiliser pour cela une chambre à métabolisme dont le principe est le même que celui utilisé pour les animaux terrestres. Mais toute autre méthode de collecte des fèces (p. 76) convient également pourvu qu'elle permette une récolte quantitative des matières fécales dérivant de la ration alimentaire distribuée aux poissons.

Méthode indirecte

À la différence de la méthode précédente, la méthode indirecte n'implique pas de mesurer la totalité de l'ingestion alimentaire ni de l'émission fécale. Son originalité réside dans l'utilisation d'un marqueur inerte non digestible et non absorbable inclus dans des ingrédients alimentaires ou incorporé au régime. Du fait de ses propriétés particulières, cette substance, après avoir transité avec le bol alimentaire, se retrouve en totalité dans les fèces (aliment ingéré × teneur du marqueur dans l'aliment = fèces excrétées × teneur du marqueur dans les fèces). L'augmentation de la concentration du marqueur, par rapport à celle des nutriments, permet de quantifier la disparition de ces nutriments et cette disparition est assimilée à l'absorption. On classe généralement les marqueurs en deux grandes catégories : les marqueurs internes ou substances déjà présentes dans l'aliment (lignine ou silice par exemple) et les marqueurs externes ou substances qui sont ajoutés à l'aliment (oxyde de chrome, terres rares, particules colorées par exemple). Dans cette large gamme, il ne s'en trouve en fait aucun qui réunisse toutes les qualités requises du marqueur idéal, à savoir :

– être absolument inerte, sans effet comportemental ou physiologique sur l'animal ;

– n'être ni absorbé ni métabolisé ;

– avoir la même vitesse de transit que le bol alimentaire ou le nutriment étudié ;

– ne pas influencer les phénomènes d'absorption, de sécrétion, de digestion ni la motilité gastro-intestinale ;

– être aisément et rapidement dosable.

Il faut donc opérer un choix en fonction des objectifs poursuivis ou des impératifs matériels. À l'heure actuelle, le marqueur classiquement utilisé pour les études de digestibilité chez le poisson, par la méthode indirecte, est l'oxyde de chrome Cr_2O_3, à un taux d'incorporation variant de 1 à 2 %. Toutefois on s'intéresse, depuis peu, aux cendres acido-résistantes.

Dans ces conditions, la digestibilité de la matière sèche (exprimée en pour cent) est calculée selon la relation :

$$CUDa = 100 - \left(100 \; \frac{\% \text{ marqueur aliment}}{\% \text{ marqueur fèces}} \right)$$

De la même façon, la digestibilité d'un nutriment s'obtient selon la relation :

$$CUDa = 100 - \left(100 \; \frac{\% \text{ marqueur aliment}}{\% \text{ marqueur fèces}} \times \frac{\% \text{ nutriment fèces}}{\% \text{ nutriment aliment}} \right)$$

La digestibilité d'une matière première particulière peut être mesurée de différentes façons :

– distribution telle quelle, sans autre aliment. On obtient ainsi la digestibilité de la matière première brute. Mais, sauf exception, la matière première ne constitue pas un régime équilibré et la digestibilité de ses nutriments pourra, dans une certaine mesure, être différente lorsqu'elle sera incorporée dans un aliment particulier ;

– ajout à un régime alimentaire de base, dont on connaît la digestibilité, la ration étant alors augmentée d'autant. Cette méthode est peu employée ;

– incorporation dans un régime alimentaire de base, dont on connaît la digestibilité, la ration étant constante. Cette incorporation s'effectue, soit à un seul taux (30 % du régime, la plupart du temps) soit, si l'on recherche une plus grande précision, à plusieurs taux (par exemple 15, 30 et 45 % du régime). Le calcul du CUD de la matière première se fait alors soit par différence avec le régime de base, soit par extrapolation à partir de ce dernier. Cette dernière méthode a été utilisée en particulier pour mesurer la digestibilité de l'amidon chez la morue, la truite et la carpe.

La digestibilité est généralement de nature additive, c'est-à-dire que l'on peut prédire la digestibilité des nutriments d'un aliment à partir des valeurs de la digestibilité des matières premières qui le composent. Toutefois, des cas de non-additivité des digestibilités ont aussi été rapportés chez le poisson. Ainsi, un excès d'amidon aurait un effet dépressif sur la digestibilité des protéines, mais il peut aussi influencer celle de l'amidon lui-même (voir p. 83). Dans la pratique, on admet que la digestibilité des nutriments n'est pas affectée par l'équilibre du régime alimentaire. Il s'agit d'une hypothèse en général proche de la réalité mais qui n'a pas fait l'objet de vérifications poussées.

Fèces

En élevage intensif rationnellement géré – c'est-à-dire sans refus d'aliment par l'animal – les fèces sont constituées de la part non dégradée des aliments, consécutive à une digestion incomplète, ainsi que des déchets métaboliques (mucus de cellules desquamées, reste des sécrétions enzymatiques, flore bactérienne). Toutefois ces derniers ne représentent, sur le plan quantitatif, qu'une faible fraction au regard des restes de la digestion incomplète de l'aliment. Ainsi, chez la truite, pour une ingestion de 100 g d'un aliment sec contenant environ 6 % d'azote, les pertes métaboliques fécales ne représentent que 0,1 g d'azote alors que les pertes digestives proprement dites s'élèvent à 0,4-0,6 g d'azote. La quantité de rejets digestifs solides varie en fonction des différentes matières premières utilisées dans l'élaboration de l'aliment composé, mais également en fonction des différentes proportions de nutriments (protéines, lipides et glucides).

Composition

Les fèces représentent de 3 à 6 g/j pour une truite de 200 g. Elles contiennent 80 à 85 % d'eau. La composition moyenne de la fraction non digérée des aliments correspond à 15-20 % de « protéines » (N × 6,25), moins de 1 % de lipides, 15-20 % de minéraux, le reste étant composé de glucides et fibres diverses. Cependant, cette composition varie sensiblement selon le type d'aliment. Chez les poissons marins, les fèces sont surchargées en minéraux provenant de l'eau, et cette surcharge dépend de la méthode de collecte utilisée.

Facteurs de variation

L'émission des fèces est, chez la truite, un phénomène continu tout au long
du nycthémère, présentant une augmentation sensible mais non systématique au
cours de la nuit. Cette émission suit un rythme rappelant une fonction sinusoï-
dale (fig. 4.8). Ces variations dans l'émission quantitative des fèces s'accompagnent aussi d'un changement dans leur composition. Ce phénomène doit en être
pris en compte lors de la collecte des fèces qui doit être suffisamment longue
pour que le CUD soit représentatif.

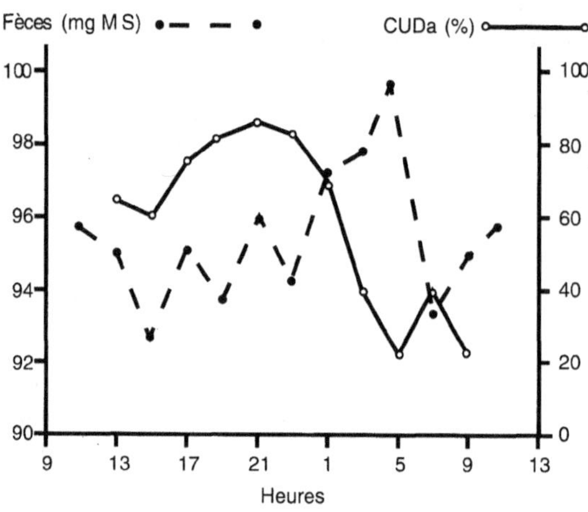

Figure 4.8. Exemple d'évolution au cours du nycthémère de l'émission de fèces
et du « CUD instantané » (expérience sur truite).

Collecte des fèces

Le problème de la récolte des fèces est plus complexe chez le poisson que
chez les animaux terrestres en raison de son environnement, l'eau, et des phénomènes de dissolution et de délitement qui y sont associés. Ceux-ci interviennent
dès les cinq premières minutes d'immersion des fèces et se poursuivent pendant
des heures (fig. 4.9). Ils sont à l'origine d'une surestimation de la teneur en marqueur, d'une sous-estimation de la quantité excrétée (par exemple, de l'ordre de
10 à 15 % en une heure pour l'azote), et donc d'une surestimation du CUD. Les
techniques de récolte des fèces ont donc une importance particulière. Elles peuvent être classées en deux groupes selon que l'on sort ou non le poisson de
l'eau.

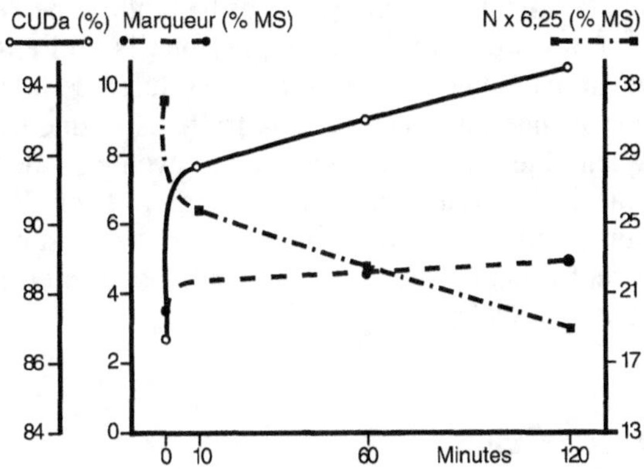

Figure 4.9. Évolution de la teneur des fèces en marqueur et matière sèche au cours des heures qui suivent leur émission si elles ne sont pas retirées de l'eau. Conséquences sur l'estimation du CUD.

Poissons sortis de l'eau

Collecte par pression abdominale

Cette technique consiste à faire sortir les fèces de force, après anesthésie du poisson, en exerçant une légère pression sur l'abdomen. Chez la truite, c'est possible en raison de son intestin rectiligne, mais cette technique ne peut s'appliquer à tous les poissons (carpe par exemple). De plus, en pressant ainsi sur l'abdomen du poisson, on fait également sortir de l'urine, des produits de sécrétion génitale, parfois même du sang. Globalement cette technique conduit à des sous-estimations du CUD. C'est pour ces raisons que les deux techniques suivantes ont été développées.

Collecte par succion anale

À l'aide d'une canule de verre reliée à une fiole à vide, on prélève directement les fèces au niveau de l'anus. Le vide est réglé de manière à ne prélever que les fèces se trouvant dans l'ampoule rectale.

Dissection

Par cette technique, le contenu du rectum est prélevé correctement, mais les poissons sont sacrifiés.

Ces trois techniques sont simples à mettre en œuvre mais sujettes à critique. En effet, les prélèvements ainsi effectués sont en fait des contenus digestifs et non réellement des fèces. Or il existe une absorption au niveau de l'intestin postérieur (protéines notamment). D'autre part, ces techniques ne permettent de prélever que des échantillons ponctuels, non représentatifs de l'ensemble des fèces émises au cours d'un nycthémère pendant toute la durée de la digestion. Rappelons que la durée moyenne du transit chez la truite est d'une trentaine d'heures. Il est par conséquent bien évident que des prélèvements de fèces en début, milieu ou fin de transit n'auront guère la même signification. Enfin, ces manipulations, outre le fait qu'elles ne permettent pas de travailler sur un grand nombre d'animaux, présentent l'inconvénient de stresser le poisson et donc de le rendre inapte à tout prélèvement ultérieur rapproché.

Poissons restant dans l'eau

Pour s'affranchir de ces problèmes de non-représentativité des échantillons de fèces, plusieurs techniques de prélèvement en continu des fèces de poissons maintenus dans l'eau ont été développées.

Siphonnage des fèces

La technique élémentaire de siphonnage des fèces dès leur émission peut être rappelée pour mémoire. Bien que laborieuse, elle sert encore de référence. Simple, cette technique a été modifiée en raison de son caractère contraignant et elle est devenue plus élaborée : colonne de filtration, colonne de décantation (fig. 4.10, en haut). Pourtant, ce type de technique est à éviter en raison de l'importance des phénomènes de délitement et de dissolution (décrits plus haut) surtout au moment de la récupération des fèces. Par ailleurs, les fèces restent exposées à l'action bactérienne avant d'être recueillies. Enfin, dans le cas des poissons marins, cette technique entraîne la récolte d'une grande quantité de sel contenu dans l'eau qu'il faut évaporer. Cet excès de sel peut empêcher la combustion des échantillons de fèces et, par suite, la mesure du CUD de l'énergie.

Filtration en continu de l'eau

La technique de base repose sur le principe suivant : l'eau d'évacuation des aquariums est filtrée en continu sur des grilles métalliques en mouvement (fig. 4.10, en bas). Les fèces en suspension dans l'eau sont ainsi soustraites rapidement à l'action de celle-ci. Notons toutefois que la méthode ne peut pratiquement pas être utilisée chez les espèces émettant des fèces très molles comme le turbot, l'adjonction de liant pour rendre les déjections fécales plus solides n'étant pas toujours suffisante.

La validation de ces différentes techniques a été étudiée en mesurant la digestibilité des protéines chez le bar et le saumon chinook. Les résultats fournis par la technique de filtration, comparés à ceux des autres méthodes (tabl. 4.5), sont très proches de la méthode de référence (siphonnage extemporané).

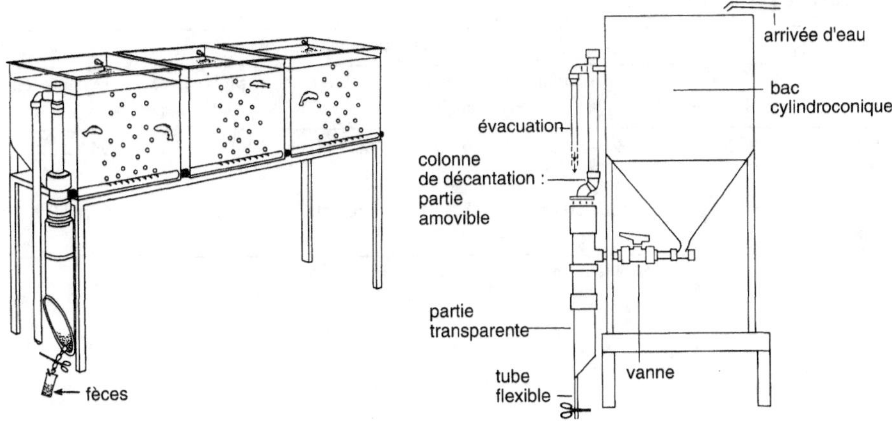

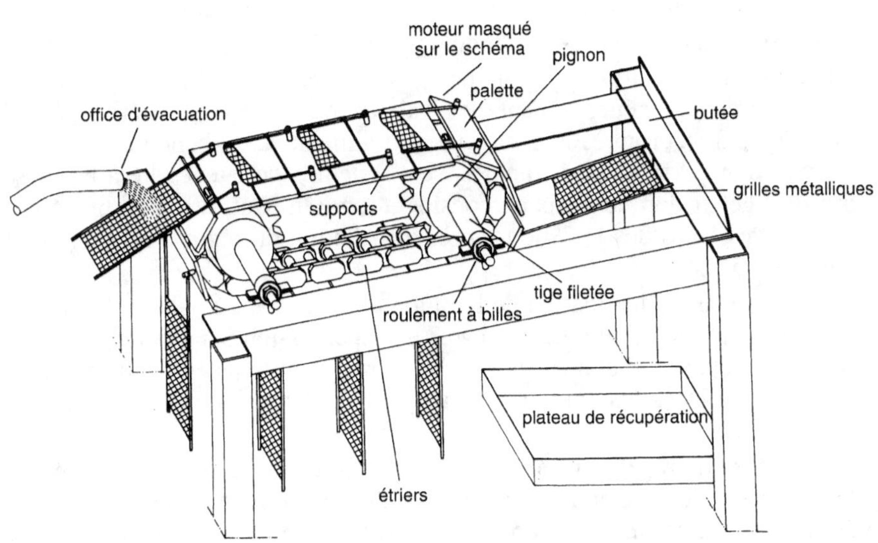

Figure 4.10. Appareils pour collecte de fèces chez les poissons ; en haut : appareils avec colonne de décantation (dits de Guelph) ; en bas : appareil avec filtration continue (dit de l'INRA ou de Saint-Pée). D'après Cho *et al.*, 1985 ; Spyridakis *et al.*, 1989 ; Choubert *et al.*, 1983.

Tableau 4.5. Digestibilité apparente des protéines et des lipides chez le bar selon la méthode de collecte des fèces (moyenne ± erreur standard) (d'après Spyridakis *et al.*, 1989). Avec l'aimable autorisation d'Elsevier Science.

| | Méthode de collecte | | | | | |
	Pression abdominale	Dissection	Succion anale	Filtration	Siphonnage extemporané	Décantation
CUDa des protéines	$82,5\pm1,4^{a*}$	$84,4\pm0,8^{ab}$	$86,6\pm0,3^{b}$	$90,4\pm0,6^{c}$	$90,6\pm0,3^{c}$	$94,2\pm0,1^{d}$
CUDa des lipides	$94,1\pm0,8^{a}$	$95,0\pm0,4^{ab}$	$96,3\pm0,4^{b}$	$96,0\pm0,2^{b}$	$97,3\pm0,2^{b}$	$97,1\pm0,3^{b}$

* Les valeurs avec le même exposant (sur une même ligne) ne diffèrent pas significativement.

Standardisation

Hormis certains modes opératoires de collecte des fèces recommandés par la CECPI (Commission Européenne Consultative pour les Pêches dans les Eaux Intérieures, ou *European Inland Fisheries Advisory Commission, EIFAC*), il n'existe pas, à proprement parler, de normalisation pour l'étude de la digestibilité chez les poissons. Chaque auteur a ses propres critères d'appréciation.

Toutefois certains points de méthodologie ont été précisés tels que :

– le temps d'adaptation des poissons aux nouvelles conditions alimentaires. Les CUD prennent généralement des valeurs définitives caractéristiques du régime dès le 3ᵉ jour après le changement d'aliment. Les phénomènes d'adaptation sont donc extrêmement rapides, seul le temps de latence lié à la vitesse de transit digestif doit être pris en considération. On peut, dès lors, procéder à la collecte des fèces dès le 3ᵉ jour après distribution du régime dont on étudie la digestibilité ;

– la fréquence de distribution de la ration alimentaire journalière. Le nombre de repas journaliers ne semble pas avoir de répercussion sur la digestibilité de l'aliment. Cependant, il agit sur la vitesse de transit et la cinétique d'absorption des nutriments. Dans les conditions pratiques, un repas journalier est suffisant pour la truite ;

– le nombre de répétitions à effectuer et la durée de récolte à respecter afin d'obtenir une précision donnée sur les CUD. Des combinaisons « nombre de répétitions × nombre de jours » à employer pour une précision donnée ont été établies *a posteriori* (tabl. 4.6).

Tableau 4.6. Optimisation du produit nombre de bacs (B) × nombre de jours (J) nécessaire pour obtenir une précision relative donnée des CUD pour divers composants (d'après de la Noüe *et al.*, 1980).

Composant	Précision		
	1 %	2 %	5 %
Matière sèche	> 5B 14J	> 5B 14J	3B 10J
Azote	2B 6J	2B 4J	2B 3J
	3B 5J	3B 3J	3B 2J
	4B 4J		
Energie	> 5B 14J	> 5B 14J	3B 5J
			4B 4J

Digestibilité des nutriments : résultats acquis

Propriétés générales

Si l'on admet que l'émission fécale endogène, de même que les capacités digestives au sens large, sont constantes quel que soit l'ingéré, le CUDr est indépendant de ce dernier facteur contrairement au CUDa qui en dépend. Pour un ingéré très faible, ce coefficient peut prendre une valeur fortement négative pour se rapprocher asymptotiquement du CUDr au fur et à mesure que l'ingéré croît. Dans la pratique, le CUDa est mesuré dans la zone où le CUDa est voisin du CUDr et devrait donc être pratiquement constant. Toutefois, il arrive que, pour des ingérés élevés, on observe une décroissance du CUDa que l'on attribue alors à une « saturation » des capacités digestives.

Le CUD d'un nutriment peut se mesurer avec une grande précision (coefficient de variation de 2-3 % pour un aliment, 4-5 % pour un ingrédient inclus dans celui-ci), mais la variabilité due à la méthodologie est grande. De ce fait, il est très difficile de comparer les valeurs de CUD obtenues dans différents laboratoires, sur des espèces distinctes et pour des matières premières variées. Les valeurs fiables ne constituent encore qu'une banque de données relativement pauvre. Un certain nombre de résultats sont cependant acquis (tabl. 4.7).

Protéines

Les poissons digèrent généralement les protéines avec des CUD dépassant 90 %, donc égaux ou supérieurs à ceux que l'on observe chez les vertébrés terrestres. La digestibilité des protéines d'une source donnée varie assez peu d'une espèce de poisson à l'autre. Pour une même espèce, elle est très constante bien qu'elle augmente quelquefois légèrement avec la taille du poisson. Elle est prati-

Tableau 4.7. Coefficient d'utilisation digestive de certaines matières premières chez la truite (%) (d'après Cho *et al.* 1982).

Matières premières	Matière sèche	Protéines	Lipides	Energie
Farine de luzerne	39	87	71	43
Farine de sang	91	99	-	89
Maïs jaune	-	95	-	39
Farine de gluten de maïs	-	96	-	83
Farine de plume hydrolysée	75	58	-	70
Farine de poisson	85	92	97	91
Farine d'os	78	85	73	85
Tourteau de colza	35	77	-	45
Soja cuit	78	96	94	85
Tourteau de soja	74	96	-	75
Concentré de protéines de poisson	90	95	-	94

quement indépendante du niveau d'ingestion et de la température. Elle n'est pas affectée par la présence de lipides dans le régime alimentaire, même à forte dose.

Mais la digestibilité est fonction de la nature même des protéines, ou des sources de protéines, et des traitements technologiques qu'elles ont pu subir, voire de la taille des particules alimentaires. Les protéines d'origine animale sont, dans l'ensemble, plus digestibles que celles qui sont d'origine végétale. Certains traitements technologiques appliqués aux protéines végétales apportent, par destruction des facteurs antinutritionnels, une amélioration sensible du CUD. Ainsi, la cuisson du soja graine entière entraîne une augmentation du CUD qui passe de 70 à 85 % (chap. 19).

Lipides

Les lipides à bas point de fusion sont bien utilisés par les poissons (CUD > 95 %) quelle que soit leur origine, animale ou végétale. Leur CUDa paraît meilleur si le taux d'incorporation est élevé, à condition que les acides gras soient protégés des phénomènes d'oxydation. Toutefois, la digestibilité des acides gras saturés diminue quand la longueur de chaîne s'accroît et, à longueur de chaîne identique, elle augmente avec le degré d'insaturation. Il en résulte que les lipides contenant de fortes doses d'acides gras saturés à chaîne moyenne (suif par exemple) ont un CUD assez faible, surtout si la température de l'eau est basse. Ce phénomène résulterait de l'état solide qui rend l'émulsification des lipides plus difficile (voir p. 62). Ainsi, chez les salmonidés le CUD du saindoux, dont le point de fusion est de 28 à 48°C, passe de 70 à 78 % quand la température s'élève de 5 à 15°C, alors que dans les mêmes conditions celui des huiles de point de fusion, inférieur à 0°C, reste pratiquement inchangé (90 à 93 %).

Glucides

C'est avec les glucides que les pertes fécales sont les plus importantes, bien que la digestibilité des sucres simples (glucose, saccharose) soit proche de 100 %. En effet, la digestibilité de l'amidon, seule source de glucides susceptible d'être incorporée de façon économique dans les rations des poissons, est souvent de l'ordre de 70 à 80 % et peut être inférieure à 50 %. Le CUD de l'amidon varie avec l'activité amylasique propre à l'espèce (voir p. 66 et tabl. 4.4). Il est également fonction de la température de l'eau : d'une façon générale, il est plus élevé chez les poissons d'eau chaude que chez ceux des zones tempérées. Chez ces derniers, une élévation de la température de l'eau peut également améliorer la digestibilité de l'amidon ; ce phénomène a été très nettement observé, tant chez la truite entre 8 et 18 °C que chez le turbot entre 13 et 18 °C, le CUD de l'amidon cru passant dans ce dernier cas de 25 à 48 %.

Mais la digestibilité de l'amidon dépend avant tout de sa nature, c'est-à-dire des proportions relatives d'amylose et d'amylopectine (chap. 8) ainsi que de la taille et de l'intégrité du grain d'amidon. Bien que l'amylose soit, à l'état pur, plus facilement attaqué par l'amylase que l'amylopectine, il confère au grain une structure cristalline qui diminue la sensibilité à l'amylase. De ce fait, le CUD de l'amidon diminue quand s'accroissent la teneur en amylose, mais aussi la taille du grain. Ainsi les grains d'amidons de tubercules ou de protéagineux sont plus gros et moins digestibles que ceux de céréales. Tout traitement thermique ou hydrothermique altérant la structure du grain augmente le CUD de l'amidon ; c'est le rôle bénéfique de la gélatinisation (chap. 8). Le traitement thermique à sec de l'amidon pur, qui aboutit à une hydrolyse très partielle des molécules initiales en dextrines (produit commercial), a des effets similaires.

Dans le cas d'un amidon peu digestible, le CUD décroît généralement avec le niveau d'incorporation alors qu'il peut être considéré comme constant pour les sucres simples ou des amidons parfaitement gélatinisés (fig. 4.11).

Autres facteurs de variation

Chez les poissons comme chez les autres animaux, la digestibilité des différents nutriments, et en particulier des glucides complexes, varie d'une espèce à une autre. L'importance du niveau d'ingestion de la ration alimentaire est encore controversée. On admet généralement que la digestibilité des nutriments est indépendante de la quantité ingérée. Cependant, la digestibilité est négativement corrélée au niveau d'ingestion pour les protéines chez le poisson-chat africain, et pour l'amidon chez la truite. Par ailleurs, chez toutes les espèces, une légère restriction alimentaire permet une meilleure utilisation des nutriments qui pourrait, en partie, s'expliquer par une amélioration du CUD.

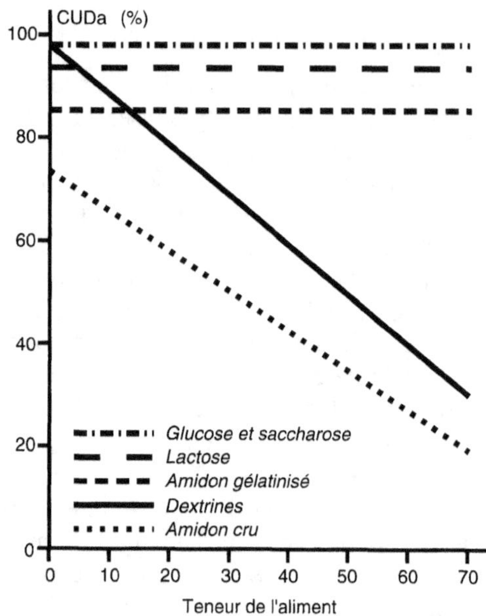

Figure 4.11. Variations schématiques du CUD des différents glucides
en fonction du niveau d'incorporation.

D'autres facteurs peuvent aussi, à des degrés divers, influer sur les CUD. Sans insister sur la méthodologie qui peut induire des artefacts considérables, il convient de citer la flore digestive et deux facteurs environnementaux, la température (déjà évoquée à propos de l'amidon) et la salinité de l'eau. Le rôle de la flore digestive paraît négligeable, du moins pour les espèces des zones tempérées. L'effet de la température sur la digestibilité est plus controversé. Pour certains auteurs, les CUD des protéines et de l'énergie seraient un peu plus faibles à 8 °C qu'à 18 °C, alors que pour d'autres, ils ne seraient que peu affectés. Cette contradiction peut s'expliquer par la variation du CUD de l'amidon qui est souvent plus élevé à haute température.

Il semble que, chez les espèces euryhalines, une augmentation de la salinité entraîne une diminution de la digestibilité des protéines. Les effets de la salinité sur les CUD des lipides et des glucides sont moins bien connus. Ils paraissent cependant similaires à ceux que l'on observe pour les protéines et pourraient résulter de l'accélération du transit.

Conclusion

L'organisation du tractus digestif des poissons est à la fois très variée et très différente de celle des vertébrés supérieurs. Par contraste, l'équipement enzymatique paraît voisin et parfois très voisin de celui des vertébrés terrestres, sur un plan qualitatif du moins. Il n'en est pas de même sur un plan quantitatif où la grande activité des protéases contraste avec l'activité souvent faible des glucosidases. Les mécanismes essentiels de digestion et d'absorption sont maintenant bien connus. Ils sont fortement influencés par l'ectothermie, mais il existe une remarquable régulation de la digestion, de l'absorption et du transit si bien que le bilan digestif est très peu inflencé par les facteurs alimentaires ou environnementaux. De nombreux aspects restent cependant peu étudiés. Les variations interspécifiques sont considérables.

Si l'on se contente d'un bilan global, passant de la physiologie de la digestion à la digestibilité des nutriments, qui est plus difficile à mesurer que chez les animaux terrestres, les poissons présentent toujours des originalités. Leur remarquable aptitude à digérer les protéines contraste avec leur aptitude variable et rarement grande à digérer les glucides. On dispose déjà de données applicables à la formulation des aliments. Mais elles ne concernent que peu d'espèces et restent très incomplètes. Les progrès en matière de nutrition et d'alimentation passent nécessairement par une meilleure connaissance de la physiologie de la digestion et de la digestibilité des aliments.

Références bibliographiques

BERGOT P., 1981. Structure de l'appareil digestif. II. Structure et fonction des caeca pyloriques. *In* M. Fontaine, *Nutrition des poissons*, CNRS, Paris, p. 45-53.

BERTIN L., 1958. Appareil digestif. *In* : P.-P. Grassé, *Traité de Zoologie. Anatomie, systématique, biologie*. VIII. Agnathes et poissons, fascicule n° 2 : Anatomie, éthologie, systématique. Masson et Cie, Paris p. 1248-1302.

CHO C.Y., KAUSHIK S.J., 1985. Effect of protein intake on metabolizable and net energy values of fish diets, *in* Cowey C.B., Mackie A.M., *Nutrition and feeding in fish*. Academic Press, Londres, New-York, Sydney.

CHO C.Y., SLINGER S.J., BAYLEY H.S., 1982. Bioenergetics of salmonid fishes : energy intake, expenditure and productivity. *Comp. Biochem. Physiol.* 73B, p. 25-41.

CHOUBERT G., de la NOUE J., LUQUET P., 1983. Un nouveau collecteur automatique quantitatif de fèces de poissons. *Bull. Fr. Piscic.*, 288, p. 68-72.

De la NOUE J., CHOUBERT G., PAGNIEZ B., BLANC J.M., LUQUET P., 1979. Digestibilité chez la truite arc-en-ciel (*Salmo gairdneri*) lors de l'adaptation à un nouveau régime alimentaire. *Can. J. Fish Aquat. Sci.*, 37, p. 2218-2224.

FERRARIS R.P., AHEARN G.A., 1984. Sugar and amino acid transport in fish intestine. *Comp. Biochem. Physiol.* 77A, p. 397-413.

GAS N., NOAILLAC-DEPEYRE J., 1981. Structure de l'appareil digestif. I. Organisation, ultrastructure et fonction du tube digestif des téléostéens d'eau douce. *In* M. Fontaine, *Nutrition des Poissons*, CNRS Paris, p. 19-44.

GROPP J.M., TACON A.G.J., 1994. Report of the EIFAC workshop on methodology for determination of nutrient requirement in fish, Eichenau, Germany, 29 june-1st july 1993. EIFAC Occasional Paper n° 29, Rome, FAO, 92 p.

JOBLING M., GWYTHER O., GROVE O.J., 1977. Some effects of temperature, meal size and body weight on gastric evacuation time in the dab *Limanda limanda* (L.). *J. Fish Biol.* 10, p. 291-298.

LAPLACE J.P., CORRING T., RÉRAT A., DEMARNE Y., 1986. Digestion. *In* Pérez *et al., Le porc et son élevage. Bases scientifiques et techniques.* Maloine, Paris, p. 1-120.

NAGAYAMA F., SAITO Y., 1968. Distribution of amylase α- and β-glucosidase and β-galactosidase in fish (résumé et tableaux en anglais). *Bull. Jpn. Soc. Sci. Fish,* 34, p. 944-949.

PEREZ J.M., MORNET P., RÉRAT A., 1986. *Le Porc et son élevage. Bases scientifiques et techniques,* Maloine, Paris, 608 p.

SMITH L.S., 1989. Digestive functions in teleost fishes. *In* J.E. HALVER, *Fish Nutrition.* Academic Press, San Diego, p. 331-421.

SPYRIDAKIS P., MÉTAILLER R., GABAUDAN J., RIAZA A., 1989. Studies on nutrient digestibility in European sea bass *(Dicentrarchus labrax).* 1. Methodological aspects concerning faeces collection. *Aquaculture,* 77, p. 61-70.

STEVENS B.R., 1992. Vertebrate intestinal apical membrane mechanisms of organic nutrient transport. *Ann J. Physiol.* 263, R 458-463.

UYS W., HECHT T., 1987. Assays on the digestive enzymes of sharptooth catfish, *Clarias gariepinus (Pisces : Claridae). Aquaculture,* 63, p. 301-313.

VERIGINA I.A., 1991. Basic adaptation of the digestive system in bony fishes as a function of diet. *J. Ichtyol.* 31, p. 8-20.

VERNIER J.M., SIRE M.F., 1989. L'absorption intestinale des protéines sous forme macromoléculaire chez les vertébrés. Implications physiologiques. *Année Biologique,* 28, p. 255-288.

5
NUTRITION ÉNERGÉTIQUE

Les poissons, comme tous les animaux, ont besoin d'énergie pour assurer leurs fonctions vitales. Dans les conditions aérobies, la seule énergie utilisable par l'organisme dérive de l'oxydation des composés organiques (glucides, lipides et protéines) qui proviennent de la digestion des aliments et du remaniement des cellules et des tissus. Les besoins énergétiques des poissons dépendent de l'animal lui-même (espèce, stade physiologique). Ils varient également en fonction des facteurs environnementaux et, en particulier, de la température de l'eau, le caractère ectotherme des poissons conférant à leur métabolisme énergétique une originalité évidente. Les nutritionnistes se sont efforcés d'analyser l'orientation de l'énergie dérivant des aliments vers l'anabolisme ou le catabolisme. L'étude de l'utilisation métabolique des nutriments, c'est à dire des diverses étapes du métabolisme intermédiaire et de la production d'énergie au niveau cellulaire, a constitué une approche complémentaire permettant une meilleure interprétation des données nutritionnelles.

Production de l'énergie au niveau cellulaire

Généralités

Les macronutriments apportés par l'aliment sont dégradés, au cours de la digestion intra- ou extraluminale, en substrats élémentaires : acides aminés (AA) provenant des protéines, acides gras (AG) et glycérol issus des triacylglycérols (TAG) ainsi qu'hexoses, glucose surtout, provenant des polyholosides (chap. 4). Ces nutriments sont ensuite, soit incorporés dans les structures cellulaires après transformation, réactions anaboliques qui permettent une accrétion d'énergie pour l'organisme, soit catabolisés au cours de réactions exergoniques, c'est-à-dire génératrices d'énergie. Les réactions exergoniques sont couplées à la synthèse de molécules possédant au moins une liaison dite riche en énergie.

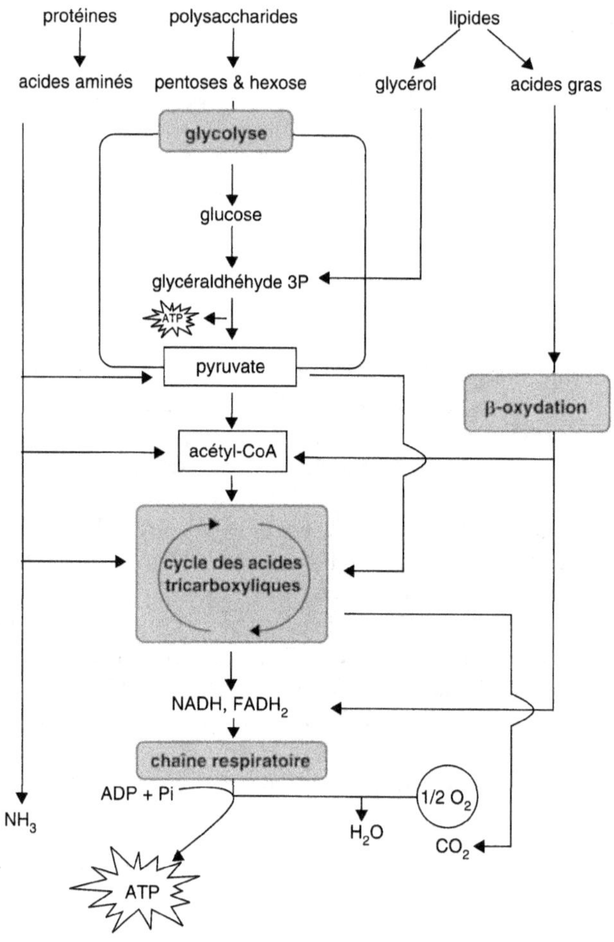

Figure 5.1. Principales voies de production de l'énergie.

Ces molécules, dont la principale est l'ATP, jouent le rôle de « petite monnaie » pour l'organisme, leur hydrolyse libérant l'énergie nécessaire aux synthèses, au transport transmembranaire, aux contractions musculaires, etc. Au cours des processus cataboliques, l'énergie non stockée sous forme d'ATP ou équivalents est dissipée sous forme de chaleur, les transformations de l'énergie chimique en une autre forme d'énergie chimique se faisant toujours avec des rendements inférieurs à 100 % en vertu du 2e principe de la thermodynamique.

La production d'énergie dans les cellules aérobies a lieu en trois étapes (fig. 5.1) :

– la formation d'acétyl-coenzyme A (CoA) par oxydation des AG, des AA ou du pyruvate provenant principalement de la glycolyse ;

– la dégradation des acétyles par le cycle des acides tricarboxyliques (ATC) appelé aussi cycle de l'acide citrique ou encore cycle de Krebs, libérant du CO_2, des nucléotides réduits et des atomes d'hydrogène ;

– le transport des électrons de l'hydrogène vers l'oxygène moléculaire qui s'accompagne d'une phosphorylation couplée de l'ADP générant de l'ATP. À tout moment, de l'énergie peut être libérée ou emmagasinée en fonction de la demande cellulaire grâce au couple ATP/ADP qui assure la distribution d'énergie dans la cellule.

Le cycle des ATC est, chez les poissons comme chez les autres vertébrés, le site commun d'utilisation des substrats énergétiques en conditions aérobies. À l'opposé des oiseaux et des mammifères, les poissons utilisent peu de glucose comme substrat d'oxydation cellulaire. Une de leurs particularités essentielles réside dans l'utilisation des AA qui peuvent entrer massivement à différentes étapes du cycle (fig. 5.2) et être responsables d'une fraction élevée de son acti-

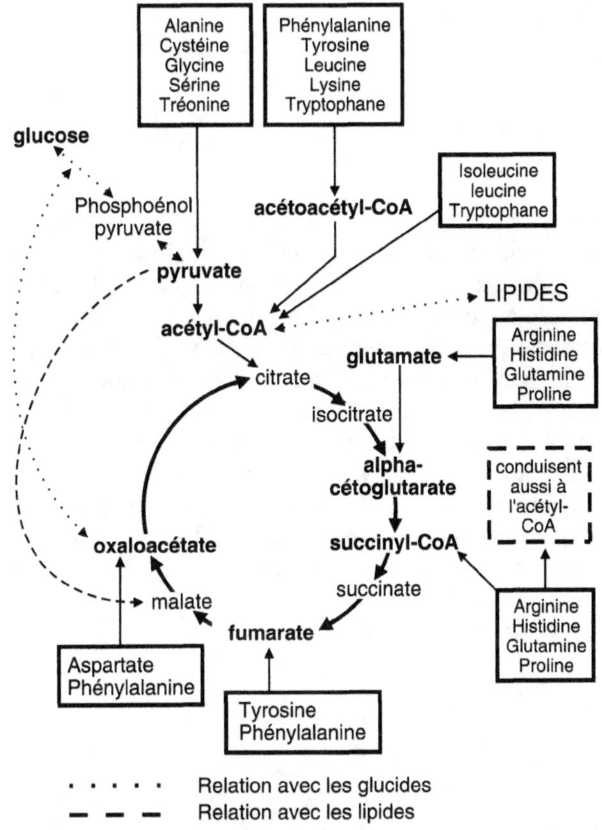

Figure 5.2. Les sites potentiels d'entrée des acides aminés dans le cycle des acides tricarboxyliques dans le foie du poisson.

vité. Ainsi, chez les poissons, ce sont les AA et non le glucose qui sont utilisés comme sources préférentielles d'énergie. Les AG contribuent aussi à la production d'ATP. Lorsque le régime alimentaire contient des teneurs élevées de lipides, on observe une diminution de l'oxydation des AA qui permet une épargne des protéines.

Il existe des différences entre les tissus ; les capacités oxydatives les plus élevées sont observées dans les tissus les plus riches en mitochondries : le foie, les branchies ainsi que le muscle rouge qui assure les contractions lentes et continues. Dans le foie, les cétoacides dérivés du catabolisme des AA constituent les principaux substrats énergétiques avec les groupes acétyl provenant de la β-oxydation des AG. Dans le muscle blanc, formé de fibres rapides à métabolisme anaérobie, la conversion de glucose en lactate semble être la principale source d'énergie. Ce tissu, hypertrophié par rapport au muscle rouge, est sollicité pour des mouvements rapides pendant des périodes très brèves. Ses caractéristiques, et notamment ses capacités oxydatives et glycolytiques, varient d'une espèce à l'autre, en relation semble-t-il, avec la capacité à pratiquer la nage à vitesse soutenue.

Catabolisme des acides aminés

La première étape de la dégradation des AA est une transamination : l'AA est transformé par désamination en α-cétoacide avec synthèse concomitante de glutamate à partir de l'α-cétoglutarate. L'α-cétoglutarate est ensuite reformé par désamination du glutamate sous l'action de la glutamate déshydrogénase (fig. 6.2). Le glutamate est transaminé par de nombreux AA et le foie représente le site essentiel de leur utilisation à des fins énergétiques. Une fois l'azote enlevé, le squelette carboné peut, soit servir à la néoglucogénèse via l'oxaloacétate, soit être oxydé dans le cycle des ATC. Comme les AA pénètrent dans le cycle à différents niveaux, la vitesse du cycle n'est pas régie seulement par l'activité de la citrate synthétase (voir p. 91) mais aussi par l'entrée en cours du cycle des AA, notamment au niveau de l'α-cétoglutarate. Les aminotransférases quantitativement les plus importantes sont l'aspartate et l'alanine aminotransférases (appelées aussi respectivement glutamate oxaloacétate transaminase ou GOT et glutamate pyruvate transaminase ou GPT).

Catabolisme des lipides

Alors que, chez les poissons, la synthèse des lipides a lieu essentiellement dans le foie, leur dégradation se produit dans tous les tissus utilisateurs. Les mécanismes de transport dans la mitochondrie et d'oxydation des AG sont similaires à ceux des autres vertébrés. Les AG libérés lors de l'hydrolyse des TAG par la lipase sont transportés dans la mitochondrie par l'acyl-carnitine transférase. Ils sont alors dégradés par cycles successifs de β-oxydation dont le résultat est la libération de fragments à 2 carbones sous forme d'acétyl-CoA (chap. 7) qui pénètrent dans le cycle des ATC au niveau de l'acide citrique.

Chez les mammifères, l'acétyl-CoA issu de la β-oxydation des AG peut conduire à la formation de corps cétoniques lorsque les capacités d'entrée dans le cycle des ATC sont saturées. Chez les poissons, le niveau de corps cétoniques est maintenu faible grâce à l'existence d'un « cycle futile » (processus non générateur de substrat mais entraînant des déperditions énergétiques sous forme thermique) acéto-acétate ←→ acéto-acétyl CoA très actif.

Catabolisme des glucides

La glycolyse est la voie principale du catabolisme du glucose dans les tissus des poissons. Elle transforme le glucose en pyruvate avec un gain net de 2 ATP/molécule de glucose, générant ainsi une petite quantité d'énergie utilisable. Mais cette dernière n'équivaut qu'à 2 % environ de l'énergie correspondant à la combustion complète (enthalpie) du glucose.

Comme chez les autres animaux, les réactions glycolytiques sont toutes réversibles et peuvent donc fonctionner dans le sens de la néoglucogenèse à l'exception des trois étapes catalysées respectivement par l'hexokinase, la phosphofructokinase et la pyruvate kinase. Ce sont, toutes trois, des étapes limitantes de la glycolyse, l'hexokinase étant particulièrement peu active, notamment chez les salmonidés (chap. 8). Toutes les enzymes glycolytiques ont été détectées dans les tissus des différentes espèces de poissons étudiées. Les activités les plus élevées se rencontrent dans les muscles cardiaque et squelettique alors qu'elles sont faibles dans le rein et le foie. Dans le foie des poissons, la glycolyse sert davantage à fournir des précurseurs pour la biosynthèse de molécules variées qu'à produire du pyruvate pour l'oxydation. Dans les cellules aérobies, le pyruvate conduit, par une décarboxylation, à la formation d'acétyl-CoA qui peut être ensuite oxydé dans le cycle des ATC. Dans le muscle blanc, en conditions d'anaérobiose, la conversion du pyruvate en lactate est catalysée par une lactate déshydrogénase.

La glycolyse n'est pas la seule voie de dégradation des glucides. Le cycle des pentoses, ou shunt, est également fonctionnel chez les poissons. Il génère du NADP nécessaire à la synthèse des AG (chap. 8). Son activité relative est fonction de la température.

Cycle des acides tricarboxyliques (ATC)

Ce cycle, dont les 8 réactions se déroulent dans la mitochondrie fonctionne de manière voisine chez les poissons et les mammifères. L'enzyme qui contrôle l'entrée de l'acétyl-CoA dans le cycle (la citrate synthétase), a les mêmes caractéristiques dans le foie de la truite que chez les mammifères. Pour une autre enzyme, l'isocitrate déshydrogénase, il n'existe qu'une forme active (la forme $NADP^+$ dépendante) au lieu de deux chez les mammifères. Les étapes suivantes qui conduisent à la formation d'oxalo-acétate n'ont rien de particulier chez les poissons.

Chaîne respiratoire

L'oxydation des formes réduites du NAD, du NADP et du FAD produites au cours du cycle des ATC ainsi que de la glycolyse se fait ultérieurement, en aérobiose, par une série d'oxydo-réductions dans la chaîne respiratoire. Les paires d'électrons provenant des intermédiaires du cycle des ATC sont transmises par une chaîne d'enzymes transporteuses d'électrons, passant à des niveaux d'énergie de plus en plus faibles. Lors de la dernière étape elles réduisent l'oxygène moléculaire, accepteur final des électrons dans la respiration ; à ce niveau ils se combinent en fait à l'oxygène et l'hydrogène pour former de l'eau. L'ensemble du processus correspond à la phosphorylation oxydative. Il engendre 36 molécules d'ATP par molécule de glucose, soit l'équivalent énergétique de 38 % de l'enthalpie de ce composé.

Le flux carboné à travers le cycle des ATC est régulé par les rapports $NADH/NAD^+$ et ATP/ADP ; ces molécules agissent comme modulateurs des enzymes cataboliques puisque leur présence est indispensable au fonctionnement de ces enzymes. Les proportions relatives d'ATP et d'ADP dans la cellule donnent une indication de l'équilibre entre réactions consommatrices et réactions génératrices d'énergie. L'état énergétique de la cellule est caractérisé par la charge énergétique définie comme :

$$CE = \frac{[ATP] + 1/2\,[ADP]}{[ATP] + [ADP] + [AMP]}$$

Dans le tissu hépatique de différentes espèces de poissons, la charge énergétique est plus faible que chez les mammifères, ce qui laisse supposer une régulation différente du métabolisme énergétique. Les conséquences de ce phénomène demeurent toutefois inconnues.

Devenir de l'énergie alimentaire

La figure 5.3 présente un schéma de partition de l'énergie alimentaire chez le poisson. L'énergie brute (EB), l'énergie digestible (ED), l'énergie métabolisable (EM) et l'énergie nette (EN) peuvent toutes quatre servir à mesurer l'énergie provenant des aliments. Dans tous les cas l'énergie est exprimée en kilojoules (kJ) ou mégajoules (MJ) par gramme ou kilogramme de matière sèche (l'emploi de la kcalorie n'a pas disparu, 1 kJ = 4,184 kcal).

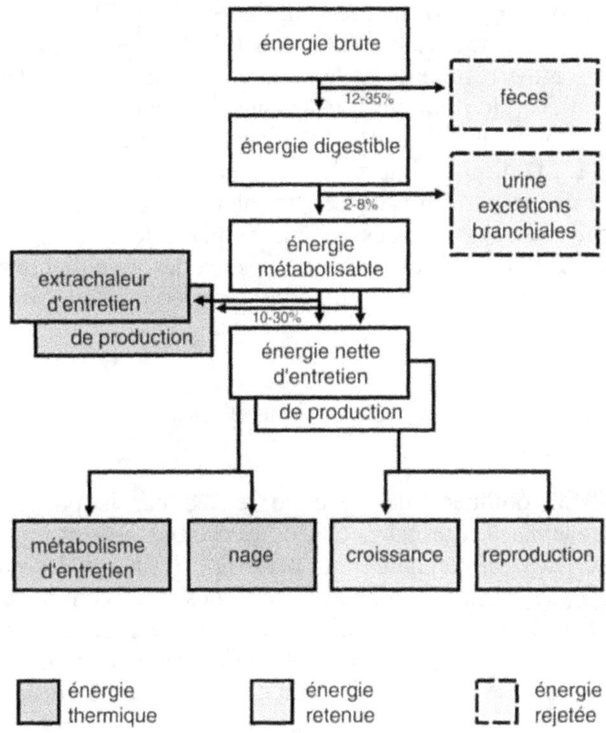

Figure 5.3. Devenir de l'énergie alimentaire chez le poisson.

Énergie brute

L'EB n'est autre que l'enthalpie des physiciens (chaleur de combustion à volume constant) affectée conventionnellement d'un signe + au lieu d'un signe −. Elle peut être déterminée par combustion de l'aliment dans une bombe calorimétrique. L'EB d'un aliment dépend uniquement de sa composition chimique et elle peut être calculée par addition des quantités d'EB apportées par chacun des composés organiques du régime, les valeurs moyennes étant de 23,7 kJ/g de protéines, 39,5 kJ/g de lipides et 17,2 kJ/g de glucides (fibres comprises). Elle peut aussi être calculée à partir des EB de chaque ingrédient du régime si elles sont connues.

Énergie digestible

L'ED correspond à l'EB ingérée diminuée de l'EB des fèces, laquelle oscille généralement entre 10 et 30 % de l'EB du régime. La digestibilité de l'énergie d'un régime résulte de celle de ses ingrédients. Chez les poissons, la digestibilité de l'énergie d'un nutriment donné est peu influencée par les autres ingrédients de l'aliment (chap. 4), à l'exception cependant de l'amidon cru (chap. 4 et 8). L'ED d'un régime peut être soit déterminée par mesure de l'EB de l'aliment et des fèces, soit estimée par calcul de la somme des ED des protéines, des lipides et des glucides ou encore par calcul de la somme des ED des ingrédients. En effet, si les interactions entre les ingrédients sur la digestibilité sont négligeables, l'ED peut être considérée comme additive.

Énergie métabolisable

L'EM est l'ED diminuée de l'énergie rejetée par le poisson sous forme d'excrétions branchiales et urinaires (BU). Les catabolites azotés sont, comme ci-dessus, générés par la désamination qui précède l'oxydation des protéines. Dans la pratique, leur valeur énergétique (en kJ) est considérée comme le produit de la quantité d'azote excrétée par le coefficient 24,7. On estime en effet que les produits d'excrétion azotés sont constitués de 85 % d'azote ammoniacal (25 kJ/g) et de 15 % d'azote uréique (23 kJ/g), ce qui n'est qu'une approximation.

Certains chercheurs expriment l'énergie alimentaire des aliments pour poissons en EM par analogie avec les systèmes utilisés pour d'autres espèces, notamment les volailles chez lesquelles les fèces et l'urine sont difficiles à séparer. Cependant, alors que l'ED d'un régime peut être calculée en additionnant celle de chaque composant du régime, les pertes métaboliques nécessaires au calcul de l'EM doivent être mesurées. En effet, les rejets azotés urinaires et branchiaux varient, non seulement en fonction de la source protéique (selon son équilibre en AA indispensables), mais également en fonction de l'équilibre énergie protéique/énergie non protéique et de la quantité ingérée. Cet équilibre peut être traduit par le rapport de la quantité de protéines digestibles (PrD en mg) à la quantité d'ED (en kJ) apportée par le régime alimentaire. Comme le montre la figure 5.4, les pertes métaboliques d'énergie sont, pour un ingéré

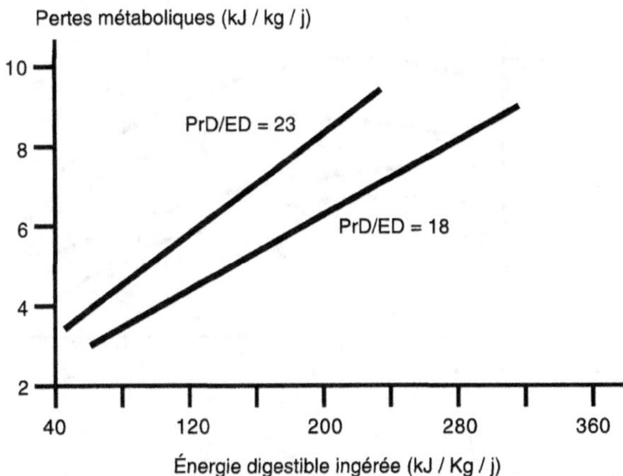

Figure 5.4. Variations des pertes métaboliques en fonction du rapport PrD/ED du régime.

azoté donné, plus faibles lorsque le rapport PrD/ED de l'aliment est abaissé de 23 à 18 mg/kJ. L'excrétion azotée peut être réduite par une augmentation de l'apport d'ED non protéique : une quantité accrue de nutriments non protéiques est alors catabolisée à des fins énergétiques, diminuant ainsi le catabolisme des protéines et augmentant leur rétention. Cet effet d'épargne des protéines par les lipides est bien démontré chez la plupart des poissons d'élevage. L'épargne des protéines par les glucides digestibles comme l'amidon de maïs ou de blé gélatinisés est plus controversé. Elle a cependant été démontrée chez la truite, le tilapia du Nil et l'anguille européenne.

Les pertes métaboliques d'énergie représentent entre 2 et 8 % de l'EB selon la source protéique et le rapport PrD/ED. On ne peut donc pas parler de l'EM d'une matière première mais seulement de celle d'un régime composé. En l'absence du matériel nécessaire pour mesurer les excrétions azotées, il est préférable de formuler les aliments pour poissons sur la base de l'ED.

Énergie nette

L'EN d'un régime est l'EM diminuée de l'énergie des dépenses liées à la consommation et à l'utilisation de l'aliment. Ces pertes, qui correspondent à de l'énergie thermique, résultent à la fois du travail mécanique (ingestion, mastication, mouvements du tube digestif) et du travail biochimique (digestion, absorption, transports et transformations des nutriments), ce dernier étant largement prépondérant. Elles se traduisent par une élévation de la consommation d'oxygène consécutive à la prise alimentaire. C'est ce que Rubner, en 1902, a nommé indûment « l'effet dynamique spécifique » de l'aliment, appelé de façon courante mais encore plus inexacte « action dynamique spécifique » ou

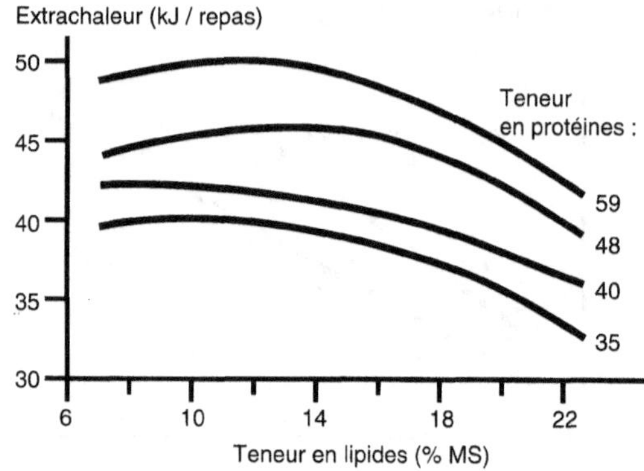

Figure 5.5. Effet des teneurs en protéines et en lipides de l'aliment sur la dépense d'extrachaleur chez la truite (d'après Legrow, Beamish, 1986).

ADS. D'autres termes (effet calorigène, effet thermogène, thermogenèse alimentaire, extrachaleur ...) sont employés pour désigner ces dépenses. En fait, l'extrachaleur n'est pas spécifique d'un nutriment bien qu'elle soit principalement liée à la quantité de protéines ingérée, elle varie aussi avec les teneurs de l'aliment en glucides et lipides.

Les dépenses d'extrachaleur augmentent avec la ration et sont approximativement proportionnelles à la quantité d'énergie ingérée. Chez les poissons, comme chez les mammifères monogastriques et les oiseaux, elles sont principalement dues à l'utilisation des protéines : elles augmentent avec la teneur du régime en protéines (fig. 5.5). La valeur de 30 kJ/g d'azote digestible ingéré a été avancée pour la truite. La figure 5.5 montre cependant que, chez la truite,

Tableau 5.1. Un exemple de bilan énergétique pour deux régimes (PrD : 38 %, ED : 20 kJ/g MS) chez la truite. Les valeurs sont exprimées en pourcentage de l'énergie digestible ingérée.

Principale source d'énergie non protéique du régime	Lipides		Glucides	
Température (°C)	8	18	8	18
Pertes métaboliques	5,2	4,3	5,4	5,0
Dépense :	39,9	32,3	41,8	43,1
métabolisme à jeun	28,1	21,3	29,6	23,7
extrachaleur	11,8	11,0	12,2	19,4
Rétention (accrétion) :	54,9	63,3	55,4	49,3
sous forme de protéines	30,8	25,9	30,0	22,8
sous forme de lipides	24,1	37,4	25,4	26,5

l'extrachaleur diminue lorsque la teneur en lipides alimentaires dépasse 15 %. Le même phénomène a été mis en évidence chez le poisson-chat américain. Le rôle des glucides dans les dépenses d'extrachaleur est moins clair. Les résultats d'une récente étude chez la truite (tabl. 5.1), indiquent qu'un régime riche en glucides digestibles provoque une dépense d'extrachaleur plus élevée qu'un régime riche en lipides à 18, mais non à 8 °C.

Les auteurs du début du siècle ont cherché à relier l'extrachaleur au catabolisme protéique. Plus récemment on a montré que, chez les animaux en croissance, cette dépense reflétait principalement le coût de l'accrétion protéique. D'une manière générale, elle résulte de toutes les pertes d'énergie thermique lors des transformations de l'énergie d'un état à un autre au cours du métabolisme. L'extrachaleur n'a donc pas une valeur constante pour un nutriment donné, elle est fonction de l'utilisation de ce dernier et des interactions entre nutriments. La dépense d'extrachaleur est aussi influencée par la température de l'eau. Il existe, pour chaque espèce, une zone thermique dans laquelle elle a une valeur minimale. Comme l'illustre la figure 5.6, cette température est de l'ordre de 10 °C pour la morue et de 15 °C pour la truite.

L'EN de l'aliment (EM – extrachaleur) est disponible pour l'entretien, l'activité musculaire et la production (croissance somatique + gonades). Bien que l'EN puisse paraître une manière intéressante d'exprimer l'énergie alimentaire, aucun système d'EN n'a été développé chez les poissons à ce jour. Les systèmes utilisés chez les animaux supérieurs ne conviennent pas au poisson qui, du fait de son ammoniotélie, tire des protéines une plus grande EN que ces derniers.

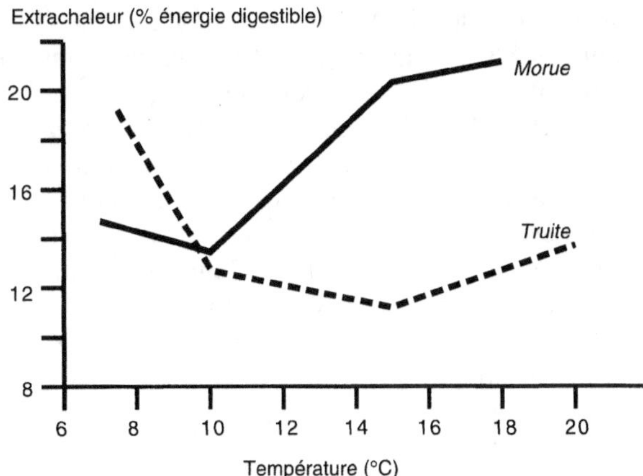

Figure 5.6. Effet de la température de l'eau (°C) sur la dépense d'extrachaleur (% de l'énergie digestible ingérée) chez la truite et la morue.

Besoins énergétiques des poissons

Principes de mesure

Les dépenses énergétiques sous forme de chaleur peuvent être mesurées par deux méthodes : la calorimétrie directe et la calorimétrie indirecte. La calorimétrie directe mesure la chaleur dissipée par l'organisme (énergie conductive, convective et radiante) alors que la calorimétrie indirecte permet d'estimer la chaleur produite par les processus oxydatifs. L'énergie utilisée par l'organisme provient principalement du catabolisme oxydatif (p. 87). Sur une période suffisamment longue, les quantités d'oxygène consommées par un animal sont, pour un substrat énergétique donné, proportionnelles à ses dépenses d'énergie. C'est pourquoi les pertes de chaleur sont généralement quantifiées par mesure des consommations d'oxygène.

Les mesures par calorimétrie directe sont effectuées dans des calorimètres adiabatiques ou chambres calorimétriques. Chez les poissons, cette technique est très difficile à mettre en œuvre car le métabolisme de base est faible et la capacité calorifique de l'eau est très élevée, ce qui demande des appareils de mesure de chaleur très perfectionnés. En outre, les enceintes doivent être de petite taille pour une bonne précision des mesures, ce qui ne permet pas de travailler sur des groupes de poissons.

La calorimétrie indirecte repose le plus souvent sur la seule mesure de la consommation d'oxygène. Pour chaque gramme d'oxygène consommé, la quantité de chaleur produite (QO_2) est en moyenne de 13,6 kJ mais elle dépend de la nature des substrats oxydés, l'oxydation d'un nutriment donné nécessitant une quantité donnée d'oxygène et générant une quantité donnée d'énergie (encadré p. 100). L'évaluation des dépenses énergétiques est plus précise lorsque les mesures de consommation d'oxygène sont complétées par des mesures d'excrétion de dioxyde de carbone et de catabolites azotés. L'ensemble de ces données permet en effet d'estimer la quantité de chaque nutriment oxydée. Les dépenses énergétiques d'extrachaleur sont évaluées par différence entre la production de chaleur des poissons alimentés et celle des poissons à jeun. La figure 5.7 montre le schéma d'un dispositif expérimental d'analyse de l'eau utilisé pour les mesures de calorimétrie indirecte chez les poissons. Le détail de la technique ainsi que la méthode de traitement des données sont indiqués dans l'encadré p. 100.

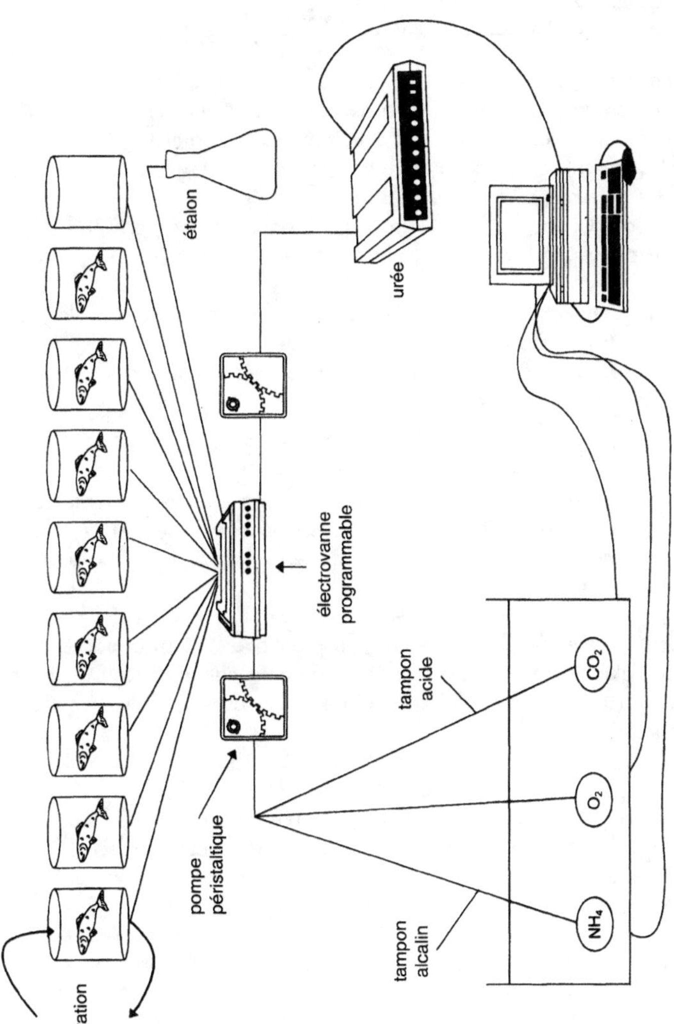

Figure 5.7. Schéma du dispositif expérimental pour les mesures de calorimétrie indirecte chez les poissons.

Principe des mesures de calorimétrie indirecte chez les poissons

Des échantillons d'eau sont prélevés dans les bacs contenant les poissons et dans un bac sans poisson. Ils sont analysés, en général à l'aide d'électrodes spécifiques. Les échanges gazeux EG sont calculés selon la formule :

$$EG = \frac{(S_1 - S_2)}{M \times (t_2 - t_1)} \times V + \frac{(E_1 - S_1) + (E_2 - S_2)}{2 \times M} \times D$$

E_1 = concentration en gaz dans le bac sans poisson au temps t_1 ;
E_2 = concentration en gaz dans le bac sans poisson au temps t_2 ;
S_1 = concentration en gaz dans un bac avec poisson au temps t_1 ;
S_2 = concentration en gaz dans un bac avec poisson au temps t_2 ;
M = masse des poissons du lot, en kg ;
V = volume d'eau du bac, en L ; D = débit d'eau dans les bacs, en L/h ;
t_1 et t_2 sont exprimés en h et les concentrations en mg/L.

La dépense énergétique DE en kJ est calculée selon la formule de Brafield (1985) :

$$DE = 11,18 O_2 + 2,64 CO_2 - 9,55 N$$

Les quotients respiratoire QR et azoté QA sont calculés à partir des consommations d'O_2 et des excrétions de CO_2 :

$$QR = \frac{CO_2 \text{mmoles}}{O_2 \text{mmoles}} \qquad QA = \frac{N \text{mmoles}}{O_2 \text{mmoles}}$$

La part P des protéines dans le catabolisme peut être calculée à partir du QA. Si les protéines étaient le seul substrat oxydé, le QR serait voisin de 0,97 et le QA de 0,27 (NB : ces valeurs correspondent à une protéine « standard »). La part des protéines dans le catabolisme total est donc :

$$P = QA \times 100 / 0,27$$

Cette grandeur permet de calculer le QR non protéique (QRnp) et par suite, la part respective des glucides (G) et des lipides (L) dans le catabolisme (DE). En effet le QR des glucides est de 1 et celui des lipides voisin de 0,7 (valeur correspondant en fait à la trioléine).

$$G = 333,33 \times QRnp - 233,33$$
$$L = 100 - G$$

Les quantités d'oxygène consommées (mmoles/kg/j) pour oxyder les différents nutriments, soit $O_2 p$, $O_2 np \times G$ et $O_2 np \times L$ pour les protéines, les glucides et les lipides respectivement, sont alors calculées. Les coefficients oxycalorifiques des protéines, des glucides et des lipides étant respectivement 19,1, 21,1 et 19,6 kJ/l d'oxygène consommé chez le poisson (Brafield, 1985), on peut calculer la production d'énergie résultant du catabolisme de chaque type de nutriment et finalement la dépense énergétique totale.

Lorsque la lipogenèse à partir des glucides est supérieure à l'oxydation des lipides, le quotient respiratoire est supérieur à 1. Dans ce cas, les valeurs « d'oxydation » des lipides sont négatives, ce qui indique une lipogenèse nette (différence entre lipogenèse et lipolyse). Les valeurs « d'oxydation » des glucides représentent en fait la disparition des glucides (oxydation + conversion en lipides).

Dans le cas où seule la consommation d'oxygène a pu être mesurée, la dépense énergétique en kJ peut être évaluée, avec moins de précision (p. 98).

Dépense énergétique des poissons à jeun

Le métabolisme basal des animaux terrestres est mesuré chez des individus à jeun et au repos. Chez les poissons pélagiques, il est difficile d'obtenir le repos complet puisque leur maintien dans la colonne d'eau nécessite des mouvements. L'immobilisation dans des cages métaboliques soumet les poissons à un stress. Différents auteurs ont tenté de définir des états dits « standard » pour des poissons à jeun et immobilisés, « de routine » pour des poissons à jeun mais libres de leurs mouvements ou encore « d'activité » pour des poissons nourris et libres de leur mouvements. Il semble plus clair de parler de dépense énergétique minimale, relative à des poissons à jeun et incluant l'activité physique résiduelle, que d'utiliser l'expression « dépense standard ». Cette dépense doit être mesurée sur des poissons bien habitués à leur environnement et laissés à jeun durant une période suffisamment longue pour que le tube digestif soit vide (chap. 4). Pour limiter le stress, il est également préférable de réaliser les mesures sur des groupes de poissons plutôt que sur des individus isolés.

Cette dépense est 10 à 30 fois plus faible que celle des mammifères, principalement en raison de l'ectothermie, de l'ammoniotélie et de la flottaison :

– ectothermie : les poissons (à l'exception des thunnidés et de quelques rares autres taxons) ont une température interne très voisine de celle de l'eau dans laquelle ils vivent ; ils ne dépensent donc pas d'énergie pour maintenir constante leur température corporelle (thermorégulation) comme le font les homéothermes. Lorsque la température de l'eau s'abaisse, celle de l'organisme diminue en conséquence et le besoin énergétique de base s'en trouve fortement réduit ;

– ammoniotélie : chez les téléostéens, l'ammoniaque, principal catabolite azoté, est excrété dans l'urine et surtout directement dans l'eau à travers les branchies. Il s'agit d'un processus passif ou très peu coûteux en énergie (contrairement à la synthèse et au rejet d'urée et d'acide urique) ;

– flottaison : elle permet une épargne d'énergie par rapport aux animaux terrestres dotés de puissants muscles antigravitationnels. De même, si la nage rapide est beaucoup plus coûteuse que le déplacement à même vitesse sur terre, la nage lente est peu coûteuse.

Facteurs de variation de la dépense énergétique minimale

Les besoins énergétiques des poissons varient principalement en fonction de leur taille ainsi que de la température de l'eau (fig. 5.8). Pour les poissons d'eau douce (de 10 à 250 g), la dépense journalière moyenne est de 25 à 45 kJ/kg selon la température. Pour une même espèce et une même température, les valeurs peuvent varier avec la durée du jeûne et le passé nutritionnel. Les valeurs rapportées dans la bibliographie pour les poissons marins diffèrent

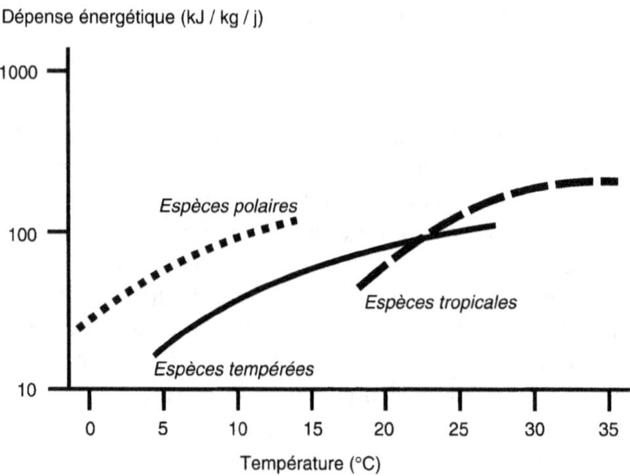

Figure 5.8. Effet de la température de l'eau (°C) sur les dépenses énergétiques de différentes espèces de poissons (d'après Brett, 1970).

d'une espèce à l'autre davantage que pour les espèces d'eau douce, les poissons plats ayant un métabolisme particulièrement réduit. L'influence de la salinité du milieu sur le métabolisme basal des poissons fait encore l'objet de controverses, mais le coût énergétique de l'osmorégulation paraît faible.

Chez les ectothermes comme chez les homéothermes, la quantité d'énergie dépensée s'accroît, en absolu, avec la masse de l'animal. Le logarithme de la dépense métabolique augmente de façon linéaire avec le logarithme de la masse corporelle. Toutefois, la pente de cette relation est inférieure à 1 : dans toutes les espèces, les animaux de petite taille dépensent davantage d'énergie par unité de masse que les animaux de grande taille. En première approximation la relation logarithmique taille-métabolisme est valable aussi bien pour des adultes d'espèces différentes que pour des individus de taille différente à l'intérieur d'une même espèce. Ainsi, les larves de poissons ont des besoins énergétiques par unité de masse corporelle considérablement plus élevés que les poissons de grande taille. La relation entre le métabolisme et la masse corporelle est traduite par la notion de masse métabolique (abusivement appelée « poids métabolique »), c'est-à-dire la masse corporelle de l'animal élevée à une puissance correspondant à la pente de la relation logarithmique. Pour les vertébrés supérieurs, l'exposant 0,75 est généralement admis. Pour les poissons, les valeurs citées varient de 0,63 à plus de 1, le coefficient le plus souvent utilisé étant de 0,82. Cependant, dans les études sur poissons, la dépense énergétique est encore le plus souvent exprimée non en fonction de la masse métabolique mais en fonction de la masse corporelle qui peut varier de quelques mg pour les larves à plusieurs kg.

L'augmentation de la dépense énergétique minimale en fonction de la température de l'eau est généralement exprimée par le Q_{10}. Ce critère est indépendant de la taille du poisson. Pour une espèce donnée, il n'est pas constant dans toute la gamme de température où elle vit (fig. 5.8). Il est souvent plus faible dans la zone de preferendum thermique de l'espèce. Pour la consommation d'oxygène de la truite par exemple, le Q_{10} est de 3,5 en dessous de 8 °C et de 1,7 entre 8 et 18 °C. D'une façon générale, l'existence de Q_{10} inférieurs à 2 traduit une régulation par les thermoenzymes. Ces dernières permettent au poisson de conserver un métabolisme plus élevé que ne le voudrait la simple dépendance physique vis-à-vis de la température. Elle compensent en quelque sorte, de façon partielle, les conséquences de l'ectothermie. Mais dans d'autres cas, et en particulier dans le cas du Q_{10} de 3,5 cité ci-dessus, il faut supposer que la régulation du métabolisme correspond à des mécanismes différents.

Lorsque l'animal est à jeun, l'énergie indispensable à sa survie est fournie par la dégradation de ses réserves corporelles. Chez la truite, durant les 3 premiers jours de jeûne, les protéines sont les principaux pourvoyeurs d'énergie. Leur participation à la couverture des besoins énergétiques de base est environ 10 fois plus élevée que celle des vertébrés supérieurs. La dépense énergétique est en moyenne 20 fois plus réduite que celle des vertébrés terrestres alors que les pertes azotées sont seulement 2 fois plus faibles (100 à 200 mg $N/kg^{0,8}$/jour chez les poissons, contre 220 à 320 mg $N/kg^{0,8}$/jour chez les mammifères terrestres, ce qui représente 2 à 5 mg d'azote endogène/kJ chez les poissons contre 0,2 mg/kJ chez les mammifères terrestres). Quand le jeûne se prolonge, la participation des lipides à la fourniture d'énergie s'accroît. Chez la truite à 18 °C par exemple, elle égale celle des protéines à partir du 12e jour de jeûne.

Besoins énergétiques d'entretien

Le besoin énergétique d'entretien est défini comme la quantité d'énergie nécessaire pour atteindre un niveau d'équilibre entre les apports et les dépenses d'énergie, de telle façon que le bilan soit nul. Il n'a que rarement été évalué chez les poissons, étant même parfois assimilé au besoin énergétique des animaux à jeun alors que celui-ci ne représente que 50 à 60 % du besoin d'entretien (fig. 5.9). En effet, une ration alimentaire apportant seulement la quantité d'énergie nécessaire pour couvrir les besoins énergétiques à jeun ne suffit pas à l'animal pour maintenir sa masse corporelle constante. Comme il est indiqué p. 95, prise de nourriture, digestion, absorption et utilisation métabolique des nutriments entraînent des dépenses particulières d'énergie ou extrachaleur. Dans ce cas précis, il s'agit de l'extrachaleur d'entretien par opposition à l'extrachaleur de production qui reflète le coût des accrétions d'énergie.

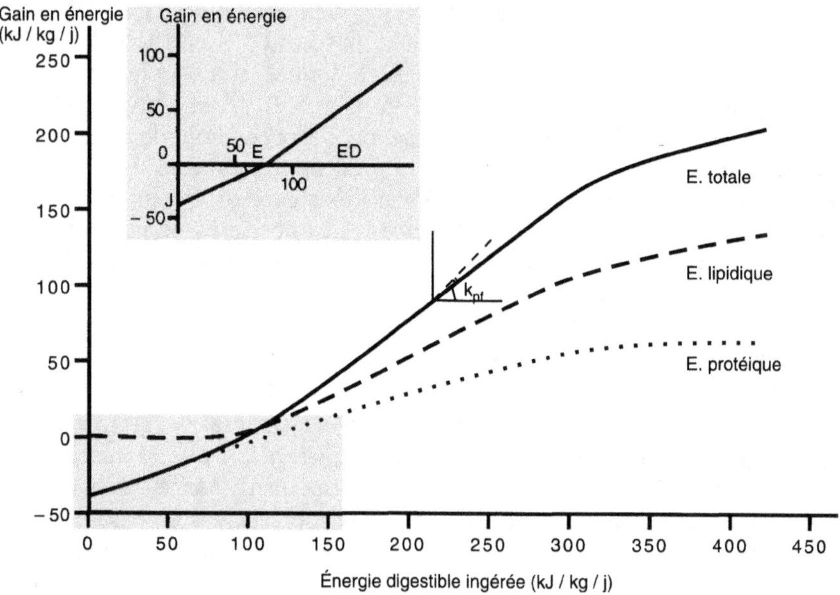

Figure 5.9. Variation du gain en énergie chez la truite en fonction de l'énergie digestible ingérée. La pente k_{pf} de la droite traduit l'efficacité de l'utilisation de l'ED pour l'accrétion énergétique ; $1 - k_{pf}$ traduit l'extrachaleur de production.

Sur fond gris : évolution du bilan aux alentours de l'entretien E. OJ : bilan de l'animal à jeun. km = OJ/OE traduit l'efficacité d'utilisation de l'ED pour l'entretien ; ce rapport est inférieur à 1 par suite de l'extrachaleur d'entretien.

La méthode la plus fiable pour évaluer le besoin d'entretien consiste à mesurer les variations de la teneur en énergie de lots de poissons nourris avec des quantités croissantes d'énergie et à extrapoler ou interpoler pour obtenir un gain d'énergie égal à zéro (fig. 5.9). Le tableau 5.2 regroupe les valeurs du besoin d'entretien connues pour trois espèces. Les variations de ce besoin en fonction de la masse corporelle et de la température de l'eau résultent de l'effet de ces facteurs sur le métabolisme minimal qui représente la composante principale de la dépense d'entretien. Pour le poisson-chat à 25 °C comme pour la truite à 18 °C, la ration journalière d'entretien correspond approximativement à 0,4-0,6 % de la masse corporelle.

Tableau 5.2. Besoin énergétique d'entretien chez quelques espèces de poissons.

Espèces	Masse corporelle (g)	Température (°C)	Dépense énergétique (kJ/kg/j)
Carpe commune	80	10	28
	80	20	67
Poisson-chat	10 à 20	25	84
	100	25	72
Truite	150	18	85 - 100
	300	15	60

Besoins énergétiques de production

Besoin pour la croissance

Lorsqu'ils sont nourris à satiété ou par l'intermédiaire de distributeurs d'aliment à la demande, les poissons sont capables d'ajuster leur consommation d'aliment selon la densité énergétique de l'aliment, de façon à atteindre une croissance maximale. L'ajustement n'est pas toujours exact et le remplissage de l'estomac peut être une limite lorsque l'aliment est trop pauvre en énergie. Généralement, les aliments pour poissons doivent fournir au moins 15 à 18 MJ ED par kg de matière sèche.

Le besoin énergétique de croissance peut être défini comme la quantité d'énergie nécessaire pour produire un kilogramme de poisson. Chez la truite il est de 15-16 MJ/kg de gain de masse corporelle à 8 °C et 17-19 MJ/kg de gain de masse entre 15 et 18 °C. Les valeurs du besoin de croissance obtenues sont similaires pour le poisson-chat américain, mais elles sont nettement supérieures pour la carpe commune et la daurade, l'une et l'autre élevées à 25 °C. On ne peut donc pas généraliser à toutes les espèces dont les besoins n'ont pas été mesurés aux mêmes températures et dont la composition corporelle peut être très différente. Il paraît logique de supposer que la composition du gain corporel (teneurs en protéines et lipides) influence le besoin énergétique de croissance exprimé en MJ/kg de gain de masse, comme c'est le cas pour les animaux terrestres.

Le besoin ainsi défini est également fonction de la composition du régime : l'orientation des nutriments vers l'anabolisme ou le catabolisme dépend de l'équilibre énergie protéique/énergie non protéique. En conséquence, les recommandations concernant la composition des aliments sont indiquées en termes de rapport PrD/ED. Ces valeurs, réunies dans le tableau 5.3 sont beaucoup plus élevées que pour le porc ou le poulet où elles sont de l'ordre de 10 à

Tableau 5.3. Rapport protéines digestibles/énergie digestible actuellement recommandés pour la croissance de différentes espèces de poissons.

Espèces	PrD (mg/g MS)	ED (kJ/g MS)	PrD/ED (mg/kJ)
Poisson-chat	270 - 244	13,1 - 12,8	19 - 21
Ombrine	315	13,4	24
Tilapia du Nil	300	12,1	25
Carpe commune	315	12,1	26
Truite	330 - 420	15,1 - 17,2	22 - 25

Source : NRC, 1993.

14 mg/kJ, mais elles paraissent surestimées pour certaines espèces. En effet, plusieurs études récentes démontrent que, chez la truite, le rapport PrD/ED pourrait être abaissé à 18 mg/kJ par augmentation de l'ED jusqu'à 18 MJ/kg, sans que la croissance soit affectée. Il en serait de même pour la carpe et la daurade.

Besoin pour la reproduction

Le coût de la reproduction dépasse celui de la seule production des gamètes. Le développement de caractères sexuels secondaires (modifications de morphologie ou de couleur), la production de mucus, les comportements de reproduction, la construction de nids pour certaines espèces ou la migration pour d'autres entraînent des dépenses d'énergie supplémentaires. Le coût de l'ensemble du processus de reproduction ne peut être évalué qu'à long terme par l'effort de reproduction qui correspond à la quantité d'énergie stockée dans les gamètes par rapport à la quantité d'énergie ingérée. Les valeurs rapportées par Wooton (*in* Tytler et Calow, 1985) concernent des espèces d'aquarium et varient de 10 à 18 % pour le médaka à 16 à 30 % pour l'épinoche.

Pour la plupart des espèces, les gonades mâles à maturité représentent une proportion de la masse corporelle ne dépassant pas 10 %. Par contre, les ovaires à maturité peuvent représenter jusqu'à 30 % de la masse corporelle chez certaines espèces. Le contenu énergétique moyen des œufs, mesuré chez une cinquantaine de téléostéens, est de 23,5 kJ/g MS quelle que soit la taille des œufs. Chez le brochet, juste avant l'émission des gamètes, l'énergie des gonades mâles est de 75 kJ alors que le contenu des ovaires dépasse 1000 kJ. Chez les salmonidés, la quantité d'énergie corporelle stockée sous forme d'œufs représente 8 à 15 % de l'énergie du corps entier ce qui correspond au rapport gonadosomatique.

Il ne semble pas exister de besoins spécifiques pour la reproduction en termes de rapport protéine/énergie de l'aliment. Un taux d'ED supérieur à 17 MJ/kg MS associé à une teneur protéique de 35 % permet de bonnes performances de reproduction chez les salmonidés. Lorsque l'apport d'énergie alimentaire n'est pas suffisant, la plupart des espèces favorisent la production de gonades aux dépens de la croissance somatique ; les femelles puisent alors dans leurs réserves corporelles pour l'élaboration des gonades.

Bilan énergétique et énergie retenue

Le bilan énergétique retrace les différentes étapes de l'utilisation de l'EB ingérée par un animal dans des conditions environnementales données. La relation entre l'ED ou l'EM ingérée et l'énergie retenue (R) traduit l'efficacité d'utilisation d'un aliment par l'animal. R correspond à l'énergie ingérée (I) dont sont soustraites les pertes fécales d'énergie (F), métaboliques (BU) et les pertes sous forme de chaleur (C) incluant les dépenses liées à l'animal lui-même et celles liées à l'utilisation de l'aliment (extrachaleur). Basé sur la loi de conservation de l'énergie, le bilan énergétique s'écrit :

$$R = I - (F + BU) - C$$

Méthodes de mesure du bilan énergétique

Bilan énergétique basé sur la mesure des pertes

Les pertes digestives sont calculées à partir de l'ingéré et des CUDa de l'énergie. Les pertes métaboliques (B + U en kJ/kg/h) sont obtenues par multiplication de la quantité d'azote excrété (en g/kg/h) par 24,7 (p. 94). La dépense énergétique est mesurée sur les poissons à jeun et alimentés (encadré p. 100) ; la différence entre les deux représente l'extrachaleur. Il est alors possible de calculer les parts de l'ED retrouvée dans les pertes branchiales et urinaires, utilisée pour l'extrachaleur, l'entretien et l'activité. La part restante est l'énergie de production (croissance somatique et gamètes).

Cette méthode permet d'évaluer les différentes composantes du bilan énergétique c'est-à-dire les différentes étapes de transformation de l'énergie de l'aliment. Toutefois elle conduit souvent à une surévaluation de l'énergie retenue pouvant atteindre 10 % par suite d'une sous-estimation des différentes pertes.

Bilan énergétique basé sur la mesure du gain en énergie corporelle

L'évaluation la plus directe de la quantité d'énergie retenue par un lot d'animaux est la mesure de l'énergie corporelle (combustion d'une quantité connue de matière sèche corporelle dans un calorimètre) au début et à la fin d'un intervalle de temps déterminé. Les mesures sont pratiquées sur des échantillons d'animaux représentatifs du lot à l'état initial et à l'état final. Cette méthode présente l'inconvénient de ne fournir aucune indication sur les autres composantes du bilan énergétique. Elle doit être complétée par les mesures des pertes métaboliques, des dépenses d'extrachaleur et des autres dépenses thermiques. Pour des expériences de ce type, en l'absence d'appareils de laboratoire nécessaires aux mesures des excrétions et de la production de chaleur, Cho et Kaushik (1990) préconisent une autre méthode d'évaluation des composantes du bilan énergétique : les pertes métaboliques sont obtenues par différence entre l'azote digestible ingéré et l'azote retenu. Leur valeur énergétique est calculée à l'aide du coefficient 25 (qui pourrait être avantageusement remplacé par le coefficient 24,7 explicité ci-dessus). L'EM est obtenu par soustraction de ce produit à l'ED. Les dépenses totales d'énergie thermique correspondent à la différence entre EM ingérée et énergie retenue.

Rétention énergétique

La rétention (accrétion) énergétique varie en fonction de la taille des poissons, des conditions d'élevage (tabl. 5.4), ainsi que de la ration et de la composition du régime. La figure 5.9 montre la relation entre le gain journalier en énergie et la quantité d'ED ingérée chez des lots de truites nourries pendant 8 semaines avec des quantités croissantes d'aliments, le contenu énergétique corporel étant évalué selon la méthode énoncée ci-dessus. Les résultats sont exprimés en gain ou perte d'énergie totale ou sous forme protéique par kg et par jour. Le gain en énergie augmente d'abord linéairement en fonction de l'ED ingérée, la pente k étant fonction de la composition du régime. Toutefois, au-dessus d'un certain seuil, la relation devient curvilinéaire : l'accroissement est moins important lorsque la quantité d'énergie digestible ingérée augmente, ce qui signifie que l'extrachaleur de production tend à augmenter de façon plus que proportionnelle à l'ingéré. La même tendance est plus marquée encore pour la rétention d'énergie sous forme protéique. La pente (notée k_p) de la relation entre le gain journalier d'énergie sous forme protéique et la quantité d'ED ingérée par kg et par jour s'infléchit lorsque cette dernière augmente : ce phénomène résulte de l'existence d'un anabolisme protéique maximal.

En outre, quel que soit le régime alimentaire, la forme, protéique ou lipidique, de l'énergie déposée varie avec l'âge (et donc la taille) des poissons. Lorsque les animaux sont jeunes, l'énergie est stockée principalement sous forme protéique puis, au-delà de 2 ans environ chez les salmonidés, les dépôts d'énergie sous forme lipidique deviennent prépondérants. Le contenu énergétique du corps d'un poisson peut varier de 20 à 30 kJ/g MS selon la quantité de lipides stockée. Ce phénomène augmente vraisemblablement le besoin de croissance.

Ainsi, un même aliment peut conduire à des dépôts d'énergie différents en quantité comme en qualité en fonction de l'animal auquel il est distribué et des conditions d'élevage. De nombreux travaux expérimentaux sont encore nécessaires pour pouvoir prévoir de façon fiable le devenir de l'énergie de l'aliment en intégrant les différents facteurs de variation.

Tableau 5.4. Dépense énergétique de base chez quelques espèces de poissons à jeun.

	Masse corporelle (g)	Température (°C)	Dépense énergétique (kJ/kg/j)
Espèces d'eau douce			
Carassin	29	25	39
Carpe	80	28	41 - 50[*]
Esturgeon	230	18	30
Sandre	4 à 130	20	25
Saumon rouge	10 à 20	15	23
Truite	100	8	29
	100	18	40 - 48[*]
Espèces marines			
Daurade	10	20	79
	100	20	41
Daurade japonaise	35 à 70	20	64
Morue	30 à 80	7	30
	"	10	43
	"	15	52
Bar	10	20	81
	100	20	48
Plie	5	20	163
	110	20	30

[*] Gamme des valeurs relevées dans la bibliographie

La rétention énergétique représente généralement 20 à 50 % de l'EB ingérée ou 35 à 65 % de l'ED ingérée. Ces valeurs sont plus élevées que celles que l'on observe chez les homéothermes. La différence est attribuable principalement à la faiblesse des dépenses métaboliques de base, ou du besoin d'entretien, due elle-même à l'ectothermie et aux facteurs secondaires comme l'ammoniotélie et la flottaison (p. 103).

Le rôle de la température sur le bilan énergétique n'a pas fait l'objet de recherches poussées du fait que les nutritionnistes choisissent le plus souvent

Tableau 5.5. Influence de la température de l'eau sur l'utilisation de l'énergie digestible et les dépenses d'entretien chez la truite. Régime contenant 38 % de protéines digestibles et 9 % de matière grasse digestible (d'après Cho, Slinger, 1980).

Température (°C)	7,5	10	15	20
Energie retenue (% ED ingérée)	44	49	53	58
Entretien (kJ/kg^{0,824}/j)	12	19	35	38

une température proche de l'optimum de l'espèce. Le bilan énergétique est cependant fortement dépendant de ce facteur (tabl. 5.5). Au voisinage et en deçà de l'optimum thermique, l'ingéré et les dépenses restent dans un rapport assez constant. Le bilan s'améliore légèrement pour des températures plus élevées et, en valeur absolue, la rétention est maximale aux alentours de la température optimale de l'espèce ou un peu au-dessus de celle-ci. Au-delà de l'optimum, l'ingéré plafonne tandis que les dépenses d'entretien continuent d'augmenter. A des températures proches du maximum létal, le bilan se détériore rapidement.

Conclusion

Les diverses étapes de la production d'énergie à partir des nutriments chez les poissons sont très voisines de ce que l'on connaît chez les mammifères. Le métabolisme énergétique diffère spécialement de celui des vertébrés supérieurs à deux points de vue : d'une part, au niveau cellulaire, les nutriments pourvoyeurs d'énergie ne sont pas utilisés avec la même priorité que chez les vertébrés omnivores terrestres, d'autre part, au niveau de l'organisme entier, l'ectothermie se traduit par une influence très marquée de la température environnementale sur le métabolisme. Les nutriments utilisés de façon préférentielle pour la production d'énergie sont les acides aminés dont le catabolisme aboutit à la production d'ammoniaque. Il est néanmoins possible, chez les salmonidés du moins, de substituer à ces nutriments des quantités importantes de lipides afin de limiter le catabolisme protéique. Les répercussions de l'ectothemie sont parfois atténuées par les thermoenzymes. La température de l'eau peut avoir d'autres répercussions sur certaines composantes du métabolisme énergétique telles que l'extrachaleur ou la part respective des accrétions protéique et lipidique. Le faible besoin énergétique dû à l'ectothermie est également à l'origine du rapport PrD/ED élevé qu'il convient de respecter dans les aliments pour poissons ainsi que de la grande efficacité de ces derniers à retenir l'énergie alimentaire en énergie corporelle. Pour plusieurs espèces, les normes relatives au rapport PrD/ED font actuellement l'objet d'une révision en vue d'une économie de protéines et d'une meilleure efficacité de l'énergie.

Références bibliographiques

BLAXTER K., 1989. *Energy metabolism in animals and man.* Cambridge University Press, 336 p.

BRAFIELD A.E., 1985. Laboratory studies of energy budgets. *In* Tytler, Calow, 1985 : Fish energetics. New Perspectives. Croom Helm, Londres et Sydney, p. 257-281.

BRETT J.R., 1972. The metabolic demand for oxygen in fish, particularly salmonids, and a comparison with other vertebrates. *Respir. Physiol.* 14, p. 151-170.

BRETT J.R., GROVES T.D.D., 1979. Physiological energetics. *In : Fish Physiology*, Hoar W.S., Randall D.J. eds., Vol. III, Academic Press, New-York, Londres, p. 279-343.

CHO C.Y., KAUSHIK S.J., 1990. Nutritional energetics in fish : energy and protein utilization in rainbow trout. *World Review of Nutrition and Dietetics*, 61, p. 132-172.

CHO C.Y., SLINGER S., 1980. Effect of water temperature on energy utilization in rainbow trout (*Salmo gairdneri). Proc. 8th symposium energ. metab.* Cambridge U.K. (Mount L.E. ed.). Butterworths, Londres, p. 287-291.

COWEY C.B., WALTON M.J., 1989. Intermediary metabolism. *In :* J.E. Halver, *Fish Nutrition*, 2nd ed., Academic Press, San Diego, p. 259-329.

GUILLAUME J., 1990. La nutrition des Salmonidés. I - Généralités, besoins qualitatifs. *La Pisciculture Française*, n° 100, p. 47-59.

GUILLAUME J., 1991. La nutrition des Salmonidés. II - Besoins quantitatifs. *La Pisciculture Française*, n° 103, p. 4-20.

KAUSHIK S.J., MÉDALE F., 1994. Energy requirements, utilization and dietary supply to Salmonids. *Aquaculture*, 124, p. 81-97.

LEGROW S.M., BEAMISH F.W.H., 1986. Influence of dietary protein and lipid on apparent heat increment of feeding of rainbow trout, *Salmo gairdneri. Can. J. Fish. Aquat. Sci.,* 43, p. 19-25.

NRC (National Research Council), 1993. *Nutrient requirements of fish.* National Academy Press, Washington, D.C., 115 p.

TYTLER P., CALOW P., 1985. *Fish energetics. New perspectives.* Croom Helm. London and Sydney, 350 p.

6

NUTRITION PROTÉIQUE

La nutrition protéique constitue sans nul doute le domaine le mieux étudié de toute la nutrition des poissons. Dès les premières tentatives d'emploi d'aliments composés en pisciculture on s'est efforcé de définir le niveau optimal de protéines dans les régimes. Il est devenu très rapidement évident que ce niveau était beaucoup plus élevé que chez les mammifères ou les oiseaux. Pour expliquer l'exigence particulière des poissons dans ce domaine, plusieurs voies complémentaires ont été explorées. On a recherché si la différence spectaculaire qui existait entre poissons et vertébrés supérieurs provenait d'un besoin particulièrement élevé, soit pour l'entretien, soit pour la croissance. On s'est efforcé de définir les besoins en termes d'acides aminés (AA) indispensables (AAI), du moins pour quelques espèces. Des explications ont également été recherchées dans les mécanismes fondamentaux et bien que l'essentiel des recherches ait porté sur le métabolisme protéique, le rôle des protides en tant que sources de composés azotés non protéiques a également été exploré.

Les principales caractéristiques du métabolisme protéique des poissons seront d'abord exposées, puis les besoins en protéines et en AAI ainsi que les interrelations entre protéines et énergie.

Particularités du métabolisme protéique chez le poisson

Métabolisme des acides aminés

Dans les organismes animaux les AA sont, soit sous forme libre, soit liés aux protéines (c'est-à-dire incorporés au sein de chaînes peptidiques). Les AA libres ont trois origines possibles : absorption intestinale des produits d'hydrolyse des protéines alimentaires, synthèse *de novo* et interconversions et enfin hydrolyse des protéines corporelles. Ils peuvent servir à la synthèse de protéines corporelles ou d'autres composés azotés (acides nucléiques, amines, peptides, hormones, etc.), servir de source de carbone au niveau du métabolisme intermédiaire ou être oxydés à des fins énergétiques.

Synthèse

Comme les vertébrés supérieurs et bon nombre d'invertébrés, le poisson est incapable de synthétiser certains AA qui doivent être obligatoirement apportés par l'aliment. Ces AA sont qualifiés d'indispensables (ou d'essentiels, chap. 2). Pour les déterminer, on a recours à deux types de méthodes.

Les plus anciennes et les plus classiques consistent à supprimer dans un régime le composé supposé essentiel et à suivre les animaux pendant des semaines ou des mois en recherchant l'apparition de signes de carence. Dans le cas des AA, ces expériences ne permettent presque jamais de mettre en évidence des signes de carence spécifiques, sauf pour la méthionine, la lysine et le tryptophane dont les carences provoquent des pathologies particulières chez les poissons. En revanche, une déficience en un AAI entraîne immédiatement un arrêt de la croissance suivi d'une diminution de la masse corporelle. La réversibilité de ces symptômes après apport du composé supprimé est généralement considérée comme suffisamment probante. Chez la carpe, Nose, en 1974, a ainsi passé en revue 18 AA en les soustrayant un à un d'un mélange d'AA tenant lieu de protéine alimentaire. Dans 10 cas, au bout de 4 semaines, une perte de masse a été constatée tandis que l'addition de l'AA supprimé rétablissait la croissance. Ces méthodes, bien que n'exigeant aucun dosage biochimique délicat, sont longues et relativement lourdes.

On leur préfère aujourd'hui des méthodes plus élégantes, beaucoup plus rapides, reposant sur des techniques biochimiques et en particulier sur l'emploi de traceurs radioactifs. La méthode utilisée connaît deux variantes : le poisson reçoit une injection soit d'acétate, soit de glucose marqué par du carbone ^{14}C et, après quelques heures, il est sacrifié. Une fraction de protéines corporelles est prélevée et hydrolysée. Les AA obtenus sont alors séparés par chromatographie et soumis à un comptage de radioactivité que l'on ne retrouve en quantité notable que dans les acides aminés non indispensables (AANI). Cette technique est très rapide et permet l'étude simultanée de l'essentialité de tous les AA en un temps record. Mais elle n'est pas exempte de critiques : lors de l'analyse, l'hydrolyse acide de la protéine donne un même produit pour la glutamine et l'acide glutamique d'une part, pour l'asparagine et l'acide aspartique d'autre part. De plus cette méthode ne permet pas de faire de distinction entre molécules qui ne peuvent être synthétisées directement et molécules qui peuvent l'être à partir d'un composé apporté par l'aliment, mais lui-même non synthétisable par l'organisme.

Les deux types d'expériences conduisent aux mêmes conclusions : les mêmes dix AA (tabl. 6.1A) sont indispensables aux poissons et aux vertébrés supérieurs non uréotéliques. L'arginine est un AAI chez les poissons alors que chez les animaux uréotéliques elle peut être en partie fournie par le cycle de l'urée. On distingue également chez le poisson deux AA semi-indispensables, qui ne peuvent être synthétisés qu'à partir d'AAI. Ce sont la cystéine et la tyrosine qui dérivent respectivement du couple sérine-méthionine et de la phénylalanine. Les AA dont la synthèse est lente sont parfois eux aussi qualifiés de « semi-indispensables » ; chez les poissons la proline et la glutamine pourraient présenter ce caractère.

Tableau 6.1. Caractère indispensable, semi-indispensable et non indispensable des acides aminés.

A. Distinction classique dans le cas des poissons.

Indispensables	Non-indispensables et semi-indispensables
Arginine	alanine
Histidine	asparagine
Isoleucine	acide aspartique
Leucine	acide glutamique
Lysine	glutamine
Thréonine	glycine
Tryptophane	proline
Valine	sérine
Méthionine ⟶	cystéine*
Phénylalanine ⟶	tyrosine*

* Acides aminés semi-indispensables

B. Classification des acides aminés en prenant en compte les caractères indispensable du squelette carboné et essentiel du groupe aminé (d'après Jackson, 1983).

Groupe aminé	Squelette carboné	
	Indispensable	*Non-indispensable*
Essentiel	lysine thréonine	sérine glycine cystéine
Non-essentiel	AA ramifiés* tryptophane phénylalanine méthionine	glutamate, glutamine** alanine aspartate, asparagine**

* Isoleucine, leucine, valine
** Un caractère essentiel de ces acides aminés pourrait exister chez les poissons.

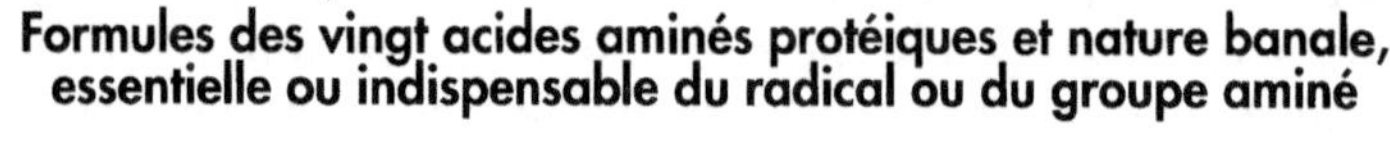

Formules des vingt acides aminés protéiques et nature banale, essentielle ou indispensable du radical ou du groupe aminé

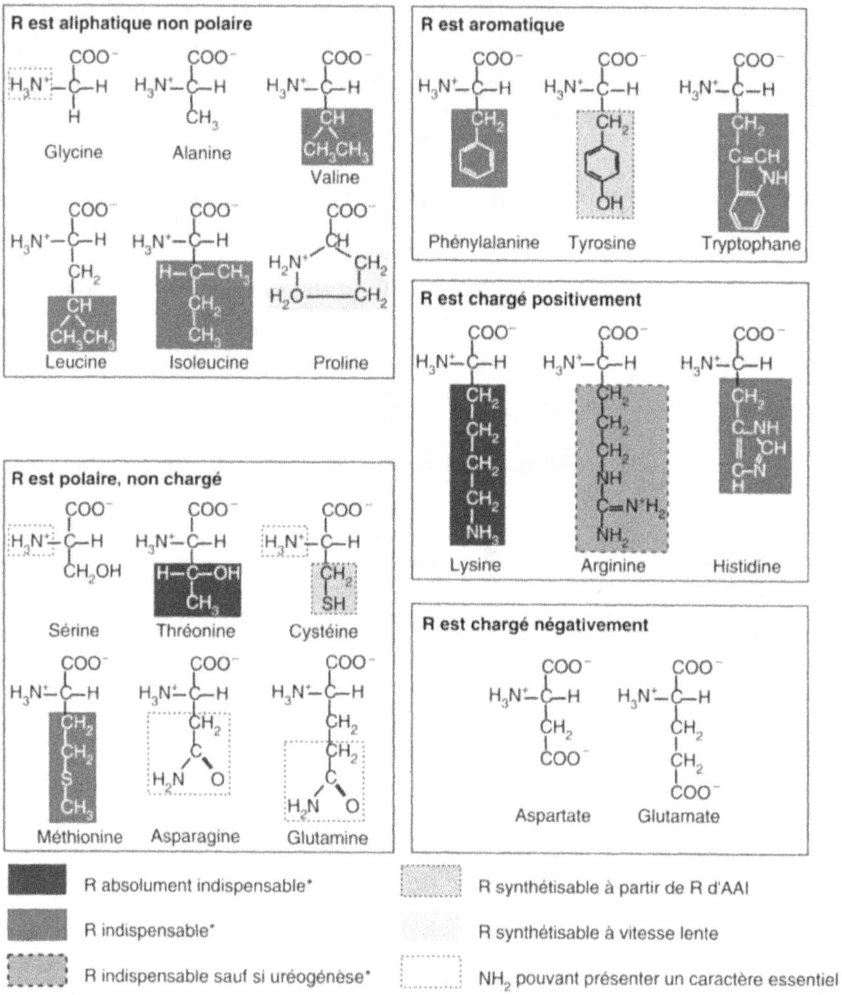

* Dans la pratique, et tout spécialement pour la formulation des aliments, il est impératif de considérer comme indispensables les 10 acides aminés listés comme tels sur le tableau 6.1.A.

Les AANI sont parfois appelés banals ou non essentiels. Mais il peut arriver que leur vitesse de synthèse soit trop lente dans certaines conditions critiques et que la croissance en soit ralentie. Sans être indispensables, ils acquièrent alors un certain caractère essentiel. C'est la raison pour laquelle l'appellation « non indispensable » a été choisie. Les AANI peuvent être synthétisés à partir des α-cétoacides correspondants par transamination (transfert réversible du groupement aminé d'un autre AA aminé à un α-cétoacide, sans libération d'ammoniaque). La conception classique présume que le caractère indispensable est conféré par le squelette carboné dont l'animal a perdu la capacité de synthèse. Or, chez les vertébrés supérieurs, il a été montré en utilisant du ^{15}N qu'il existe plusieurs cas bien distincts. Les AAI peuvent en fait être répartis en trois catégories (tabl. 6.1B et encadré ci-contre) :

– ceux qui sont synthétisés dans le cadre du métabolisme intermédiaire, sans que cette synthèse conduise à un bilan positif par suite de la faible activité des systèmes enzymatiques impliqués : arginine et histidine ;

– ceux qui peuvent être synthétisés par transamination, mais à une vitesse insuffisante par suite d'un manque de substrat : leucine, isoleucine, valine, tryptophane, phénylalanine, méthionine ;

– ceux qui ne peuvent être synthétisés à partir d'aucun métabolite intermédiaire en raison de l'absence des transaminases nécessaires : lysine et thréonine.

En conséquence, seuls ces deux derniers AA sont absolument indispensables (encadré ci-contre). Pour les huit autres AAI, le caractère indispensable n'est pas absolu, en théorie et chez les vertébrés supérieurs du moins. On peut penser qu'il en est de même chez les poissons où les voies de synthèse paraissent similaires. Ceci reste néanmoins à démontrer et pour les applications pratiques le caractère indispensable des 10 AA du tableau 6.1A ne doit pas être remis en cause.

Utilisation

Chez les poissons, comme chez les vertébrés terrestres, les protéines corporelles n'ont pas un caractère statique : synthèse et dégradation protéiques ont lieu à tout instant, puisant dans le pool des AA libres et l'alimentant au même titre que le flux d'origine alimentaire (fig. 6.1A). L'étude du métabolisme des AA, et plus particulièrement la quantification des besoins, doit prendre en compte cet aspect dynamique et plus spécialement le taux de renouvellement des AA dans chaque compartiment. Chez les poissons, les études effectuées à ce jour concernent surtout deux espèces d'eau douce, truite et carpe, les espèces amphihalines comme le saumon atlantique ou marines comme le bar n'ayant reçu que peu d'attention.

Techniques d'étude des flux métaboliques d'acides aminés

Elles font appel à l'utilisation d'isotopes stables (^{13}C, ^{2}H, ^{15}N), encore peu usités chez le poisson, ou d'isotopes radioactifs (^{14}C ou ^{3}H). Les flux sont généralement quantifiés après administration de l'AA marqué et mesure de la radioactivité spécifique (radioactivité/mole de composé considéré) des AA, libres et liés aux protéines tissulaires, ainsi que des produits d'excrétion. L'analyse du processus cinétique faisant suite à l'administration du marqueur est classiquement réalisée avec un modèle mathématique à deux compartiments, l'un représentant le pool d'AA libres et l'autre celui des protéines (fig. 6.1B). L'AA peut être administré selon trois méthodes : injection simple, perfusion ou injection simple associée à une surcharge de l'AA non marqué (encadré ci-contre).

La technique d'injection simple oblige à un suivi laborieux des cinétiques d'apparition et de disparition des produits marqués. En outre, la réutilisation du marqueur consécutive au renouvellement des protéines biaise les résultats. Chez les vertébrés terrestres on lui préfère maintenant la perfusion. En milieu aquatique, cette dernière technique est difficile à mettre en œuvre sans risque de stress important pour les animaux, à moins d'utiliser des minipompes sous-cutanées qui ne garantissent toutefois pas une perfusion idéale des produits. Ces difficultés méthodologiques limitent surtout les mesures du taux d'oxydation des AA (ko), car le taux de synthèse des protéines (ks) peut être mesuré par la méthode de la dose massive (*large dose*), dite également de surcharge. Cette dernière consiste à inonder le pool des AA libres pour atteindre l'équilibre entre l'activité spécifique des AA libres plasmatiques (proche de l'activité spécifique de la solution injectée) et celle des AA libres tissulaires.

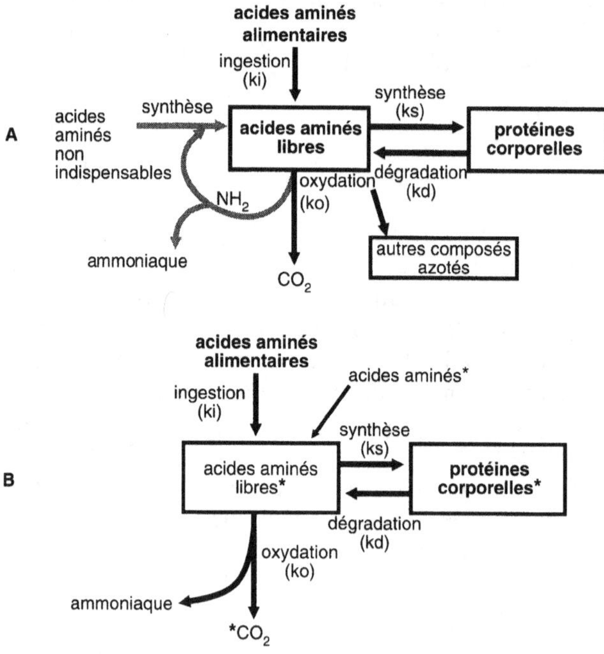

Figure 6.1. Schéma du métabolisme global des protéines chez le poisson. A : modèle général. B : modèle à deux compartiments utilisé après injection d'un acide aminé marqué (signalé par un astérisque).

Description des méthodes de mesure de la dynamique du métabolisme protéique chez le poisson, avantages et limites

Méthode	Principe de mesure (*)	Mesures possibles	Avantages	Limites
Injection simple	Prélèvements sériés pour la cinétique d'évolution (6 h) ajustés pour estimer le flux d'utilisation des acides aminés	ks ko	simple peu de stress	– utilisation de nombreux lots de poissons – réutilisation du marqueur – pas d'état d'équilibre : variations importantes de la RAS du marqueur libre
Perfusion	Une fois vérifié l'équilibre, un prélèvement (4 h) suffit ; le flux est mesuré par le rapport débit/RAS	ks ko	peu de prélèvements état d'équilibre mesures individuelles	– période d'équilibre longue à atteindre – difficulté de perfuser des poissons (stress) ou utilisation de minipompes (réutilisation du marqueur)
Dose massive	Une fois vérifiée la linéarité, un prélèvement (40 mn) suffit ; le taux de synthèse est calculé par le rapport des RAS de l'acide aminé libre et lié	ks	peu de stress peu de prélèvements mesures rapides peu de réutilisation du marqueur mesures individuelles état d'équilibre	– effet de la surcharge sur le métabolisme protéique (?) – ne mesure que les taux de synthèse

* i = injection,   p = prélèvement

Aucune de ces méthodes ne permet une mesure directe de la protéolyse ou dégradation des protéines (kd). Puisque le dépôt (ou accrétion) protéique est la résultante des processus de synthèse et de protéolyse, cette dernière peut être estimée par la différence entre accrétion et synthèse. Mais l'accrétion est mesurée lors d'expériences de croissance de plusieurs semaines alors que la synthèse l'est généralement en 40 minutes. De nombreuses critiques peuvent donc être formulées et il serait souhaitable de disposer à l'avenir d'une technique spécifique qui permettrait une étude rationnelle des flux d'acides aminés.

Synthèse et accrétion protéique

Comme chez les vertébrés supérieurs, le taux de synthèse (ks) des protéines varie avec le tissu concerné. Chez le poisson, la hiérarchie est la suivante : foie > branchies > tube digestif > muscle rouge > muscle blanc (tabl. 6.2). Les ks du foie et des branchies sont comparables à ceux du foie et du rein de rat, si l'on tient compte de la plus faible température interne des ectothermes. Ceux du muscle blanc sont très faibles chez le poisson : 4-5 $g/kg^{0,75}/j$ contre 12-16 $g/kg^{0,75}/j$ pour les mammifères.

La plus grande partie des protéines synthétisées est retenue dans le muscle blanc des poissons (50 à 70 % contre 25 à 40 % chez les mammifères). Ces différences peuvent être rapprochées des particularités de la croissance musculaire du poisson qui se fait par hyperplasie (recrutement continu de nouvelles fibres) et non par simple hypertrophie comme chez les vertébrés supérieurs. Compte tenu de leurs proportions relatives dans le corps entier, la synthèse des protéines dans le foie contribue pour moins de 2 % à l'accrétion protéique dans l'animal entier contre 60 % pour le muscle blanc et 65 % pour le muscle total.

Les mesures de flux d'AA montrent que, pour la synthèse des protéines, l'aliment constitue une source d'AA supérieure à la dégradation des protéines corporelles. En conséquence, les poissons sont beaucoup plus dépendants de la fourniture alimentaire en AA que les vertébrés supérieurs pour le renouvellement de leurs protéines corporelles.

Tableau 6.2. Taux de synthèse (ks) des protéines (%/j) dans différents organes de poissons alimentés, minimum et maximum relevés dans la bibliographie et efficacité de l'accrétion [(ks - kd)/ks × 100].

Organe	Taux de synthèse	Efficacité de l'accrétion
Foie	5,3 - 20,0	5
Branchies	2,4 - 23,0	-
Tube digestif	1,3 - 21,2	8
Estomac	7,8 - 18,3	-
Muscle rouge	0,3 - 7,7	-
Muscle blanc	0,1 - 1,3	70

Tableau 6.3. Composés azotés non protéiques formés à partir des acides aminés.

Acide aminé	Produit
Acide aspartique	pyrimidines
Alanine	dopamine
Arginine	créatine, monoxyde d'azote, spermine
Glutamine	purines, pyrimidines
Glycine	créatine, purines, porphyrines
Histidine	histamine
Leucine	polyamines, spermine
Lysine	carnitine
Méthionine/cystéine	taurine, choline, créatine, polyamines, glutathion
Phénylalanine/tyrosine	catécholamines, hormones thyroïdiennes
Sérine	choline, éthanolamine, triméthylamine
Tryptophane	sérotonine, niacine

Synthèse d'autres composés azotés

Les AA peuvent servir de précurseurs à une grande variété d'autres composés azotés (tabl. 6.3). Chez le poisson, ces synthèses sont difficiles à quantifier. Certaines voies métaboliques sont mineures (cas de la synthèse d'hormones), d'autres comme la synthèse des bases puriques, de la créatine, voire de la triméthylamine, pourraient nécessiter des quantités importantes d'AA précurseurs. Dans ce domaine les renseignements, même qualitatifs, sont encore rares alors que nombre de peptides sont des régulateurs métaboliques ou physiologiques et que d'autres molécules (monoxyde d'azote) ont un rôle important pour la santé. Tous ces phénomènes sont encore peu étudiés chez les mammifères et pratiquement inconnus chez les poissons. Pourtant, chez ces derniers, certains acides aminés protéiques, la taurine ainsi que la triméthylamine interviennent dans un domaine supplémentaire, celui de l'osmorégulation.

Oxydation des acides aminés

Les poissons se différencient des vertébrés terrestres par le fait qu'ils oxydent une grande part des AA à des fins énergétiques et que le produit final du métabolisme azoté est l'ammoniaque. Les différentes voies du catabolisme des AA conduisant à la fourniture d'énergie sont décrites dans le chapitre 5. Seules les voies générales du catabolisme des AA sont mentionnées ici.

Lors du catabolisme, le squelette carboné de l'AA peut servir à la synthèse d'autres composés azotés (AANI, nucléotides...), mais il entre majoritairement dans le cycle de Krebs pour y être oxydé et fournir de l'énergie (chap. 5). L'oxydation globale des AA peut être estimée par l'injection d'un AA marqué par du ^{14}C et la mesure de la radioactivité du CO_2 expiré. L'injection d'un AAI conduit à un pourcentage de $^{14}CO_2$ expiré inférieur à celui qui est observé

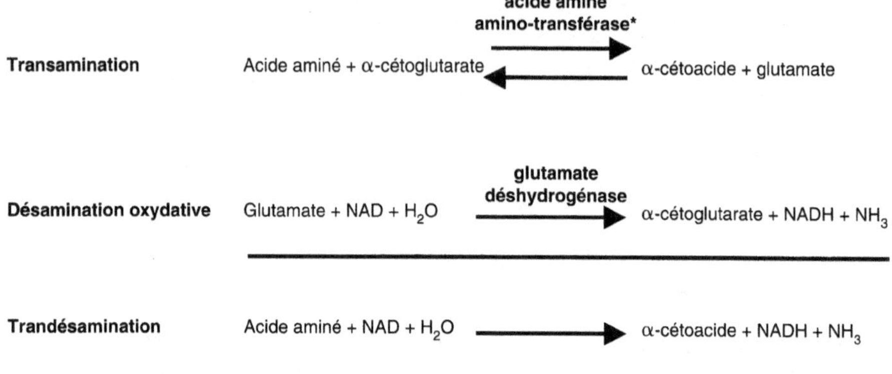

Figure 6.2. Réactions générales de transamination et désamination des acides aminés.

lorsque c'est un AANI qui est utilisé. Toutefois, même avec un AANI, il reste élevé comparativement à ce qui est obtenu chez le rat. La mesure des flux de leucine marquée au ^{14}C indique que plus de 35 à 40 % du pool de leucine libre participe au métabolisme oxydatif, alors que chez les mammifères cette valeur n'excède pas 20 %. Ce phénomène traduit la propension du poisson à utiliser les AA à des fins énergétiques. La fourniture d'AA par la protéolyse étant faible (moins de 45 % pour la leucine), ce sont majoritairement ceux qui proviennent directement des aliments qui sont oxydés.

Le groupement NH_2 des AA catabolisés peut servir aux réactions de transamination, mais une grande part est libérée par des réactions de désamination avant d'être éliminée. Les réactions responsables de la libération d'ammoniac sont, soit la désamination directe, soit le transfert du groupe aminé à un accepteur commun qui sera désaminé à son tour, c'est la transdésamination. Cette seconde voie semble dominante car les désaminations directes demandent des enzymes très spécifiques dont la concentration dans les tissus des poissons est trop faible pour fournir une part conséquente de l'ammoniac. Elle fait intervenir des transaminases qui transforment l'AA en α-cétoacide et glutamate, ce dernier étant transformé en α-cétoglutarate et NH_3 par l'action de la glutamate déshydrogénase (fig. 6.2). Cette enzyme, en concentration plus élevée dans le foie des poissons que dans celui des vertébrés supérieurs, joue donc un grand rôle dans l'oxydation des AA.

Excrétion

La grande majorité des poissons excrète, pour 80 % environ, l'azote provenant de leur catabolisme azoté sous forme ammoniacale ; ils sont ammoniotéliques. L'ammoniac, NH_3, est extrêmement toxique mais, aux pH physiologiques, la plus grande partie de ce composé est transformée en ammoniaque, NH_4^+. Cette forme est moins toxique et le poisson peut très facilement l'éliminer dans le milieu extérieur, soit par les branchies soit par l'urine (75 et 25 % respectivement). Il existe une relation directe entre l'azote ingéré et l'ammoniaque excrété. L'ammoniotélie différencie les poissons des vertébrés terrestres qui doivent incorporer l'ammoniaque circulant dans des composés non toxiques mais plus complexes, acide urique ou urée. L'ensemble des enzymes du cycle de l'urée existe chez les téléostéens, mais il n'est pas fonctionnel, sauf exceptions. C'est le cas des élasmobranches chez qui l'ammoniaque accumulé dans l'œuf serait toxique pour l'embryon, ou encore de quelques poissons africains vivant en milieu très basique où ce même composé serait difficile à excréter. Le plus souvent, il existe, certes, une certaine excrétion d'urée (environ 5 à 20 % de l'azote excrété), mais elle provient du catabolisme des purines et de l'arginine et non des protéines. Contrairement à celle d'ammoniaque, l'excrétion d'urée reste faible et indépendante des repas (fig. 6.3), du moins dans le cas général. On sait depuis peu qu'il existe des pics d'excrétion d'urée chez le turbot, mais le phénomène reste à élucider.

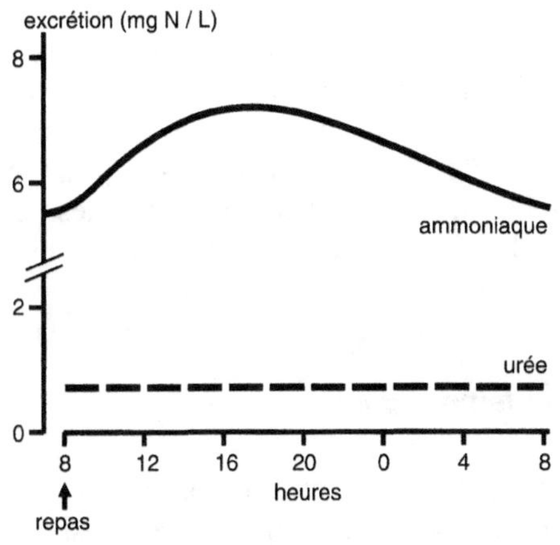

Figure 6.3. Cinétique de l'excrétion de l'ammoniaque et de l'urée chez la truite (d'après Kaushik, 1980).

Résumé des caractéristiques du métabolisme

Les principales caractéristiques du métabolisme protéique du poisson sont donc : une faible activité protéosynthétique du muscle blanc, une faible participation de l'ensemble des protéines corporelles au pool des AA précurseurs, l'importance du catabolisme direct par la voie oxydative des AA absorbés et enfin l'excrétion des déchets azotés sous forme ammoniacale.

Contrairement à certaines hypothèses, l'importance du besoin protéique du poisson n'est pas liée à l'hypertrophie de la masse musculaire blanche. Le faible renouvellement des protéines de ce tissu permet une synthèse apparente dont le coût est, pour l'organisme entier, du même ordre de grandeur que chez un vertébré supérieur. Cependant la seconde et la troisième des caractéristiques énoncées ci-dessus expliquent pourquoi le métabolisme protéique du poisson apparaît comme plus dépendant de l'apport de protéines alimentaires que celui du vertébré supérieur. Elles permettent aussi de comprendre pourquoi le métabolisme protéique contribue plus largement à la couverture des besoins énergétiques, sauf contexte nutritionnel particulier comme exposé dans le chapitre 5.

Variations du métabolisme

Age du poisson

L'effet des facteurs biotiques sur le métabolisme azoté n'a fait l'objet que de très peu d'études directes et, par ailleurs, il ne peut être déduit que de façon très approximative de la comparaison d'expériences distinctes, car la méthodologie utilisée est par trop variable. Seul l'effet de l'âge a été déterminé : chez le poisson, dont la croissance se ralentit avec l'âge mais ne cesse pas, on observe au cours du vieillissement une diminution simultanée de la synthèse et de la dégradation des protéines corporelles, l'accrétion se ralentissant elle aussi progressivement.

Facteurs abiotiques non nutritionnels : la température

A première vue les différents auteurs qui ont étudié l'effet de la température sur la synthèse protéique sont loin d'avoir abouti aux mêmes conclusions, les Q_{10} mesurés variant de 2,1 à 7. Il s'agit cependant d'une contradiction plus apparente que réelle. En effet, une différence de température n'a pas la même signification selon que l'on compare : A, des poissons d'espèces distinctes vivant dans des climats différents auxquels ils se sont adaptés au cours de l'évolution, B, des poissons d'une espèce donnée relativement eurytherme acclimatés à des températures distinctes ou, C, des poissons de même espèce et se trouvant aux mêmes températures que dans le cas B, mais sans avoir eu le temps de s'acclimater.

Lors d'une variation de température avec acclimatation chez une espèce eurytherme, le Q_{10} est de l'ordre de 2,5. Les espèces vivant dans les eaux très froides ont un taux de synthèse dans le muscle relativement plus élevé que celui que l'on pouvait prévoir par extrapolation de la courbe traduisant l'effet de la température chez les espèces tempérées eurythermes, et l'inverse s'observe pour les espèces tropicales. Ainsi, les poissons de l'océan Antarctique auraient-ils, à température égale, une synthèse des protéines musculaires trois fois plus élevée que les poissons des mers tropicales. Cette différence laisse penser qu'une compensation de l'effet direct de la température est apparue au cours de l'évolution. Les variations brutales de température, sans acclimatation, induisent un stress dont les effets sur le renouvellement des protéines, via le cortisol, sont très marqués, mais ne correspondent pas à un effet physiologique.

Facteurs nutritionnels

L'effet de l'alimentation s'exerce par le biais de plusieurs facteurs, en particulier ration ingérée, fréquence des repas et qualité de l'aliment. Il n'a encore fait l'objet que d'études incomplètes et seul le rôle de quelques facteurs sera mentionné.

Le jeûne n'affecte que faiblement la synthèse des protéines mais il augmente nettement leur dégradation et accroît l'aminoacidémie. Même après une longue période de privation d'aliment, les activités des enzymes de l'oxydation des AA présentent des niveaux élevés. Ces nutriments restent une source d'énergie importante. Mesurée *in vitro*, la production de glucose à partir des AA s'accroît pendant le jeûne.

Quand l'animal est nourri, synthèse et dégradation augmentent avec les quantités ingérées, la première l'emportant sur la seconde dès que le besoin d'entretien est couvert. De ce fait l'efficacité de l'accrétion (ks - kd)/ks croît de 0 % pour la ration d'entretien à une valeur qui avoisine 50 % à 60 % pour la ration maximale. Il semble que la variation de cette efficacité résulte essentiellement de la ration protéique, bien que l'influence propre de l'énergie alimentaire n'ait pas encore été étudiée. De même que chez les vertébrés supérieurs, la synthèse apparaît donc comme une fonction directe de la disponibilité en substrat, mais elle est certainement limitée par le potentiel de l'animal qui dépend de facteurs génétiques et physiologiques.

L'accroissement de la fréquence des repas provoque une augmentation du renouvellement des protéines dans le muscle et le foie.

La nature de l'aliment module le métabolisme protéique de manière sans doute complexe. En fait seul le rôle de l'apport protéique a fait l'objet de recherches. L'augmentation de la teneur protéique, pour un niveau d'alimentation donné, conduit à un accroissement simultané de la synthèse protéique et de l'oxydation des acides aminés. La qualité des protéines alimentaires peut également influencer le renouvellement des protéines corporelles, qui est plus faible quand la valeur biologique (p. 131) est élevée.

Besoins en protéines et en acides aminés indispensables

Rappel de quelques définitions

Les diverses définitions du besoin (chap. 2) n'ont pas la même signification ni le même usage. Par exemple, au cours du développement, le besoin absolu croît avec la taille des animaux tandis que le besoin relatif a tendance à décroître (fig. 6.4). Le besoin absolu est le seul à avoir une réelle signification physiologique : l'animal se nourrit de quantités, non de pourcentage ou de rapport, et ces quantités sont fonction à la fois des facteurs externes et des facteurs liés à l'animal lui-même. Mais le besoin absolu ainsi défini varie rapidement au cours du développement, passant de quelques milligrammes pour un petit alevin à plusieurs dizaines de grammes pour un poisson de plusieurs kilogrammes. Le besoin relatif est beaucoup plus stable, c'est la raison pour laquelle il est utilisé. Des modes d'expression intermédiaires ont été proposés ; ainsi, la quantité de protéines nécessaire par kg de poisson et par jour est une grandeur intéressante aussi bien pour les approches scientifiques que pour les calculs de ration. Le remplacement de la masse corporelle M par la « taille métabolique », $M^{0,75}$, *a priori* plus valable scientifiquement, n'est pas d'un usage commode. Ces différents modes d'expression du besoin en protéines peuvent également être utilisés pour les besoins en AAI.

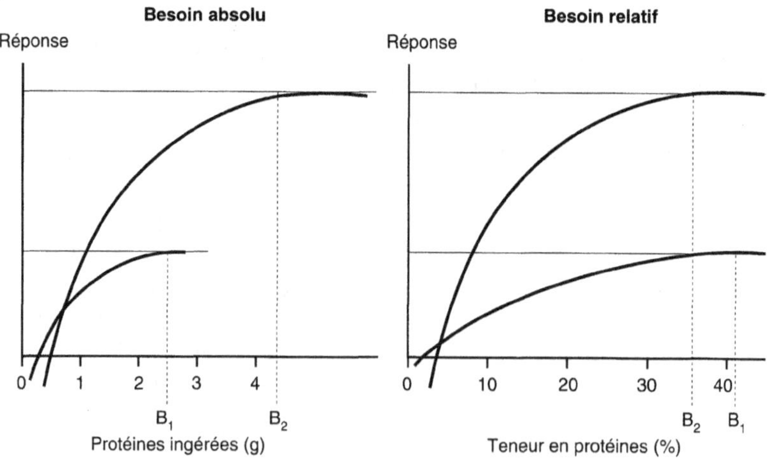

Figure 6.4. Besoins absolu et relatif en protéines. Représentation schématique pour des poissons de même espèce de petite (1) ou grande taille (2).

Méthodes d'étude

La méthode classique est celle de l'étude dose-réponse qui aboutit à la détermination, soit de la dose minimale nécessaire, soit du pourcentage optimal de protéine ou d'un AAI. Le principe consiste à comparer les performances ou d'autres caractéristiques de plusieurs lots de poissons nourris avec des aliments contenant des doses croissantes de protéines ou d'AAI.

Aliment expérimental

La composition des régimes expérimentaux doit être rigoureusement contrôlée. Pour réaliser le gradient de concentration en protéines alimentaires, ces dernières sont généralement substituées aux glucides afin que le niveau énergétique soit peu modifié. Il faut cependant, dans la mesure du possible, vérifier la valeur énergétique réelle de la source de protéines et des glucides et ajuster éventuellement les teneurs en lipides ou en ballast (cellulose). Il faut également ment tenir compte de l'apport éventuel de vitamines, minéraux, glucides et acides gras par la source protéique. Outre les caractéristiques du régime évoquées ci-dessus, l'équilibre des AAI joue un rôle capital sur lequel on reviendra. Le rationnement est également un facteur susceptible de modifier notablement la réponse à un gradient de protéines.

Dans le cas de la détermination d'un besoin en AAI, il faut d'abord s'assurer que la composition de la protéine du régime permet la couverture des besoins pour tous les AAI à l'exception de celui qui fait l'objet de l'étude. Si ces besoins, comme c'est généralement le cas, sont encore inconnus, il faut choisir une protéine de référence. Le profil en AAI de la carcasse de l'espèce concernée, exprimé en g/16g d'azote, semble constituer le meilleur guide (comparé aux protéines de l'œuf ou du muscle). Il faut également maintenir constants les apports d'AAI, sauf pour celui qui est étudié, et de la somme d'AANI, ces derniers étant pris globalement et non individuellement. On réalise ces conditions soit en formulant un régime à partir de matières premières naturellement carencées, soit en remplaçant la protéine vraie par un mélange d'AA purifiés. Dans le premier cas, la formulation est délicate et le choix des concentrations en AA est très limité. Dans le second cas, la croissance est souvent lente. Ce ralentissement peut résulter, au moins en partie, du fait que les AA purifiés sont absorbés plus rapidement que ceux qui sont issus de la digestion des protéines, ce qui tend à diminuer l'efficacité de la synthèse protéique. Lorsque les AA cristallins sont enrobés avec de l'agar-agar ou de la gélatine, leur absorption est retardée et leur utilisation métabolique est améliorée dans une certaine mesure. Deux autres causes peuvent contribuer à limiter l'utilisation des régimes semi-synthétiques : l'acidité du mélange d'AA qui diminue l'appétence du poisson et la pression osmotique accrue du contenu stomacal qui perturbe l'absorption des nutriments.

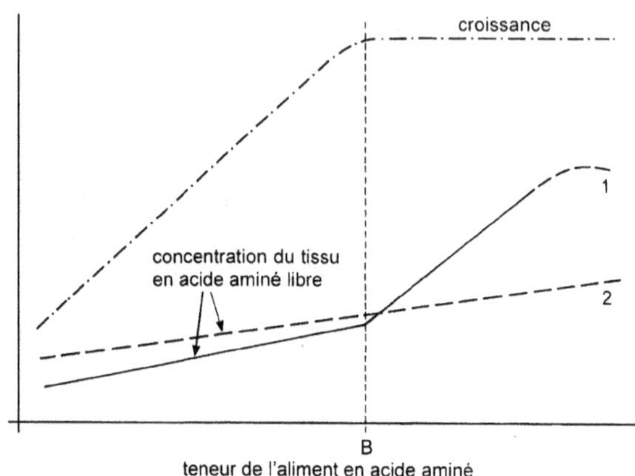

Figure 6.5. Influence de la teneur d'un aliment en un acide aminé indispensable sur la croissance d'une part et sur la teneur des tissus en ce même acide aminé sous forme libre d'autre part. 1 : cas des acides aminés pour lesquels on observe une rupture de pente (l'abscisse B correspond alors au besoin). 2 : cas des acides aminés pour lesquels on n'observe pas de rupture de pente.

Modèle

En théorie cette méthode est simple si la courbe de réponse aux régimes expérimentaux peut être assimilée à deux segments de droite se coupant au niveau du besoin (fig. 6.5). Dans la pratique la rupture de pente n'est pas toujours bien définie, surtout dans le cas de populations hétérogènes. De plus le critère choisi n'accuse pas forcément un plafonnement net au-delà du besoin.

D'autres modèles ont été proposés où la courbe traduisant la relation dose-réponse est assimilée à diverses courbes mathématiques présentant une asymptote. On choisit alors arbitrairement comme besoin la valeur donnant 95 ou 98 % du maximum de réponse. Les équations des courbes donnant la meilleure description de la réponse fournissent en général des estimations du besoin plus élevées que la méthode classique de la rupture de pente. On peut aussi reprocher à ces modèles d'être complexes et de ne traduire la réalité que dans une certaine plage qu'il est difficile de définir.

Réponse

Les critères choisis pour traduire le développement de la masse corporelle peuvent être le gain de masse corporelle, le taux de croissance spécifique, l'indice de croissance journalier, etc. (chap. 2). Les critères relatifs à l'accroissement en longueur, qui sont pourtant moins dépendants de l'adiposité, ne sont presque jamais employés, sans doute parce qu'ils sont moins sensibles, évoluant approximativement en fonction de la racine cubique de la masse. Les critères relatifs à l'accrétion protéique devraient en théorie être plus spécifiques. Ils demandent des mesures supplémentaires (dosages de protéines corporelles) et n'améliorent en fait que très peu la signification des résultats par suite de la constance de la teneur en protéines corporelles chez les poissons dans les conditions usuelles.

Des paramètres ou indices de l'utilisation, soit de l'aliment lui-même, soit de sa fraction protéique, ont parfois été retenus dans les mesures de besoin. En fait l'indice de consommation et son inverse, l'efficacité alimentaire, présentent des optimums pour une valeur de l'apport protéique très voisine de celle qui assure la croissance optimale, mais qui n'est pas nécessairement le besoin (fig. 6.6A). En outre ce type de critère est sujet à des erreurs de mesure supplémentaires. Les critères d'utilisation de la protéine elle-même tels que le coefficient d'efficacité protéique (gain de biomasse/ingéré protéique), valeur biologique ou autre (p. 131 et 132) présentent un optimum pour une teneur en protéine alimentaire nettement inférieure au besoin (fig. 6.6B).

Dans le cas des AA, les différentes méthodes dose-réponse de croissance sont utilisables, mais la croissance est relativement lente et les différences de réponse longues à mettre en évidence ; les régimes sont parfois coûteux. On a donc cherché des paramètres « métaboliques » instantanés capables de traduire les états de carence ou de satisfaction des besoins. La première mesure de ce type a été celle de l'évolution des AA libres dans le sang. La courbe obtenue (fig. 6.5) traduit en général une accumulation lente de l'AAI en deçà du besoin suivie d'une accumulation rapide au-delà de celui-ci. Pour certains AAI (leucine, isoleucine, valine, méthionine, thréonine), la rupture de pente est nette et correspond assez bien à la valeur du besoin déterminé à l'aide des méthodes exposées plus haut. Par contre, pour les autres AAI, on n'observe aucune accumulation au-delà du besoin, ce qui provient peut-être d'une augmentation du catabolisme ou d'interactions entre AA ; la technique est donc inopérante. Une autre méthode a été proposée qui repose sur la mesure de l'oxydation soit de l'AA étudié, soit d'un AA indicateur. Après avoir alimenté des lots de poissons avec des aliments contenant des doses croissantes de l'AA étudié, on injecte aux animaux une solution contenant ce même AA ou un AA indicateur marqué au ^{14}C. La quantité de $^{14}CO_2$ rejetée qui traduit le catabolisme est enregistrée durant les heures suivantes. Le catabolisme est accru au-delà du besoin pour l'AA testé et en deçà du besoin pour un AA indicateur. Les résultats obtenus sont en bon accord avec ceux déterminés par la méthode dose-croissance, mais ils sont moins précis et demandent un équipement sophistiqué. Sauf cas particuliers, l'intérêt de cette méthode paraît donc très limité.

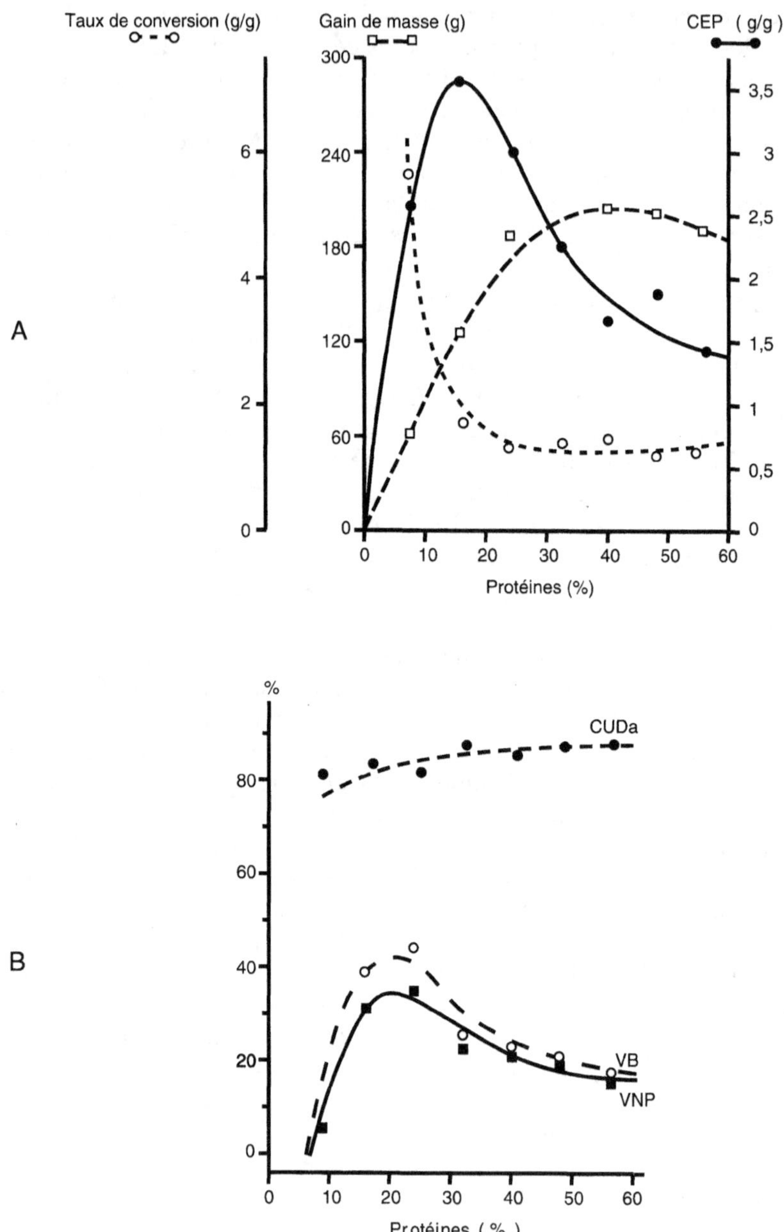

Figure 6.6. Influence de la teneur en protéines alimentaires sur les performances zootechniques et divers critères d'utilisation des protéines alimentaires (d'après Shiau et Huang, 1989). A : influence sur le gain de masse corporelle, l'indice de consommation et le coefficient d'efficacité protéique. B : influence sur le coefficient d'efficacité digestive (CUDa), la valeur biologique (VB) et la valeur nette des protéines (VNP).

En conclusion, les différentes méthodes de mesure ou même les paramètres choisis pour une méthode donnée fournissent le plus souvent des résultats cohérents, mais ils peuvent être à l'origine de variations non négligeables dans la quantification des besoins.

Qualité nutritionnelle des protéines

Cette qualité recouvre au moins deux notions, celle de digestibilité et de valeur biologique.

Digestibilité

Le coefficient d'utilisation digestive (chap. 4) est le premier critère à prendre en considération. Si les besoins sont exprimés en protéines brutes ils sont inversement proportionnels à la digestibilité, alors que s'ils sont exprimés en protéines digestibles ils en sont indépendants.

Valeur biologique

Même exprimé en protéines digestibles, le besoin d'un animal donné demeure, toutes choses égales par ailleurs, fonction de la source de protéine utilisée (fig. 6.7). Il existe donc une autre caractéristique de la protéine alimentaire appelée par Thomas valeur biologique (VB) de la protéine. Ce critère n'est autre que le rapport suivant :

$$VB = \frac{\text{accrétion protéique corrigée}}{\text{protéines absorbées}} \times 100$$

où les deux termes du rapport sont corrigés pour tenir compte des pertes endogènes et métaboliques. Elle se mesure en fait à l'aide du bilan non pas de protéines mais d'azote. Deux lots sont nécessaires à sa détermination, l'un nourri avec un régime renfermant la protéine à tester, l'autre avec un régime protéiprive (0 % de protéines). Le premier permet la détermination des pertes fécales (Nf) et de l'excrétion urinaire et branchiale (Nub). Le second permet la détermination des pertes fécales dites métaboliques (Nf_o) et des pertes urinaires et branchiales dites endogènes (Nub_o). Connaissant la quantité d'azote ingérée (Ni) on calcule la VB à l'aide de la formule suivante :

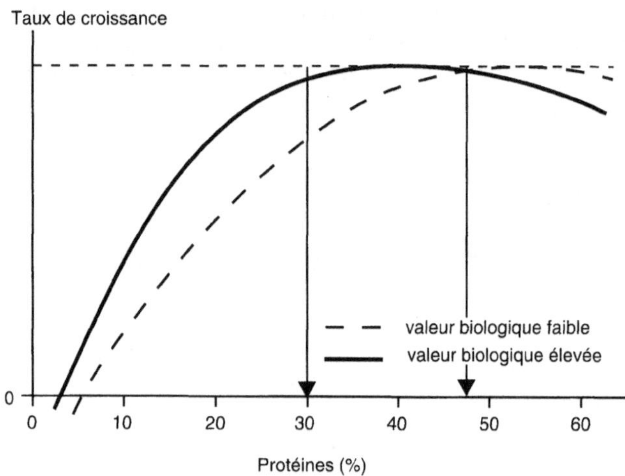

Figure 6.7. Détermination du besoin quantitatif d'un animal avec deux protéines
de valeur biologique distincte.

$$VB = \frac{Ni - [(Nf - Nf_0) + (Nub - Nub_0)]}{Ni - (Nf - Nf_0)} \times 100$$

La VB n'est pas constante pour une source de protéine donnée. Bien au contraire, elle suit une évolution très marquée en fonction de la teneur du régime
en protéines (fig. 6.6B). Elle n'en demeure pas moins très caractéristique
d'une source de protéines alimentaires donnée. Elle permet d'établir une hiérarchie entre les différentes « protéines » alimentaires (c'est-à-dire en fait entre
sources ou mélanges de protéines) à condition d'être mesurée dans les mêmes
conditions et en particulier au même niveau d'incorporation dans l'aliment.
Cette hiérarchie est pratiquement la même chez tous les groupes de vertébrés,
poissons compris.

Par opposition au CUD qui, par définition, ne mesure que l'utilisation digestive, la VB traduit l'utilisation métabolique des protéines. Les courbes des
figures 6.6A et 6.6B montrent que cette utilisation croît d'abord puis décroît en
fonction de l'apport protéique, et ce de part et d'autre du besoin.

Valeur nette des protéines (VNP) ou utilisation nette des protéines (UNP)

Un autre critère de qualité des protéines alimentaires, la valeur nette des protéines, a été défini. Il se mesure par détermination simultanée de l'accrétion
azotée sur un lot recevant un régime contenant la source de protéines à tester

(1) et de la perte azotée sur un autre lot recevant un régime similaire mais dépourvu de protéines (2). On calcule la VNP par la formule :

$$\text{VNP} = \frac{\text{accrétion}_1 + \text{perte}_2}{\text{protéines absorbées}_1} \times 100$$

où les indices se rapportent aux lots mentionnés ci-dessus.

On peut montrer que la VNP est reliée à la VB et à la digestibilité de l'azote par une formule simple :

$$\text{VNP} = \text{VB} \times \text{CUD.N}$$

La VNP suit en fonction de la teneur de l'aliment en protéines une évolution similaire à celle de la VB (fig. 6.6B), ce qui permet de vérifier la formule simple qui relie les deux critères compte tenu de la relative constance du CUD.N (chap. 4). La VNP traduit à la fois l'utilisation digestive et l'utilisation métabolique contrairement à la VB au sens propre. Il faut signaler que la VNP est parfois confondue avec la VB, mais alors cette dernière notion est prise au sens large et non au sens de Thomas.

VB et VNP ne sont plus guère mesurées de nos jours, même dans les recherches sur le métabolisme protéique des poissons. On leur préfère généralement le coefficient d'utilisation pratique de l'azote de Terroine (CUP), qui n'est autre qu'une approximation de la VNP :

$$\text{CUP} = \frac{\text{accrétion protéique}}{\text{protéines ingérées}} \times 100$$

La notion de VB, à laquelle on fait toujours fréquemment référence, a cependant fait progresser de façon sensible les connaissances. Ce critère possède une caractéristique assez inhabituelle, la non additivité : la VB d'un mélange n'est pas toujours égale à la moyenne pondérée de celle de ses constituants ; on peut, dans certains cas, obtenir une bonne VB en mélangeant des sources protéiques de VB faible. Cette caractéristique, très intéressante en soi, avait été mise à profit de manière empirique, et ce de longue date, dans l'alimentation des animaux terrestres comme dans celle de l'homme. Elle a cependant rendu la VB d'emploi difficile, voire impossible, pour la formulation. Grâce aux analyses complètes des protéines, cette propriété est devenue parfaitement explicable par les déficiences en AAI des diverses sources et leur éventuelle complémentarité.

Indices chimiques

On a pu relier la VB à des indices simples quantifiant la carence de la protéine testée en un ou plusieurs AAI comparativement à une protéine de référence. Les deux principaux sont l'Indice Chimique *(chemical score)*, ICh, de Mitchell et Block et l'Indice des Acides Aminés Indispensables, IAAI (*essential amino acid index* ou EAAI) d'Oser.

Ces deux indices chimiques présentent, comme la VB, l'inconvénient de ne pas être additifs. Ils ne sont donc pas utilisables pour la formulation linéaire. C'est la raison pour laquelle les besoins en AAI se sont avantageusement substitués aux besoins en protéines de VB donnée, du moins chez les espèces nutritionnellement bien connues.

Disponibilité des acides aminés

Les notions exposées ci-dessus de digestibilité et d'utilisation métabolique des protéines ont leurs équivalents pour les AA. Malheureusement elles sont encore souvent désignées par le même terme, celui de disponibilité. L'utilisation digestive de chaque AA dans une matière première donnée se mesure comme celle des protéines sauf qu'elle nécessite le dosage de chaque AAI. Les critiques relatives à cette technique ont trait aux désaminations, interconversions et autres remaniements résultant de l'action de la flore intestinale. Les désaminations en particulier induisent une surestimation systématique de la disponibilité. Chez les volailles et le porc, où les déterminations sont pratiquées à grande échelle, on limite l'action de la flore en pratiquant des fistules qui court-circuitent les parties distales de l'intestin où la flore est la plus active. Chez les poissons, où la digestibilité commence à être mesurée, cette précaution paraît *a priori* rarement nécessaire par suite de la faible activité de la population bactérienne.

Comme pour la digestibilité des protéines, des méthodes *in vitro* ont été proposées. Elles reposent sur l'hydrolyse à l'aide d'enzymes comme la pepsine et le dosage des résidus d'hydrolyse. Ces méthodes sont critiquables : l'action de la pepsine est beaucoup moins complexe que celle des enzymes protéolytiques de l'animal et l'absorption n'est pas prise en compte. Bien que rapides, ces méthodes sont peu employées chez les poissons.

Certaines méthodes *in vivo* concernent la disponibilité d'un AA particulier. C'est le cas de la lysine disponible de Carpenter qui peut être déterminée sur une source quelconque de protéines indépendamment de sa destination.

Les méthodes *in vivo* « globales » utilisables pour la mesure de la disponibilité des AAI ne sont applicables que pour un seul AAI à la fois et ce dernier doit être limitant dans le régime. La réponse mesurée est, soit le niveau de l'AA libre dans les tissus, sang ou muscle le plus souvent, soit un critère traduisant la croissance des animaux. Dans les deux cas il faut utiliser plusieurs régimes dont l'un, carencé, est supplémenté avec des doses croissantes de l'AAI étudié. Ce dernier est apporté soit sous forme pure (il est supposé disponible à 100 %), soit par la source protéique testée. Si les réponses obtenues sont respectivement P avec la source pure et T avec la source testée, la disponibilité correspond au rapport T/P. Ni l'une ni l'autre de ces méthodes n'est actuellement employée chez les poissons.

Besoins en protéines totales

Besoins des poissons en général

Le besoin des poissons en protéines paraît extrêmement élevé (tabl. C.1, p. 457) comparativement à celui des vertébrés supérieurs. La teneur optimale de l'aliment en protéines est à peu près deux fois plus élevée que chez les mammifères ou les oiseaux au cours des semaines qui suivent leur naissance, c'est-à-dire au stade où ils sont les plus exigeants. Mais ces différences concernent le besoin relatif global. En fait, le besoin d'entretien est plus faible chez les poissons que chez les mammifères : 320 contre 625 mg de protéines/kg^{0,75} /j. En revanche, le besoin de croissance, quantité de protéines alimentaires ingérées au-delà du besoin d'entretien et nécessaire à la synthèse d'un gramme de protéines corporelles, est du même ordre de grandeur chez les poissons et les vertébrés supérieurs. La grande exigence du poisson en protéines est donc avant tout relative. Elle dérive, outre les points mentionnés p. 123, du faible besoin énergétique, lequel se traduit par de faibles « besoins » en nutriments énergétiques non azotés, donc par une valeur élevée de la teneur optimale de l'aliment en protéines.

Besoins des reproducteurs

Ces besoins sont très mal connus, même sur un plan qualitatif. Il apparaît cependant que les apports protéiques assurant une bonne croissance permettent également une bonne synthèse des produits génitaux chez la femelle et, *a fortiori*, chez le mâle. Une carence protéique des futurs reproducteurs peut retarder la maturité sexuelle de la femelle, mais, chez le tilapia du Nil du moins, ce phénomène résulte uniquement du ralentissement de la croissance. Par ailleurs, l'apport protéique n'influence pas la teneur des oocytes en protéines ou en AA.

Effet des facteurs biotiques

Le besoin en protéines totales des poissons présente d'assez grandes variations d'une espèce à l'autre. Certes la variabilité réelle est sans doute inférieure à celle qui paraît par suite des différences dues à la méthodologie de mesure elle-même. Mais il est clair qu'il existe de grandes différences entre par exemple un mulet (peu exigeant), un saumon ou encore un turbot, espèce dont le besoin paraît particulièrement élevé. Une telle variabilité interspécifique, connue dans les autres classes de vertébrés, reste assez difficile à expliquer. Elle est généralement attribuée à des spécificités métaboliques au même titre que d'autres caractères physiologiques (activité, métabolisme énergétique, etc.). Il est tentant de relier ces différences au régime alimentaire naturel des poissons, les espèces carnivores étant plus exigeantes en protéines que les espèces à tendance herbivore. Mais cette hypothèse, maintes fois formulée, n'est nullement vérifiée chez les poissons.

Parmi les autres facteurs susceptibles d'influencer le besoin il faut mentionner, à l'intérieur d'une espèce, le patrimoine génétique. Chez les animaux domestiques où la vitesse de croissance a fait l'objet d'une amélioration génétique poussée, les besoins absolus ont fortement évolué : les animaux à forte production consomment beaucoup plus que les animaux non améliorés. En revanche les répercussions de l'amélioration génétique sur les besoins relatifs sont modérées, voire négligeables. Chez les poissons, il en est certainement de même, mais, de toute façon, l'amélioration génétique n'a encore induit (sauf exceptions) que de modestes accélérations de la croissance.

Tout comme le patrimoine génétique, l'âge influence de façon marquée la vitesse de croissance. Le taux de croissance spécifique diminue de façon exponentielle en fonction du temps. Le rapport besoin de croissance/besoin d'entretien décroît simultanément et une diminution du besoin relatif en protéines devrait s'ensuivre. Quelques auteurs ont signalé que le niveau protéique optimal des régimes pouvait être abaissé d'environ 25 % chez des poissons comme la truite, la carpe ou le poisson-chat, entre le stade alevin et l'âge d'un an, c'est-à-dire pendant la période où le taux de croissance chute le plus rapidement. Mais, sur des animaux plus âgés, par exemple entre 100 g et 1 kg, il est généralement difficile de mettre en évidence une relation entre taille de l'animal et teneur protéique optimale. Cette quasi-indépendance contraste avec les caractéristiques des oiseaux et mammifères terrestres ; elle pourrait s'expliquer par l'absence de stade adulte chez les poissons et la persistance de la croissance au cours du vieillissement.

Effet des facteurs abiotiques

Les facteurs abiotiques les plus importants pour la physiologie du poisson sont la température et la salinité. Il ne semble pas, au vu des quelques études poursuivies chez des espèces euryhalines comme la truite ou le tilapia, que la salinité ait une influence sur le besoin protéique autre que celle, faible et indirecte, qui dérive de la stimulation ou du ralentissement de la croissance ou de l'appétit, voire d'une légère influence sur l'utilisation digestive. La température ambiante a une influence très marquée sur le besoin absolu, mais non sur le besoin relatif qui ne paraît pas dépendre de ce facteur. En d'autres termes, les teneurs optimales en protéines sont pratiquement indépendantes de la température d'élevage et il n'y a pas de différence fondamentale entre poissons d'eau douce et poissons d'eau de mer. Si l'on aborde le cas individuel des AAI, il convient cependant d'être plus prudent car, chez les salmonidés, le besoin en arginine est influencé par la salinité (p. 138).

Effet des facteurs alimentaires

Parmi tous les facteurs nutritionnels susceptibles d'influencer le besoin protéique, il faut mentionner tout d'abord la ration. En théorie, le besoin absolu étant une quantité, le besoin relatif devrait être une fonction inverse de la ration distribuée. En fait ce raisonnement suppose que l'apport des autres nutriments demeure inchangé ; comme ce n'est généralement pas le cas, la relation réelle entre besoin relatif et ration est assez complexe. Il est cependant possible, chez la truite arc-en-ciel comme chez la truite commune, d'économiser de l'aliment en réduisant la ration si le régime est riche en protéines.

De nombreuses caractéristiques autres que la qualité des protéines des aliments sont susceptibles de modifier le besoin en protéines. Il convient d'insister sur l'apport d'énergie. En cas d'alimentation à volonté c'est d'abord l'ingéré énergétique qui détermine la consommation d'aliment, donc de protéine pour un rapport protéine/énergie donné. En d'autres termes, le besoin relatif en protéines devrait être exprimé par rapport à l'énergie, en utilisant le rapport PrD/ED, par exemple, plutôt que par rapport à la masse d'aliment (chap. 5). Cette pratique est courante en nutrition des animaux terrestres, mais récente dans celle des poissons.

Besoins en acides aminés et métabolisme

Généralités

L'ensemble des besoins en AAI n'a été déterminé (en général par la méthode dose-croissance) que pour 7 espèces de téléostéens, à savoir 2 espèces de carpes (indienne et commune), le poisson-chat américain, 2 espèces de saumons (quinnat ou *chinook* et kéta ou *chum*), l'anguille japonaise et le tilapia du Nil. Des données plus limitées sont disponibles pour 6 espèces d'eau douce, d'eau saumâtre ou amphihalines : la truite, 2 espèces de saumons (argenté ou *coho* et rouge ou *sockeye*), le poisson-lait (ou *bandeng* ou *milkfish*), le tilapia du Mozambique, un bar américain hybride, ainsi que pour 3 espèces marines : l'ombrine, la daurade royale et le bar ou loup. Pour ces différentes espèces on ne dispose souvent que d'une seule détermination et il faut ajouter que, faute d'harmonisation de la méthodologie, les mesures sont souvent entachées d'une imprécision non négligeable.

Globalement les besoins en AAI, exprimés en g/16 g d'azote, sont assez similaires d'une espèce à l'autre. Bien plus, ils sont comparables à ceux des vertébrés supérieurs non uréotéliques. Pour les vertébrés uréotéliques, la seule différence porte sur l'arginine qui peut être produite par le cycle de l'urée. Ainsi exprimés ces besoins sont hautement corrélés au profil en AA des protéines de la carcasse entière (tabl. 6.4). Mais il ne faut pas oublier de considérer

Tableau 6.4. Composition en acides aminés indispensables (g/16 g d'azote) des protéines d'œuf, de muscle et de carcasse entière de poissons [moyenne et coefficient de variation (%)] comparée aux besoins relatifs exprimés également en g/16 g d'azote (minimum et maximum).

	Oeufs	Muscle	Carcasse	Besoins
Arginine	6,1 (19,4)	6,3 (9,2)	6,0 (16,5)	2,2 - 6,0
Histidine	2,6 (18,4)	2,7 (24,0)	2,4 (26,8)	0,9 - 2,7
Isoleucine	5,7 (22,8)	6,3 (16,3)	4,3 (22,6)	1,2 - 4,4
Leucine	8,9 (13,4)	8,6 (8,3)	7,3 (9,9)	2,7 - 8,4
Lysine	7,6 (14,6)	9,9 (12,6)	7,3 (12,5)	3,8 - 6,6
Méthionine	2,5 (23,1)	3,3 (9,0)	2,7 (16,4)	1,3 - 3,6
Phénylalanine	4,8 (14,4)	4,4 (13,0)	4,1 (11,7)	2,0 - 6,5
Thréonine	5,4 (14,8)	5,2 (9,9)	4,3 (12,9)	0,6 - 5,0
Tryptophane	1,1 (26,6)	1,1 (14,4)	1,0 (25,2)	0,2 - 1,1
Valine	6,4 (17,6)	6,7 (16,7)	4,7 (11,8)	0,6 - 5,5

la fourniture en AANI : pour un ingéré d'AAI donné l'accrétion protéique est optimale si la proportion d'AANI est proche de 50 %, ce qui est en général le cas quand les régimes sont riches en protéines d'origine animale.

Pour certains AAI précurseurs de molécules biologiquement actives, des conditions physiologiques spécifiques pourraient rendre le besoin réel sensiblement différent du besoin estimé d'après le profil des AA corporels. Nous passerons donc en revue dans ce chapitre, non seulement les valeurs des besoins, mais également quelques particularités du métabolisme des AAI pouvant expliquer de telles divergences ainsi que des différences interspécifiques.

Besoins quantitatifs des poissons en croissance

Dans ce paragraphe les besoins (voir tableau C.2, p. 458) seront exprimés en pourcentage des protéines, c'est-à-dire en grammes pour 16 g d'azote.

Arginine

Comme mentionné aux pages 5 à 10, cet AA est indispensable pour les poissons, à l'exception des quelques espèces où le cycle de l'urée est réellement actif. Les besoins sont compris entre 2,0 et 6,0 g/16 g d'azote. Les variations pourraient être en partie expliquées par la capacité variable de chaque espèce à produire de l'urée. Ainsi, la salinité de l'eau de même que l'augmentation de l'ammoniaque ambiant seraient susceptibles d'accroître la synthèse d'urée (qui sert certainement de régulateur osmotique). Chez le poulet ou le rat, il existe un antagonisme lysine-arginine, un excès de lysine accroissant l'activité de l'arginase et donc le besoin en arginine. Un tel effet n'a cependant été mis en évidence ni chez la truite ni chez le poisson-chat ; seul un effet négatif de l'arginine sur l'absorption intestinale de la lysine a été observé chez la truite.

La voie catabolique privilégiée de l'arginine est la transformation en urée par l'arginase. La concentration en urée du plasma est corrélée, de façon plus ou moins étroite selon les espèces, avec l'apport alimentaire en arginine. Le dosage de l'urée du plasma a été utilisé avec succès pour déterminer le besoin en arginine de la truite et du bar. L'arginine peut également servir à la synthèse de la créatine qui est un composé énergétique régénérant l'ATP du muscle. Cette molécule riche en énergie joue d'ailleurs un rôle plus grand chez les crustacés que chez les vertébrés. L'arginine déclenche la sécrétion d'insuline et peut accroître également celle d'hormone de croissance. Elle participe à la synthèse des polyamines, molécules intervenant dans la régulation de la croissance. Elle sert aussi de précurseur pour la production du monoxyde d'azote, médiateur central des fonctions cellulaires et de leurs communications, phénomène récemment découvert chez les vertébrés supérieurs. La présence d'une telle molécule et *a fortiori* ses multiples effets trouvés sur les mammifères n'ont, à notre connaissance, pas encore été démontrés chez les poissons.

Lysine

Les besoins en cet AA sont compris entre 3,8 et 6,6 g/16 g d'azote. Chez les vertébrés supérieurs, compte tenu de l'effet inhibiteur possible de l'arginine sur l'absorption de la lysine, ils doivent être majorés en cas d'excès d'arginine. Rien de tel n'est connu chez les poissons. La lysine sert de précurseur à la carnitine (chap. 9), mais la conversion a lieu à partir de peptides dérivant du catabolisme protéique et non à partir de lysine libre. Une carence en lysine peut induire chez les poissons d'eau douce (truite, carpe) une érosion de la nageoire caudale, qui n'a été remarquée ni chez le bar ni chez le poisson-lait.

Histidine

Le besoin en histidine est compris entre 0,9 et 2,7 g/16 g d'azote. La concentration en histidine libre est toujours élevée dans le muscle où le noyau imidazole exerce un pouvoir tampon. Cet AA intervient également dans la structure tertiaire des protéines. Il est capable de se lier à des ions métalliques, c'est la raison pour laquelle on le trouve généralement au niveau du site actif des enzymes utilisant les métaux comme coenzyme.

Thréonine

Le besoin en thréonine est compris entre 0,6 et 5,0 g/16 g d'azote. La formation de glycine à partir de thréonine, grâce à la thréonine aldolase, n'est pas détectée chez les truites alors qu'elle représente 80% de l'oxydation de la thréonine chez le porc. Les autres voies du métabolisme sont cependant identiques.

Tryptophane

Le besoin en tryptophane est compris entre 0,2 et 1,1 g/16 g d'azote. Cet AA est le précurseur d'une neurohormone, la sérotonine. Contrairement aux vertébrés supérieurs, le poisson semble incapable de convertir le tryptophane en niacine. Sa carence entraîne scoliose, lordose et dépôt de calcium anormal dans les reins chez la truite et le saumon rouge (*sockeye*). Ces effets n'ont pas été observés chez le poisson-chat ou la carpe.

Acides aminés ramifiés : isoleucine, leucine et valine

Les besoins sont de 1,2 à 4,4, de 2,7 à 8,4, et de 0,6 à 5,5 g/16 g d'azote, respectivement pour l'isoleucine, la leucine et la valine. Ces trois AA, de formule très voisine, sont antagonistes au niveau des mécanismes de transport : une concentration élevée en leucine peut inhiber l'absorption d'isoleucine par l'intestin ou encore faciliter son catabolisme. Un aliment dépourvu de leucine provoque un accroissement de la concentration en isoleucine et valine du plasma chez les salmonidés et le poisson-chat, comme chez les vertébrés supérieurs. Il faut toutefois préciser que ces phénomènes ont été mis en évidence par emploi d'AA purifiés alors qu'avec les régimes habituels une part sans doute importante des AA est absorbée sous forme de peptides ; dans ces conditions les phénomènes de compétition sont limités et il est probable que les besoins en isoleucine et valine n'augmentent qu'assez peu en cas d'apport excessif de leucine par l'aliment.

Les AA ramifiés sont en grande partie métabolisés dans le muscle, chez les poissons comme chez les vertébrés supérieurs. L'oxydation de la leucine a lieu essentiellement dans ce tissu, surtout pendant la nage ou à la suite des modifications de la température ambiante. Ce même AA est supposé jouer un rôle dans le contrôle de la synthèse protéique chez les ruminants et monogastriques, mais un tel effet n'a pas été mis en évidence chez les poissons.

Acides aminés soufrés : méthionine et cystéine

Les valeurs du besoin en méthionine présentes dans la littérature sont comprises entre 1,3 et 3,6 g/16 g d'azote. Mais l'apport alimentaire de cystéine ou cystine (rappelons que dans les hydrolysats seule est dosée la cystine qui est un dimère de cystéine possédant un pont disulfure très solide, d'où la mention de la seule cystine dans les tables) n'est pas toujours précisé par les auteurs. Pourtant la méthionine peut conduire à la synthèse de cystéine et non l'inverse, la réaction globale étant pratiquement irréversible. En d'autres termes le besoin en méthionine ne peut être couvert que par l'apport de méthionine alimentaire alors que le besoin en cystéine peut l'être par l'un ou l'autre des AA soufrés (AAS). Dans la pratique il faut considérer à la fois le besoin en méthionine seule et le besoin en AAS que certains auteurs qualifient de « besoin en méthionine en l'absence de cystine ». La possibilité de conversion de la méthionine en cystéine a été évaluée en moyenne à 50 % (base massale) chez la truite et chez le poisson-chat, cette valeur est comparable à celle observée chez les vertébrés supérieurs.

La méthionine est un donneur de groupements méthyl. A ce titre, elle joue un rôle important dans l'étape initiale de la synthèse protéique. Pour cette même raison elle constitue aussi un précurseur de la choline (chap. 9). Elle est également nécessaire à la synthèse de la créatine et des polyamines. La cystéine est un constituant du glutathion, peptide qui protège l'organisme contre les radicaux libres, en particulier ceux qui proviennent de la peroxydation des lipides (chap. 7). Une carence en méthionine induit une cataracte, certainement due à la limitation de la synthèse du glutathion. Par décarboxylation, la cystéine peut être transformée en taurine qui, conjuguée aux acides biliaires, participe à la digestion et à l'absorption des lipides. Chez les animaux aquatiques, cet AA non protéique constitue un agent osmorégulateur, sa concentration plasmatique augmente avec la salinité.

La D-méthionine, absente dans la nature, est facilement isomérisée par l'organisme animal, ce qui n'est pas le cas pour les autres AAI, sauf la phénylalanine, la leucine, la valine et le tryptophane, chez certains vertébrés supérieurs du moins. De ce fait, la forme DL fabriquée par synthèse est à peu près aussi efficace que l'isomère L qui n'est pas produit industriellement pour l'alimentation animale. Mais il n'est pas possible d'utiliser uniquement la forme D sans observer des chutes de performances. En revanche le méthionine hydroxy-analogue (MHA), produit de synthèse non azoté utilisable comme précurseur de la méthionine, apparaît comme nettement moins efficace chez les poissons que chez les vertébrés supérieurs. Chez la truite, il ne permet pas une croissance aussi rapide que la L- ou la DL-méthionine. Notons que le sulfate inorganique, pas plus que la taurine, ne permet d'économiser les AAS alimentaires.

Acides aminés aromatiques : phénylalanine et tyrosine

Le besoin en phénylalanine est compris entre 2,0 et 6,5 g/16 g d'azote. Ces variations peuvent être en partie expliquées par les teneurs variables des aliments en tyrosine, AA semi-indispensable dont la phénylalanine est le précurseur. En présence de tyrosine l'apport de phénylalanine peut être réduit au strict besoin, l'hydroxylation de la phénylalanine devenant négligeable. Cette « épargne de phénylalanine » par la tyrosine paraît comprise entre 40 et 60 %. Les AA aromatiques conduisent à des hormones (hormones thyroïdiennes, dopamine) et à des pigments (mélanine).

Couverture des besoins

Protéines totales et acides aminés indispensables
en pourcentage de l'aliment

Besoins en protéines totales et équilibre des acides aminés indispensables

Dans cette méthode ancienne les formules des aliments reposent d'abord sur le besoin en protéines totales. Dans un second temps il faut équilibrer les AAI en imitant le profil d'une protéine de référence et en procédant soit par supplémentation à l'aide des AAI limitants apportés sous forme pure, soit par complémentation (fig. 6.8). Les inconvénients de cette démarche sont de plusieurs ordres :

– le besoin protéique global pris en compte dérive généralement d'expériences où une source de protéines de VB différente de celles dont on dispose pour la formulation a été utilisée. Cela ne peut correspondre qu'à une approximation du besoin tel qu'il apparaîtrait avec les protéines dont on dispose ;

– le mode d'expression des besoins en AAI (en g/16 g N) ne se prête pas directement à la programmation linéaire où ne sont prises en considération que des variables exprimant des quantités par kg d'aliment.

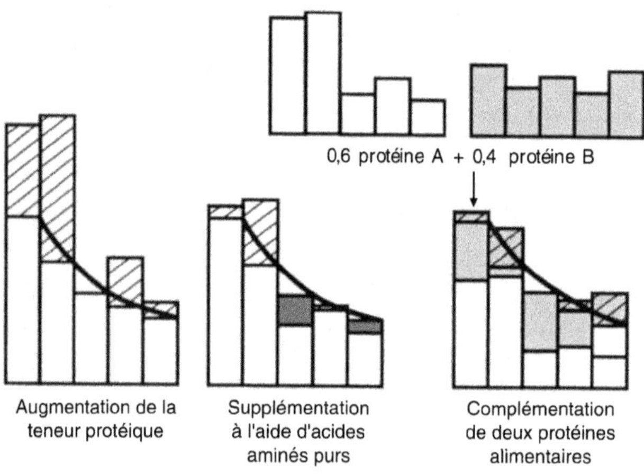

Figure 6.8. Les trois moyens de couvrir le besoin d'un animal avec une protéine de faible valeur biologique : augmentation de la teneur en protéines, supplémentation à l'aide d'AAI purs ou complémentation de deux protéines. La courbe en forme d'hyperbole correspond aux besoins pour 5 AAI (seuls pris en compte dans cet exemple fictif). La première source protéique (en blanc) est déficiente pour les AAI n° 3 et 5. Les AAI en excès sont hachurés. En noir sont figurés les AAI apportés à l'état pur et en grisé ceux d'une seconde protéine au profil très différent.

Besoins en acides aminés indispensables et non-indispensables

Pour un certain nombre d'espèces, les besoins en chaque AAI étant désormais connus, ne serait-ce que de manière sommaire, il est possible d'exprimer les besoins en AAI directement en pourcentage du régime (voir tableau C.2 p. 458). En théorie, il serait également possible de se référer à un apport optimal (besoin au sens large) d'AANI pris globalement et de formuler les aliments en prenant en compte tous ces besoins. Dans la pratique, la somme des AANI n'est jamais prise directement en considération. Elle l'est cependant de fait puisque, si l'on s'appuie sur le besoin en protéines totales d'une part, les besoins en chaque AAI d'autre part, la différence entre protéines totales et somme des AAI correspond aux AANI.

En opérant ainsi, pour une espèce dont les besoins en AAI ont été déterminés, on devrait théoriquement obtenir la même précision dans la couverture des besoins que celle avec laquelle on opère maintenant pour la nutrition des porcins ou volailles. Ce n'est pas encore le cas. En pratique la couverture des besoins est encore approximative, ce qui impose des marges de sécurité importantes. A cela il y a plusieurs raisons : petit nombre d'espèces étudiées face au nombre important des espèces aquacoles, imprécision des estimations des besoins, manque d'information sur certaines caractéristiques des régimes, en particulier sur leur niveau énergétique.

Protéines totales, acides aminés indispensables et niveau énergétique

Comme indiqué dans le chapitre 5 et ci-dessus, la prise en compte du niveau énergétique, c'est-à-dire le calcul des rapports PrD/ED et AAI/ED constitue un progrès incontestable. Si le rapport AAI/ED n'est pas encore utilisé en nutrition piscicole, il l'est depuis longtemps en alimentation aviaire ou porcine, où l'on choisit par ailleurs un niveau énergétique (ED/kg). Cette dernière norme ne relève pas seulement de considérations nutritionnelles. Chez les espèces terrestres, avant que l'on ne se préoccupe de protection de l'environnement, elle reposait sur le prix de l'énergie (de la « calorie »). Ce coût présente un minimum pour un niveau énergétique donné ; c'est celui-ci qui était alors choisi. En aquaculture (des salmonidés surtout) on essaye de tirer parti au maximum de l'effet d'épargne des lipides vis-à-vis des protéines : on diminue le rapport PrD/ED en apportant davantage de lipides. La recherche d'aliments donnant à la fois d'excellents indices de consommation et une faible pollution pousse au choix de niveaux énergétiques de plus en plus élevés et donc de teneurs en lipides de plus en plus grandes (chap. 4 et 7). Dans ces aliments les rapports AAI/ED se trouvent abaissés grâce à l'optimisation de l'équilibre des AAI et à l'emploi de sources de protéines très digestibles. Le rapport AAI disponibles/ED devrait être sensiblement le même pour les aliments « classiques » et « faible pollution », contrairement au rapport AANI/ED qui peut être plus faible dans les seconds puisque la contribution des AANI à la fourniture d'énergie ou de carbone diminue pour des apports élevés de lipides. Toutefois le rapport AAI/AANI ne peut s'éloigner trop de sa valeur idéale sans entraîner un ralentissement de croissance. Ce dernier point demande des recherches complémentaires pour les espèces où il paraît plus difficile de tirer parti de l'effet d'épargne des protéines par des lipides (truite fario, turbot).

Actuellement, il est donc encore difficile d'utiliser les rapports AAI/ED, en plus du rapport PrD/ED, pour la formulation des aliments de tous les poissons. Il n'empêche que c'est vers cette démarche que beaucoup de fabricants d'aliments s'orientent.

Quelques autres approches pour le futur

Les considérations développées ci-dessus (pp. 142 et 143) concernent des besoins relatifs alors que les besoins absolus ont une plus grande signification scientifique (p. 126). De ce fait on peut dire que les meilleurs modes d'expression du besoin protéique sont la quantité de protéine ingérée/unité de masse corporelle et les quantités d'AAI ingérées/unité de masse. Tacon et Cowey (1985) ont eu l'idée d'exprimer le premier rapport en fonction du taux de croissance spécifique sur une série de données dérivant d'expériences conduites sur des espèces différentes. Une corrélation positive élevée apparaît alors entre besoin ainsi défini et taux de croissance. La variabilité interspécifique est très réduite, le besoin absolu est pratiquement proportionnel à la croissance. Il conviendrait d'établir des graphes similaires (ou des abaques) permettant de relier le besoin absolu en chaque AAI au taux de croissance du poisson, ou au gain de biomasse (fig. 6.9).

L'écart des besoins d'une espèce donnée à la droite de la régression traduirait les particularités spécifiques. Actuellement, si des différences de besoin ont bien été signalées pour plusieurs AAI, on ne peut affirmer qu'elles ne résultent pas simplement d'imprécisions de mesure ou d'artefacts. Il est donc possible que, dans un premier temps, on puisse se contenter d'une seule relation interspécifique entre besoin absolu et taux de croissance. Bien plus, en pratique, les besoins spécifiques ne seraient nécessaires que pour les AAI qui se révèlent limitants et coûteux dans les situations courantes. Elles auraient l'avantage de permettre à l'éleveur de vérifier si un poisson d'une espèce donnée, à qui on alloue une certaine ration et dont ont suit la croissance, ingère bien les quantités d'AAI dont il a besoin.

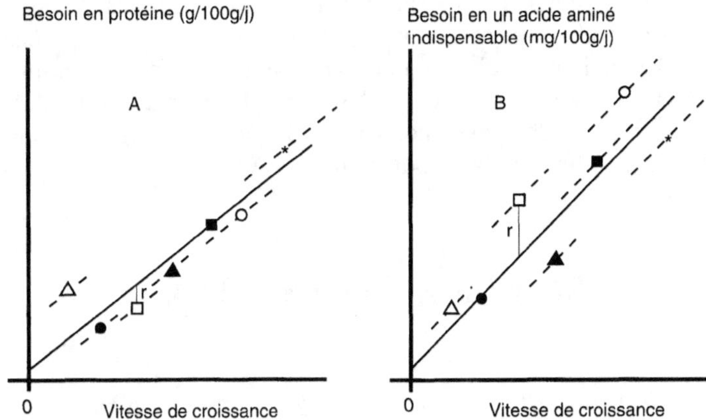

Figure 6.9. Relation entre besoin (exprimé en quantité journalière rapportée à 100 g de biomasse) et taux de croissance pour les protéines totales (A) et pour un AAI donné (B). La courbe A est inspirée de Tacon et Cowey (1985). Elle montre une corrélation élevée entre les deux grandeurs, chaque symbole correspondant à une espèce distincte. Elle fournit une première approximation du besoin (ration protéique) d'un poisson dont on suit la vitesse de croissance. La courbe (B) traduit la particularité que pourrait présenter une espèce pour l'AAI considéré. Le résidu r indiquerait que l'espèce figurée par un carré blanc est moins exigeante que la moyenne pour les protéines mais davantage pour l'AAI considéré compte tenu de sa vitesse de croissance.

Dès que cela sera possible, il conviendra de remplacer tables alimentaires et normes en AA bruts par les valeurs correspondantes en AA *disponibles*. Ce mode d'expression ne peut en théorie apporter que des avantages, en particulier pour mieux valoriser les sources d'AA d'origine et de qualité multiples. Le travail nécessaire est cependant long : il faudra tester plus à fond la méthodologie, la rendre fiable et rapide, la vérifier sur des espèces distinctes dans des conditions abiotiques différentes avant de passer à des tests répétés sur les matières premières d'intérêt économique.

Conclusion

Bien que le niveau protéique optimal soit particulièrement élevé chez les poissons, le mythe du poisson exigeant en protéines doit être abandonné. Il disparaît dès que l'on examine les besoins absolus. Les particularités métaboliques du poisson sont assez nombreuses (surtout en ce qui concerne le renouvellement des protéines, le devenir des AA issus, soit du catabolisme, soit de l'alimentation ou encore le mode d'excrétion des déchets azotés), mais leurs répercussions sur les besoins en AAI ne paraissent pas spectaculaires.

Ces répercussions sont, il est vrai, d'autant plus difficiles à saisir que ces besoins ne sont actuellement connus qu'avec une certaine imprécision. Dans l'immédiat, il convient de choisir une expression prenant en compte l'énergie alimentaire et l'ingéré de chaque AAI (ou celui de chacun des AAI les plus importants) par unité de masse corporelle. Il paraît également souhaitable, à l'avenir, de tenir compte de la disponibilité des AAI.

Références bibliographiques

COWEY C.B., WALTON M.J., 1989. Intermediary metabolism. *In* Halver J.E. ed., *Fish nutrition,* 2nd ed. Academic Press, San Diego (USA), p. 259-329.

FAUCONNEAU B., 1983. La biosynthèse des protéines chez les poissons. *Ichtyophysiologica Acta,* 7, p. 34-75.

HOULIHAN D.F., 1991. Protein turnover in ectotherms and its relationships to energetics. *In* Gilles R. (Ed), *Advances in Comparative and Environmental Physiology,* 7, Springer Verlag Berlin Heidelberg, p. 1-43.

JACKSON A.A., 1983. Aminoacids : essential or non-essential ? *The Lancet,* I, n° 8332, p. 1034-1036.

KAUSHIK S.J., 1980. Influence of nutritional status on the daily patterns of nitrogen excretion in the carp *(Cyprinus carpio* L.) and the rainbow trout *(Salmo gairdneri* R.). *Repr. Nutr. Develop.,* 20, p. 1751-1765.

SHIAU S.Y., HUANG S.L., 1989. Optimal dietary protein level for hybrid tilapia *(Oreochromis niloticus* × *O. aureus)* reared in sea water. *Aquaculture,* 81, p. 119-127.

TACON A.G.J., COWEY C.B., 1985. Protein and amino acid requirement. *In* P. Tytler and P. Calow, *Fish energetics. New perspectives.* Croom Helm, Londres, Sydney, p. 155-183.

WILSON R., 1989. Amino acids and protein. *In* Halver J.E. ed., *Fish nutrition.,* 2nd ed. Academic Press, San Diego (USA), p. 111-151.

7

NUTRITION LIPIDIQUE

Les classes de lipides qui ont la plus grande importance en nutrition animale sont les triacylglycérols (TAG) ou triglycérides et les phospholipides (PL). Rappelons que les TAG sont des triesters de glycérol et de trois acides gras (AG) et les PL des esters de deux acides gras et d'un acide phosphorique lui-même lié par une fonction diester à un autre alcool (généralement éthanolamine, choline, sérine ou inositol). Dans le milieu marin, une autre classe de lipides peut se trouver en quantité considérable, les cérides. Ce sont des esters d'un AG et d'un alcool gras. Les stérols libres ou estérifiés sont également présents et jouent un rôle particulier dans la nutrition des crustacés.

L'apport de lipides dans l'alimentation des poissons, comme dans celle des mammifères, est d'abord indispensable pour satisfaire les besoins en AG essentiels (AGE), AG non synthétisés par l'organisme et nécessaires au métabolisme cellulaire (pour la synthèse des prostaglandines et composés similaires) ainsi qu'au maintien de l'intégrité des structures membranaires (via leur fluidité). Les lipides servent aussi de vecteur lors de l'absorption intestinale des vitamines liposolubles et des pigments caroténoïdes (chap. 9 et 11). Enfin les lipides jouent également un rôle majeur pour la fourniture d'énergie, rôle d'autant plus important chez les poissons que la majorité de ces derniers digèrent mal les glucides complexes (chap. 8).

Les principales étapes du métabolisme des lipides chez les poissons sont maintenant connues et elles présentent de grandes similitudes avec celles des mammifères. Toutefois la nutrition lipidique des poissons se différencie de celle des vertébrés supérieurs à plus d'un point de vue. Le milieu aquatique est caractérisé par une grande richesse en acides gras polyinsaturés (AGPI) et en particulier en AGPI à longue chaîne (20 atomes de carbone ou plus) ou AGLPI. Les AGLPI de la série n-3 (AGPI n-3) sont ceux pour lesquels les poissons ont les besoins les plus élevés, contrairement aux vertébrés supérieurs terrestres. De nombreuses recherches ont également porté sur l'apport quantitatif de lipides dans l'alimentation des poissons, le but étant d'améliorer les rendements de production ainsi que de préserver l'environnement. La qualité des produits, qui est également influencée de façon marquée par les lipides alimentaires, a été prise en considération plus tardivement.

Après un rappel des principales étapes du métabolisme lipidique chez les poissons, ce chapitre sera consacré aux besoins en AGE et au rôle des lipides dans la fourniture d'énergie puis, dans un deuxième temps, à l'incidence des lipides alimentaires sur la composition corporelle et la qualité des produits.

Rappel sur l'utilisation digestive
et le métabolisme des lipides chez les poissons

Digestibilité des lipides

Les lipides sont généralement bien ou très bien digérés, sauf si, du fait de leur point de fusion élevé, ils sont solides à la température où vit le poisson (chap. 4). Ainsi l'hydrogénation des huiles qui améliore leur résistance à l'oxydation les rend moins digestibles. Le point de fusion des TAG dépend surtout de celui des AG constitutifs, comme l'illustre la figure 7.1. Les AGPI sont particulièrement bien digérés. Chez le saumon atlantique, leur CUDa est de 90 à 98 % lorsqu'ils sont ingérés sous forme de TAG ou d'AG libres. Par contre,

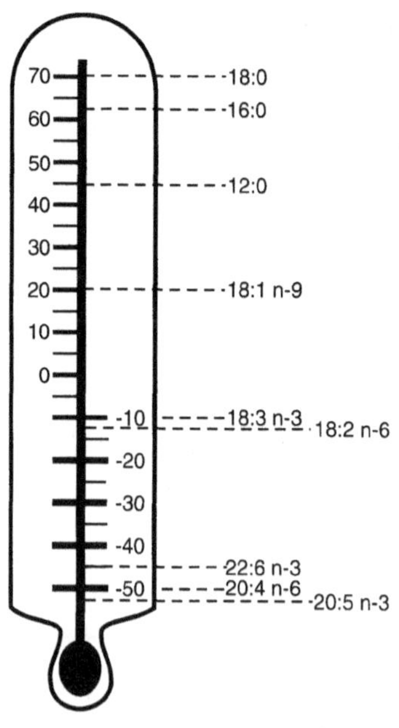

Figure 7.1. Comparaison du point de fusion de quelques acides gras.

pour les AG saturés, l'utilisation digestive est plus faible et elle décroît avec la longueur de la chaîne carbonée, passant de 70 % pour le myristate (14:0) à 50 % pour le stéarate (18:0)*. Le même type de réponse a été observé chez d'autres espèces comme la truite et la carpe.

Les différences interspécifiques pour l'aptitude à digérer de grandes quantités de lipides ont été peu étudiées. Elles existent cependant. Ainsi, chez le turbot, on observe une diminution du CUD et un ralentissement de croissance quand les aliments contiennent plus de 15 % de lipides. Par comparaison, des régimes contenant plus de 30 % de matière grasse donnent d'excellents résultats chez la truite ou le saumon de l'Atlantique, ce qui implique en premier lieu une bonne utilisation digestive.

Transport

Les AG absorbés sont réestérifiés dans l'entérocyte en TAG et PL. Il existe dans l'entérocyte des « lipides étalés », forme de stockage temporaire des TAG particulière aux poissons. Mais les lipides resynthétisés sont majoritairement incorporés dans des particules de nature lipoprotéinique analogues aux chylomicrons des mammifères et aux VLDL (*very low density lipoprotein*). La taille de ces particules est fonction de la nature des lipides alimentaires. La présence de chylomicrons, contenant essentiellement des TAG (80 %), a été clairement démontrée chez la truite 2 à 4 heures après le repas. Ces lipoprotéines sont acheminées vers le foie essentiellement par la voie lymphatique mais également par la voie portale chez certaines espèces (carpe et truite). Une partie des AG absorbés peut aussi être transportée, complexée à l'albumine, via le système porte. Cette voie ne semble importante que dans certaines situations : réalimentation après un jeûne et concentration limitante de glycérol.

Les lipides ainsi parvenus au foie ainsi que ceux qui sont synthétisés *de novo* par cet organe sont complexés avec des protéines particulières, les apoprotéines et du cholestérol libre et estérifié pour former de nouvelles lipoprotéines. Tout comme chez les mammifères, le transport des lipides du foie vers les autres tissus est assuré par trois catégories de lipoprotéines plasmatiques : VLDL, LDL (*low density lipoprotein*) et HDL (*high density lipoprotein*). La structure et la nature des apoprotéines ainsi que la composition lipidique de ces différentes classes de lipoprotéines sont assez proches de celles des mammifères. La présence d'apoprotéines analogues aux apoprotéines A et B des mammifères a été démontrée dans les HDL et VLDL respectivement. Cependant les lipoprotéines des poissons contiennent des pourcentages nettement

---

* Pour la terminologie voir encadré p. 155.

plus élevés d'AGPLI n-3. Chez de nombreuses espèces (carpe, turbot...) les lipoprotéines majoritaires sont les HDL. Le profil des lipoprotéines varie cependant en fonction de l'espèce, de l'âge, des conditions nutritionnelles et du cycle sexuel. Ainsi, chez des juvéniles de truites immatures, ce sont les VLDL et surtout les LDL qui sont prédominantes alors que chez la truite en cours de maturation sexuelle ce sont les HDL qui sont les plus abondantes (jusqu'à 80 % des lipoprotéines alors que les LDL n'en représentent que 10 % et les VLDL moins encore). Une faible partie des lipides (5 à 10 %) est véhiculée sous forme d'AG libres ou complexés simplement avec l'albumine. Chez la plupart des poissons la teneur plasmatique en lipides est très élevée (1,85 à 2,40 g/100 mL chez les salmonidés).

Dans la circulation, ces lipoprotéines subissent l'attaque de différentes enzymes : la lipoprotéine lipase dont la présence a été démontrée dans le plasma et dans différents tissus chez la truite (foie, muscle, cœur, ovaires, tissu adipeux) ; une lipase « *salt resistant* », analogue à la lipase hépatique des mammifères, mais que l'on trouve aussi dans les tissus extra-hépatiques ; la lécithine-cholestérol-acyl-transférase enfin, qui a une activité très élevée dans le plasma. L'action de ces enzymes conduit à la transformation intra-vasculaire des lipoprotéines. Les TAG des chylomicrons et des VLDL sont hydrolysés, les AG libérés étant soit stockés dans les tissus, soit utilisés à des fins énergétiques. L'hydrolyse des TAG s'accompagne de modifications dans la composition en apoprotéines aboutissant progressivement à la formation de LDL. On observe également un échange de matériel de surface (PL, cholestérol, apoprotéines) entre les LDL et les HDL, ainsi qu'un enrichissement de ces dernières en esters de cholestérol. Les processus de conversion et de catabolisme des lipoprotéines sont donc très proches de ceux des mammifères.

Une autre classe de lipoprotéines, la vitellogénine, existe chez les poissons femelles en cours et en fin de maturation. C'est une lipoprotéine de très haute densité synthétisée par le foie et transportée vers les ovaires au cours des premiers stades de l'ovogenèse. Elle est constituée d'environ 80 % de protéines et 20 % de lipides, essentiellement des PL. Elle n'est pas directement impliquée dans le transport des lipides alimentaires.

Stockage

Les PL, essentiellement localisés dans les membranes des cellules et des organites cellulaires, représentent une part relativement constante des tissus et par conséquent de la biomasse. Les TAG et quelquefois les cérides constituent les lipides de réserve. Ils sont resynthétisés dans les tissus à partir des AG circulants libérés par l'action des lipases. Chez les mammifères, le stockage des lipides s'effectue essentiellement dans un tissu bien spécifique : le tissu adipeux. Chez les poissons il peut avoir lieu dans plusieurs tissus : le foie, le tissu

Tableau 7.1. Teneur en lipides dans le muscle et le foie de différentes espèces de poissons (% matière fraîche). D'après Cowey et Sargent (1972), Henderson et Tocher (1987).

Espèces	Muscle	Foie
Eglefin	0,3	50-75
Morue	0,4	50-75
Thon	4	4-28
Flétan	5	4-28
Ayu	1-5,4	3-9
Saumon de l'Atlantique	4-10	10
Saumon argenté	2,5-4,6	4-6
Truite	2,5-5,7	3,5-6
Carpe	1,5-12,5	4,8-8,8
Maquereau	13	8
Hareng	11	2
Anguille	22	-

adipeux périviscéral et le muscle, voire le tissu sous-cutané. Dans le muscle blanc, les lipides sont stockés dans de petites formations de tissu adipeux insérées entre les feuillets musculaires alors qu'au niveau du muscle rouge ils sont aussi stockés à l'intérieur des fibres elles-mêmes. La localisation des dépôts lipidiques est très différente selon les espèces, elle sert de critère pour différencier plusieurs catégories de poissons. On distingue ainsi des poissons « gras » comme le hareng et le maquereau, qui ont des teneurs en lipides musculaires supérieures à 10 %, et des poissons « maigres », comme la morue, dont la chair renferme moins de 2 % de lipides, ces derniers étant stockés dans le foie (tabl. 7.1). Entre ces deux catégories, il existe des poissons « intermédiaires » qui stockent les lipides dans le muscle (teneurs de 2,5 à 6 %) et dans d'autres sites comme le tissu adipeux périviscéral pour les salmonidés. La teneur en lipides des poissons varie en fonction de l'âge et du stade physiologique. Généralement, elle augmente avec l'âge et la taille des animaux, alors que la teneur en protéines varie peu. Chez les poissons sauvages des zones froides ou tempérées, elle fluctue fortement en fonction des cycles saisonniers. De nombreux autres facteurs (génétiques, nutritionnels, endocriniens, environnementaux) sont susceptibles d'influencer l'importance des dépôts lipidiques. Parmi ceux-ci l'alimentation joue un rôle prépondérant. Dans l'ensemble, les poissons d'élevage sont nettement plus gras que leurs congénères sauvages, bien que la différence s'estompe si l'alimentation est contrôlée qualitativement et, surtout, quantitativement.

Plus encore que les sites de dépôt et l'importance des réserves, la composition des lipides diffère considérablement entre poissons et vertébrés supérieurs terrestres, aussi bien pour les PL, de transport ou membranaires, que pour les lipides neutres (TAG et cérides) de réserve. Alors que les lipides des mammifères et des oiseaux renferment surtout des AG saturés et monoinsaturés, ceux des poissons contiennent toujours un pourcentage élevé d'AGLPI. Parmi ces derniers on observe, surtout chez les espèces d'eau froide, une prépondérance des AG de la série n-3, phénomène relié, comme mentionné dans l'introduction, au maintien de la fluidité membranaire à basse température.

Mobilisation

Chez les mammifères, la mobilisation des lipides est sous la dépendance d'une TAG lipase hormono-dépendante qui hydrolyse les TAG. Les AG libérés dans le système circulatoire sont ensuite oxydés, dans les mitochondries principalement, mais aussi dans les peroxysomes, conduisant à la fourniture d'énergie via la β-oxydation (chap. 5). Chez les poissons, les données concernant la mobilisation des lipides sont fragmentaires et font encore l'objet de controverses. Toutefois l'existence d'une TAG lipase a été clairement démontrée dans le foie et le tissu adipeux chez la truite. Cette enzyme, localisée dans le cytosol, a un pH optimal compris entre 6,5 et 7,5 tout comme la lipase des mammifères. Des études récentes ont montré qu'elle était activée par un processus de phosphorylation/déphosphorylation dépendant de l'AMP cyclique. Les données relatives à la régulation hormonale de cette enzyme sont assez disparates et elles diffèrent selon le tissu étudié. Ainsi, l'activité de la TAG lipase hépatique serait stimulée par le glucagon et les catécholamines, alors que pour la TAG lipase du tissu adipeux (quand il existe) il n'y aurait pas d'influence hormonale nette, à l'exception d'une action des hormones thyroïdiennes. Par ailleurs une lipase acide (pH optimal compris entre 4 et 4,5) a été trouvée dans les lysosomes du muscle rouge de truite, mais son rôle n'a pas encore été éclairci. Elle pourrait avoir une action sur la dégradation *post-mortem* des lipides intra-cellulaires.

Chez les poissons, au cours du cycle biologique, on observe des périodes durant lesquelles les lipides de réserve sont activement mobilisés. Il s'agit des périodes de jeûne au cours des mois d'hiver et de la phase de développement des gonades. Chez les espèces anadromes, la maturation gonadique a lieu pendant une période de non-alimentation correspondant à la migration. Dans tous les cas ce sont les TAG des sites de dépôt (en premier lieu les viscères puis le muscle) qui sont mobilisés pour la fourniture d'énergie (cas du jeûne et de la migration) et la formation des gonades. Diverses études ont montré l'importance des réserves lipidiques pour la reproduction. Ainsi, chez la truite, un jeûne forcé pendant la période précédant le développement des gonades conduit à une diminution de la fécondité du fait de l'insuffisance des réserves pour le développement des gonades (production des œufs).

Besoins en acides gras essentiels

Synthèse endogène et bioconversion des acides gras

Chez les poissons, la synthèse des AG s'effectue essentiellement dans le foie par le biais du complexe AG synthétase. Ce complexe enzymatique présente de nombreuses similitudes (masse moléculaire, propriétés cinétiques) avec celui des mammifères. Les principaux AG néosynthétisés sont le palmitate (16:0), le stéarate (18:0) et le myristate (14:0) en proportions différentes selon les espèces. Ainsi, chez la truite, le 16:0 est l'AG dominant (57 %) suivi du 14:0 (29 %), alors que chez la carpe ces deux AG sont synthétisés en proportions similaires (41 et 37 % respectivement). Par contre, chez plusieurs espèces de poissons marins (plie, flet), ce sont le 16:0 et le 18:0 qui sont majoritaires. Les poissons, pas plus que les autres vertébrés, ne peuvent synthétiser *de novo* les acides linoléique (18:2 n-6) et linolénique (C18:3 n-3). Ces deux AGPI, ou leurs dérivés à chaîne longue (AGLPI) doivent être apportés par l'alimentation ; ils revêtent donc un caractère essentiel.

Les AG néosynthétisés ou apportés par l'alimentation peuvent être transformés (bioconvertis) en AG à chaîne plus longue ou plus insaturée, dans une certaine mesure du moins. Les AG mono-insaturés (acides palmitoléique, 16:1 n-7 et oléique, 18:1 n-9) sont synthétisés à partir des AG saturés correspondants sous l'effet d'une $\Delta 9$ désaturase. Dans le cas des AGPI, la bioconversion comprend des élongations (ajout de 2 carbones) et des désaturations (ajout d'une double liaison) assurées successivement par les $\Delta 6$, $\Delta 5$ et $\Delta 4$ désaturases (figure 7.2). Les systèmes de désaturation et d'élongation n'ont pas été complètement caractérisés chez les poissons. Toutefois les désaturases, comme les autres enzymes impliquées dans le métabolisme des lipides, sont assez peu spécifiques. Elles ont des affinités pour les séries d'AG qui décroissent de la série n-3 à la série n-9. Ainsi les substrats préférentiels de la $\Delta 6$ désaturase sont : 18:3 n-3 > 18:2 n-6 > 18:1 n-9. En outre, les AGLPI tels que le 22:6 n-3 exercent une rétroinhibition sur la $\Delta 6$ désaturase. L'apparition d'AGLPI n-9, que l'on n'observe guère que chez les poissons d'eau douce, ne peut se produire que dans le cas de déficience en 18:2 n-6 et 18:3 n-3 ; elle constitue un critère de carence. Signalons enfin que, comme cela a été montré chez le rat, la $\Delta 4$ désaturase n'est probablement pas une enzyme véritable mais un ensemble d'enzymes comprenant la $\Delta 6$ désaturase et des enzymes d'élongation - raccourcissement des chaînes. Ce complexe permet de passer du 22:5 n-3 au 22:6 n-3 par l'intermédiaire du 24:6 n-3.

Par ailleurs, il existe de très grandes différences selon les espèces dans la capacité à convertir les AG C18 en AGLPI. Chez les poissons d'eau douce elle est élevée, ce qui n'est pas le cas pour les poissons d'eau de mer. La capacité de bioconversion du 18:3 n-3 est donnée sur le tableau 7.2, la truite étant prise

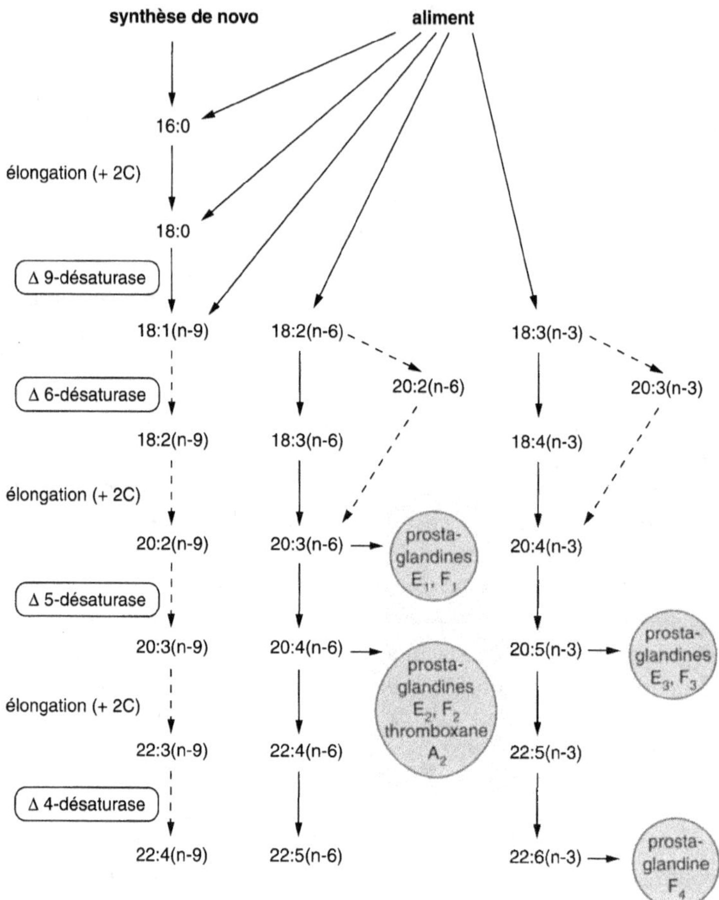

Figure 7.2. Schéma des principales voies de bioconversion des acides gras et de la synthèse des prostaglandines (d'après Bell *et al.*, 1986). —— : voies principales ; ----- : voies mineures. Série n-9 : transformations se produisant, chez les poissons d'eau douce, en cas de carence en AGE. Avec l'aimable autorisation d'Elsevier Science.

comme référence (valeur 100). La quasi-incapacité de bioconversion des AG C18 observée chez les poissons marins est due à l'absence ou à l'activité très faible de certaines enzymes impliquées dans ces réactions, en particulier les Δ5 et Δ4 désaturases. Ces différences interspécifiques entraînent de grandes différences de besoins en acides gras essentiels (p. 158).

Tableau 7.2. Capacité de bioconversion du 18:3 n-3 (d'après Kanazawa *et al.*, 1979).

Espèces	Capacité relative de bioconversion
Truite	100
Ayu	36
Anguille	20
Daurade	15
Fugu	13
Sébaste	7

Principaux acides gras présents dans les lipides des poissons

La dénomination « n-a » ou plus anciennement « ωa » indique le nombre de doubles liaisons ainsi que la position de celle qui est le plus proche du groupement méthyl terminal.

Ainsi, pour les nutritionnistes, la dénomination abrégée de l'acide linoléique C18:2(n-6) ou 18:2 n-6 (anciennement 18:2 ω 6) indique que cet acide possède 18 atomes de carbone, 2 doubles liaisons dont la première est positionnée entre le 6e et le 7e atome de C à partir du groupement méthyl.

Notons que les biochimistes, eux, positionnent les doubles liaisons (ou Δ) en partant du groupement carbonyle et mentionnent la position de chaque double liaison. Ainsi, pour eux, ce même acide sera abrégé en 18:2 Δ 9,12.

Série	Formule	Dénomination abrégée	Dénomination triviale ou scientifique
Saturés	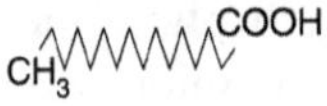 CH_3—...—COOH	16:0	ac. palmitique
	 CH_3—...—COOH	18:0	ac. stéarique
n-9	 CH_3—...—COOH	18:1 (n-9)	ac. oléique
n-6	 CH_3—...—COOH	18:2 (n-6)	ac. linoléique
	 CH_3—...—COOH	20:4 (n-6)	ac. arachidonique
n-3	 CH_3—...—COOH	18:3 (n-3)	ac. linolénique
	 CH_3—...—COOH	20:5 (n-3)	ac. eicosapentaénoïque (EPA)
	 CH_3—...—COOH	22:6 (n-3)	ac. docosahexaénoïque (DHA)

Acides gras essentiels

Rôle des acides gras essentiels

Les AGE, parfois appelés AG indispensables, sont nécessaires à l'organisme pour trois raisons :

– ils ont tout d'abord un rôle constitutif, ce sont des composants importants des PL, eux-mêmes constituants majoritaires des membranes cellulaires et des lipoprotéines de transport. La composition des PL est peu variable, bien qu'elle ne soit pas aussi constante que la composition des protéines en acides aminés (AA). C'est pourquoi une carence totale en AGE, contrairement à une carence totale en AA indispensables (AAI), ne bloque pas immédiatement la synthèse des tissus, elle la ralentit simplement tout en induisant un remaniement et une perturbation dans la composition des TAG puis des PL ;

– ils servent de substrat pour la synthèse de toute une famille de molécules à caractère hormonal (*sensu lato*) : les prostaglandines (PG) et composés apparentés, leucotriènes et thromboxanes. Ces composés servent de relais entre les hormones et les sites cellulaires où ont lieu les réactions régulées par ces hormones. Ils ont des fonctions multiples et agissent sur le système nerveux, l'appareil circulatoire, le tube digestif, les organes reproducteurs, les reins, etc. Chez les poissons, les fonctions les mieux connues de ces composés ont trait à la reproduction (induction de l'ovulation), aux excrétions rénale et branchiale et à l'osmorégulation. Les principales prostaglandines sont les PG1 et PG2 qui dérivent des AG n-6, mais il en existe d'autres dérivant de la série n-3 (fig. 7.2). Les PG de ces deux séries ont souvent des effets antagonistes et leur synthèse respective est directement influencée par l'équilibre des substrats. La quantité d'AGE métabolisée par l'organisme pour la synthèse des PG est faible comparée à celle qui est incorporée dans les phospholipides ;

– le troisième rôle, connu depuis peu et de manière encore imparfaite, est le rôle de second messager joué par au moins un AGE : l'acide arachidonique (C20:4 n-6). Cet AG, à l'état libre, intervient comme médiateur sur les protéines kinases et les deux enzymes régulant la synthèse et la dégradation de l'AMP cyclique. De ce fait, il contribue à la régulation, très complexe, de la multiplication cellulaire.

Acides gras essentiels des poissons

Selon une simplification encore récemment formulée, les AGE des mammifères seraient ceux de la série n-6 alors que ceux des poissons appartiendraient à la série n-3. Compte tenu des rôles multiples des AGE exposés ci-dessus, cette assertion n'est pas acceptable et il est certain que les deux séries d'AGE sont indispensables aux poissons comme aux mammifères. Seule l'importance quantitative des besoins diffère radicalement entre ces deux classes de vertébrés. Chez les mammifères le besoin quantitatif en AGE n-6 l'emporte très largement sur le besoin en n-3 alors que c'est l'inverse chez les poissons, du moins chez les poissons d'eau froide bien connus pour la richesse de leurs tissus en AGLPI n-3. Mais chez les poissons d'eau chaude, les besoins quantitatifs en AGE sont similaires pour les deux séries, voire plus grands pour la série n-6 (tabl. C.3. p. 459).

Chez les poissons, la capacité de bioconversion des AG C18 en AGLPI permet de distinguer deux catégories : d'une part les poissons d'eau douce qui ont des capacités assez comparables à celles des mammifères et chez qui les seuls AGE réellement nécessaires à l'animal sont les deux AG en C18 (linoléique et linolénique) et, d'autre part, les poissons marins. Chez ces derniers, les capacités de bioconversion sont réduites ou très réduites, et les AGE réellement importants sont les AGLPI tels que les acides éicosapentaénoïque (20:5 n-3 ou EPA), docosahexaénoïque (22:6 n-3 ou DHA) et arachidonique (20:4 n-6). Cette classification ne repose en fait que sur l'étude d'un petit nombre d'espèces ; elle a sans doute été abusivement simplifiée car on connaît depuis peu une espèce d'eau douce, le brochet, dont les capacités de bioconversion sont proches de celles des poissons marins. Il faut préciser en outre que l'existence d'un besoin en AGLPI ne signifie pas disparition de tout rôle des AG en C18 de la même série. Chez une espèce au moins, le turbot, l'acide linoléique conserve un caractère essentiel que l'on peut expliquer par une capacité résiduelle de bioconversion qui permet la synthèse d'AGLPI « intermédiaires » comme le 20:3 n-6 précurseur des prostaglandines (PG 1).

Carences en acides gras essentiels

Les régimes déficients en AGE entraînent un ralentissement de la croissance et une diminution de l'efficacité alimentaire. Ces phénomènes ont été observés chez plusieurs espèces de poissons d'eau douce (truite, saumon, anguille, carpe, tilapia) ou marines (turbot, daurade). Au bout d'un certain temps (plusieurs mois parfois) ils s'accompagnent de signes pathologiques tels que dégénérescence hépatique avec accumulation de lipides, érosion des nageoires, lésions branchiales, ou diminution du taux d'hémoglobine. Chez la truite, une carence en AGE pendant plusieurs mois peut conduire à un « syndrome de choc » avec perte de mouvement en réponse à un stress. Chez les reproducteurs, si cette même carence a lieu pendant la période précédant la reproduction, elle provoque une réduction significative de la production d'œufs, du pourcentage d'œufs œillés, ainsi que du taux d'éclosion. De plus la majorité des larves présentent des déformations morphologiques variées et ont une survie limitée.

Besoins en acides gras essentiels et couverture des besoins

Les besoins quantitatifs en AGE sont très difficiles à définir avec précision. En effet, comme mentionné ci-dessus, les critères de vitesse de croissance sont moins sensibles aux apports alimentaires d'AGE qu'aux apports d'AA indispensables (AAI). A l'inverse, la composition des tissus varie en fonction des apports en AG, essentiels ou non, alors qu'elle ne varie pas selon les apports d'AA. La composition des lipides corporels constitue un critère de satisfaction des besoins délicat à manipuler. Certes l'apparition d'un AGLPI n-9 est un critère de carence en AGE n-3 ou n-6 chez les poissons d'eau douce, mais dans les études dose-réponse, la composition des TAG des tissus n'apporte presque aucune information utile. Dans les mêmes conditions, la composition des PL est beaucoup plus stable. La teneur en AGLPI s'accroît cependant pour des apports alimentaires croissants, et même l'excès d'AGLPI n-3 déprime la croissance (p. 159). Les valeurs du besoin déterminées avec la prise en compte de la teneur des tissus en AGE correspondraient donc plutôt à des « hypothèses hautes » alors que celles qui reposent sur des critères de croissance correspondraient à des « hypothèses basses ». À ces difficultés d'interprétation s'en ajoutent d'autres, purement pratiques : pour des raisons de coût, il est presque impossible de déterminer les besoins avec des AGLPI purifiés et on a généralement recours à des mélanges d'AG ou plus exactement de TAG ou autres esters, ce qui complique l'interprétation des résultats.

De ce fait, les besoins ne sont connus qu'avec une très grande imprécision. Les besoins rapportés dans le tableau C. 3. p. 459 varient de 0,5 à 1 % du régime. Ces valeurs sont à première vue très supérieures aux besoins des animaux terrestres (poule pondeuse exceptée), mais elles doivent être considérées comme des ordres de grandeur plutôt que comme des besoins quantitatifs au sens strict. Selon des données récentes, elles seraient globalement surestimées. Par ailleurs, certains auteurs proposent d'exprimer les besoins en AGE en pourcentage des lipides alimentaires plutôt qu'en pourcentage de l'aliment car des teneurs élevées en lipides augmenteraient le besoin en AGE. En ce qui concerne les AGE en n-6, les besoins quantitatifs sont encore inconnus pour la plupart des espèces d'eau froide.

Pour formuler un régime couvrant les besoins en AGE d'un poisson donné, il est nécessaire de connaître la série d'AGE dominante pour l'espèce (n-3 ou n-6) et sa capacité de bioconversion des AG en C18. Le choix des lipides alimentaires dépend donc des caractéristiques de l'espèce. Les huiles de poisson sont très riches en AGLPI n-3 : EPA et DHA (environ 10 et 12 % respectivement). Les farines de poisson contiennent également des lipides (de l'ordre de 10 %) riches en AGLPI de la série n-3. En outre les lipides d'origine marine contiennent toujours une quantité plus faible mais non négligeable d'AGLPI n-6. Par contre les huiles végétales sont totalement dépourvues d'AGLPI et contiennent surtout les AG suivants : C18:0, C18:1 n-9 et C18:2 n-6. Toutefois certaines huiles, comme celles de soja ou colza, contiennent de 8 à 10 % de 18:3 n-3.

Dans le cas des poissons d'eau douce, les huiles dépourvues d'AGPI en n-3, comme celle de maïs, ne peuvent pas contribuer à la couverture du besoin en AGE n-3. En revanche ce besoin peut être couvert par l'incorporation au régime de 10 % d'huile de soja ou de colza (soit un apport de 1 % de C18:3 n-3) ou mieux encore de 4 % d'huile de poisson. En effet, des expériences ont montré que les AGLPI étaient deux fois plus efficaces que les AGPI en C18 pour couvrir le besoin, même chez les salmonidés. En pratique, les aliments aquacoles renfermant presque toujours de la farine de poisson, un minimum d'AGLPI est apporté par cette source de protéines. Dans le cas des poissons marins, seule l'incorporation d'huile de poisson (5 à 8 %) ou d'une autre matière première d'origine marine non délipidée (farine de poisson ou de crevette) permettra de satisfaire ce besoin. Les algues marines unicellulaires, seuls végétaux synthétisant des AGLPI, jouent ce rôle dans l'alimentation de proies vivantes destinées aux larves de poissons marins (chap. 13 et 14). Lorsque le besoin en AGE est couvert, les lipides servant de source d'énergie peuvent être apportés par d'autres types de matières grasses, telles que des huiles végétales ou même des graisses animales.

Problèmes d'équilibre et d'excès

En théorie, il ne suffit pas d'apporter des quantités d'AGLPI n-3 et n-6 au moins égales aux besoins, il faut également maintenir un certain équilibre entre AGE n-3 et n-6 et tenir compte de l'efficacité relative des différents AGLPI, du moins pour la série n-3. Le problème de l'équilibre entre AGE est assez complexe comme l'ont montré des études réalisées avec de la trilinoléine et de la trilinolénine chez la truite et le saumon argenté. En cas de déséquilibre mineur, tout se passe comme si les AGLPI des deux séries étaient interchangeables au moins au niveau des phospholipides et jusqu'à une certaine limite. Lorsque le déséquilibre est trop prononcé, on observe un effet néfaste dû à la série apportée en excès sur l'utilisation de l'autre série. Ce phénomène est vraisemblablement dû à la compétition au niveau des désaturases, d'une part, et de la synthèse des prostaglandines, d'autre part. Le problème de l'efficacité relative des deux principaux AGLPI n-3 résulte vraisemblablement d'une difficulté de conversion de l'EPA en DHA. Il ne semble pas avoir de conséquence pratique notable, si ce n'est dans le cas des larves de poissons marins.

Un excès d'AGE n-3 peut aussi avoir des conséquences néfastes pour les poissons. Ainsi chez la truite, des régimes contenant 4 % de 18:3 ou 2 % de 20:5 et 22:6 sous la forme d'esters méthyliques, soit 4 fois le besoin, ralentissent la croissance et diminuent l'efficacité alimentaire. Une augmentation de la teneur globale en eau et une diminution de la taille du foie ont été également observées. Ces effets ont parfois été attribués à la forme d'apport des AGE, en l'occurrence des esters méthyliques et non des TAG. Chez le turbot un effet néfaste des excès d'EPA et DHA a cependant été observé alors que ces composés étaient apportés sous forme de TAG.

Intérêt des lipides dans l'alimentation des poissons

Généralités

En dehors de la couverture des besoins en AGE, les lipides assurent une fourniture d'énergie. Ce sont en effet des constituants très riches en énergie : 1 g de PL fournit en moyenne environ 33 kJ (8 kcal) d'énergie brute et 1 g de TAG 40 kJ (9,5 kcal). Si on admet une digestibilité de 95 %, la valeur énergétique (en termes d'énergie digestible) de 1 g de lipides alimentaires est de l'ordre de 37 à 38 kJ soit, approximativement 2,5 fois celle des glucides et 1,8 fois celle des protéines.

Effet d'épargne des protéines et réduction des rejets

Les tendances actuelles en matière d'alimentation des poissons, et des salmonidés en particulier, sont à l'augmentation de la teneur en lipides des aliments. Elles sont justifiées par de nombreuses expériences conduites chez plusieurs espèces. Ainsi, chez la truite, l'augmentation de la teneur en lipides de 14 à 20 % améliore les performances de croissance et l'efficacité alimentaire, et ce même si la teneur en protéines est diminuée (tabl. 7.3). C'est l'effet d'épargne des protéines par les lipides déjà signalé dans les chapitres 5 et 6. Chez les salmonidés, on estime qu'une teneur en lipides de 15 à 20 % permet d'abaisser la teneur en protéines de 48 à 35 % sans altérer les performances zootechniques. On note en parallèle une augmentation de l'efficacité protéique,

Tableau 7.3. Influence de la teneur en lipides alimentaires sur l'efficacité d'utilisation des nutriments chez la truite.

Aliments	Aliment A « classique »	Aliment B enrichi en lipides
lipides (%)	14	20
protéines (%)	44	37
énergie digestible (kJ/g)	17	17
croissance (%/j)	1,91	2,21
indice de consommation	1,31	1,10
CEP	1,74	2,43
protéines (g) nécessaires par kg de production	575	412
N rejeté/kg de production (g)	63,5	39,7

ainsi qu'une meilleure utilisation de l'énergie. Il faut noter que l'effet bénéfique des lipides sur l'efficacité alimentaire résulte d'abord et surtout de leur densité énergétique. Avec l'effet d'épargne des protéines, l'amélioration de l'efficacité alimentaire contribue à une diminution de la pollution piscicole et participe au maintien de la qualité du milieu aquatique.

Actuellement il existe des données concernant le niveau d'apport lipidique optimal pour plusieurs espèces (tabl. 7.4). Ces valeurs sont cependant susceptibles de devenir rapidement obsolètes ; durant la dernière décennie la teneur en lipides des aliments pour salmonidés n'a cessé d'augmenter, elle dépasse maintenant souvent 30 %. Il faut préciser aussi que ces « normes » ne peuvent pas être employées seules, mais en prenant en compte le rapport protéine digestible/énergie digestible (PrD/ED) dont l'importance a été soulignée dans les chapitres 5 et 6. Rappelons enfin que, si la valeur optimale de ce rapport a été déterminée pour la truite, le saumon atlantique, le bar et la sériole, il semble prématuré de généraliser ces résultats aux espèces pour lesquelles aucune recherche de ce type n'a été entreprise et en particulier aux espèces qu'il semble difficile de nourrir avec des aliments contenant des niveaux élevés de lipides telles que le turbot ou les espèces omnivores tropicales d'eau douce.

Tableau 7.4. Teneur optimale d'incorporation de matières grasses chez quelques espèces.

Espèces	Teneur en lipides (%)
Truite	18-20
Carpe	<18
Tilapia	<10
Daurade	12-15
Daurade japonaise	10
Turbot	<15
Bar	12-15
Sériole	11
Ombrine	7-11
Bar tropical	13-18
Fugu	<6
Bandeng ou poisson-lait	7-10
Mérou	13-14
Sole	5

Influence des lipides alimentaires sur la composition corporelle et la qualité des poissons

Relation entre lipides alimentaires et lipides tissulaires

Comme indiqué précédemment, les principaux sites de stockage des lipides chez les poissons sont le foie, le tissu adipeux périviscéral ou le muscle, seule partie réellement comestible. Chez de nombreuses espèces (truite, carpe, plie, poisson-chat américain, turbot, daurade...) les régimes à forte teneur en lipides, surtout s'ils sont distribués *ad libitum,* conduisent à des modifications de la composition corporelle : en pourcentage de la matière fraîche, les dépôts lipidiques s'accroissent tandis que la teneur en eau diminue et que, généralement, la teneur en protéines reste inchangée.

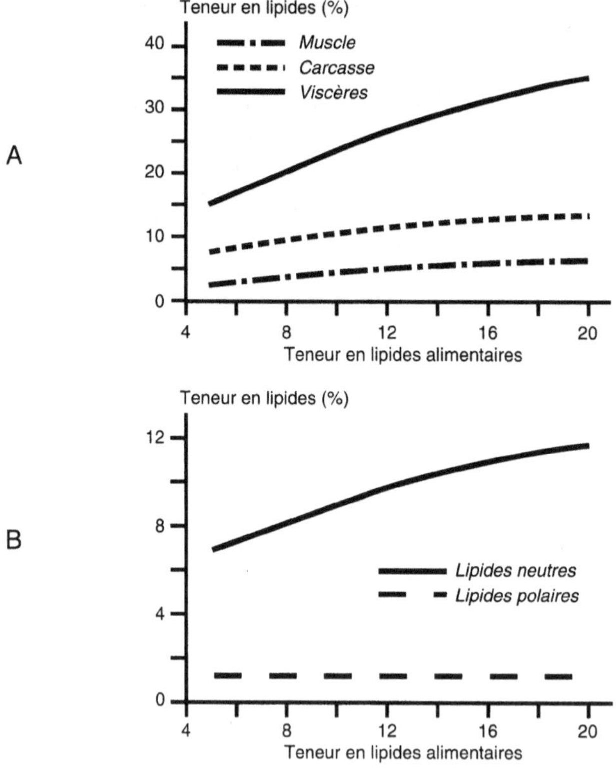

Figure 7.3. Influence de la teneur en lipides alimentaires sur la teneur en lipides tissulaires (en haut) et sur les classes lipidiques du muscle (en bas) chez la truite (d'après Takeuchi *et al.*, 1978).

Cependant la relation qui existe entre teneur en lipides de l'aliment et teneur en lipides de la carcasse est moins simple qu'il ne paraît. Si les régimes sont comparés sur la base d'une même ration énergétique, l'influence est relativement réduite. Par contre, s'ils sont comparés sur la base d'une même ration alimentaire, les régimes les plus riches en lipides entraînent des consommations plus grandes d'énergie et de lipides et peuvent conduire à une augmentation marquée de l'engraissement. Les différents compartiments corporels ne réagissent pas tous de la même façon. Dans le cas de la truite, la teneur en lipides musculaires peut passer de 5 à 15 %. Les lipides péri-viscéraux augmentent de façon plus grande encore (fig. 7.3A). Ce sont donc essentiellement ces derniers tissus qui sont responsables de l'engraissement de l'animal entier. Chez les poissons marins comme la morue, mais aussi le bar ou la daurade, où c'est le foie qui assure cette fonction, l'engraissement de cet organe peut aboutit à une stéatose. Mais cet état, réversible et non pathologique, peut aussi traduire une simple surconsommation d'énergie et non un excès de lipides alimentaires. En d'autres termes, c'est le site préférentiel de stockage qui subit l'influence la plus marquée. Il existe également une influence de l'âge : les teneurs en lipides musculaires dorsaux et ventraux sont plus grandes chez les poissons de grande taille. L'augmentation des lipides tissulaires ne se répercute pas de la même façon sur les différentes classes de lipides (fig. 7.3B) : la teneur en phospholipides reste presque constante alors que les TAG sont responsables de la quasi totalité de l'accroissement observé.

L'utilisation d'aliments riches en lipides dits « haute énergie » ou « préservant l'environnement » (chap. 6, p. 143) nécessite beaucoup de précautions en particulier en ce qui concerne la gestion du nourrissage. Ce dernier doit reposer essentiellement sur la quantité d'énergie digestible (et non d'aliment) distribuée ; il doit viser non seulement à optimiser les performances zootechniques mais aussi à préserver l'environnement et maintenir la qualité de la chair (chap. 22). Plus précisément il faut faire en sorte que ces aliments ne provoquent pas de dépôts lipidiques excessifs.

Contrairement à l'apport quantitatif de lipides alimentaires, la nature de ces derniers n'a pas de répercussion sensible sur l'engraissement global du poisson, ni sur la teneur en lipides musculaires. Par contre, la nature et la teneur en matières grasses ont des influences notables sur la composition en AG des lipides corporels. Plus l'apport de lipides alimentaires est élevé, plus la synthèse *de novo* des AG est réprimée et fait place à un dépôt d'AG exogènes. Comme chez les autres espèces, la composition des AG corporels reflète donc celle des lipides alimentaires. Ainsi, chez la truite (fig. 7.4) alimentée avec des régimes contenant une part importante d'huile de maïs (8 %) on note de fortes teneurs en 18:2 n-6 dans la chair alors qu'avec un aliment essentiellement à base d'huile de poisson ce sont les AGLPI n-3 qui prédominent. Plus généralement, les poissons d'élevage nourris avec des aliments commerciaux contenant des huiles végétales ou simplement des produits végétaux non délipidés ont des teneurs en AG n-6 plus élevées que leurs congénères sauvages. Toutefois les variations de composition en AG dans les tissus sont de moindre ampleur que

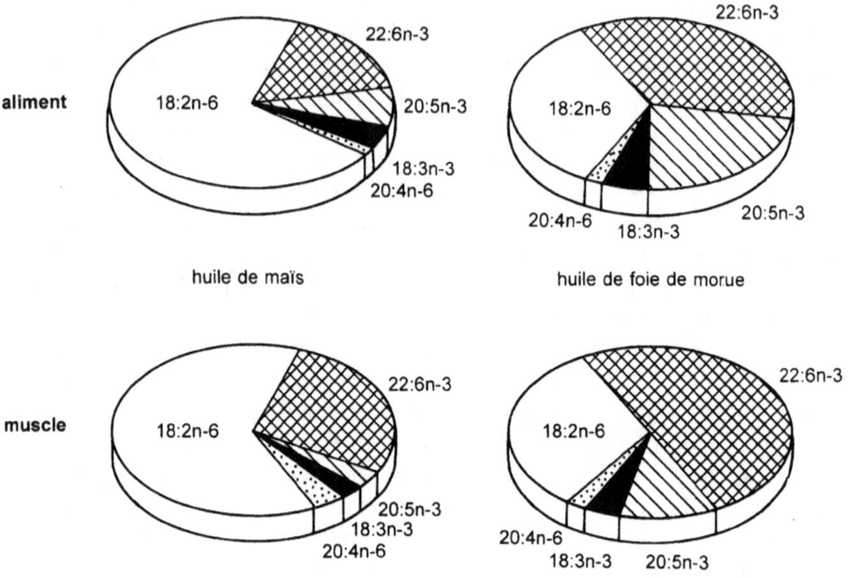

Figure 7.4. Influence de la nature des lipides alimentaires sur la composition en acides gras du muscle chez la truite.

dans les aliments. En effet, par le biais des réactions d'élongation-désaturation et de la rétention sélective de certains AG, les poissons modulent la composition lipidique de leurs propres tissus, en particulier en déposant les AGLPI avec une grande efficacité. Cette régulation est d'autant plus efficace que l'engraissement est limité puisque, dans ces conditions, la part des PL, qui ont une composition relativement constante, est plus grande.

Influence des lipides alimentaires sur la qualité des poissons

Rappelons tout d'abord que la qualité des poissons n'est pas un critère simple. Cette notion revêt de multiples facettes qui n'ont pas la même importance lors de la transformation, de la distribution ou de la consommation. Parmi les principales composantes il faut citer : rendements à l'abattage et à la transformation, qualité sanitaire et sécurité alimentaire, qualité organoleptique (couleur, texture, flaveur...), qualité diététique... Les critères organoleptiques sont parfois appréciés de façon très subjective et leur importance varie selon la destination du produit fini (consommation en frais, congélation, fumage, etc.) ou les habitudes alimentaires des consommateurs. Beaucoup de composantes de la qualité sont sous la dépendance de facteurs multiples (génétiques, environnementaux, nutritionnels) et c'est le cas de l'état d'engraissement pour lequel l'alimentation joue un rôle majeur.

La conformation des poissons, influencée par les facteurs génétiques, est à l'évidence altérée aussi bien par la maigreur que par l'engraissement excessif, surtout chez les espèces dont la domestication est ancienne comme la truite et plus encore la carpe commune. Dans la pratique il convient de veiller à un bon ajustement des rations afin d'éviter subcarences et excès. Par ailleurs, l'engraissement augmentant davantage les dépôts péri-viscéraux ou hépatiques que la masse musculaire, il est préjudiciable au rendement à l'abattage.

La teneur en lipides de la chair est, chez toutes les espèces, une composante de la qualité organoleptique. L'engraissement donne à la chair crue une plus grande tendreté et elle modifie sensiblement la perception gustative globale du consommateur. Lors des épreuves de dégustation de chair crue, ni les poissons très maigres ni les poissons très gras ne sont appréciés. Si le poisson est destiné à la transformation, des teneurs en lipides trop élevées ont également une influence néfaste : elles sont préjudiciables au salage (pertes d'eau et de qualité microbiologique) comme au fumage (pertes d'huile). Une juste mesure doit donc, là aussi, être recherchée. La nature des lipides alimentaires influence aussi le goût des produits, mais de manière peu prononcée. Sur des filets de truite fario et de saumon élevés en mer, les dégustateurs sont capables de détecter l'influence de l'huile (origine marine ou végétale) ajoutée aux aliments, leur préférence allant aux poissons qui ont reçu l'huile marine. À l'inverse, chez la truite aucune différence nette n'est perçue. Pour les autres espèces on ne dispose pas, à l'heure actuelle, de données précises.

La qualité nutritionnelle de la chair, et tout spécialement sa valeur énergétique (« calorique » selon la terminologie triviale encore employée en diététique) est à l'évidence influencée par l'engraissement. Mais deux faits doivent être soulignés : tout d'abord, chez les poissons maigres comme le turbot, même si la teneur en lipides de la chair peut doubler sous l'effet d'une consommation excessive de lipides ou d'énergie, elle reste très faible comparativement à celle des poissons gras ou, plus encore, des viandes de boucherie. Ensuite, chez l'humain, la consommation de poisson gras, à l'inverse de celle de viande grasse, n'aggrave pas les risques de maladies cardio-vasculaires. Bien au contraire, la richesse en AGLPI n-3 des produits d'origine aquatique est un facteur favorable à la santé, elle diminue la cholestérolémie et la survenue des maladies cardio-vasculaires. Il est donc de la plus haute importance de veiller à ce que les lipides alimentaires soient très bien pourvus en AGLPI n-3 si l'on veut préserver la valeur diététique du poisson d'élevage.

Importance de la peroxydation des lipides

Au contact de l'oxygène les AG insaturés et tout spécialement les plus insaturés d'entre eux, les AGLPI n-6 et plus encore les AGLPI n-3, sont facilement altérés par des réactions désignées sous le nom de peroxydation. Ce phénomène a lieu aussi bien *in vitro* (dans les aliments lors du stockage ou dans la chair après abattage) qu'*in vivo*. Sur des huiles ou des graisses, on parle généralement de rancissement (réactions purement chimiques). *In vivo*, on peut observer aussi bien des phénomènes tout à fait naturels régulés par des mécanismes chimiques ou enzymatiques que des phénomènes anormaux revêtant rapidement un caractère pathologique. Les phénomènes qui ont lieu *post-mortem* sont fortement influencés par la libération des enzymes impliquées *in vivo*. La difficulté de conservation de la chair de poisson, même congelée, résulte aussi en grande partie de ces phénomènes.

L'ensemble du processus de peroxydation comprend 3 grandes phases résumées sur la figure 7.5 : initiation (arrachage d'un électron au niveau d'une dou-

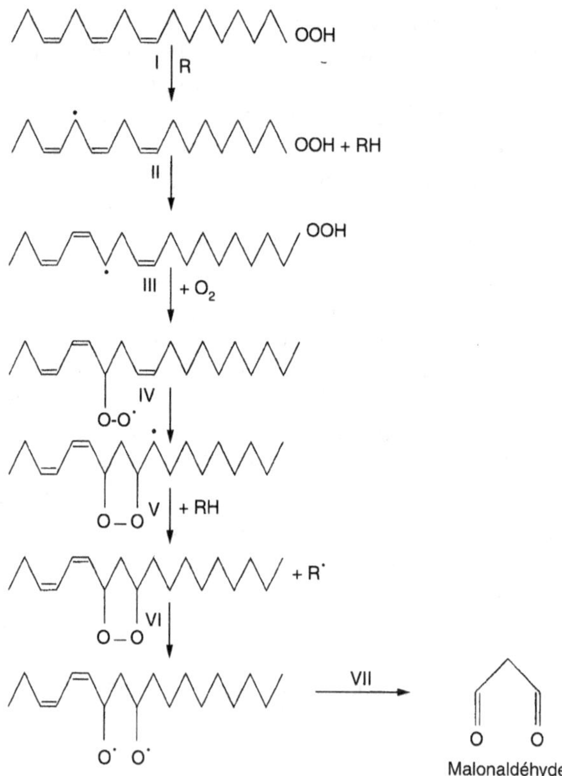

Figure 7.5. Schéma des principales étapes impliquées dans la peroxydation des acides gras (d'après Dianzani *et al.*, 1978 et Slater, 1972). Avec l'aimable autorisation d'Academic Press.

ble liaison et formation d'un radical instable), propagation avec formation en chaîne d'une série de radicaux libres se comportant tantôt comme réducteurs tantôt comme oxydants, et enfin arrêt de la réaction avec formation de composés terminaux tels qu'aldéhydes (malonaldéhyde en particulier) et cétones (fig. 7.5). Les radicaux libres sont extrêmement nocifs aux organites cellulaires et même aux macromolécules. Les composés terminaux, bien que stables, sont toxiques : le malonaldéhyde serait cancérogène. L'organisme possède deux mécanismes de défense vis-à-vis de ce phénomène : le piégeage des radicaux libres et un système enzymatique permettant la destruction de certains composés intermédiaires. Les pièges à radicaux libres sont des antioxydants comme la vitamine A et surtout les tocophérols (vitamine E). L'acide ascorbique (vitamine C) est souvent rattaché à ce groupe ; en fait c'est un séquestrant hydrosoluble de l'oxygène tandis que le tocophérol est un donneur de protons particulièrement actif en milieu liposoluble (fig. 7.6). Dans le second mécanisme de défense, la première enzyme impliquée est la superoxyde dismutase

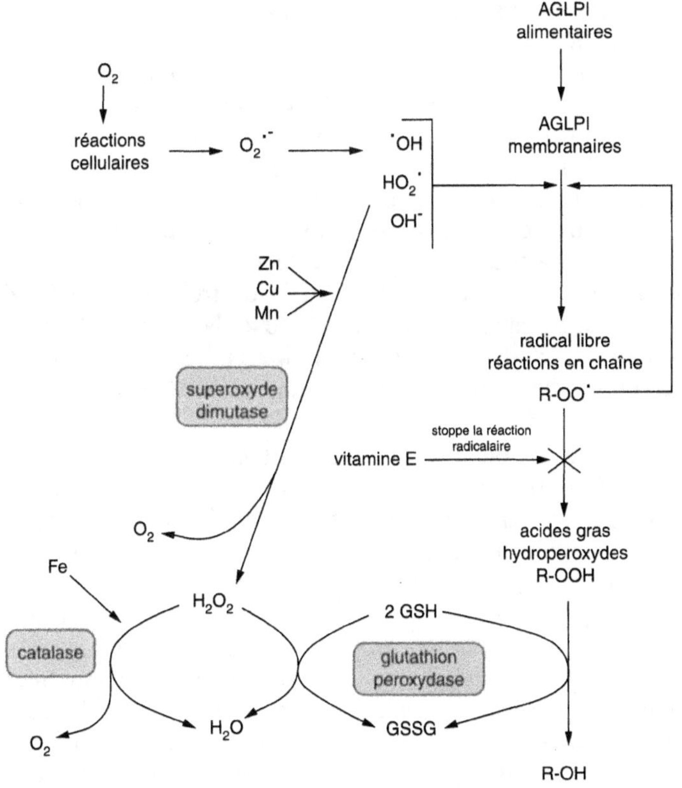

Figure 7.6. Interactions possibles entre les métabolites actifs de l'oxygène, les composés cellulaires et les systèmes anti-oxydants (d'après Sargent *et al.*, 1989). Avec l'aimable autorisation d'Academic Press.

(SOD) qui dismute l'anion superoxyde en peroxyde d'hydrogène. Ce composé, très toxique pour la cellule, doit être réduit par la catalase qui le transforme en eau et oxygène ou par la glutathion peroxydase (fig. 7.6). Ces différents mécanismes de défense, imparfaitement connus chez les poissons, peuvent également être actifs contre les peroxydes et les radicaux libres exogènes, c'est-à-dire alimentaires. Il est tout à fait possible de prévenir la peroxydation des AG dans les aliments et d'économiser les antioxydants naturels par l'adjonction d'antioxydants de synthèse autorisés (chap. 18). Par contre, ces antioxydants de synthèse sont inactifs *in vivo*.

Les effets néfastes de la peroxydation des lipides sont multiples. Ce phénomène entraîne une destruction d'éléments labiles (vitamines A, E, riboflavine, acide folique...) dans les aliments. Sur le poisson elle peut provoquer des diarrhées par suite de la diminution de l'activité d'enzymes telles qu'amylase, lipase ou trypsine. Au niveau métabolique, des troubles allant de la stéatose hépatique à l'inhibition de certaines enzymes du cycle des ATC peuvent aussi apparaître. Mais les symptômes les plus fréquemment rencontrés correspondent à une carence en vitamine E qui a pu être totalement utilisée dans les réactions de destruction des radicaux libres. On observe alors, en particulier, dystrophie musculaire et lyse des hématies (chap. 9). Le dépôt de lipofuschines (lipoprotéines altérées devenues insolubles dans les solvants) est également caractéristique de cet état ; il est facilement mis en évidence par histologie et permet de caractériser les effets pathologiques de la peroxydation. Pour le consommateur, outre la dystrophie musculaire qui à l'extrême rend la texture de la chair totalement inacceptable, il faut redouter une diminution de la coloration de la chair et une altération de sa flaveur (odeur et goût). A cela s'ajoute une diminution de la qualité diététique due à la destruction partielle des AG les plus précieux pour la santé humaine ainsi que de la vitamine E et d'autres vitamines sensibles à l'oxydation. Dans la pratique il semble que ce soit la réduction de la durée de conservation qui ait retenu le plus l'attention des chercheurs.

Le moyen le plus simple de pallier ces problèmes consiste à ajouter dans les aliments, déjà bien pourvus en antioxydants et acide ascorbique, des doses de vitamine E excédant largement le besoin vitaminique. Plusieurs études ont montré que la supplémentation en vitamine E des aliments conduisait à une augmentation de la concentration de cette même vitamine dans le muscle et avait pour conséquence une diminution de l'oxydation des lipides musculaires après l'abattage. Chez la truite, le poisson-chat américain ou le turbot des doses de l'ordre de 300 à 350 mg/kg d'aliment se sont montrées efficaces. Elles paraissent surtout recommandables quand le poisson est destiné à la congélation ou la surgélation, la peroxydation étant ralentie mais non stoppée à ces températures. Ces considérations militent en faveur d'une supplémentation en antioxydants de synthèse, ainsi qu'en vitamines E et C, plus élevée dans les aliments pour poissons que dans ceux qui sont destinés aux animaux terrestres, dont la chair est plus pauvre en AGPI.

Conclusion

La nutrition lipidique constitue l'un des secteurs les mieux étudiés de la nutrition aquacole. Elle a révélé des originalités (importance du besoin en AGLPI n-3) et surtout une diversité dans le domaine des besoins en AGLPI et de l'aptitude à bioconvertir les AGE à chaîne courte. Les besoins quantitatifs en ces AG paraissent élevés, mais ils ont peut-être été surestimés. Les lipides constituent, avec les protéines, une source d'énergie particulièrement bien adaptée à la physiologie et au métabolisme des poissons. Ils sont de plus en plus employés pour fabriquer des aliments très efficaces. Davantage que les autres nutriments ils exercent une influence directe ou indirecte sur la qualité de la chair, paramètre dont l'importance devrait croître rapidement. Les lipides, et tout spécialement ceux des poissons riches en AGLPI n-3, présentent cependant l'inconvénient d'être très sensibles à la peroxydation ce qui rend nécessaires certaines précautions aussi bien lors de la fabrication des aliments que lors de la conservation ou de la transformation du poisson.

Références bibliographiques

BELL M.V., HENDERSON R.J., SARGENT J.R., 1986. The role of polyunsaturated fatty acids in fish. *Comp. Biochem. Physiol.*, 83B, p. 711-719.

CORRAZE G., 1994. Nutrition lipidique des poissons : importance et conséquences. *La Pisciculture Française*, 117, p. 25-36.

COWEY C.B., SARGENT J.R., 1972. Fish nutrition. *Adv. Mar. Biol.* 10, p. 383-492.

DIANZANI M.U., UGAZIO G., 1978. Lipid peroxidation. In Slater T.F. (ed.), *Biochemical mechanisms of liver injury*. Academic Press, Londres, New-York, San-Francisco, p. 669-707.

GREENE D.H.S., SELIVONCHICK D.P., 1987. Lipid metabolism in fish. *Prog. Lipid Res.*, 26, p. 53-85.

HENDERSON R.J., TOCHER D.R., 1987. The lipid composition and biochemistry of freshwater fish. *Prog. Lipid Res.*, 26, p. 281-347.

KANAZAWA A., TESHIMA S.-I., ONO S., 1979. Relationship between essential fatty acid requirements of aquatic animals and the capacity for bioconversion of linolenic acid to highly unsaturated fatty acids. *Comp. Biochem. Physiol.*, 63B, p. 295-298.

SARGENT J., HENDERSON R.J., TOCHER D.R., 1989. The lipids. *In* : J.E. Halver Ed., *Fish Nutrition*, Academic Press, San Diego, p. 153-218.

SHERIDAN M.A., 1988. Lipid dynamics in fish : aspects of absorption, transportation, deposition and mobilisation. *Comp. Biochem. Physiol.*, 90B, p. 679-690.

SLATER T.F., 1972. *Free radical mechanism in tissue injury*, Pion Ltd, Londres, p. 283.

TAKEUCHI T., WATANABE T., OGINO C., 1979. Digestibility of hydrogenated fish oil in carp and rainbow trout. *Bull. Jpn. Soc. Sci. Fish*, 45, p. 1521-1525.

WATANABE T., 1982. Lipid nutrition in fish. *Comp. Biochem. Physiol.*, 73B, p. 3-15.

8

NUTRITION GLUCIDIQUE : INTÉRÊT ET LIMITES DES APPORTS DE GLUCIDES

Les glucides forment les composés organiques les plus répandus dans la biosphère. Le terme « glucide » ou « hydrate de carbone » recouvre de très nombreuses molécules dont la caractéristique principale est d'être formées d'atomes de carbone, oxygène et hydrogène, en proportion correspondant presque toujours à la formule brute $(CH_2O)_n$. Ce sont des polyalcools avec une ou plusieurs fonctions aldéhyde ou cétone. Les sucres simples (monosaccharides) comprennent une seule unité hydroxyaldéhyde ou hydroxycétone. Les oligosaccharides contiennent entre 2 et 10 molécules d'oses reliées par des liaisons glycosidiques. Les polysaccharides sont des polymères à chaîne soit linéaire, soit ramifiée. Même s'il existe de très nombreux types de glucides, seuls quelques-uns ont une valeur nutritive dans l'alimentation animale. Il s'agit essentiellement d'hexoses (glucose), de disaccharides (formés de deux molécules d'hexoses) et de quelques homopolysaccharides dont l'amidon. D'autres glucides peuvent jouer un rôle nutritionnel secondaire, voire négatif ; il s'agit des glucides fermentescibles et surtout des fibres.

Il existe deux types d'amidon, l'amylose et l'amylopectine : le premier est formé de longues chaînes non ramifiées d'unités glucose réunies par des liaisons $\alpha\ 1 \rightarrow 4$ tandis que la deuxième est fortement ramifiée avec des liaisons $\alpha\ 1 \rightarrow 6$. Ces molécules sont hydrolysées en maltose par l'α amylase, et les résidus d'hydrolyse (maltose et dextrines limites) le sont par la maltase et la sucrase-isomaltase (chap. 3). Dans les cellules animales, la principale forme de stockage de glucides est le glycogène, composé similaire à l'amylopectine mais plus fortement ramifié. Les polyosides de structure comme le peptidoglycane chez les bactéries, la cellulose dans le règne végétal et la chitine chez les champignons et dans le règne animal se distinguent des amidons par des liaisons de type $\beta\ 1 \rightarrow 4$. Dans les laminarines des algues, les liaisons correspondantes sont de type $\beta\ 1 \rightarrow 3$. La distinction entre les liaisons α et β permet de classer les polymères du glucose en deux grandes catégories : glucides disponibles et fibres, mais il existe aussi des disaccharides digestibles à

Tableau 8.1. Classification des différents types de glucides. En gras sont présentés ceux ayant un rôle nutritionnel.

• Monosaccharides	
trioses ($C_3H_6O_3$)	glycéraldéhyde, dihydroxyacétone
tétroses ($C_4H_8O_4$)	érythrose
pentoses ($C_5H_{10}O_5$)	ribose, arabinose, xylose...
hexoses ($C_6H_{12}O_6$)	**glucose, galactose, mannose, fructose ...**
• Oligosaccharides	
disaccharides **($C_{12}H_{22}O_{11}$)**	**maltose (2 glucose),** **saccharose ou sucrose (glucose + fructose)** **lactose (glucose + galactose)***
trisaccharides ($C_{18}H_{32}O_{16}$)	raffinose (galactose + glucose + fructose)*
tétrasaccharides ($C_{24}H_{42}O_{21}$)	stachyose (2 galactose + glucose + fructose)*
pentasaccharides ($C_{30}H_{52}O_{26}$)	verbascose (3 galactose + glucose + fructose)*
• Polysaccharides	
homopolysaccharides	pentosanes* **hexosanes : amidon, glycogène, cellulose*, laminarine*** fructosanes : inuline** galactanes mananes
hétéropolysaccharides	pectine, hémicellulose*, mucopolysaccharides
• Autres	
chitine	(polymère de N-acétyl-glucosamine)

* Composé ayant au moins une liaison de type β
** Polysaccharide contenant aussi des unités glucose

liaison β 1 → 3 comme le lactose ou des oligosaccharides indigestibles comme les α-galactosides (tabl. 8.1 et encadré ci-contre).

Bien que les glucides ne soient pas indispensables dans l'alimentation des poissons, ils constituent une source d'énergie peu onéreuse. En l'absence de glucides, l'utilisation des protéines et des lipides comme source d'énergie est accrue. En effet, chez de nombreuses espèces, un apport glucidique semble nécessaire dans la mesure où il favorise la croissance et surtout l'utilisation protéique. En milieu naturel, l'alimentation des poissons est pauvre en glucides, parfois elle en est pratiquement dépourvue, exception faite de la chitine peu ou pas digestible. La mauvaise aptitude des poissons à valoriser les glucides alimentaires est à rapprocher de la rareté des glucides dans le milieu aquatique.

Structure de quelques glucides présentant une importance dans la nutrition des poissons

Unité glucose

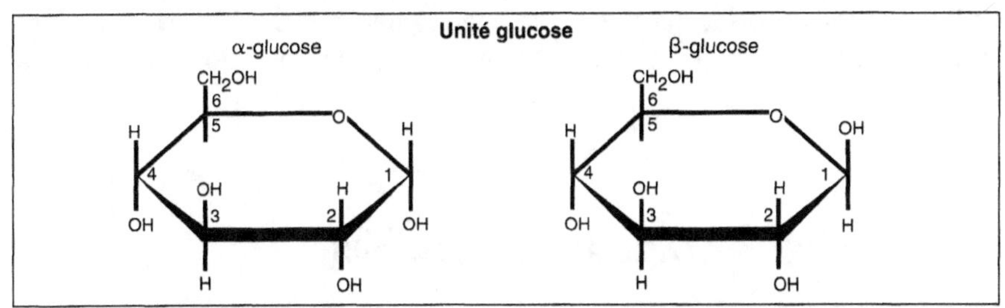

Glucides digestibles

Amylose : liaisons α1→ 4

Unité maltose

Amylopectine ou glycogène :
liaisons α(1→ 4) et α(1→ 6)

Structure générale de la molécule

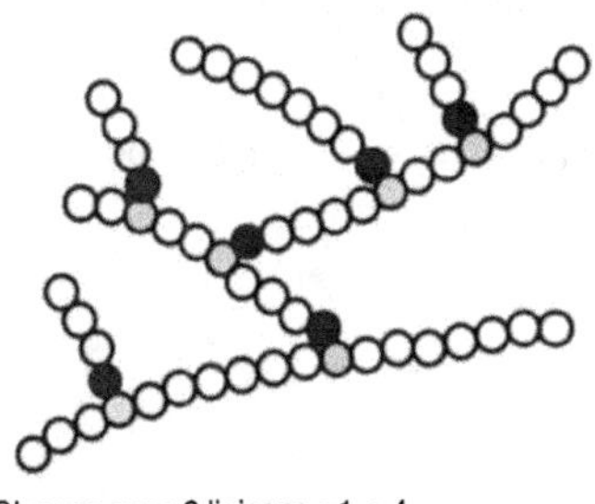

O Glucose avec 2 liaisons α1→ 4
O Glucose avec 2 liaisons α1→ 4 et 1 liaison α1→ 6
● Glucose avec 1 liaison α1→ 4 et 1 liaison α1→ 6

Glucides indigestibles ou "fibres"

Cellulose : liaisons β1→ 4

Unité cellobiose

Chitine : liaisons β(1→ 4)

Unité chitosane

Pectine (structure de base) : liaisons α(1→ 4)

Principaux hexoses des hémicelluloses

Xylose

Mannose

Arabinose

Galactose

On doit distinguer deux types de problèmes dans la nutrition glucidique des poissons : tout d'abord, en règle générale, la digestibilité des glucides complexes comme l'amidon est faible chez les animaux aquatiques. Ensuite ces mêmes animaux paraissent peu adaptés à l'utilisation métabolique des sucres simples (mono- ou disaccharides) : des phénomènes d'intolérance semblent se manifester dès que l'on dépasse un certain seuil d'incorporation dans l'aliment.

Digestion-digestibilité

Même si une activité amylasique est toujours décelée et ce dès le début de la vie chez les larves (chap. 12), il existe chez les juvéniles une grande variabilité de l'activité amylasique liée aux habitudes alimentaires (chap. 3). Pour une espèce donnée, l'efficacité d'utilisation des différentes sources d'amidon n'est pas non plus équivalente. Ainsi, chez les poissons réputés « carnivores », l'utilisation digestive des glucides est plus faible que chez ceux qui, dans leur milieu naturel, ont une habitude alimentaire de type omnivore. Quelle que soit l'espèce, la digestibilité des glucides est, pour un type de liaison osidique donné, liée à la complexité de la molécule, l'efficacité de la digestion augmentant lorsque la masse moléculaire diminue. Ainsi, des sucres simples comme le glucose ou le saccharose ont une digestibilité plus élevée que la dextrine ou l'amidon cru (chap. 4, fig. 4.11). Mais, dans la pratique, il n'est pas intéressant

Tableau 8.2. Efficacité comparée des différentes sources glucidiques chez quelques téléostéens. On notera que l'efficacité la plus grande ne correspond pas toujours à la digestibilité la plus élevée.

Espèce	Efficacité d'utilisation des sources glucidiques
Carpe commune	amidon gélatinisé* > dextrine* > glucose
Daurade japonaise	amidon gélatinisé > dextrine > glucose
Poisson-chat	amidon de maïs > dextrine > glucose, maltose, fructose, saccharose
Saumon quinnat	glucose, maltose, saccharose, dextrose, amidon cuit > fructose, galactose, lactose
Esturgeon sibérien	amidon cuit > amidon cru
Esturgeon américain	glucose, maltose > dextrine, amidon cru
Truite Bar, daurade	amidon cuit > amidon cru

* Le terme de gélatinisé indique que le produit a subi un traitement hydrothermique d'intensité variable. Le terme dextrine (sens commercial) correspond à un produit ayant subi un traitement par voie sèche ; le degré de dépolymérisation est alors très variable.

Tableau 8.3. Données sur la digestibilité (coefficient d'utilisation digestive apparent, CUDa) des glucides chez la truite (d'après Bergot, 1979 ; Kaushik et Médale, 1994).

	CUDa de l'amidon (%)
Effet de la nature de l'ingrédient	
Amidons crus	
riz	39
blé	54
pomme de terre	< 5
manioc	< 15
maïs (28 % amylose)	33
maïs « waxy » (99 % amylopectine)	54
amylo-maïs (65 % amylose)	< 20
Amidons traités	
amidon de blé extrudé	96
amidon de blé gélatinisé	96
Effets du niveau d'incorporation d'amidon de maïs cru	
(niveau d'incorporation/taux de nourrissage/ingestion journalière)	
10 %/*ad lib.*/0,24 g	38
25 %/*ad lib.*/0,75	26
40 %/*ad lib.*/1,6	22
40 %/rationné/0,28	36
40 %/rationné/0,78	25
Effet de la température de l'eau	
Amidon cru (> 30 %)	
8 °C	31
18 °C	41
Amidon gélatinisé (> 30 %)	
8 °C	64
18 °C	75

d'incorporer de sucres simples dans les aliments et les seuls glucides susceptibles de rentrer dans la formulation d'aliments composés sont des glucides végétaux de structure complexe : amidons de céréales, de protéagineux, de racines ou tubercules.

Chez tous les poissons, un traitement hydrothermique préalable (cuisson-extrusion, floconnage, toastage) améliore la digestibilité des glucides complexes (tabl. 8.2 et 8.3) permettant d'augmenter l'apport en énergie digestible des aliments. Ce traitement est d'autant plus efficace que les espèces ont une faible capacité d'utilisation digestive des glucides complexes. L'effet bénéfique de la cuisson sur la digestibilité des glucides est maintenant bien démontré, tant chez les poissons d'eau douce que chez les poissons marins. L'emploi de céréales (blé, maïs, triticale) ou de protéagineux (pois) comme source d'énergie dans les aliments pour poissons implique donc un traitement technologique préalable. Un taux de gélatinisation supérieur à 70 % semble nécessaire pour que la digestibilité des glucides soit maximale. De telles sources glucidiques peuvent alors contribuer à l'épargne protéique (chap. 6). Dans ce sens, des protéagineux comme le pois peuvent être incorporés jusqu'à un niveau de 25 % dans les aliments pour salmonidés, à condition d'être dépelliculés, extrudés et micronisés, le taux de gélatinisation de l'amidon atteignant 80 %.

Métabolisme du glucose

L'efficacité globale des glucides n'est pas toujours directement liée à leur digestibilité. Même lorsque les poissons digèrent les glucides, l'utilisation métabolique du glucose absorbé peut être faible. On trouve dans la littérature des phénomènes d'intolérance qui se manifestent dès que l'on incorpore plus de 20 % de sucres simples (glucose, saccharose) dans l'aliment. Dans ce cas précis, cette intolérance à un apport élevé de glucides alimentaires n'est pas explicable par une mauvaise digestibilité ; bien au contraire, elle est en général plus nette quand les sucres simples issus de la digestion sont rapidement absorbés.

Hyperglycémie et contrôle insulinique

Au niveau métabolique, le suivi de la glycémie post-prandiale (après un repas d'épreuve) permet d'interpréter la mauvaise tolérance vis-à-vis des glucides. Contrairement aux animaux monogastriques terrestres, la concentration en glucose sanguin après un repas riche en glucides reste très élevée chez tous les téléostéens. Cette hyperglycémie très marquée (allant jusqu'à 17 mmol/L, soit 300 mg/100 mL), et prolongée (pouvant dépasser 24 h) après administration du glucose, est observée chez la plupart des téléostéens (fig. 8.1), avec cependant de légères différences entre espèces. En comparaison, chez l'homme, le pic postprandial se situe à moins de 7 mmol/L et ne dure que quelques heures. Cette hyperglycémie prolongée après administration du glucose ou après un repas riche en glucides digestibles traduit un manque de contrôle de la glycémie. Au départ, ce phénomène fut indûment attribué à une absence de sécrétion d'insuline et conduisit un certain nombre d'auteurs à considérer les poissons (truite, poisson-chat américain, sériole...) comme des animaux « naturellement diabétiques ». Des cas particuliers, comme la « maladie de Sekoke » chez la carpe, ont été rapprochés du diabète insulino-dépendant (donc de type I).

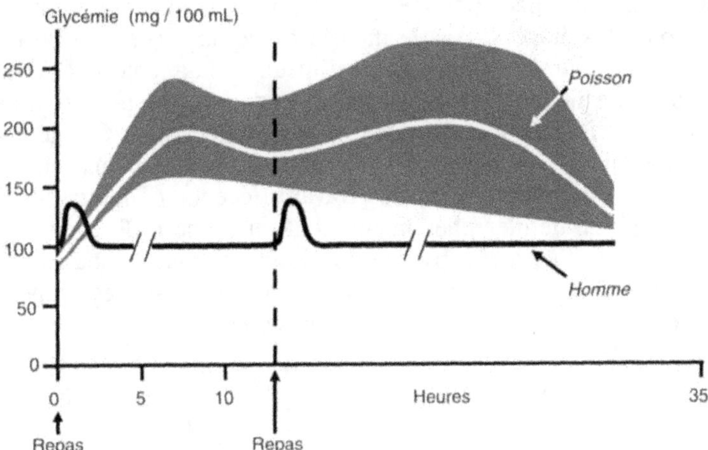

Figure 8.1. Glycémie comparée chez les poissons et l'homme. La zone tramée correspond à une fluctuation des valeurs de la glycémie due à la variation de l'apport en glucides digestibles.

Or, le développement des méthodes spécifiques de dosage (*RIA*) de l'insuline des poissons a permis de montrer que ces derniers sécrètent une insuline. Les valeurs varient de 1 à 3 ng/mL chez les poissons à jeun. Chez les animaux nourris, la sécrétion est beaucoup plus importante, les valeurs plasmatiques allant de 5 à 48 ng/mL. Ainsi, il paraît maintenant clair que, chez la plupart des poissons, la sécrétion d'insuline n'est pas limitante. Bien plus, l'administration d'insuline abaisse effectivement la glycémie tant chez la truite que chez d'autres espèces ; les rôles respectifs de l'insuline (hypoglycémiante), du glucagon ou de l'alloxane (hyperglycémiants) semblent être les mêmes chez les poissons que chez les animaux terrestres. Par ailleurs, les récepteurs de l'insuline sont présents dans beaucoup de tissus de diverses espèces de poissons. Certes, il existe des différences inter-spécifiques notables, en particulier dans la réceptivité tissulaire et dans l'activité de la tyrosine kinase qui sont plus élevées chez certaines espèces comme la carpe que chez la truite. Cependant, d'une façon générale, l'ingestion de grandes quantités de glucides digestibles induit un dysfonctionnement hépatique associé à une hépatomégalie et à d'autres effets sur les métabolismes lipidique ou glucidique.

Phosphorylation du glucose

L'étape principale de la phosphorylation du glucose (conversion du glucose en glucose-6-phosphate) est réalisée par les hexokinases. Comme l'activité de ces enzymes est faible, la capacité de phosphorylation du glucose est limitée.

Elle est par ailleurs peu modulée par l'apport de glucides alimentaires. Les activités sont plus élevées dans le muscle rouge, le cerveau ou le tissu cardiaque que dans le foie. L'administration d'insuline augmente l'activité des hexokinases chez la truite comme chez d'autres espèces. Une induction de l'activité de ces enzymes a également été notée avec l'alimentation. Ces activités restent toutefois très faibles, en comparaison avec celles des animaux terrestres et cela s'explique par l'hyperglycémie. Des travaux récents, conduits chez le tilapia, ont montré que ce dernier phénomène était dû à une différence de la réceptivité tissulaire au glucose. L'absence de récepteurs glut-4 induit une résistance périphérique à l'insuline. L'hyperglycémie qui en résulte est donc bien différente des diabètes de type I ou II des mammifères.

Catabolisme des glucides

Glycolyse

C'est la voie principale du catabolisme du glucose dans les tissus de poisson. La glycolyse qui transforme le glucose en pyruvate avec formation d'ATP produit des substrats oxydables pour le cycle des acides tricarboxyliques (ATC) dans les cellules à métabolisme aérobie. En conditions d'anaérobiose, qui prévalent dans le muscle blanc du poisson, elle conduit à la formation de lactate. Toutes les enzymes de la glycolyse (chap. 5) ont été détectées dans les tissus de différentes espèces de poisson. Les activités glycolytiques les plus élevées se rencontrent dans les muscles cardiaque et squelettique alors qu'elles sont faibles dans le rein et le foie des poissons. D'ailleurs, dans le foie, la glycolyse sert davantage à fournir des précurseurs pour la biosynthèse qu'à produire du pyruvate pour l'oxydation.

Comme chez les autres animaux, les réactions glycolytiques sont toutes réversibles et peuvent donc fonctionner dans le sens de la néoglucogenèse à l'exception des trois étapes catalysées respectivement par l'hexokinase (formation de glucose-6-P), par la phosphofructokinase (formation de fructose 1,6 diphosphate) et par la pyruvate kinase (transformation du phosphoénolpyruvate en pyruvate). Ce sont, toutes trois, des étapes limitantes de la glycolyse notamment chez les Salmonidés.

Devenir du pyruvate issu de la glycolyse

Formation de lactate

En conditions d'anaérobiose comme lors de l'exercice musculaire intense, le pyruvate est converti en lactate grâce à une lactate déshydrogénase. Cette réaction réversible a lieu dans le cytosol ; elle génère du NAD^+ qui permet le maintien du potentiel redox de la cellule et stimule la formation d'oxaloacétate. Cette voie d'utilisation du pyruvate est prépondérante par rapport à la voie oxydative dans le muscle blanc des poissons. Comme chez les mammifères, la lactate déshydrogénase est présente sous la forme de plusieurs isozymes qui diffèrent selon les tissus. Toutefois, les isozymes des poissons présentent des caractéristiques particulières. La température nécessaire pour obtenir l'activité maximale est très inférieure à celle requise pour l'enzyme des mammifères grâce à une liaison enzyme-substrat différente. Chez la carpe, la lactate déshydrogénase du muscle est peu sensible au pH et maintient une activité élevée même à pH bas, ce qui peut être considéré comme une adaptation à des conditions hypoxiques sévères. L'activité de cette enzyme dans le muscle blanc est très variable d'une espèce de poisson à l'autre ; elle est plus élevée chez les espèces qui pratiquent la nage rapide.

Formation d'acétyl-CoA

Le pyruvate conduit, par une décarboxylation, à l'acétyl-CoA qui peut être ensuite oxydé dans le cycle des ATC. L'étape de décarboxylation est effectuée dans la matrice mitochondriale par le complexe pyruvate déshydrogénase à thiamine pyrophosphate qui coexiste sous forme phosphorylée inactive et sous forme déphosphorylée active. L'activité du complexe enzymatique est régulée par la teneur en ATP mitochondrial dans les tissus oxydatifs. Dans le muscle blanc, le citrate inhibe l'apparition de la forme active.

Autres voies cataboliques du glucose

La voie des pentoses phosphate, encore appelée voie du phosphogluconate ou *shunt*, conduit à la synthèse de ribose 5 phosphate à partir de glucose 6 phosphate avec génération de NADPH. Ce dernier métabolite, transporteur d'énergie au pouvoir réducteur puissant, est nécessaire à certaines synthèses et en particulier à celles des acides gras insaturés et des stéroïdes. La voie des pentoses fournit également du ribose nécessaire à la synthèse des acides nucléiques. Chez les poissons, les enzymes de cette voie d'oxydation sont surtout localisées dans le foie et leur synthèse est sensiblement influencée par la température.

La fermentation alcoolique, généralement considérée comme présente chez les seuls microorganismes en anaérobiose (levures), a été décrite chez le carassin en conditions d'anoxie prolongée. Elle mérite seulement d'être signalée à titre anecdotique.

La voie de dégradation du glucose en acide glucuronique et acide ascorbique est incomplète chez les poissons. L'absence de gulonolactone oxydase empêche la synthèse d'acide ascorbique ou vitamine C (chap. 9). Mais les premières réactions conduisant à la synthèse de glucuronate sont importantes car les résidus glucuronyl sont utilisés pour la synthèse de polysaccharides acides lors des réactions de détoxification.

Synthèse et mobilisation du glycogène

Peu de données relatives au « besoin » en glucose au niveau de l'animal entier sont disponibles. Les estimations actuelles montrent qu'il est faible (de l'ordre de 500 mg/kg masse corporelle/j). La vitesse de renouvellement du glucose circulant est lente (plus de 5-6 h) comparée à celle des mammifères (moins de 30 mn). Le *turnover* du glucose varie de 2 à 55 mmole/kg masse corporelle/mn selon l'espèce, les conditions environnementales et l'état nutritionnel.

Néoglucogenèse

Les voies métaboliques de la néoglucogenèse (formation du glucose à partir des substrats non glucidiques) sont assez semblables à celles rencontrées chez d'autres espèces animales. Le foie et le rein sont les principaux sites concernés. Les acides aminés (AA) participent dans une large mesure à la néoglucogenèse chez la plupart des téléostéens (carpe, truite, poisson-chat, bar), les AA gluco-formateurs comme l'alanine, la sérine ou la glycine étant des substrats préférentiels comparés à l'acide glutamique ou l'acide aspartique. La néoglucogenèse à partir d'AA provenant de la dégradation des protéines corporelles est élevée chez les poissons. Les activités des enzymes impliquées dans ces synthèses augmentent et celles liées à la glycolyse diminuent quand la teneur en protéines alimentaires augmente.

Réserves en glycogène

Les poissons, tout comme les animaux supérieurs, ont des réserves glucidiques sous forme de glycogène. Chez le poisson, le glycogène hépatique est constitué de 10 000 à 14 000 unités de glucose, selon l'espèce. Il existe une variabilité assez importante entre les tissus : le cerveau, le foie, le muscle rouge sont plus riches que le muscle blanc. Dans le cerveau, les teneurs peuvent atteindre 350 mg/100 g. Dans le muscle blanc, elles s'échelonnent entre 40 et 200 mg/100 g et dans le muscle rouge entre 300 et 900 mg/100 g. Les valeurs dans le foie vont de 1 à 12 % du tissu frais, en liaison étroite avec l'apport alimentaire : il existe une relation linéaire entre l'ingestion de glucides et la teneur hépatique en glycogène.

Mobilisation des réserves (glycogénolyse)

La dégradation du glycogène est réalisée par l'action de la glycogène phosphorylase mise en évidence dans de nombreuses espèces. Chez la truite, cette enzyme est localisée non seulement dans le muscle blanc mais également dans le foie. Par contre, il ne semble pas y avoir de relation entre le catabolisme du glycogène et l'activité de la phosphorylase dont la fonction chez les poissons est sujette à controverse. Pour le glycogène comme pour les acides gras, il existe également une voie de dégradation lysosomale qui semble prépondérante dans le muscle.

En général, le glycogène est un substrat énergétique très peu utilisé par les tissus du poisson. Le muscle blanc fait exception : lors d'exercices intenses, la mobilisation de ce composé, observée notamment en conditions de stress (hypoxie, exercice), conduit à une augmentation des teneurs en lactate. La mobilisation des réserves est très rapide dans le muscle blanc par rapport au muscle rouge ou au foie. Dans ce dernier tissu, la teneur en glycogène et sa mobilisation dépendent de l'état nutritionnel antérieur. Chez les poissons alimentés avec des régimes riches en glucides digestibles, les réserves en glycogène hépatique sont importantes, mais elles s'épuisent de façon rapide au cours d'un jeûne forcé. Inversement, chez les animaux ayant reçu une alimentation moins riche en glucides, la mobilisation au cours du jeûne est plus faible. En milieu naturel, même après de longues périodes de jeûne, telles que l'on peut observer chez le saumon en jeûne synchronique au cours de la migration, ou chez la carpe en période hivernale, les réserves en glycogène sont peu diminuées. Cette situation est très différente de celle que l'on peut rencontrer chez les animaux supérieurs où la mobilisation du glycogène hépatique est très rapide et celle du glycogène musculaire lente. Malgré cela, on observe rarement une hypoglycémie chez les poissons à jeun, sans doute par suite d'une diminution de l'activité métabolique en général (et par conséquent de l'utilisation du glucose), et aussi d'une activation de la néoglucogenèse.

La glycolyse et la glycogénolyse, principales voies du catabolisme des glucides, paraissent faibles chez les poissons. Par exemple, l'injection du glucagon a un effet hyperglycémiant chez le poisson, comme chez d'autres animaux. Mais cette hyperglycémie est plutôt due à une augmentation de la néoglucogenèse qu'à une mobilisation du glycogène hépatique. L'injection d'un inhibiteur de la néoglucogenèse annule en effet l'action hyperglycémiante du glucagon. L'augmentation de l'apport en glucides se traduit par une élévation des activités enzymatiques liées tant à la glycolyse qu'à la voie des pentoses (notamment la glucose 6 phosphate déshydrogénase), et par suite à la lipogenèse. Une relation inverse est souvent observée avec l'augmentation de l'apport lipidique (chap. 7).

Intérêt et limites du rôle énergétique des glucides

La valeur moyenne de l'énergie brute des glucides est voisine de 16,7 kJ/g (15,9 pour le glucose et 17,6 pour l'amidon). En alimentation des poissons, il conviendra surtout de porter attention aux valeurs de l'énergie digestible des glucides, valeurs qui peuvent varier de façon considérable (voir ci-dessus). Par ailleurs, la valeur énergétique, en termes d'énergie nette, peut également différer selon l'espèce. L'incorporation de sucres simples dans les aliments piscicoles étant peu économique, les seuls glucides susceptibles d'être retenus dans la formulation d'aliments composés sont les glucides complexes. Divers travaux ont montré que, à teneur protéique équivalente, les performances de croissance des truites et les indices de consommation peuvent être améliorés, dès lors que le régime contient des polysaccharides comme l'amidon préalablement traité.

Il existe aussi des différences entre les amidons selon l'origine botanique. Chez la carpe et chez la truite, l'amidon cru de blé est mieux utilisé que celui du maïs, du triticale ou de la pomme de terre. Avec ces derniers, un traitement thermique paraît indispensable. La présence d'inhibiteurs amylasiques dans le blé ne semble pas avoir d'effet néfaste notable, en tout cas chez une espèce comme la carpe commune. Il a aussi été montré que l'augmentation de la fréquence des repas peut parfois améliorer l'utilisation des glucides chez différentes espèces. Ce phénomène peut s'expliquer en partie par les effets éventuels des glucides indisponibles (fibres alimentaires) sur la vitesse du transit digestif. Quelques indications sur les limites optimales d'incorporation pour différentes espèces sont rapportées dans le tableau 8.4.

Tableau 8.4. Pourcentage maximal d'incorporation de glucides digestibles chez différentes espèces (ordre de grandeur).

Salmonidés	25 - 30
Cyprinidés	40 - 45
Siluriformes (poissons-chats)	30 - 35
Acipenséridés (esturgeons)	25 - 30
Anguilles	25 - 30
Cichlidés (tilapias)	35 - 40
Turbot, plie	15 - 20
Bar	25 - 30
Daurade	25 - 30
Poissons marins tropicaux	
poisson-lait	35 - 40
bar tropical	20 - 25
ombrine	20 - 25
sériole	10 - 15

L'action d'épargne des protéines par les glucides digestibles est controversée. Cependant, l'apport d'énergie digestible par les glucides disponibles paraît avoir un effet bénéfique global en termes d'amélioration des performances de croissance et d'utilisation protéique chez la plupart des espèces. L'estimation de l'énergie nette des glucides digestibles est cependant difficile.

Fibres et agents de ballast

Définition

Parfois qualifiés de composés cellulosiques (sens large), composés des parois (des cellules végétales), voire de plantix (substances X provenant toujours des plantes), ces substances n'ont jamais reçu de définition précise satisfaisante. Elles comprennent essentiellement des polysaccharides plus ou moins complexes (encadré p. 173) non hydrolysables par les enzymes des vertébrés supérieurs. Mais la lignine, classée parmi les fibres, est un polyphénol et non un polysaccharide. Ces composés ont généralement une structure fibreuse, mais ce n'est pas le cas des pectines. La dénomination de « plantix » (peu usitée) est elle-même inexacte puisque la chitine, polymère voisin de la cellulose, se rencontre chez certains invertébrés.

Chez les monogastriques, ces composés jouent essentiellement un rôle de lest, ou ballast, c'est-à-dire d'agent de remplissage facilitant le transit digestif, mais ils peuvent subir une dégradation partielle leur conférant un léger rôle nutritif.

Dosage

Les méthodes de dosage habituelles ne donnent pas toujours des résultats cohérents : la très classique et très ancienne méthode de Weende permet d'évaluer la somme cellulose + lignine (cellulose brute) mais avec une sous-estimation notable. La méthode de Van Soest permet de doser 3 fractions principales (dont la lignine) et par différence d'obtenir des estimations satisfaisantes de la cellulose et des hémicelluloses (tabl. 8.5). Les pectines ne sont cependant pas dosées par cette méthode qui, de plus, induit de grandes erreurs quand elle est appliquée à des composés riches en amidon. Il convient dans ce cas d'utiliser la méthode modifiée de Giger *et al.* (1987). Si l'on veut doser la somme lignine, cellulose, hémicellulose et pectines, on peut avoir recours au dosage des composés pariétaux totaux (méthode de Carré et Brillouet, 1989). Dans le cas des céréales seulement, on peut remplacer le dosage selon Carré et Brillouet

Tableau 8.5. Méthodes récentes pour le dosage des principaux composés des fibres alimentaires.

PAR* (parois végétales)	pectines + hémicelluloses + cellulose + lignine
NDF** (*neutral detergent fiber*)	hémicelluloses + cellulose + lignine
ADF** (*acid detergent fiber*)	cellulose + lignine
ADL** (*acid detergent lignine*)	lignine
Donc par différence :	
PAR − NDF	pectines
NDF − ADF	hémicelluloses
ADF − ADL	cellulose

* Méthode de Carré et Brillouet, 1989.
** Méthode de Van Soest modifiée : Giger *et al.*, 1987.

par celui du NDF (*neutral detergent fiber*) de Van Soest car les plantes mono-cotylédones, contrairement aux dicotylédones, ne contiennent pratiquement pas de pectine.

Rôles nutritifs

Les composés des fibres (sauf la lignine) subissent une digestion partielle sous l'action de l'acide chlorhydrique de l'estomac et surtout des enzymes des bactéries de la flore, digestion d'autant plus importante que les espèces ont une tendance herbivore. Par ordre de digestibilité croissante on a la classification :
lignine < cellulose < hémicellulose < pectines

La digestibilité des polyholosides d'origine aquatique (alginates et carraghé-nanes) a été peu étudiée chez les poissons. Elle est certainement nulle ou très limitée puisque ces substances liantes sont parfois utilisées pour stabiliser, non seulement les particules alimentaires, mais les fèces elles-mêmes. Les quel-ques études, encore qualitatives, mentionnant une digestibilité élevée des poly-saccharides ont trait aux rarissimes espèces herbivores telles que les *Kysophus* sp. australiens ou l'atipa guyanais. Dans le cas des poissons omnivores (carpe, tilapia ...), les données sont rares, mais tout laisse penser que la digestibilité des fibres y est négligeable. Même chez la carpe herbivore, elle est pratique-ment nulle pour la cellulose. Chez les poissons carnivores, on peut admettre que tous les composés pariétaux, pectines comprises, sont indigestibles.

Rôles divers

Chez les vertébrés terrestres il existe une corrélation négative entre teneur en fibres et digestibilité de l'énergie. L'action globale résulte surtout d'un effet de dilution des composés digestibles, mais un effet négatif des composés des parois (lignine et cellulose surtout) sur les processus digestifs s'y ajoute parfois. L'effet global est mal quantifié chez les poissons.

Les fibres ont un effet stimulant sur le transit digestif, ce qui permet une compensation de la diminution de l'énergie digestible par un accroissement de l'ingéré. A l'inverse, les composés de la « fibre brute » qui donnent des gels (gommes, pectines) ont tendance à retarder la vidange stomacale. De nombreux autres effets des fibres, bénéfiques ou défavorables, ont été décrits ou font encore l'objet d'études chez les vertébrés supérieurs (desquamation des cellules intestinales, élimination accrue du cholestérol, des minéraux). La plupart sont encore mal connus ou inconnus chez les poissons. Même les limites d'incorporation chez les poissons carnivores ou omnivores sont impossibles à fixer avec précision, la valeur de 10 %, parfois retenue, paraissant très arbitraire.

Dans les régimes expérimentaux on peut utiliser sans inconvénient la cellulose pure qui dilue les régimes sans altérer l'utilisation des nutriments. Certains liants (alginate, agar-agar, gomme de guar, carraghénanes) améliorent la consistance des fèces et fiabilisent les mesures de digestibilité sans interférer avec l'utilisation digestive, du moins jusqu'à une certaine limite d'incorporation que l'on peut fixer à 4 ou 5 %. Notons enfin que la carboxyméthylcellulose, cellulose chimiquement transformée, est un liant doué de propriétés gélifiantes qui limitent l'hyperglycémie postprandiale chez les poissons.

Les ballasts minéraux (argiles, vermiculite) sont également utilisés dans les régimes expérimentaux. Ils semblent avoir l'avantage d'augmenter la consistance des fèces sans apporter de matière organique supplémentaire.

Conclusion

Les poissons, d'une façon générale, n'ont pas une capacité d'utiliser les glucides aussi grande que les vertébrés supérieurs terrestres. Cette différence est réelle aussi bien pour les glucides disponibles que pour les glucides que l'on regroupe dans la catégorie des fibres. Les quantités d'amidon que l'on est capable d'incorporer aujourd'hui, même dans les aliments des poissons considérés comme carnivores, dépassent cependant largement les limites que l'on s'imposait il y a deux décennies. Pour certaines espèces, il sera possible d'apporter une quantité d'énergie plus grande encore quand le contexte économique sera favorable. Mais il conviendra auparavant de cibler les espèces et de poursuivre l'étude de leurs particularités physiologiques qui sont encore loin d'être élucidées.

Références bibliographiques

BERGOT F., 1979. Effects of dietary carbohydrates and of their mode of distribution on glycaemia in rainbow trout (*Salmo gairdneri* Richardson). *Comp. Biochem. Physiol.*, 64A, p. 543-547.

CARRE B., BRILLOUET J.M., 1989. Determination of water unsoluble cell walls in feeds : inter-laboratory study. *J. Assoc. Off. Annal. Chem.*, 72, p. 463-467.

GIGER S., 1985. Revue sur les méthodes de dosage de la lignine utilisées en alimentation animale. *Ann. Zootech*, 34, p. 85-122.

GIGER S., THIVEND P., SAUVANT D., DORLEANS M., JOURNAIX P., 1987. Étude de l'influence préalable de différentes enzymes amylolytiques sur la teneur en résidu NDF d'aliments du bétail. *Ann. Zootech.*, 36, p. 39-48.

KAUSHIK S.J., MÉDALE F., 1994. Energy requirements, utilization and dietary supply to salmonids. *Aquaculture,* 124, p. 81-97.

MOMMSEN T.P., PLISETSKAYA E.M., 1991. Insulin in fishes and agnathans : history, structure and metabolic regulation. *Rev. Aquatic Sci.*, 4, p. 225-259.

PALMER T.N., RYMAN B.E., 1972. Studies on glucose intolerance in fish. *J. Fish Biol.*, 4, p. 311-319.

SHIAU S.Y., 1989. Role of fiber in fish feed. *In :* Progress in Fish Nutrition. *Proceedings of the Fish Nutrition Symposium*, Keelung, Taiwan, ROC, September 6-7, 1989. S.Y. Shiau Ed. National Taiwan Ocean University, Marine Food Science Series, N° 9.

WALTON M.J., COWEY C.B., 1982. Aspects of intermediary metabolism in fish. *Comp. Biochem. Physiol.*, 73B, p. 59-79.

WILSON R.P., 1994. Utilization of dietary carbohydrate by fish. *Aquaculture*, 124, p. 67-80.

9

NUTRITION VITAMINIQUE

La notion de vitamine est apparue à la fin du siècle dernier, officialisant en quelque sorte les « facteurs accessoires » auxquels les nutritionnistes faisaient auparavant référence quand certains effets nutritionnels ne s'expliquaient pas par les nutriments connus à l'époque. En 1948, la vitamine B_{12} était isolée sous forme de cyanocobalamine et sa formule était déterminée en 1955. La liste des vitamines était close, de manière quelque peu arbitraire, il est vrai. C'est surtout après cette date que les études sur la nutrition vitaminique ont eu lieu chez les poissons. De nombreuses questions se posaient alors : les vitamines étaient-elles les mêmes chez les poissons que chez les vertébrés supérieurs ? Quels étaient les symptômes de carence ? Quels étaient les besoins quantitatifs ? Si les réponses à ces questions ne sont pas encore toutes satisfaisantes aujourd'hui, de nombreux éléments ont été apportés par les recherches fondamentales ou appliquées qui ont amplement bénéficié des connaissances acquises chez les vertébrés supérieurs. Le chapitre est centré sur le rôle de chacune des vitamines et l'effet des carences chez les poissons, les besoins quantitatifs étant présentés dans l'annexe C.

Définitions

Le terme de vitamine avait été créé par Funk en 1910 pour désigner « l'amine nécessaire à la vie » que nous appelons aujourd'hui thiamine ou vitamine B_1. Mais très rapidement il fallut allonger la liste des composés « nécessaires à la vie » en très petites quantités, qui prirent également le nom de vitamines même si beaucoup d'entre eux ne contenaient même pas d'azote. Toutes ces recherches découlaient de l'observation d'états pathologiques, caractérisés aujourd'hui comme des états de carence, chez des animaux nourris avec des régimes simplifiés (les carences vitaminiques semblent inconnues chez les animaux sauvages). L'apport de la vitamine impliquée supprimait les symptômes de carences ; les appellations de vitamines anti-pellagre, anti-béri-béri, anti-rachitique, etc. en ont logiquement découlé bien qu'il soit beaucoup plus logique de définir les vitamines par leur rôle positif dans les situations normales que par leur aptitude à réparer les dégâts résultant d'une carence. On peut définir les vitamines comme des composés organiques nécessaires à l'organisme animal, non synthétisables et autres que les acides aminés indispensables ou les acides gras essentiels. À cette définition on ajoute souvent le fait que les vitamines, composés catalytiques et non plastiques comme le sont les acides aminés ou les acides gras, sont nécessaires en quantités infimes. Exacte dans son ensemble cette condition ne s'applique cependant pas très facilement aux deux composés classés parmi les vitamines au sens large (quasi-vitamines selon certains auteurs) : choline et inositol.

On doit aussi constater que l'incapacité de synthèse n'est pas un caractère absolu des composés figurant dans la liste « officielle » : la niacine est en fait synthétisable à partir d'un acide aminé, le tryptophane (très peu chez les poissons il est vrai) ; le cholécalciférol l'est si le rayonnement ultraviolet est suffisant (cependant il pénètre peu dans l'eau) à partir du cholestérol et le rétinol l'est aussi à partir de certains précurseurs (surtout le β-carotène) apportés par le régime. La notion d'incapacité de synthèse est donc relative. À l'inverse il existe des composés comme la carnitine dont la synthèse est également possible, à vitesse insuffisante, et qui n'ont pas été retenus dans la liste des vitamines. Ces « facteurs de croissance » ne seront que très brièvement mentionnés.

La nomenclature des vitamines prête encore à confusion. On a coutume d'utiliser des lettres suivies ou non d'un indice. D'après les conventions actuelles, seul le nom de la molécule devrait être utilisé, mais il est souvent lourd et obscur pour les non-spécialistes. Il faut cependant prendre garde au fait que dans certains cas la terminologie par lettre et indice est très ambiguë : l'acide pantothénique par exemple est appelé vitamine B_3 en Allemagne, B_5 en Angleterre, B_3 ou B_5 en France ; la dénomination B_7 donnée depuis peu à la choline correspond historiquement à l'adénine, base purique jouant parfois le rôle de facteur de croissance également dénommé B_5 ! Il importe donc de réserver l'usage de la nomenclature par lettre et indice aux cas où il n'existe pas d'ambiguïté.

Généralités

Caractère vitaminique et espèce

L'acide ascorbique est le meilleur exemple de molécule dont le caractère vitaminique varie selon les espèces : il est parfaitement synthétisé à partir du glucose par la plupart des vertébrés, mais il ne l'est pas par les primates (dont l'homme), ni par quelques espèces particulières comme le cobaye. Les poissons forment le plus vaste groupe de vertébrés pour qui ce composé est une vitamine, la vitamine C.

La présence d'une flore intestinale active crée parfois des confusions, la plupart des bactéries synthétisent en effet de grandes quantités de vitamines du groupe B et de vitamine K que l'organisme de l'hôte peut récupérer dans une certaine mesure. L'animal qui héberge une flore active peut apparaître indifférent à l'apport alimentaire de la plupart des vitamines alors qu'en fait son organisme en a besoin. Chez les poissons le rôle de la flore intestinale est très limité, sauf exception, et l'alimentation constitue la source quasi-exclusive de vitamines.

Classification

Les vitamines forment un ensemble qui n'est ni chimiquement ni fonctionnellement homogène (tabl. 9.1). On n'a donc pas pu les classer de façon simple. Il est d'usage de distinguer deux groupes suivant leurs propriétés physiques : les quatre vitamines liposolubles (vitamines A, D, E, et K) ou vitamines du groupe A, solubles dans les huiles et leurs solvants, et les onze vitamines hydrosolubles que l'on assimile parfois à celles du groupe B ; en fait, au sens strict, ces dernières sont au nombre de huit, mais il s'y ajoute la vitamine C ainsi que la choline et l'inositol également solubles dans l'eau.

Stabilité et disponibilité

La fragilité de certaines molécules vitaminiques est, avec la simplification des formules alimentaires, l'une des causes principales des carences observées en élevage. Certes toutes les vitamines sont loin d'être fragiles, certaines ont même une stabilité tout à fait étonnante, c'est le cas de l'acide pantothénique et plus encore de la niacine qui, non seulement résiste à l'ébullition en milieu alcalin, mais devient même souvent plus disponible après ce traitement. La fragilité des vitamines est malgré tout un caractère assez général qui rapproche les vitamines des AGE. Au plan pratique, des précautions particulières doivent être prises pour cette famille de nutriments. Le problème est cependant complexe par suite de l'action distincte des différents agresseurs (chaleur, humidité, éclairement, pH) sur chaque vitamine. C'est ainsi que le rétinol (vitamine A) est sensible à l'oxydation, la riboflavine (vitamine B_2) à la lumière, l'acide ascorbique au pH alcalin, le tocophérol (vitamine E) à la chaleur et aux rayons ultraviolets, etc. En pratique la stabilité des vitamines, dans des conditions définies, ne sera pas la même pour les composés naturels des matières premières et

Tableau 9.1. Classification des vitamines.

Famille de vitamines	Composés à action vitaminique		Fonctions métaboliques
	Noms chimiques	Formes biologiques actives	
A	Rétinol Rétinal Acide rétinoïque Palmitate ou acétate de rétinyl* β-carotène (pro-vitamine)	Rétinol Rétinal Acide rétinoïque	Co-enzymatique Prohormonale
D	Ergocalciférol (D_2) Cholécalciférol (D_3)	Dihydroxyergocalciférol [$1,25(OH)_2D_2$] Dihydroxycholécalciférol [$1,25(OH)_2D_3$]	Prohormonale
E	Tocophérols Acétate d'α-tocophérol*	α-tocophérol	Transfert H^+/e^- (protection des membranes)
K	Phylloquinone (K_1) Ménaquinones (K_2) Ménadione (K_3)*	Phylloquinone Ménaquinone	Co-enzymatique, transfert H^+/e^-
B_1	Thiamine Chlorhydrate de thiamine*	Pyrophosphate de thiamine (PPT) Triphosphate de thiamine (TPT)	Co-enzymatique
B_2	Riboflavine	Flavine mononucléotide (FMN) Flavine adénine dinucléotide (FAD)	Co-enzymatique, transfert H^+/e^-
PP	Niacine Acide nicotinique Nicotinamide	Nicotinamide adénine dinucléotide (NAD) Nicotinamide adénine dinucléotide phosphate (NADP)	Co-enzymatique, transfert H^+/e^-
[B_5]	Acide pantothénique Pantothénate de calcium*	Coenzyme A (CoA) Protéine transporteuse d'acyle (PTA = ACP)	Co-enzymatique, transfert H^+/e^-
B_6	Pyridoxine Pyridoxal Pyridoxamine Chlorhydrate de pyridoxine*	Phosphate de pyridoxal	Co-enzymatique
[B_8]	Biotine	Biotinyl-AMP	Co-enzymatique
[B_9]	Acide folique Polyglutamates	Tétrahydrofolates (THF)	Co-enzymatique
B_{12}	Cobalamines	Méthylcobalamine Adénosylcobalamine	Co-enzymatique
C	Acide ascorbique Acide déhydroascorbique Phosphates d'ascorbyl*	Acide ascorbique Acide déhydroascorbique	Transfert H^+/e^- (co-enzymatique ?)

Entre crochets : appellation ambigüe à éviter　　* : CAV de synthèse pour les molécules de synthèse. Ceci est d'autant plus vrai que les composés commercialisés sont généralement des sels ou d'autres formes choisis pour leur stabilité : le palmitate ou l'acétate de rétinyl, l'acétate de tocophérol, le pantothénate de calcium sont beaucoup plus stables que ne le sont respectivement le rétinol, le tocophérol ou l'acide pantothénique. Le cas de la vitamine C constitue un cas extrême, l'acide ascorbique étant des plus labiles alors que les formes sulfate et surtout phosphate ont une très bonne stabilité. Les composés commerciaux ne sont pas forcément actifs sous la forme où ils sont apportés. Ainsi l'acétate d'α-tocophéryl ou le phosphate d'ascorbyl doivent d'abord être hydrolysés pour que les vitamines proprement dites soient absorbées. Le sulfate d'ascorbyl, malgré sa bonne stabilité, est moins facilement hydrolysé, donc moins disponible.

Composés à action vitaminique et antivitamines

Pour une même activité vitaminique, il peut exister plusieurs « Composés à action vitaminique » ou CAV (les *vitamers* des anglophones). Selon les cas il peut s'agir de toute une famille de composés présents dans la nature, de composés légèrement modifiés au cours de leur métabolisme (formes biologiques restant actives), ou de molécules purement synthétiques commercialisées pour des raisons de coût de synthèse ou de stabilité (voir ci-dessus). Les provitamines, terme employé surtout pour les caroténoïdes, correspondent à des précurseurs qui sont des CAV au sens large.

Les différents CAV, comparés sur une base moléculaire, n'ayant pas la même activité, les nutritionnistes ont introduit la notion de biodisponibilité. Cette notion s'applique en principe à l'absorption ou à la bioconversion des substances naturelles et en particulier aux cas où les molécules sont présentes sous forme de complexes.

Toute une série de composés a été qualifiée d'antivitamines. Il peut s'agir d'enzymes hydrolysant les vitamines, de substances bloquant leur absorption intestinale ou d'antagonistes, naturels ou synthétiques. Dans le premier groupe on peut citer la thiaminase du poisson cru. Le deuxième groupe comprend des antibiotiques et d'autres médicaments. Le dernier groupe, encore plus vaste, renferme des composés utilisés à titre expérimental mais aussi et surtout une série de médicaments.

Absorption

Certains CAV, et en particulier ceux qui correspondent aux formes actives des vitamines du groupe B dans les tissus, doivent subir une hydrolyse dans le

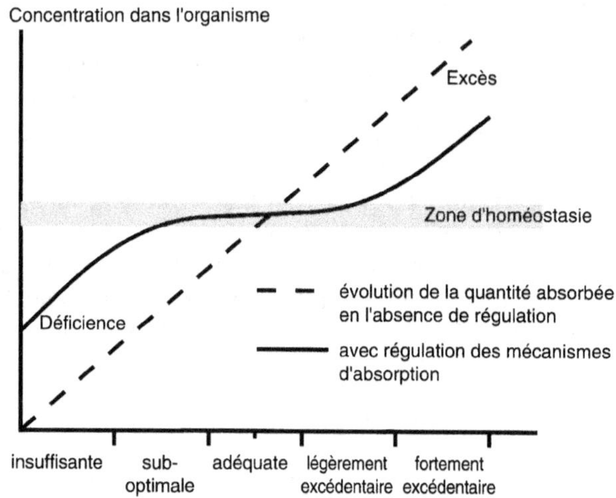

Figure 9.1. Régulation schématisée des concentrations tissulaires.

tube digestif avant d'être absorbés. Il existe donc pour ces composés une véritable étape digestive, mais celle-ci correspond en général soit à l'action des protéases libérant le groupement prosthétique, soit à l'action d'enzymes non spécifiques telles que les estérases ou les phosphatases.

L'absorption des vitamines n'est guère connue que chez les vertébrés supérieurs où elle résulte de plusieurs mécanismes distincts plus ou moins spécifiques. Les vitamines du groupe A sont d'abord incorporées aux micelles comme les AG libres et les mono- et diacylglycérols avant d'être absorbées avec ces nutriments. Les vitamines du groupe B ont en général des transporteurs actifs, dont l'action est parfois complétée par des phénomènes de diffusion facilitée, voire de diffusion passive. La thiamine par exemple est absorbée à la fois par diffusion passive et par transport actif. Dans le cas des transports actifs, il existe une régulation de l'activité du transporteur par l'état nutritionnel : cette activité est plus élevée en cas de carence ou sub-carence alors que, à l'inverse, elle est réduite en cas d'apports pléthoriques. Ce phénomène, très important, contribue à assurer une certaine « homéostasie vitaminique » (fig. 9.1).

Rôle métabolique

Il est impossible d'attribuer un rôle spécifique aux deux groupes A et B. Certes le groupe B correspond à des molécules fondamentales du métabolisme

intermédiaire (co-enzymes en général), chez les animaux comme chez les végétaux, alors que les vitamines du groupe A ont un rôle plus varié, parfois présent chez les seuls animaux. Combs (1992) a proposé une nouvelle classification reposant sur les 4 fonctions suivantes :
- fonction coenzymatique (11 vitamines) ;
- transfert de protons ou d'électrons (6 vitamines) ;
- fonction pro-hormonale (2 vitamines) ;
- protection des membranes (1 vitamine).

Parmi ces vitamines, cinq remplissent plusieurs fonctions et quelques mécanismes demeurent imparfaitement connus, même chez les mammifères. La classification retenue est directement inspirée de celle de Combs, tout en tenant compte des rôles multiples connus et des lacunes restantes.

Besoins et normes alimentaires ; vicariances et excès ; symptômes de carence

En théorie, la détermination d'un besoin vitaminique s'effectue comme celle d'un autre nutriment à l'aide d'une courbe dose-réponse. Elle en diffère cependant par la multitude des critères utilisables pour quantifier la réponse : vitesse de croissance, état des réserves (statut vitaminique), fonctions biochimiques, et même taux de survie ou suppression des symptômes de carence (fig. 9.2) ; elle est également compliquée par une série d'autres considérations : disponibilité ou stabilité des CAV, interactions multiples entre nutriments, voire difficultés analytiques. Parmi les interactions à prendre en compte, celles qui apparaissent

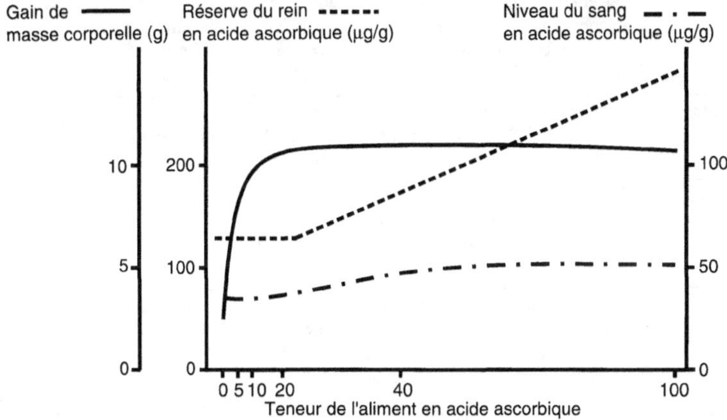

Figure 9.2. Courbes dose-réponse obtenues pour l'acide ascorbique chez la truite indiquant la discordance entre critères choisis (d'après Halver, 1972).

entre vitamines elles-mêmes, appelées vicariances ou effets d'épargne, sont particulièrement importantes. Elles peuvent conduire à une sous-estimation du besoin pour une vitamine donnée si les autres sont apportées en excès, cas bien vérifié chez les poissons. Pour ces diverses raisons, les besoins vitaminiques sont connus avec une précision bien moindre que les besoins en AA par exemple. De plus, et bien que les réserves puissent couvrir les besoins pendant une période qui atteint des semaines, voire des mois, des marges de sécurité de l'ordre de 100 % sont de rigueur pour les doses alimentaires. Les excès de vitamines peuvent cependant être nocifs, sauf ceux des vitamines du groupe B qui sont facilement éliminés par voie urinaire. Chez les poissons, l'effet néfaste des excès a été mis en évidence surtout pour la ménadione, CAV industriel de la vitamine K, et le rétinol. Certaines vitamines possèdent un rôle pharmacodynamique à des doses dépassant largement la norme nutritionnelle. C'est le cas de la vitamine C dont on utilise parfois des « mégadoses » en aquaculture.

Les symptômes de carence, plus ou moins caractéristiques de chaque vitamine, sont résumés dans le tableau 9.2.

Tableau 9.2. Principaux signes de déficience et critères de réponse chez différentes espèces.

Vitamines	Principaux signes de déficience	Critères de réponse
Thiamine	Troubles nerveux (Sa, PC, A, C, T), mélanisme (PC, Se), dépigmentation de la peau (C), hémorragies sous-cutanées (A, C, D), congestion des nageoires (A, Se, D).	Gain de masse corporelle, réserves tissulaires (foie, érythrocytes), activité des transcétolases.
Pyridoxine	Troubles nerveux : nage erratique, convulsions, hyper-irritabilité (Sa, PC, A, C, Se), coloration bleu-verdâtre (PC).	Gain de masse corporelle, réserves hépatiques, activité des transaminases.
Biotine	Dégénérescence des lamelles branchiales, atrophie musculaire, dégénérescence des acinus pancréatiques (Sa), dépigmentation de la peau (PC), mélanisme (A), léthargie (C, Se).	Gain de masse corporelle, réserves hépatiques, activité de l'acétyl-CoA carboxylase et de la pyruvate carboxylase, résistance à la nage.
Acide folique	Léthargie et anémie (Sa, PC), mélanisme (Sa, A), sensibilité accrue aux infections bactériennes (PC), congestion des nageoires (Se).	Gain de masse corporelle, réserves hépatiques, hématocrite.
Cobalamines	Anémies microcytique et hypochromique avec fragmentation des érythrocytes (Sa), faible hématocrite (PC), congestion des nageoires et anémie (Se), anorexie (A).	Réserves hépatiques.
Rétinol	Lésions oculaires avec dégénérescence de la rétine (Sa), dépigmentation de la peau et exophtalmie (Sa, C, PC), œdèmes (Sa, PC), hémorragies (PC, C, Se), mélanisme (Se).	Gain de masse corporelle, réserves hépatiques.
Riboflavine	Léthargie (Sa, A), mélanisme (Sa, Se), photophobie (Sa, C), hémorragies des nageoires (Sa, A, C), opacité ou vascularisation de la cornée (Se, Sa), nanisme (PC), dermatite (A), nécrose rénale (C).	Gain de masse corporelle, réserves hépatiques, activité de la glutathion réductase et de la DAAO.

Tableau 9.2. (suite).

Niacine	Lésions, hémorragies de la peau et des nageoires (Sa, PC, C, Se), anémie (Sa, PC), photosensibilité (Sa), exophtalmie (PC), nage anormale (A), déformation des nageoires (PC), mortalité (PC, Se).	Gain de masse corporelle, réserves hépatiques.
Acide pantothénique	Atrophie des acinus pancréatiques (Sa), branchies en massue (Sa, PC, Se), hémorragies de la peau (A, C), exophtalmie (C), dermatoses (A) mortalité (Sa, PC, Se, D).	Gain de masse corporelle, réserves hépatiques.
Ménadione	Temps de coagulation sanguine prolongé avec anémie, hémorragies des branchies et des yeux (Sa), hémorragies de la peau (PC).	Hématocrite.
Acide ascorbique	Hémorragies externes et internes (Sa, PC, A, Se), lordose, scoliose (Sa, PC, Se), distorsion des filaments branchiaux (Sa), ascites (Sa, T), mélanisme (Se, T), érosion de la mâchoire inférieure (A), granulomatose rénale (T).	Gain de masse corporelle, réserves hépatiques et rénales, teneurs en collagène vertébral, tyrosinémie.
Tocophérols	Dystrophie musculaire (Sa, PC, C), dépigmentation de la peau (Sa, PC), mélanisme (Se), fragilité érythrocytaire (Sa), diathèse exsudative et dépôts de céroïdes (PC), exophtalmie et lordose (C).	Gain de masse corporelle, réserves hépatiques.
Calciférol	Perturbation de l'homéostasie calcique et tétanie (Sa), décalcification des arêtes (PC).	Gain de masse corporelle, efficacité alimentaire.
Choline	Foie gras (Sa, C), hémorragies du rein et de l'intestin (Sa, PC), vacuolisation des cellules hépatiques (C), mélanisme (Se), exophtalmie (Sa), couleur grisâtre de l'intestin (A).	Gain de masse corporelle, réserves hépatiques, teneurs du foie en lipides.
Inositol	Mélanisme (Sa, Se), anémie avec érosion des nageoires (Sa), couleur grisâtre de l'intestin (A), perte de mucus cutané (C).	Gain de masse corporelle, réserves hépatiques, activité de la choline estérase et des transaminases.

Sa : salmonidés, PC : poisson-chat, A : anguille, Se : sériole , C : carpe, T : turbot, D : daurade

Vitamines coenzymes simples

La formule de ces vitamines est donnée dans l'encadré p. 196.

Thiamine (vitamine B_1)

Cette vitamine qui joue un rôle majeur dans le métabolisme des glucides intervient à plusieurs niveaux du métabolisme intermédiaire. La thiamine peut être phosphorylée, donnant respectivement mono-, pyro- et triphosphate de

Formule des vitamines coenzymes

Thiamine (B_1)

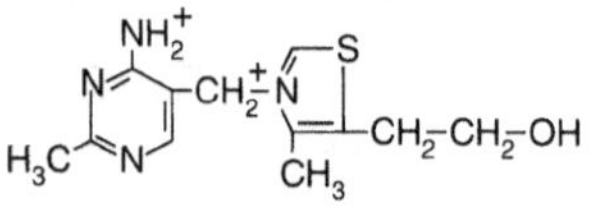

Pyridoxine (B_6)

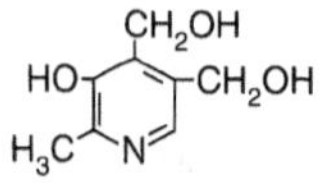

Biotine

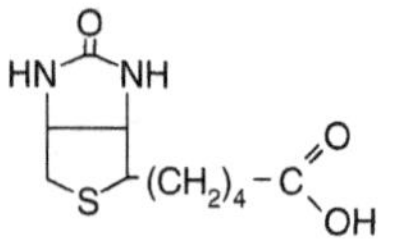

Acide folique

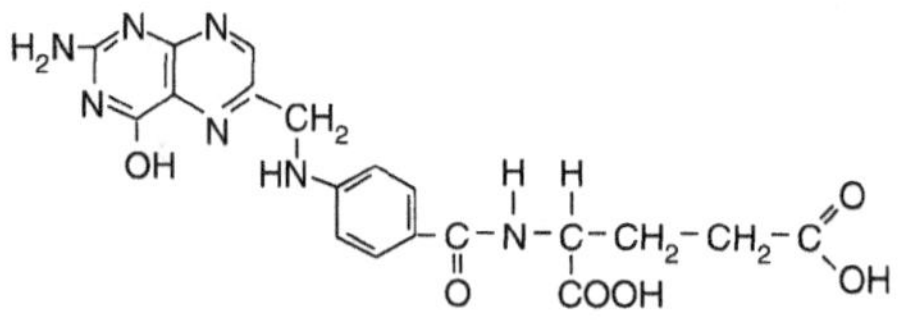

Cyanocobalamine (B_{12})

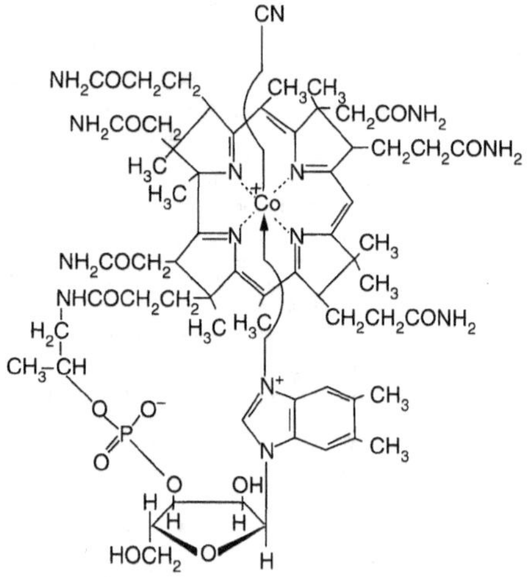

Rétinol (A)

Rétinol 1 (A_1)

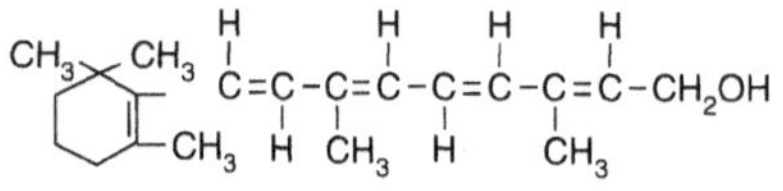

Rétinol 2 (A_2)

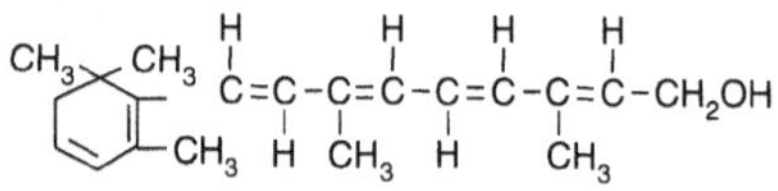

thiamine. Seuls le pyrophosphate de thiamine (PPT) et le triphosphate de thiamine (TPT) présentent une importance sur le plan métabolique. Le PPT est une coenzyme qui joue le rôle de transporteur de groupements aldéhydiques dans les réactions de décarboxylation oxydative d'acides α-cétoniques comme l'acide pyruvique et l'acide α-cétoglutarique d'une part, ou d'autres cétoacides provenant des AA ramifiés, d'autre part. Cette séquence de réactions est catalysée par un ensemble d'enzymes faisant intervenir d'autres vitamines sous forme de cofacteurs dont le FAD (riboflavine) et le NAD (niacine). De même, le PPT participe au transfert de radicaux glycoaldéhydes au cours des deux réactions de transcétolation mises en jeu dans la voie des pentoses phosphates. Le TPT jouerait un rôle essentiel dans la neurotransmission.

La carence en thiamine a été observée chez l'anguille, le turbot, le poisson-chat, la carpe et surtout la truite. Les troubles nerveux, similaires à ceux que l'on connaît chez les mammifères, constituent les signes les plus typiques. En tenant compte de critères de réponse comme le gain de masse corporelle ou l'activité transcétolasique, le besoin a été évalué à 1 mg/kg d'aliment pour de jeunes truites à partir de régimes purifiés ; il serait du même ordre de grandeur pour d'autres espèces comme le poisson-chat, la carpe et le turbot. Le besoin ne serait pas corrélé au potentiel d'utilisation des glucides chez les différentes espèces.

Pyridoxine (vitamine B_6)

Il s'agit de l'enzyme-clé du métabolisme des AA. Sous le nom de vitamine B_6 on regroupe 3 CAV dérivés de la pyridine différant par leur fonction soit alcool (pyridoxol ou pyridoxine), soit aldéhyde (pyridoxal), soit amine (pyridoxamine). Toutes trois sont transformées dans la cellule hépatique en coenzyme active : le phosphate de pyridoxal qui agit dans de nombreux systèmes catalytiques comme les transaminases, les transulfurases et les transférases. Le phosphate de pyridoxal permet aussi, par décarboxylation d'AA, la formation d'amines biogènes servant de neuromédiateurs (histamine, sérotonine ou 5-hydroxy-tryptophane, tyramine, dopamine, etc.) et enfin intervient en tant que constituant des déshydratases dans la désamination de certains AA. La vitamine B_6 est également impliquée dans de nombreuses autres fonctions allant de la synthèse des enzymes pancréatiques au métabolisme du glycogène et même aux fonctions immunitaires.

Les poissons, qui ont une tendance carnivore marquée surtout au début de leur vie, manifestent rapidement des signes de carence en pyridoxine et en particulier des troubles nerveux (convulsions, nage erratique et hyper-irritabilité) dus au défaut de synthèse des médiateurs. La croissance de jeunes truites est améliorée par un apport alimentaire jusqu'à une teneur de 2 mg/kg d'aliment, soit 0,5 mg/100 g de protéines. Chez d'autres espèces comme le turbot, la daurade et le poisson-chat, le besoin est du même ordre de grandeur, entre 1 et 3,2 mg/kg d'aliment. Les activités de deux transaminases couramment dosées, la glutamate-oxaloacétate transaminase (GOT) et la glutamate pyruvate transaminase (GPT) de divers tissus (foie, muscles, érythrocytes), ont été utilisées comme critères de réponse dans la détermination du besoin chez la truite, le turbot et la daurade. Chez la truite, le besoin est trois fois plus élevé si l'on se fie à l'obtention d'une activité maximale de la GOT du muscle blanc plutôt qu'à la croissance. Sur la base d'une comparaison interspécifique, il ne semble pas que le besoin en pyridoxine soit corrélé avec le besoin en protéines alimentaires, contrairement à ce qui aurait pu être déduit du rôle de cette vitamine dans le métabolisme protéique.

Biotine

La biotine sert de coenzyme dans les réactions de carboxylation et décarboxylation (transfert de CO_2) après avoir été activée en biotinyl-AMP. Les principales enzymes concernées sont les suivantes : la pyruvate carboxylase impliquée dans le métabolisme du glucose (glycolyse et néoglucogenèse) ; l'acétyl-CoA carboxylase, enzyme-clef de la synthèse des AG ou lipogenèse ; la propionyl-CoA carboxylase qui catalyse la transformation du propionyl-CoA, produit de dégradation des AG et de certains AA en méthylmalonyl-CoA ; la β-méthylcrotonyl-CoA carboxylase qui intervient lors de la dégradation de la leucine.

Divers signes de carence ont été décrits chez plusieurs espèces, mais peu d'entre eux paraissent spécifiques et, surtout, ils n'ont jamais été observés chez des poissons nourris avec des aliments à base d'ingrédients naturels. Cela pourrait être dû à la faiblesse du besoin. En effet, ce dernier a été estimé à partir de régimes purifiés à 0,08 mg/kg d'aliment pour des alevins de truite, en prenant comme critère le gain de masse corporelle, et à 0,14 mg/kg pour une activité maximale de la pyruvate carboxylase du muscle blanc.

Acide folique et polyglutamates

L'acide folique sert de coenzyme dans les réactions de transfert de groupements monocarbonés ; sa molécule est composée d'un noyau ptéridine relié à l'acide para-amino-benzoïque (quelquefois considéré comme une vitamine ou un CAV de l'acide folique) formant ainsi l'acide ptéroïque. Cet acide est lié à une ou plusieurs molécules d'acide glutamique donnant les polyglutamates ou folates présents dans les aliments et les tissus. Ces molécules sont activées en tétrahydrofolates (THF) en présence de vitamine B_{12} et de $NADPH_2$. Les THF participent en tant que coenzymes des ptéroprotéines au transfert et à l'interconversion des groupements monocarbonés dans le catabolisme de l'histidine et de la glycine et dans l'interconversion glycine $\leftrightarrow$ sérine. La synthèse des protéines débute par l'intervention de la formylméthionine qui est portée par un ARN de transfert et dont la synthèse nécessite la présence de THF. Cette vitamine intervient également dans la synthèse des bases puriques et pyrimidiques.

Des signes de déficience variés ont été observés chez plusieurs espèces de poissons, mais non chez la carpe commune. Les symptômes les plus courants ont trait à une forme d'anémie particulière, l'anémie macrocytaire associée en général à une anorexie et à une perte de masse corporelle. Alors qu'une teneur de 0,3 mg/kg d'aliment purifié est suffisante pour une survie maximale, il faut 0,6 mg/kg pour une croissance maximale et 1,1 mg/kg pour une saturation des tissus comme le rein et le foie de jeunes truites. Le besoin paraît donc faible, ce qui explique pourquoi dans certains cas, comme celui de la carpe, il puisse être couvert par la synthèse de la flore intestinale. Les recommandations américaines (NRC, 1993) sont de 1 mg/kg d'aliment pour les salmonidés.

Cobalamines (vitamine B_{12})

Le terme vitamine B_{12} s'applique à plusieurs macromolécules voisines, les cobalamines, dont la plus connue est la cyanocobalamine. Celles-ci sont constituées d'un noyau tétrapyrrolique au centre duquel se trouve un atome de cobalt relié à quatre atomes d'azote, et d'un groupement pseudo-nucléotidique. A l'atome de Co peuvent être reliés différents radicaux dont les principaux sont CN, OH, CH_3 et 5' -désoxyadénosine donnant respectivement la cyanocobalamine, l'hydroxocobalamine, la méthylcobalamine et enfin l'adénosylcobalamine. Les deux dernières molécules représentent les formes coenzymatiques actives dans deux types de réaction : d'une part les réactions d'isomérisation comme celle impliquée dans le métabolisme de la leucine ou celle de la conversion du méthylmalonyl-CoA (voir p. 198) en succinyl-CoA, métabolite du cycle de Krebs ; d'autre part les réactions de transméthylation qui exigent le méthylcobalamine comme transporteur de groupements monocarbonés tels que les radicaux méthyl. Les cobalamines jouent un rôle très important dans le métabolisme des folates. Ainsi, une diminution des apports peut provoquer l'apparition de symptômes similaires à ceux d'une carence en acide folique.

La vitamine B_{12}, qui n'existe que dans les tissus animaux et quelques micro-organismes, est nécessaire en quantité extrêmement faible et les symptômes de déficience n'apparaissent qu'après une longue privation. Le signe le plus caractéristique est l'anémie pernicieuse (anémie microcytique hypochromique) qui est toutefois impossible à observer chez les poissons dont les régimes contiennent des farines animales. Pour cette vitamine, le besoin peut être couvert ou partiellement assuré grâce à la synthèse effectuée par les micro-organismes de la flore intestinale, chez les poissons d'eau chaude du moins, comme le tilapia, le poisson-chat et la carpe. Quantitativement le besoin en vitamine B_{12} est le plus faible de tous les besoins vitaminiques ; chez la truite il s'élève à 7 μg de cyanocobalamine/kg d'aliment purifié. Il n'est pas encore quantifié chez les autres espèces, sauf chez la sériole où il paraît plus élevé que chez la truite (53 μg/kg d'aliment).

Rétinol (vitamine A)

La vitamine A est un alcool dérivé des caroténoïdes impliqué d'abord dans les processus de vision où elle joue un rôle de coenzyme, mais aussi dans d'autres mécanismes de type hormonal moins bien connus. Sa molécule comprend un noyau β-ionone auquel est fixée une chaîne de 3 unités isoprénoïdes se terminant par une fonction alcool. La molécule évoque une moitié de molécule de β-carotène, substance à partir de laquelle elle est effectivement synthétisable, mais la transformation se fait molécule à molécule, si bien que sur une base massale l'efficacité du β-carotène ne peut dépasser 50 % de celle du rétinol. Chez les poissons des valeurs bien inférieures ont été trouvées (moins de 20 %). La vitamine A se présente sous 3 formes, soit alcool (rétinol), soit aldéhyde (rétinal), soit enfin acide (acide rétinoïque).

Il existe 6 isomères possibles du fait de l'existence de 4 doubles liaisons sur la chaîne latérale. La forme la plus active est la forme « tout E » (anciennement « tout trans ») maintenant obtenue par synthèse. Chez les poissons, d'eau douce surtout, on trouve une molécule légèrement différente du rétinol vrai (A_1), le rétinol 2 (A_2) qui ne diffère du précédent que par une double liaison supplémentaire sur le noyau β-ionone et possède la même activité.

Le rétinol intervient, d'une part dans la composition du pourpre rétinien ou rhodopsine (chromoprotéine des bâtonnets), essentielle pour le phénomène d'adaptation à l'obscurité et, d'autre part, dans la composition des pigments correspondants des cônes rétiniens ou iodopsines, intervenant dans la vision des formes et des couleurs. Dans tous ces pigments, la molécule de vitamine A se trouve sous forme d'aldéhyde. La perception de la lumière se fait par une isomérisation et un retour à la forme initiale qui engendre de l'influx nerveux ; le rétinal joue dans cette réaction le rôle d'une coenzyme. La vitamine A est également connue de longue date comme « vitamine de croissance ». Ce deuxième rôle, moins bien élucidé, provient du fait que l'acide rétinoïque, dérivé oxydé du rétinol qui ne peut plus intervenir pour la vision, est doué de fonctions métaboliques très importantes. Les cellules ont des récepteurs de l'acide rétinoïque. Cet acide ou ses dérivés (rétinoïdes) agissent en induisant, comme les hormones stéroïdiennes, la synthèse d'ARN messager et de protéines spécifiques ; ils stimulent la différenciation cellulaire, en particulier pour les cellules épithéliales, la sécrétion de mucus, les mécanismes immunitaires, les fonctions de reproduction et la protection contre les cancers.

Chez les poissons, la carence entraîne un ralentissement de la croissance. On connaît peu de symptômes spécifiques en dehors de lésions oculaires. La mortalité qui en résulte n'est cependant pas liée à la vision. Les excès de vitamine A sont toxiques chez les poissons ou entraînent, comme chez les vertébrés supérieurs, des soudures de vertèbres. Ils ne sont obtenus qu'avec des doses considérables qui ne se rencontrent plus qu'exceptionnellement depuis que l'on a cessé d'utiliser le foie de baleine ou de phoque comme aliment de base en pisciculture. Des hypervitaminoses A ont cependant été observées chez des larves par suite d'apports excessifs d'huile de foie de morue et de vitamine A. Actuellement, les recommandations en vitamine A pour la truite sont celles établies à partir de travaux japonais datant de 1967, sur la base de différents critères de réponse comme la survie, la croissance, le rapport hépatosomatique et la teneur lipidique et protéique du foie. Ces estimations de 2500 UI/kg d'aliment sont du même ordre de grandeur pour le poisson-chat et rejoignent celles conseillées pour le porc et le poulet. Cependant, il serait important de réévaluer ce besoin quantitatif à l'aide d'un régime de type purifié.

Vitamines coenzymes de transfert
et d'oxydo-réduction

La formule de ces vitamines est donnée dans l'encadré p. 202.

Riboflavine (vitamine B$_2$)

Cette vitamine joue un rôle clé dans les réactions d'oxydo-réduction. Ses dérivés biologiquement actifs sont le phosphate de riboflavine ou flavine mononucléotide (FMN), lui-même converti par liaison avec une molécule d'AMP en une deuxième forme active, le flavine adénine dinucléotide (FAD). Le FMN et le FAD sont impliqués en tant que coenzymes des déshydrogénases (anaérobies) et des oxydases (aérobies) au cours des réactions d'oxydo-réduction du catabolisme :

– des AG et plus précisément lors de la β-oxydation ;

– des AA de la série L ou D dont la désamination se fait soit par la L-aminoacide oxydase (peu active cependant) en présence du FMN, soit par la D-aminoacide oxydase (DAAO) en présence du FAD ;

– des bases puriques comme l'adénine et la guanine, composants des acides nucléiques dont la dégradation par la xanthine oxydase nécessite le FAD ;

– des métabolites entrant dans le cycle des acides tricarboxyliques (ATC) où la succinate déshydrogénase catalyse à l'aide du FAD une des quatre déshydrogénations, tandis que les trois autres réactions mettent en jeu un autre système coenzymatique (issu de la niacine), le NAD/NADH, lui-même réoxydé par le FAD au niveau de la chaîne respiratoire ;

Enfin, dans les globules rouges, le FAD qui est impliqué dans la production du glutathion réduit est indispensable au maintien de l'intégrité cellulaire. Il faut noter l'implication de la riboflavine, sous forme de FMN, dans la transformation d'une autre vitamine, la pyridoxine, en sa forme biologiquement active.

Les symptômes de carence décrits sont extrêmement nombreux et assez variables d'une espèce à l'autre : lésions oculaires, hémorragies diverses, mélanisme, etc. Les travaux chez la truite nourrie de régimes purifiés ont permis de situer le besoin pour une croissance maximale autour de 4 mg/kg d'aliment. La saturation des tissus en flavines (foie, rein, rate) ou l'activité maximale de la DAAO hépatique sont atteints pour une concentration de l'ordre de 6 mg/kg d'aliment. Cette enzyme se révélerait meilleur indicateur biochimique du statut vitaminique que la glutathion réductase érythrocytaire (GR) chez la truite.

Formules des vitamines

Vitamines oxydo-réductrices

Riboflavine (B$_2$)

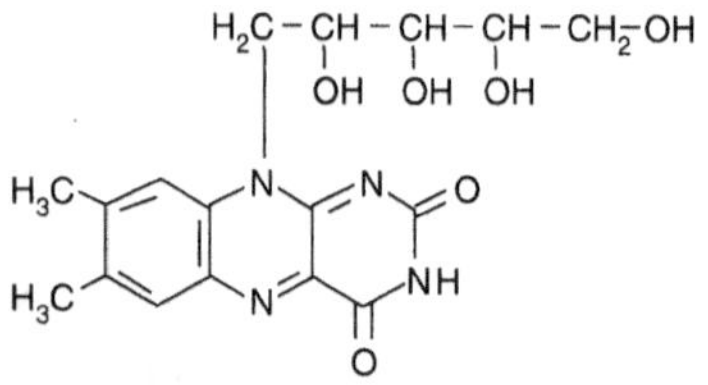

Acide pantothénique

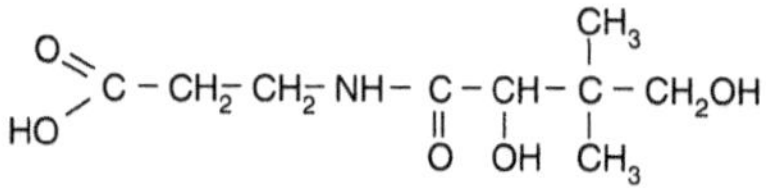

Niacine (PP)

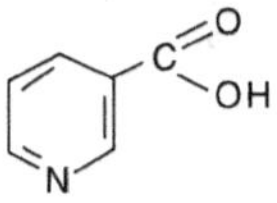

Vitamine K

Phylloquinone (K$_1$)

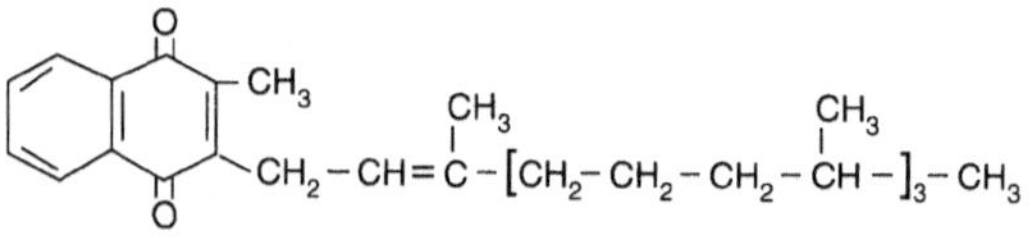

Ménadione (K$_3$)

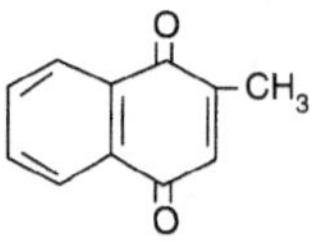

Vitamines anti-oxydantes

Vitamine C

Acide ascorbique

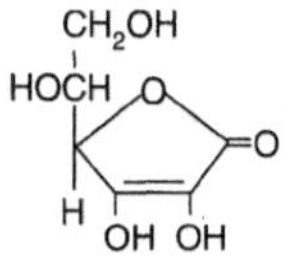

Acide déhydroascorbique

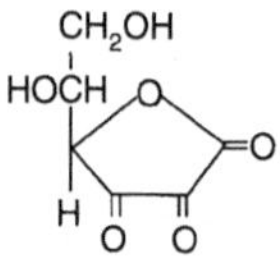

α-tocophérol (E)

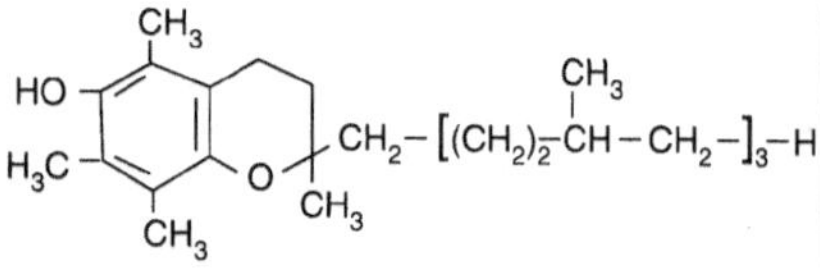

Vitamines pro-hormone

Ergocalciférol (D$_2$)

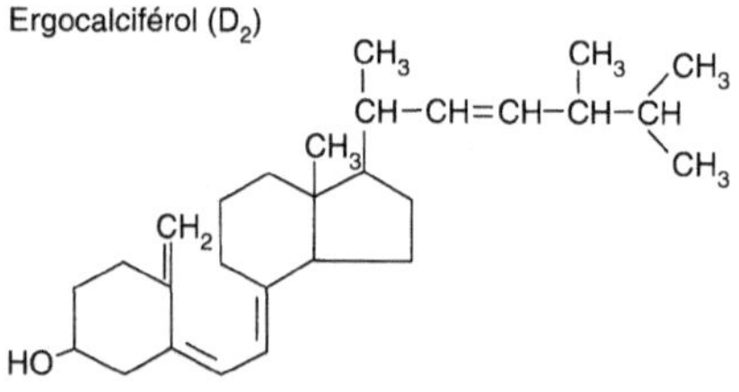

Cholécalciférol (D$_3$)

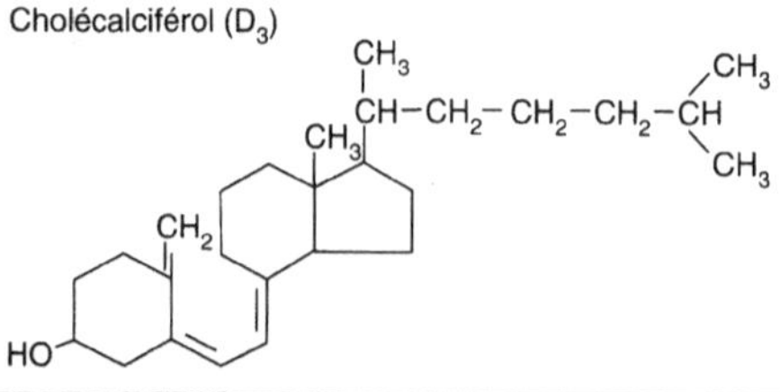

Quasi-vitamines

Choline

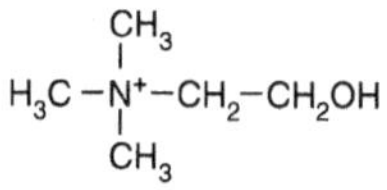

Méso-inositol

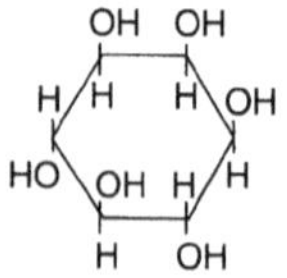

Niacine (vitamine PP)

Cette vitamine, qui est nécessaire en quantité beaucoup plus élevée que les précédentes, est synthétisable, mais de façon très peu efficace chez les poissons, comme signalé plus haut. Elle existe sous forme de deux CAV, l'acide nicotinique ou acide pyridine 3-carboxylique, et son composé amide ou nicotinamide. Ce dernier est le précurseur de 2 coenzymes actives : le nicotinamide adénine dinucléotide (NAD) et le nicotinamide adénine dinucléotide phosphate (NADP), impliquées dans les réactions d'oxydo-réduction. Ces formes vitaminiques jouent le rôle de transfert d'hydrogène, dans un très grand nombre de réactions (plus de 200) du métabolisme des glucides, des AG et des AA. Le NAD, coenzyme de nombreuses déshydrogénases, est réduit en $NADH^+ H^+$ lors des réactions de la glycolyse, de la lipolyse et du cycle de Krebs en vue de production d'énergie (ATP) via la chaîne respiratoire. Le NADP réduit en $NADPH_2$ au sein de la voie des pentoses phosphates devient donneur d'hydrogène dans des réductions bien spécifiques consommatrices d'énergie comme la biosynthèse des acides gras. Il est également coenzyme d'autres réductases (GR du globule rouge, dihydrofolate réductase qui rend actif l'acide folique) et enfin d'hydrolases du métabolisme des stéroïdes, de la phénylalanine, etc.

Chez les poissons, les carences n'ont été que rarement observées. Pourtant, les besoins déterminés en prenant en compte la croissance sont élevés : 10, 14 et 28 mg/kg d'aliment pour la truite, le poisson-chat et la carpe respectivement. La rareté des états de carence trouve sans doute son origine dans l'abondance et la stabilité de cette vitamine, mais peut-être aussi dans la possibilité de synthèse à partir du tryptophane, qui est apparemment réduite mais encore mal quantifiée. Les réserves hépatiques semblent être le seul critère biochimique utilisé à ce jour pour évaluer l'état nutritionnel.

Acide pantothénique

L'acide pantothénique, vitamine dont le besoin quantitatif est l'un des plus élevés pour les vitamines hydrosolubles, occupe une position centrale dans le métabolisme des lipides. Il entre dans la composition de la coenzyme A (CoA) et de l'*Acyl Carrier Protein* (ACP) qui fonctionnent comme des transporteurs de radicaux acyl.

L'acétyl-CoA joue un rôle essentiel dans le métabolisme cellulaire puisqu'il provient de la dégradation des oses, des AG et de certains AA et qu'il suit dans plusieurs voies métaboliques comme le cycle des ATC (puis la chaîne respiratoire avec production d'ATP, CO_2, H_2O) et participe à la biosynthèse des AG. Celle-ci est réalisée par un complexe enzymatique acide gras synthétase au centre duquel se situe l'ACP. L'acétyl-CoA intervient en tant que donneur d'acyls et participe aussi à la formation du malonyl-CoA selon une décarboxylation biotine dépendante. Une autre vitamine, la niacine, sous forme de $NADPH_2$ est également nécessaire.

Parmi les autres fonctions où intervient la CoA on peut citer la biosynthèse du cholestérol, et l'acétylation de diverses molécules comme la choline, les sucres aminés entrant dans la synthèse de différents mucopolysaccharides et de la chitine chez les crustacés. Il existe d'autres dérivés Acyl-CoA provenant du catabolisme de certains AA et d'AG à nombre impair de carbone, comme le succinyl-CoA nécessaire à la synthèse du noyau porphyrine de l'hémoglobine en présence d'une autre vitamine, la pyridoxine.

Un symptôme caractéristique de la carence en acide pantothénique (branchies en massues) a quelquefois été observé chez plusieurs espèces de poissons. Les besoins déterminés par simple recours aux courbes de croissance et à la saturation des réserves hépatiques se situent entre 10-20 mg/kg d'aliment purifié pour la truite, le poisson-chat, la sériole et la daurade. Certains travaux réalisés chez la truite et le poisson-chat soulignent l'intérêt des déterminations du besoin conduites avec des critères relevant des fonctions physiologiques de la vitamine.

Vitamines K

La vitamine K, nécessaire à la coagulation sanguine, est représentée par un très grand nombre de CAV d'origine végétale (phylloquinone : K_1), microbienne (ménaquinones : K_2) et synthétique (ménadione : K_3). Il s'agit de dérivés de la naphtoquinone possédant une chaîne latérale phytyl comme les tocophérols. Notons que le CAV de synthèse le plus courant, la ménadione, ne possède pas de chaîne, mais celle-ci doit être ajoutée par la flore intestinale pour que la molécule devienne active.

Chez les vertébrés supérieurs, la vitamine K a un rôle très précis, elle assure le bon fonctionnement du mécanisme très complexe de la coagulation sanguine en permettant la synthèse de 4 facteurs de nature protéique. Elle sert de groupement prosthétique à une carboxylase de l'acide glutamique qui intervient dans ce processus. Son mode d'action est donc tout à fait similaire à celui des vitamines du groupe B. Elle participe aussi au fonctionnement de protéines transporteuses de calcium. Le défaut de coagulation du sang consécutif à la carence en vitamine K est très difficile à obtenir chez les poissons, sauf par l'emploi, volontaire ou non, de médicaments doués de propriétés antivitamine K. Un seul cas de déficience a été obtenu (chez le poisson-chat) sans emploi d'antivitamine K. La synthèse intestinale, active chez les mammifères, n'a pas été décrite chez les poissons. Il s'agit donc d'une vitamine qui, comme la vitamine D (voir p. 208), joue un rôle plus réduit que chez les vertébrés supérieurs. Notons que des travaux ont montré que des excès de ménadione pouvaient devenir toxiques pour les salmonidés. Cette vitamine reste la seule (avec la vitamine A) dont le besoin quantitatif n'a pas été récemment réévalué. Il est encore estimé à 10 mg/kg d'aliment suivant les recommandations du NRC datant de 1981.

Vitamines anti-oxydantes

Les deux vitamines classées dans cette catégorie interviennent comme les précédentes dans de nombreuses réactions d'oxydo-réduction, mais sans avoir un rôle de co-enzyme démontré. Leur formule est donnée dans l'encadré p. 202.

Acides ascorbique et déhydroascorbique

Les symptômes de carence en vitamine C (scorbut) ont été décrits chez l'homme depuis l'antiquité, alors qu'ils sont inconnus chez la plupart des animaux terrestres. Il faudra attendre 1907 pour que le scorbut expérimental soit obtenu de manière fortuite chez le cobaye recevant un régime à base de céréales et que sa cause soit identifiée. L'acide ascorbique n'est en effet une vitamine que pour de rares espèces (voir p. 188) qui sont dépourvues de la gulonolactone oxydase, enzyme permettant la conversion du glucose en acide ascorbique.

Cette molécule de faible masse moléculaire est constituée, d'une part d'un cycle lactone portant une fonction ène-diol qui par oxydation donne l'acide déhydroascorbique, et d'autre part de deux fonctions alcool. Le rôle de la vitamine C dans les processus d'oxydo-réduction peut s'expliquer par l'interconversion réversible entre sa forme réduite (acide ascorbique) et sa forme oxydée (acide déhydroascorbique), réaction catalysée par l'ascorbate oxydase en présence de glutathion réduit et de NADPH. Les deux formes sont donc pourvues d'une activité vitaminique.

En tant que donneur d'hydrogène, la vitamine C intervient dans de nombreuses réactions d'hydroxylation : maturation du collagène (hydroxylation de la proline et de la lysine du procollagène), synthèse des catécholamines (hydroxylation de la phénylalanine et de la tyrosine suivies de celle de la dopamine en noradrénaline) et synthèse de la carnitine qui intervient dans la β-oxydation des AG. D'autres voies cataboliques comme celles de la phénylalanine et de la tyrosine nécessitent la présence de vitamine C qui protège une enzyme, la para-hydroxyphénylpyruvate dioxygénase, de l'inhibition provoquée par un excès de substrat. D'une manière plus générale, cette vitamine intervient dans de nombreux autres processus biochimiques : neutralisation des radicaux libres en synergie avec la vitamine E (blocage de la peroxydation des lipides, chap. 7), absorption du fer et plus généralement interaction avec les ions métalliques di- ou trivalents ; reproduction (vitellogenèse et développement embryonnaire), transformation du cholestérol en acides biliaires, dégradation de substances exogènes (polluants, médicaments) et blocage de la synthèse des nitrosamines cancérogènes à partir des nitrites, etc. Enfin, à doses pharmacologiques, la vitamine C stimulerait les réactions de défense immunitaire.

Du fait du caractère extrêmement labile de cette vitamine, des carences ont été fréquemment observées chez les poissons nourris avec des aliments artificiels, ce qui explique le nombre élevé d'études menées chez le poisson. Les symptômes de carence de type scorbutique dus à l'altération de la maturation du collagène, scolioses, lordoses ou hémorragies ont été largement décrits chez un grand nombre d'espèces d'eau douce comme la truite, le saumon, le poisson-chat, la carpe, le tilapia et l'anguille. Mais elles apparaissent surtout chez de très jeunes animaux et de façon non systématique. Chez une autre espèce au moins, le turbot, c'est une pathologie différente qui est observée, le « syndrome granulomateux rénal » caractéristique de la perturbation du catabolisme de la tyrosine avec accumulation de celle-ci dans le sang et les tissus entraînant l'opacification de la cornée, l'apparition de nodules sous-cutanés, et surtout rénaux ; elle n'a été reproduite expérimentalement que chez le turbot et semble apparaître chez d'autres poissons. D'une manière générale, la teneur en vitamine C, hépatique ou rénale, est utilisée pour la détection d'éventuelles carences. La teneur des vertèbres en collagène ainsi que le rapport proline/hydroxyproline sont de bons indicateurs de carence chez la truite et le poisson-chat, de même que la tyrosinémie chez le turbot.

Depuis quelques années des formes stables, sulfates et surtout phosphates d'ascorbyl, sont apparues sur le marché ; de nombreuses recherches ont montré que la biodisponibilité des formes phosphates est toujours très élevée, ce qui n'est pas le cas de la forme sulfate. Ces nouvelles formes permettent enfin de déterminer avec précision les besoins des poissons et des crustacés qui étaient jusqu'à présent mal connus. Pour une croissance et une survie maximale, les apports conseillés sont maintenus à 50 mg/kg d'aliment pour de jeunes truites en croissance bien que le besoin paraisse 10 fois moins élevé qu'on ne le pensait il y a une décennie. Les besoins sont accrus au cours de la phase de maturation sexuelle ainsi que lors du développement embryonnaire et larvaire. L'effet de « mégadoses » sur les différentes réponses du système immunitaire fait encore l'objet de recherches.

Tocophérols (vitamine E)

La vitamine E comprend toute une série de CAV appartenant à la famille des tocophérols, molécules formées d'un double noyau (tocol) et d'une chaîne latérale (phytyl). L'α-tocophérol a une activité beaucoup plus grande que les autres formes. Cette vitamine a un rôle fondamental chez tous les êtres vivants en donnant naissance à des radicaux libres stables (radicaux tocophéryl) qui bloquent les chaînes de réactions radiculaires. Elle protège ainsi de nombreuses molécules contre l'oxydation : vitamine A, caroténoïdes, co-enzyme Q, AG à longue chaîne polyinsaturés (AGLPI). Elle agit en synergie avec le système de la glutathion peroxydase (donc le sélénium) et la vitamine C entre autres, bien que son caractère liposoluble tende à la répartir dans des compartiments différents de l'organisme.

Chez les poissons, l'un de ces rôles acquiert une importance particulière, celui de la protection des AGPLI n-6 et surtout AGLPI n-3, qui sont très abondants dans les phospholipides (chap. 7). De ce fait, le tocophérol est indispensable à l'intégrité des membranes cellulaires, il a aussi un rôle dans la protection des lipides en général vis-à-vis de l'oxydation et, *post mortem*, il favorise la conservation de la chair en freinant le rancissement. Cette vitamine possède également d'autres fonctions, elle intervient dans les mécanismes d'agrégation plaquettaire (via la synthèse des prostaglandines) et d'hémolyse. Deux autres rôles majeurs sont à souligner : la stimulation des mécanismes immunitaires et le maintien des fonctions de reproduction. Ce dernier rôle paraît très secondaire voire inexistant chez les vertébrés supérieurs mais il est réel chez les poissons et les crustacés, le tocophérol méritant alors son nom historique de vitamine anti-stérilité.

La carence en vitamine E se traduit en premier par un symptôme caractéristique, la dystrophie musculaire qui est une dégénérescence de ce tissu. On observe également des œdèmes, l'exsudation de lymphe verdâtre, une anémie, une fragilité des érythrocytes ainsi que, parfois, une dépigmentation. Chez les reproducteurs la fertilité est réduite. Les cas de carence ne sont pas exceptionnels dans les élevages de poissons. Le besoin est difficile à définir en raison des interactions entre tocophérols et acide ascorbique d'une part, AGLPI d'autre part. Il est actuellement estimé à 50 mg/kg d'aliment pour l'obtention d'une croissance et d'une survie maximales. Les effets d'interaction entre les deux vitamines antioxydantes restent cependant à étudier dans les conditions pratiques. Les antioxydants de synthèse jouent dans une certaine mesure un rôle similaire aux tocophérols mais ils ne sont pas actifs *in vivo*, ils n'agissent que sur la protection des molécules fragiles avant absorption. Rappelons que, à l'opposé, l'acétate d'α-tocophérol n'est pas actif dans l'intestin avant d'être hydrolysé par les estérases de la paroi intestinale, conversion qui précède de peu l'absorption.

Des doses excédant le besoin contribuent à protéger les lipides corporels de la peroxydation lors du stockage et de la commercialisation. Les excès de tocophérol paraissent assez peu nocifs peut-être parce que cette vitamine se stocke aisément dans la totalité des lipides de l'organisme.

Calciférol (vitamine D)

Cette vitamine, dont la formule figure dans l'encadré p. 202 est la seule vitamine assimilable uniquement à une pro-hormone. C'est le précurseur du 1,25 dihydroxycholécalciférol ($1,25(OH)_2D_3$) nécessaire à la régulation du métabolisme phospho-calcique. Il existe deux CAV de la vitamine D : l'ergocalciférol (D_2), molécule présente surtout chez les végétaux et le cholécalciférol (D_3). Ces deux molécules sont des stéroïdes pourvus de trois noyaux et d'une chaîne latérale issue de l'ouverture du noyau stérol et ne diffèrent que par un groupement méthyl fixé sur la chaîne latérale de la molécule. L'efficacité relative de ces deux formes est extrêmement variable d'un groupe zoologique à l'autre. Chez les poissons, l'ergocalciférol est trois fois moins actif que le cholécalciférol. Cette dernière molécule dérive, chez les animaux, d'un composé banal, le cholestérol ; mais la réaction de synthèse nécessite le rayonnement ultraviolet si bien que le caractère vitaminique n'apparaît qu'en cas d'éclairement insuffisant, ce qui est fréquent en milieu aquatique où les rayons sont peu pénétrants.

La $1\text{-}25(OH)_2D_3$, chez les vertébrés supérieurs, règle l'homéostasie calcique, et même phosphocalcique, en agissant en synergie avec la parathormone. Son action se situe à trois niveaux : absorption intestinale (les entérocytes ont des récepteurs à cette hormone), mobilisation du calcium osseux et réabsorption rénale. En l'absence de rayonnement ultraviolet la carence en vitamine D entraîne une décalcification du squelette pouvant aller jusqu'au rachitisme, mais aussi des défauts de contraction musculaire. Comme la vitamine A, elle possède d'autres rôles encore mal élucidés qui concernent la croissance, la différenciation cellulaire et les mécanismes immunitaires.

Chez les poissons, la carence peut entraîner une certaine décalcification, mais le rachitisme vrai n'a jamais pu être observé, même en laboratoire, ce qui démontre un rôle plus réduit de la vitamine D. Cette particularité s'expliquerait par la capacité du poisson d'absorber le calcium de l'eau par les branchies, mécanisme pour lequel la vitamine D ne paraît pas requise. Mais la vitamine D retrouverait tout son rôle quand le poisson vit en eau très pauvre en calcium. La carence en vitamine D ralentit la croissance, entraîne des tétanies et perturbe l'homéostasie phosphocalcique. Le besoin déterminé, chez la truite, paraît extrêmement élevé puisqu'il s'élèverait à 2400 UI de vitamine D_3/kg d'aliment purifié alors que les valeurs préconisées pour le poulet et le porc ne sont que de 200 et 220 UI/kg d'aliment respectivement. De nouvelles recherches sur les rôles métaboliques de cette vitamine sont nécessaires pour expliquer comment un besoin si élevé pourrait être compatible avec un rôle réduit.

Quasi-vitamines et facteurs de croissance

La formule de ces deux composés est donnée dans l'encadré p. 202.

Choline

La choline est l'ammonium quaternaire de la triméthylamine. Sa synthèse est possible (il ne s'agit que d'une quasi-vitamine), à vitesse limitée du moins, à partir de l'éthanolamine (qui dérive elle-même d'un AA banal, la sérine) et de la méthionine, donneur de méthyl. Dans cette réaction, la présence d'acide folique est nécessaire au transfert des groupements méthyl. Notons que la synthèse de la choline a lieu par transformation de l'éthanolamine déjà fixée sur des phospholipides.

La choline permet le transfert de l'influx nerveux par les fibres cholinergiques (rôle physiologique de l'acéthylcholine). D'autre part, elle entre dans la composition de phosphatidylcholine. De l'abondance de ces phospholipides dans les membranes cellulaires et les lipoprotéines découle le rôle lipotrophe de la choline. En donnant naissance par oxydation à la bétaïne, donneur de groupements méthyl, la choline d'origine alimentaire assure un dernier rôle : elle permet une épargne de méthionine.

La carence en choline traduit la prépondérance du rôle lipotrophe, elle entraîne une accumulation de triacylglycérols dans le foie et d'autres perturbations du métabolisme des lipides. Les autres symptômes ne paraissent pas spécifiques. En cas d'apport pléthorique de méthionine ou de bétaïne, la carence est fortement atténuée, ce qui démontre la possibilité de synthèse. Selon les espèces, les recommandations peuvent varier considérablement : de 400 à 1000 mg/kg pour le poisson-chat et la truite respectivement. Notons que le caractère hygroscopique de la choline peut aggraver l'instabilité des autres vitamines ajoutées dans un prémélange commun.

Inositol

Cette molécule, un hexa-alcool cyclique, peut se présenter sous la forme de nombreux isomères dont un seul, le méso- ou myo-inositol, est utilisable par le poisson. L'inositol a un rôle structural en tant que constituant d'un phospholipide, le phosphatidylinositol qui peut être considéré comme la forme active de cette quasi-vitamine. De ce fait l'inositol est un facteur lipotrophe au même titre que la choline. Le phosphatidylinositol est en outre impliqué dans la traduction du signal de certains processus métaboliques par la génération des « seconds messagers » (IP_3). Synthétisée sans difficulté par les vertébrés supérieurs (sauf exception), cette molécule est connue de longue date comme une vitamine pour les arthropodes, dont les crustacés. Notons que c'est la seule « vitamine » possédant une valeur énergétique (elle est dégradée comme un glucide).

Chez les poissons on a signalé une synthèse, insuffisante, dans l'intestin de la carpe ainsi qu'une synthèse suffisante dans l'intestin et le foie chez le poisson-chat. La nature vitaminique de l'inositol n'est donc pas encore bien démontrée chez les poissons. Les signes de carence résultent, comme pour la choline, de la fonction lipotrophe ; on observe une diminution de la synthèse de phospholipides avec accumulation de lipides neutres. Les recommandations de 300 mg/kg d'aliment pour la truite proviennent de travaux préliminaires, conduits sans connaissance des concentrations en inositol de l'aliment non supplémenté. Pour les autres espèces, comme la carpe et la sériole, les valeurs estimées à partir du gain de masse corporelle ou de réserves hépatiques seraient de 300-400 mg/kg d'aliment. Peu de données sont disponibles à l'heure actuelle et, l'inositol étant un produit coûteux, il serait très important que les besoins en cette quasi-vitamine soient déterminés.

Notons que l'inositol est abondant dans les végétaux, mais sous des formes inactives, les phytates (chap. 19). Rappelons aussi qu'un insecticide courant, le lindane, est un antagoniste de l'inositol, donc une véritable antivitamine.

Facteurs de croissance

Il existe de nombreux autres composés dont la synthèse paraît insuffisamment rapide chez les animaux dans certaines circonstances. Ils ont été qualifiés de facteurs de croissance. Parmi ceux-ci figurent l'acide orotique (« vitamine B_{13} »), l'ubiquinone, la pyrroloquinoline quinone, l'acide lipoïque, la carnitine, etc. Quelques CAV (acide para-amino-benzoïque ou PAB, voir acide folique) ou des substances mal définies comme l'acide pangamique (« vitamine B_{15} ») ont même été ajoutés à la liste. Rares sont parmi ces facteurs ceux qui ont fait l'objet d'études chez les poissons. La carnitine, dont le rôle a été signalé plus haut, paraît stimuler la croissance du bar dans certaines circonstances, mais elle est extrêmement abondante dans les farines animales.

Besoins et couverture des besoins

Les besoins, comme nous l'avons indiqué p. 188, sont connus avec une précision notable chez les salmonidés où ils ont été établis à partir de régimes purifiés pour 8 vitamines. Des données plus éparses existent pour quelques espèces comme la carpe, l'anguille ou le poisson-chat. Pour les poissons marins les données sont presque inexistantes. Dans les autres cas, les nutritionnistes et les fabricants d'aliments en sont réduits à utiliser les normes établies pour les salmonidés (annexe C). Un vaste travail de détermination des besoins reste donc à faire, bien que tout porte à croire que les différences interspécifiques ne soient pas très grandes, les exceptions notables trouvées à ce jour (vitamine D_3) demandant confirmation.

Compte tenu des phénomènes de lessivage, d'instabilité et de disponibilité, le problème pratique de la couverture des besoins peut être abordé à l'aide des équations suivantes :

$$B_{total} = B_{entretien} + B_{croissance} + B_{reproduction} + I_{autres\ nutriments} + I_{milieu}$$

$$R = [B_{total} + P_{fabrication} + P_{stockage} + P_{lessivage} + f_{(densité\ élevage)}] \times 1/D$$

où B = besoin $\qquad$ P = pertes
I = interaction $\qquad$ $f(\ )$ = facteur fonction de
R = recommandation $\qquad$ D = disponibilité

En pratique, des marges de sécurité très confortables sont de rigueur : les apports du complément vitaminique équivalent souvent au double des besoins et ceux des matières premières ne sont pas pris en compte. Ces précautions atténuent ainsi les conséquences du manque de connaissances.

Conclusion

Les différences entre poissons et vertébrés supérieurs en matière de nutrition vitaminique sont en somme très minimes. Certes il existe chez les poissons, et apparemment chez eux seulement, une autre forme de rétinol qui a été appelée vitamine A_2, mais l'efficacité de la forme usuelle est tout aussi grande. Le poisson a également besoin de deux quasi-vitamines : la choline, également nécessaire aux oiseaux et l'inositol, ce qui le rapproche davantage des invertébrés. Deux vitamines, le calciférol et la vitamine K, paraissent avoir un rôle plus limité chez les poissons que chez les vertébrés supérieurs, mais, à l'inverse, les vitamines E et C ont une importance plus grande, d'un point de vue appliqué tout au moins. La détermination des besoins quantitatifs, encore mal connus pour de nombreuses espèces, constitue cependant l'axe de recherche prioritaire.

Références bibliographiques

COMBS G.F. Jr., 1992. *The vitamins - Fundamental aspects in nutrition and health.* Academic Press, San Diego. 528 p.

HALVER J.E., 1972. The role of ascorbic acid in fish disease and tissue repair. *Jap. Soc. Sci. Fish,* 38, p. 79-92.

HALVER J.E., 1989. *The vitamins. In :* J.E. Halver, *Fish nutrition,* Academic Press, San Diego, p. 31-109.

LE GRUSSE J., WATIER B., 1993. *Les vitamines. Données biochimiques, nutritionnelles et cliniques.* Centre d'études et d'information sur les vitamines. Produits Roche, Neuilly sur Seine. 303 p.

NRC (National Research Council), 1993. *Nutrient requirements of fish.* National Academy Press, Washington D.C. 20418, 114 p.

WOODWARD B., 1994. Dietary vitamin requirements of cultured young fish, with emphasis on quantitative estimates for salmonids. *Aquaculture,* 124, p. 133-168.

10
NUTRITION MINÉRALE

Tout comme les animaux terrestres, les poissons ont besoin de minéraux qui sont des constituants de certains tissus (formations squelettiques surtout) ou de certaines molécules, servent de co-facteurs enzymatiques et participent à l'équilibre ionique intra- et extra-cellulaire ainsi qu'à la régulation des fonctions endocrines. Sept macro-minéraux et quinze oligo-éléments sont connus pour avoir un rôle physiologique certain chez la plupart des animaux. Mais, chez les poissons ou les crustacés, un besoin nutritionnel qualitatif n'est clairement établi que pour onze d'entre eux (tabl. 10.1).

La capacité des poissons, comme des autres animaux aquatiques, d'absorber des minéraux à partir de l'eau, a freiné l'acquisition des connaissances. C'est dans le domaine de la nutrition minérale des animaux aquatiques que nos connaissances sont les plus fragmentaires. Comme, d'une manière générale, les fonctions des macro-minéraux et oligo-éléments sont très diverses, allant du rôle plastique (constitution tissulaire) au rôle catalytique (activités enzymatiques), il s'ensuit une grande hétérogénéité dans les teneurs tissulaires et dans les besoins quantitatifs. En outre, il n'existe pas de corrélation entre teneur tissulaire et besoins comme c'est le cas pour d'autres nutriments, les acides aminés indispensables par exemple.

Particularités de la nutrition minérale

Quelques généralités

Les mécanismes d'absorption intestinale varient selon l'élément considéré : diffusion passive, transport actif avec ou sans l'intervention de ligands spécifiques. Ainsi, pour le fer, l'absorption des apports alimentaires s'effectue par la liaison à une protéine présente dans le mucus intestinal (couple apoferritine - ferritine). Mais une absorption via les branchies semble possible. Pour d'autres

Tableau 10.1. Macro-minéraux et oligo-éléments ayant un rôle nutritionnel confirmé chez les poissons.

Macro-minéraux	Oligo-éléments
Calcium (Ca)	**Fer (Fe)**
Phosphore (P)	**Zinc (Zn)**
Potassium (K)	**Manganèse (Mn)**
Magnésium (Mg)	**Cobalt (Co)**
Sodium (Na)	**Cuivre (Cu)**
Chlore (Cl)	**Iode (I)**
Soufre (S)*	**Sélénium (Se)**
	Fluor (F)
	Nickel (Ni)
	Vanadium (V)
	Silicium (Si)
	Etain (Sn)
	Chrome (Cr)
	Aluminium (Al)

En gras : éléments pour lesquels un besoin nutritionnel quantitatif est clairement établi chez les poissons ou les crustacés.

* Élément généralement considéré comme organique, au même titre que le carbone ou l'azote, par suite de la non-disponibilité du soufre inorganique.

éléments (zinc, cuivre), des mécanismes similaires existent mais on connaît très mal l'importance respective des voies branchiale et intestinale. A *fortiori*, la régulation des mécanismes dans l'un et l'autre organe en fonction de l'apport alimentaire et de la teneur de l'eau demeure presque inconnue, tant chez les poissons d'eau douce que chez les poissons marins. Rappelons seulement que l'absorption globale des oligo-éléments, chez un poisson adapté, correspond très certainement à une régulation homéostatique, les subcarences entraînant une plus grande efficacité des mécanismes d'absorption et les légers excès ayant l'effet opposé (analogie avec fig. 9.1, chap. 9). S'ajoutent à cela des problèmes de disponibilité liés tant à l'animal (stade, espèce) qu'à la forme d'apport et aux nombreuses interactions qui existent aussi bien entre ces éléments eux-mêmes qu'entre ces éléments et d'autres constituants de la ration. Les voies d'élimination sont aussi multiples : excrétion rénale, élimination par voie branchiale, biliaire, fécale, ou éventuellement épidermique. Les phénomènes de toxicité dus aux excès d'oligo-éléments sont fréquents, l'excès pouvant provenir, non seulement de l'aliment, mais aussi de l'eau. Signalons que les travaux relatifs à la toxicité des métaux lourds présents dans le milieu aquatique sont très nombreux, à l'opposé des travaux sur les besoins.

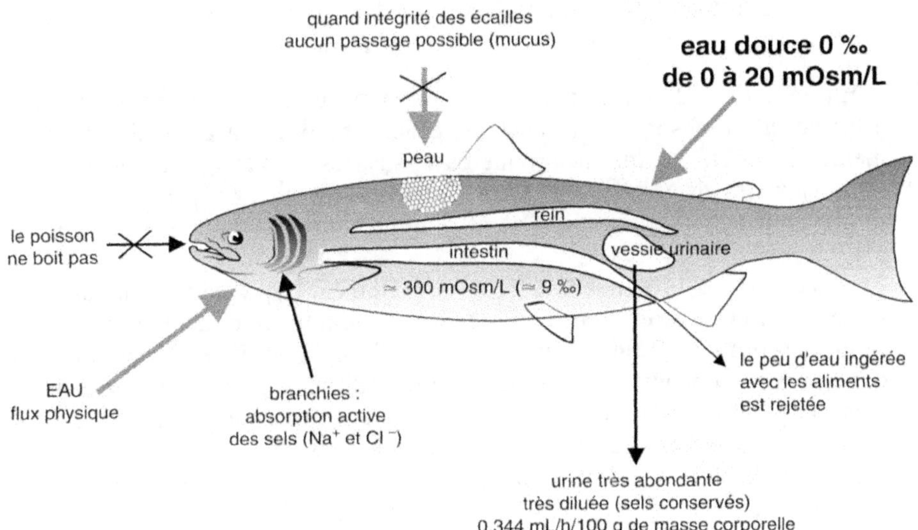

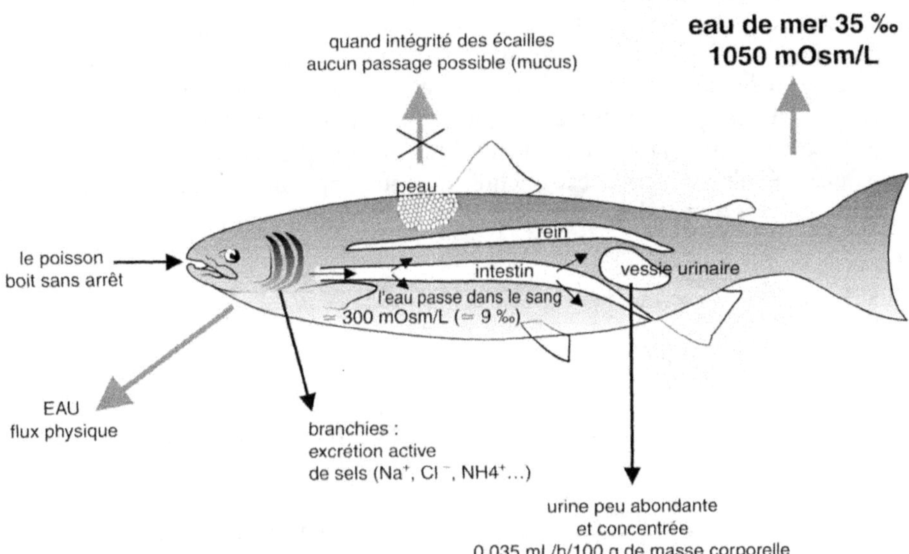

Figure 10.1. Échanges ioniques chez la truite, poisson euryhalin, et le milieu, selon qu'il s'agit d'eau douce ou d'eau salée (d'après Bœuf, 1987).

Interactions entre milieu, apports nutritionnels et besoins

En milieu aquatique, la maîtrise de l'apport alimentaire est intimement liée à la capacité d'absorption (branchies, peau, voie orale) à partir du milieu lui-même. En effet, comme mentionné ci-dessus, les animaux aquatiques sont les seuls capables de trouver en dehors de leurs aliments un certain nombre de macro-minéraux (Na, Cl, K, Ca) et oligo-éléments (notamment Fe, Zn, Mn, Mg, Cu, I, Co).

En eau douce, le milieu extérieur est fortement hypotonique par rapport au milieu intérieur. La différence de pression osmotique entraîne une perte de sels et une absorption d'eau via la peau avec élimination rénale d'une urine très diluée mais abondante en volume (environ 100 mL/kg/jour). Au niveau branchial, la perte de sodium est compensée par une efficacité accrue de la pompe à sodium. Les concentrations en minéraux dissous sont souvent faibles et surtout très variables ; le rôle des apports alimentaires est important (fig. 10.1).

En eau salée, le milieu extérieur est très hypertonique par rapport au milieu intérieur. La pression osmotique entraîne une déshydratation et une absorption très importante des sels via les téguments. Il s'ensuit la nécessité d'absorber par voie orale de grandes quantités d'eau. Celle-ci est salée, donc très ionisée. L'excès d'ions est éliminé par voie rénale (l'urine étant très concentrée), par voie branchiale prépondérante pour le chlore et le sodium, ainsi que par voie intestinale, pour les ions divalents (fig. 10.1). La possibilité d'apport de minéraux par le milieu est très probablement bien plus grande qu'en milieu dulçaquicole puisque les teneurs en sels minéraux dissous sont beaucoup plus élevées et presque constantes et que les poissons sont obligés de boire continuellement pour maintenir leur équilibre osmotique. Bien que cette assertion paraisse évidente, elle n'est encore, en toute rigueur, étayée que par peu de données expérimentales.

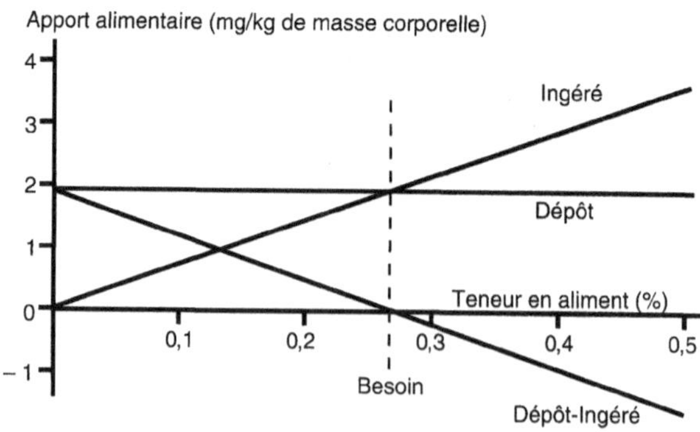

Figure 10.2. Relation entre l'apport alimentaire en potassium et le dépôt chez le poisson-chat. Le « besoin » correspond à l'absence d'apport par l'eau (d'après Wilson et El Naggar, 1992).

La définition du besoin alimentaire est, dans ces conditions, délicate. On s'accorde généralement à appeler « besoin » l'apport permettant à l'animal d'effectuer un dépôt optimal dans ses tissus, même si l'apport via l'eau est nul. Comme ce dernier est souvent suffisant, il faut avoir recours aux relations schématisées (fig. 10.2).

Macro-éléments

Les principaux rôles, les symptômes de carence et les sources de macroéléments sont résumés dans le tableau 10.2, les besoins étant regroupés dans le tableau 10.3.

Calcium

Le calcium est indispensable au développement et à la croissance squelettiques (structures osseuses), au maintien de l'équilibre osmotique, à l'activité musculaire et au fonctionnement du système nerveux. Il intervient aussi dans la coagulation sanguine et dans la régulation de sécrétions hormonales (calcitonine, prolactine, catécholamines, parathyroïde...). Une carence alimentaire en calcium induit rarement une diminution de la croissance des poissons. En effet leur squelette est réduit comparativement à celui des vertébrés terrestres de même taille ; par ailleurs, les besoins quantitatifs peuvent être couverts à plus de 50-60 % par l'eau. En milieu dulçaquicole, le besoin alimentaire peut varier en fonction de la concentration en calcium (dureté) de l'eau. Chez les poissons marins, la capacité d'absorption et par conséquent le besoin alimentaire en calcium semblent varier. Durant le développement précoce, une carence peut entraîner une déformation du crâne et des vertèbres. Cependant, dans certaines conditions (jeûne prolongé, maturation sexuelle, deux états observés simultanément chez le saumon en migration anadrome), on peut observer une décalcification intense, surtout au niveau des écailles. Chez les espèces sans écailles, la mobilisation s'effectue à partir du squelette qui se déminéralise bien que le rachitisme vrai soit inconnu.

Les sources alimentaires principales de calcium sont les farines d'origine animale (farines de poisson ou de viande). Chez le poisson, c'est surtout au niveau du squelette (plus de 30 % de Ca) et des écailles (plus de 80 %) que la teneur en calcium est la plus élevée. Le calcium des écailles constitue en général la réserve la plus mobilisable. Dans la chair des poissons, la teneur peut varier de 0,02 à 0,5 % de la matière fraîche. L'interaction entre le calcium et d'autres nutriments (vitamine D, Mg et Zn) est également établie chez les poissons bien que le rôle de la vitamine D paraisse réduit (chap. 9).

Tableau 10.2. Sources, rôles et symptômes de carences des macro-éléments chez les poissons.

Macro-minéraux	Sources	Rôles	Interactions	Symptômes de carence
Calcium	Eau Matières premières d'origine animale Sels inorganiques	Croissance osseuse Coagulation sanguine Co-facteur enzymatique Neurotransmission	Vit. D P, Zn, Mg	Diminution de la croissance Décalcification des os, des écailles
Phosphore	Matières premières d'origine animale et végétale Sels inorganiques (phosphates mono- ou bicalcique)	Croissance osseuse Métabolisme énergétique Constituant cellulaire et membranaire Constituant de co-enzymes : $NADP^+$, thiamine pyrophosphate, phosphate de pyridoxal, co-enzyme A	Ca, Mg, Mn Vit. PP Vit. B_1 Vit. B_6	Diminution de la croissance Déformations du crâne et des vertèbres Déminéralisation Augmentation des dépôts lipidiques Diminution du P sanguin, de l'hématocrite Augmentation de la phosphatase alcaline sérique Diminution du glycogène hépatique
Magnésium	Eau ($-$) Matières premières d'origine animale et végétale Sels inorganiques	Croissance Intégrité musculaire Respiration, métabolisme énergétique Co-facteurs enzymatiques Métabolisme thyroïdien	Protéines Ca, P	Dégénérescence musculaire Déformation des vertèbres Diminution de la concentration tissulaire en Mg Calcinose, anorexie, convulsions Augmentation du volume du fluide extra-cellulaire Diminution de la croissance Diminution de l'activité de la SOD Cataracte
Potassium	Eau ($+$) Matières premières d'origine végétale	Régulation enzymes : Na^+-K^+-ATPase phosphofructokinase Osmorégulation Équilibre ionique intra-cellulaire Contraction musculaire Neurotransmission	Na	Diminution de la croissance Convulsions Tétanie
Sodium	Eau ($-$) Matières premières d'origine animale	Équilibre ionique extra-cellulaire Osmorégulation Régulation enzymes	K, Cl	

($-$) source secondaire   ($+$) source importante

Tableau 10.3. Besoins nutritionnels en macro-minéraux (% de la matière sèche) et en oligo-éléments (ppm) chez quelques espèces.

	P	Ca	Mg	K	Zn	Mn	Co	Cu	I	Fe	Se
Saumon de l'Atlantique**	0,6					20		6		60	
Saumons du Pacifique	0,6			0,8	R***	R***			0,6		R***
Poisson-chat américain	0,45	0,45*	0,04	0,26	20	2,4		5		30	0,25
Carpe commune	0,65	0,3	0,05		25	13	0,10	3		150	
Tilapia	0,90	0,65*	0,06		10	12		3,5			
Ombrine	0,86				20						
Truite	0,5-0,8	0,03-0,24	0,05		15-20	12		3			0,15-0,4
Anguille	0,3		0,14							170	
Daurade japonaise		0,34								150	

* eau sans Ca

** en eau douce et en eau de mer

*** élément indispensable (requis) mais besoin non quantifié.

Phosphore

Le phosphore est, comme le calcium auquel il est associé, présent sous forme d'hydroxyapatite dans les tissus osseux. L'endosquelette des poissons contient environ 15 % de phosphore. Mais cet élément est présent également pour plus d'un tiers dans les tissus mous (phospholipides, acides nucléiques, composés riches en énergie, etc.). Constituant cellulaire et membranaire indispensable pour les réactions de phosphorylation, il joue un rôle de premier plan dans les métabolismes azoté, lipidique, glucidique et énergétique. La chair des poissons contient de 0,2 à 0,8 % de phosphore.

Une carence en phosphore se traduit par une diminution de la croissance squelettique et massale. La minéralisation de la colonne vertébrale est très dépendante de l'apport en phosphore. D'autres symptômes de carence sont un excès du dépôt lipidique et une augmentation de l'activité de certaines enzymes (phosphatase alcaline, enzymes impliquées dans la néoglucogénèse).

Les poissons ne peuvent couvrir leurs besoins par l'absorption branchiale ou cutanée. Même si une absorption du phosphore d'origine environnementale a été démontrée chez les salmonidés, elle est faible et ne peut couvrir qu'une très faible part des besoins et un apport alimentaire est indispensable. Le phosphore est, parmi tous les macro-minéraux, celui pour lequel l'apport nutritionnel doit couvrir la plus grande part du besoin. Chez les différentes espèces d'intérêt aquacole, on estime, à l'heure actuelle, que le besoin en phosphore se situe entre 0,5 et 0,9 % de l'aliment, et que ce minéral est celui dont le besoin alimentaire est le plus coûteux à couvrir. Contrairement aux animaux terrestres, pour lesquels on a pu déterminer avec précision le rapport calcium/phosphore idéal, rien de tel n'existe chez les poissons sauf, semble-t-il, pour des apports excessifs de phosphore où un apport Ca/P de 1 (base massale et non molaire) paraît souhaitable. Ceci résulte d'une part des variations de la qualité de l'eau qui peuvent agir sur le besoin en calcium et, d'autre part, de la variabilité dans la disponibilité en phosphore contenu dans les matières premières.

Un des problèmes liés au phosphore en élevage aquacole est celui d'un apport optimal permettant de couvrir le besoin tout en évitant un excès de catabolites phosphorés. En effet, l'excès de phosphates peut entraîner une eutrophisation des milieux naturels (dégradation de la qualité de l'eau, cf. ci-dessous). De ce fait, le besoin nutritionnel et la disponibilité en phosphore ont plus retenu l'attention que ceux d'autres minéraux.

Les sources protéiques d'origine végétale (à l'exception des levures) sont riches en phosphore phytique dont la disponibilité est au mieux de l'ordre de 40 à 60 % chez les poissons. L'acide phytique (acide inositol hexaphosphorique) peut se lier aux ions Zn^{2+}, Fe^{2+} ou Ca^{2+}, diminuant ainsi leur absorption intestinale et jouant ainsi le rôle de « déminéralisant » (chap. 19). On peut améliorer la disponibilité du phosphore phytique par l'ajout de phytases (d'origine microbienne par exemple) dans les aliments. Il semble aussi que les crustacés soient capables d'utiliser le phosphore phytique bien que l'enzyme responsable d'une activité phytasique n'ait pas été identifiée. Les sources inorganiques les plus solubles (phosphates mono- ou bicalciques) ont en général une plus grande disponibilité que les sels moins solubles, tel que le phosphate tricalcique. Une variabilité entre espèces agastres et espèces pourvues d'estomac est également importante. L'absence de zone à pH acide empêche la solubilisation de sels comme le phosphate bicalcique ; de ce fait la disponibilité chez les salmonidés est plus élevée que chez les espèces agastres comme la carpe (tabl. B.3 p. 455).

La prise en compte des effets éventuels d'un relargage excessif du phosphore dans le milieu aquatique a récemment conduit à adopter des normes rigoureuses sur la quantité maximale d'apport en phosphore dans les aliments piscicoles. Compte tenu de l'importance que revêt un apport suffisant en phosphore disponible pour la croissance et le métabolisme, et compte tenu de l'amélioration de l'indice de consommation, il serait judicieux de raisonner en termes de besoin absolu (quantité nécessaire par unité de gain de masse) plutôt qu'en termes de concentration dans les aliments. Dans ce domaine, il conviendra de s'appuyer sur une connaissance précise des besoins nutritionnels et de la disponibilité du phosphore dans les ingrédients. Il convient de réaliser des apports alimentaires en adéquation avec le besoin et la disponibilité, en évitant tout excès d'apport sous forme organique ou inorganique. L'ajout d'enzymes telles que la phytase ne sera intéressant, si le coût des enzymes est compétitif, que dans les aliments très riches en matières premières d'origine végétale.

Magnésium

La teneur en magnésium dans la chair des poissons est de l'ordre de 20 à 100 mg/100 g. Ce métal est aussi un constituant majeur du tissu osseux. Son métabolisme présente des similitudes avec celui du calcium. Le magnésium est un co-facteur impliqué dans de nombreuses réactions enzymatiques en relation avec le phosphore (pyruvate kinase, phosphokinase, phosphatase, ATP Mg dépendante, etc.) intervenant dans l'osmorégulation, la synthèse protéique et la croissance.

Une carence en magnésium se traduit par des symptômes tels que diminution de la croissance, anorexie, déformation squelettique, calcinose rénale et dystrophie musculaire. Le besoin en magnésium des poissons d'eau douce est relativement faible (0,05-0,1 %) et peut être, au moins en partie, couvert par l'eau qui en contient de 1 à 3 mg/L. Une interaction avec la teneur en protéines de la ration semble exister, les aliments riches en protéine nécessitant un apport en magnésium plus important. Un besoin alimentaire n'est pas démontré chez les poissons marins.

La disponibilité du magnésium dans les matières premières d'origine végétale est assez élevée. Une supplémentation avec des sels inorganiques ne devient indispensable que dans les cas des aliments purifiés. La quantité et la disponibilité du magnésium dans les farines de poissons peuvent varier quelque peu. Dans les sels inorganiques ($MgCl_2$), la disponibilité est supérieure à 75 % chez les salmonidés.

Sodium, chlore et potassium

Ces trois éléments à l'état d'ions sont responsables du maintien de l'équilibre ionique extra-cellulaire (Na^+ et Cl^-) ou intra-cellulaire (K^+). Dans l'osmorégulation, le rôle que jouent la Na^+-K^+ ATPase et les cellules à chlorure est de ce point de vue très significatif. Par ailleurs, l'action de l'ion chlorure est d'une importance capitale dans la digestion gastrique. Le milieu aquatique est généralement riche en ions Na^+ et Cl^- et un besoin « alimentaire » en sodium et chlore n'est pas démontré. Cependant, un effet bénéfique d'un apport massif de chlorure de sodium (de 4 à 10 % de l'aliment) sur l'adaptation physiologique des salmonidés lors du transfert en mer a été démontré : il prédispose le poisson à l'osmorégulation en milieu marin. Un apport alimentaire en potassium paraît indispensable, surtout avec des aliments purifiés. Une carence induit anorexie, tétanie et convulsions pouvant se traduire par des mortalités massives. Le besoin quantitatif établi pour quelques espèces d'eau douce montre une variabilité assez grande (0,3 à 1,2 %) sans doute liée à la concentration en potassium du milieu.

Oligo-éléments

Les principaux rôles, les symptômes de carence et les sources d'oligo-éléments sont résumés dans le tableau 10.4, les besoins dans le tableau 10.3.

Fer

Le fer est indispensable pour la synthèse de l'hémoglobine. Il intervient ainsi dans de nombreuses réactions enzymatiques liées à l'oxydoréduction (catalases, cytochrome oxydase, peroxydase). Une carence en fer induit une anémie hypochromique microcytique avec une diminution de l'hématocrite et de la concentration sanguine en fer. Les poissons sont capables d'absorber le fer dissous dans l'eau. Le besoin quantitatif est connu pour quelques espèces de poissons (30 à 150 mg/kg d'aliment). Un excès de fer peut conduire à une augmentation de la peroxydation des lipides, les acides gras polyinsaturés étant particulièrement sensibles. De ce fait, dans les aliments riches en matières

Tableau 10.4. Sources, rôles et symptôme de carences des oligo-éléments chez les poissons.

Oligo-éléments	Sources	Rôles	Interactions	Symptômes de carence

Fer	Eau $(-)$
	Matières premières d'origine animale
	  (farines de sang)
	Fe Cl$_2$ FeSO$_4$,
	Citrate
		Protéines :
		  hémoglobine, myoglobine,
		  cytochromes
		Respiration, coagulation
		Enzymes :
		  peroxydases, catalases
			Cu, Co, Mn, Zn
			Acide phytique
			AGPI
				Anémie (avec diminution hématocrite)
				Foie jaune
				Concentrations tissulaires
				Oxydation des lipides

Cuivre*	Eau $(+)$
	CuSO$_4$
	Matières premières d'origine animale
		Enzymes (cuproenzymes) :
		  cytochrome oxydase, SOD,
		  tyrosinase...
		Transport d'électrons, d'oxygène :
		  hémocyanine (crustacés)
			Vit. C, Zn
			Se, Fe
				Diminution de la croissance
				Cataracte
				Sensibilité à l'infection

Zinc	Eau $(-)$
	Matières premières d'origine animale
	ZnSO$_4$
		Enzymes :
		  déshydrogénases, peptidases, aldolase,
		  dismutase
			Acide phytique
			Ca, P
				Diminution de la croissance
				Cataracte, nanisme
				Hémorragies externes
				Diminution de la fécondité

Manganèse	Eau Matières premières d'origine animale MnSO$_4$	Cofacteur enzymatique	Ca, P, Acide phytique	Diminution de la croissance Anomalies squelettiques Diminution d'activité enzymatique Diminution de la fécondité

Sélénium	Eau
	Farine de poisson
	Na$_2$SeO$_3$
		Prévention de l'autoxydation
		  des lipides, cofacteur de SOD,
		  glutathion peroxidase
			AGPI
			Vit. E
				Peroxydation des lipides
				Diminution de la résistance
				  aux pathogènes
				Diminution de l'activité des enzymes

Iode	Eau $(+)$	Hormones thyroïdiennes		

$(-)$: source secondaire, $(+)$: source importante
* Toxicité : > 700 g/kg aliment et 0.8 - 1 g/L dans l'eau

grasses, il conviendra d'apporter une plus grande attention à l'apport en fer. Les crustacés, qui n'ont pas d'hémoglobine, ont un besoin plus faible que les poissons et sont plus sensibles aux excès.

Les matières premières d'origine animale, et plus particulièrement les farines de sang, sont riches en fer. Dans les aliments purifiés, un apport sous forme de sulfate ou chlorure et dans une moindre mesure de citrate permet de couvrir les besoins nutritionnels. Parmi les interactions, il conviendra de citer le rôle de la vitamine C qui affecte la disponibilité du fer : en effet le fer ferreux est absorbé plus efficacement que le fer ferrique à pH neutre et la vitamine C permet la réduction des sels ferriques en sels ferreux dans la lumière intestinale.

Cuivre

Le cuivre facilite aussi l'absorption d'autres micro-éléments comme le fer ou le zinc. Comme le fer, il est impliqué dans le transport d'électrons. En outre, l'activité de nombreuses enzymes (Cu-Zn-superoxyde dismutase ou SOD, catalase, tyrosinase, etc.) dépend de la présence du cuivre. Dans le plasma, le transport s'effectue sous forme d'une métalloprotéine, la céruléoplasmine.

Une carence alimentaire en cuivre se traduit par une diminution de l'activité de la SOD et de la cytochrome oxydase, parfois par la cataracte. Les poissons ont une tolérance plus grande vis-à-vis d'un excès d'apport alimentaire en cuivre que vis-à-vis d'une concentration élevée dans le milieu ambiant. Ils absorbent aisément le cuivre dissous qui peut ainsi poser de nombreux problèmes de toxicité. Une concentration en sulfate de cuivre ($\geq$ 0,8 mg/l) dans l'eau peut entraîner une toxicité chronique pour de nombreuses espèces. Cependant, des apports allant jusqu'à 600 mg/kg d'aliment ne semblent pas avoir d'effets néfastes chez la truite quand ils sont utilisés sur une brève période à des fins de désinfection (rôle bactéricide du sulfate de cuivre).

Les besoins en cuivre sont de l'ordre de 3 à 5 mg/kg d'aliment. Chez les crustacés, le cuivre constitue l'élément principal des protéines comme l'hémocyanine ou la cyanodine, qui jouent un rôle semblable à l'hémoglobine dans le transport d'oxygène ; le besoin paraît plus élevé que chez les poissons, mais il est mal quantifié.

Zinc

Le rôle principal du zinc est celui de co-facteur dans un très grand nombre de systèmes enzymatiques intervenant dans l'utilisation de presque tous les nutriments. Ainsi, l'activité de plusieurs aldolases, peptidases et phosphatases intervenant dans la digestion est zinc-dépendante. L'importance du zinc, du sélénium et du manganèse dans la protection contre l'autoxydation (via la SOD) est bien démontrée chez les salmonidés. Une carence en zinc induit cataracte, diminution de la croissance, nanisme et baisse des activités des phosphatases et de la SOD. L'absorption du zinc dissous qui a lieu principalement par voie branchiale est faible. Un apport alimentaire est indispensable, du moins chez les poissons d'eau douce, pour couvrir les besoins qui se situent entre 15 et 30 mg/kg.

La disponibilité du zinc est variable et dépend de nombreux autres facteurs d'origine alimentaire. L'absorption intestinale du zinc est intimement liée à la présence du calcium et du phosphore. La présence de phosphore sous forme d'hydroxyapatite (farine de poisson) ou de phytates (tourteaux d'oléagineux, céréales et co-produits) diminue considérablement la disponibilité du zinc. Parmi les sels inorganiques, la disponibilité du sulfate ou du nitrate est la plus élevée.

Manganèse

Le manganèse agit soit directement comme partie intégrante des enzymes (pyruvate carboxylase, lipase, SOD), soit comme co-facteur de nombreuses enzymes impliquées dans le métabolisme azoté, lipidique et glucidique.

Outre son effet sur les activités de la SOD, une carence en manganèse se traduit par une diminution de la croissance, un certain nanisme et par des déformations squelettiques. L'absorption à partir de l'eau est faible. Le besoin alimentaire varie entre 12 et 20 mg/kg d'aliment, selon l'espèce et les conditions d'élevage. Cependant, des valeurs plus basses sont notées pour le poisson-chat (2,4 mg/kg). Les matières premières d'origine animale sont assez riches en manganèse mais la disponibilité varie beaucoup. Parmi les sels inorganiques, les formes sulfate ou chlorure paraissent les plus intéressantes.

Sélénium

La principale fonction du sélénium réside dans la protection contre l'autoxydation des lipides membranaires, en tant que constituant majeur de l'enzyme glutathion peroxydase. Un rôle synergique entre la vitamine E et le sélénium dans la croissance musculaire est aussi démontré chez les salmonidés.

Une carence en sélénium induit une diminution de la croissance et surtout une diminution de l'activité de la glutathion peroxydase (GSH) dans le foie et dans le plasma. Il peut ainsi induire une augmentation des réactions d'oxydation des lipides *in vivo* et *post-mortem*. Cette enzyme catalyse la réaction de réduction du peroxyde de l'hydrogène ou d'autres hydro-peroxydes organiques (ROOH) permettant de diminuer la teneur en peroxydes intracellulaires qui ont des effets très néfastes sur les membranes (chap. 7).

Le besoin nutritionnel se situe entre 0,15 et 0,4 mg/kg d'aliment. Une absorption du sélénium dissous existe. Son efficacité est d'autant plus importante que la concentration dans l'eau est faible. Les farines de poisson ont des concentrations parfois élevées mais très variables en sélénium et il serait prudent d'incorporer cet élément sous forme de sélénite de sodium pour assurer une protection contre l'autoxydation surtout avec les aliments riches en matières grasses. Le seuil de toxicité est très bas, il se situe à 10 mg/kg d'aliment.

Iode

L'iode est un constituant bien connu des hormones thyroïdiennes (thyroxine ou T_4 et triiodothyronine ou T_3). Une majeure partie de l'apport en iode provient du milieu, aussi bien chez les poissons d'eau douce que chez les poissons marins.

Une carence en iode se traduit par une hyperplasie de la thyroïde. Bien que le besoin quantitatif n'ait pas été déterminé, un apport de l'ordre de 1 à 5 mg/kg d'aliment semble suffisant et nécessaire pour le bon fonctionnement du système hormonal. Dans la protection contre un certain nombre d'infections d'origine bactérienne (*bacterial kidney disease* ou rénibactériose), une supplémentation en iode (4,5 mg/kg d'aliment) semble efficace chez le saumon atlantique. Les farines de poissons sont en général riches en iode. Une supplémentation sous forme d'iodure de potassium est indispensable avec les aliments purifiés.

Autres oligo-éléments

Les données relatives aux autres oligo-éléments sont rares. Une carence en aluminium semble provoquer des désordres de la croissance chez l'anguille. Un apport en fluor (4-5 mg/kg d'aliment) est signalé comme ayant un effet bénéfique chez le saumon atlantique. Les rôles nutritionnels du chrome, du cobalt, du molybdène, du vanadium ou du silicium sont très peu connus chez les poissons.

Conclusion

D'un point de vue théorique, la nutrition minérale est l'un des secteurs les plus originaux de la nutrition des poissons qui ont la possibilité d'extraire les minéraux à la fois de l'eau et des aliments. La participation de l'une et l'autre source demeure cependant encore mal connue alors que la connaissance des mécanismes impliqués devrait apporter un éclairage sur les différences possibles entre espèces marines et dulçaquicoles. Les rôles nutritionnels et physiologiques des différents macro-minéraux et des oligo-éléments sont semblables chez les poissons et chez les animaux supérieurs. De même les données actuellement disponibles montrent que les besoins qualitatifs sont, dans leurs grandes lignes, comparables dans les deux groupes. Les données quantitatives sont cependant peu nombreuses, la nutrition minérale constitue le domaine le moins bien connu de la nutrition des poissons.

À première vue, et sur un plan strictement économique, cette lacune peut paraître acceptable puisque les minéraux, phosphore excepté, n'ont qu'une faible incidence sur le coût de l'alimentation des poissons. Les matières premières couramment utilisées dans l'alimentation des poissons (farine de poissons, tourteaux) et les eaux des piscicultures ont cependant des teneurs en minéraux très variables. Compte tenu de l'importance de ces éléments dans la physiologie générale et le métabolisme, ainsi que de leurs interactions avec d'autres nutriments, il conviendrait en premier lieu de se doter des méthodologies permettant d'affiner les besoins alimentaires en fonction de la composition du milieu aquatique.

Références bibliographiques

BŒUF G., 1987. Bases physiologiques de la salmoniculture : osmorégulation et adaptation à l'eau de mer. *La Pisciculture Française*, 87, p. 28-41.

LALL S.P., 1989. The minerals. *In* J.E. Halver. *Fish nutrition* (2nd édition). Academic Press, San Diego, p. 219-257.

NRC (National Research Council), 1993. *Nutrient requirements of fish*. National Academy Press Washington D.C. 20418, 14 p.

WILSON R.P., EL NAGGAR G., 1992. Potassium requirement of fingerling channel catfish, *Ictalurus punctatus. Aquaculture*, 108, p. 169-175.

11

CAROTÉNOÏDES ET PIGMENTATION

Les caroténoïdes sont des pigments liposolubles dont la gamme de couleur s'étend du jaune au rouge profond. Très répandues dans les règnes végétal et animal, ces substances ont éveillé l'intérêt des chercheurs depuis les années cinquante. Le nombre de caroténoïdes naturels actuellement connus est d'environ six cents. Ce ne sont pas des nutriments au sens classique du terme, mais des substances que les animaux ne peuvent synthétiser. Ces composés ne sont généralement pas considérés comme indispensables, mais ils peuvent jouer, chez les invertébrés comme chez les vertébrés, divers rôles encore imparfaitement connus dont le plus évident est celui de pigment. L'essentiel des travaux sur les caroténoïdes concerne, parmi les animaux aquatiques, les salmonidés (et à un moindre degré certains cyprinidés) ainsi que les crevettes pénéides, en raison de l'importance économique de la pigmentation. En effet, la couleur rose de la chair des salmonidés ou celle de la carapace des crevettes est considérée comme une composante de la qualité. Dans ces cas, la couleur est due à certains pigments caroténoïdes d'origine alimentaire dont les plus importants sont deux céto-caroténoïdes, la canthaxanthine et l'astaxanthine. Les poissons, à la différence des crustacés, ne peuvent synthétiser ces derniers pigments à partir de caroténoïdes plus simples. Dans la nature, les caroténoïdes sont apportés par les proies naturelles. En aquaculture intensive, ils le sont par l'aliment. La majeure partie des études portant sur les caroténoïdes des crustacés a eu pour objet de démontrer les mécanismes biochimiques d'inter-conversion de ces pigments. C'est pourquoi, dans ce qui suit, nous aborderons les relations existantes entre les caroténoïdes et la pigmentation essentiellement chez les salmonidés, renvoyant le lecteur, pour les autres aspects du métabolisme des caroténoïdes, aux ouvrages cités en référence.

Efficacité pigmentaire des caroténoïdes

L'aspect le plus important pour les pisciculteurs et les fabricants d'aliments est l'efficacité pigmentaire des caroténoïdes. Elle est déterminée par leur structure, leur teinte spécifique, leur digestibilité, leur conversion métabolique et leur affinité spécifique pour un tissu particulier.

Structure

Les caroténoïdes sont des substances polyéniques caractérisées par un système de doubles liaisons conjuguées (fig. 11.1). Leur molécule dérive de huit chaînes isopréniques rangées symétriquement autour d'une double liaison centrale pour former un tétraterpène (le terpène est une molécule en C_{10}, et par conséquent le tétraterpène une molécule en C_{40}). Le nombre de doubles liaisons conjuguées varie de 7 à 15 mais il est généralement de 11 pour les caroténoïdes des poissons. De cette structure chimique particulière résulte la possibilité d'un grand nombre de stéréoisomères géométriques. Dans la nature, les isomères tout-E (anciennement tout-trans) sont les plus abondants. Cependant, l'analyse a mis en évidence des formes Z-E (anciennement cis-trans) en proportion non négligeable. La présence de nombreuses doubles liaisons est

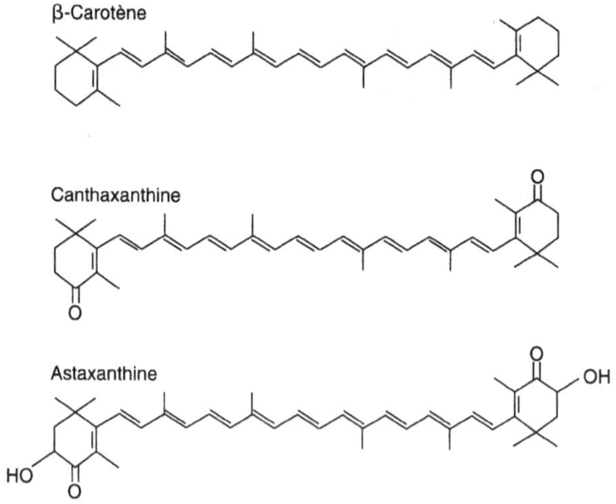

β-Carotène

Canthaxanthine

Astaxanthine

Figure 11.1. Formule développée de quelques caroténoïdes des animaux aquatiques.

aussi la cause de l'instabilité de ces pigments. Les caroténoïdes sont facilement détruits et deviennent incolores sous l'action de températures élevées ou de la lumière. Parmi les caroténoïdes les plus répandus chez les salmonidés, on retiendra (fig. 11.1) :

– le β-carotène (β, β-carotène). Ce caroténoïde fait partie des substances naturelles les plus répandues. Sa structure présente deux cycles β-ionone terminaux ;

– la canthaxanthine (β, β-carotène-4-4′-dione). Ce pigment possède deux groupes cétoniques en position 4 et 4′ ;

– l'astaxanthine (3,3′-dihydroxy-β, β-carotène 4, 4′-dione). Ce pigment rouge possède deux groupes hydroxyle en position 3 et 3′ et deux groupes cétoniques en position 4 et 4′. C'est le pigment naturel principal des salmonidés et de nombreux crustacés. Il peut se trouver sous forme libre ou sous forme estérifiée (mono ou diester).

D'autres pigments sont détectés plus rarement et généralement en quantité réduite. Ils représentent aussi pour certains d'entre eux des intermédiaires importants dans le métabolisme pigmentaire. On peut d'ailleurs admettre que leur faible concentration ou même leur absence apparente est due dans certains cas à la rapidité de leur transformation. La canthaxanthine et l'astaxanthine sous forme libre, synthétisées industriellement, sont aujourd'hui utilisées en aquaculture intensive.

Teinte spécifique

La couleur des caroténoïdes est causée par le chromophore constitué d'au moins 7 doubles liaisons conjuguées. Ces pigments sont généralement de couleur jaune à rouge. Alors que le β-carotène est orange, la canthaxanthine a un chromophore plus long et par conséquent absorbe la lumière à une longueur d'onde plus élevée. Elle paraît donc plus rose. L'astaxanthine a le même chromophore que la canthaxanthine. Les sources naturelles de caroténoïdes contiennent toujours un mélange de différents pigments, dont la concentration n'est pas constante. La teinte dépend alors de la proportion relative des différents caroténoïdes.

Digestibilité ou disponibilité

Après ingestion, les pigments caroténoïdes peuvent être éliminés en l'état dans les fèces, absorbés, ou transformés. Les produits de transformation peuvent, à leur tour, être éliminés ou réabsorbés par la muqueuse intestinale. Il est à noter qu'aucune transformation de la canthaxanthine n'a été observée chez la truite.

Les caroténoïdes étant des composés liposolubles, leur absorption est liée à celle des lipides et leur digestibilité est influencée par la teneur de l'aliment en lipides. Ainsi, l'astaxanthine contenue dans l'huile de capelin a une digestibilité plus élevée (85-90 %) que celle de la farine de crevette (75-80 %). La digestibilité dépend essentiellement de la nature et de la forme des caroténoïdes. Ainsi, celle de l'astaxanthine peut varier de 10 à 60 % et parfois plus selon son origine alors que celle de la canthaxanthine n'atteint que 20 à 30 %. La digestibilité de l'astaxanthine est plus élevée quand la molécule est sous forme estérifiée que sous forme libre. Cependant, le dipalmitate d'astaxanthine paraît mal utilisé par les salmonidés. La meilleure digestibilité des formes estérifiées est cependant sujette à controverse : l'astaxanthine existant sous trois formes (diester, monoester et forme libre) dont deux subissent une hydrolyse dans le tractus digestif, l'analyse des fèces ne permet de déceler qu'une forte proportion de forme libre. Ceci laisse croire à une meilleure absorption des esters alors qu'il peut s'agir d'un artefact : comme pour d'autres nutriments, la digestibilité, qui n'est qu'une estimation par différence de ce qui a été effectivement absorbé, peut être biaisée par la dégradation des caroténoïdes dans le tractus digestif.

Une autre façon d'étudier la disponibilité des caroténoïdes est la mesure des quantités de pigments contenus dans le sang des poissons. La canthaxanthine se retrouve dans le sérum dès 3 heures après le repas d'épreuve. La concentration maximale est atteinte 24 heures après l'ingestion. Pour l'astaxanthine, ces durées sont réduites (fig. 11.2A). Pour un même niveau d'ingestion, la teneur du sérum en astaxanthine est supérieure (d'environ 2 à 3 fois) à celle de la canthaxanthine. Les concentrations en caroténoïdes dans le sang décroissent en moins de 3 jours après toute cessation de supplémentation en caroténoïdes. La décroissance est comparable pour l'astaxanthine et la canthaxanthine (fig. 11.2B). Toutefois, on observe chez les salmonidés une grande variabilité individuelle, encore inexpliquée, dans la capacité d'absorption des caroténoïdes.

Conversion métabolique

Une classification reposant sur l'aptitude des animaux aquatiques à métaboliser divers pigments caroténoïdes en astaxanthine, leur pigment dominant, a été proposée. Elle comprend trois groupes :

– animaux pouvant convertir la lutéine ou la zéaxanthine (mais pas le β-carotène) en astaxanthine (cyprinidés) ;

– animaux pouvant synthétiser l'astaxanthine à partir du β-carotène (presque tous les crustacés) ;

– animaux ne pouvant effectuer aucune conversion (salmonidés).

La voie catabolique la plus importante est la dégradation oxydative de la chaîne de doubles liaisons, à l'image de la dégradation biologique du β-carotène en vitamine A.

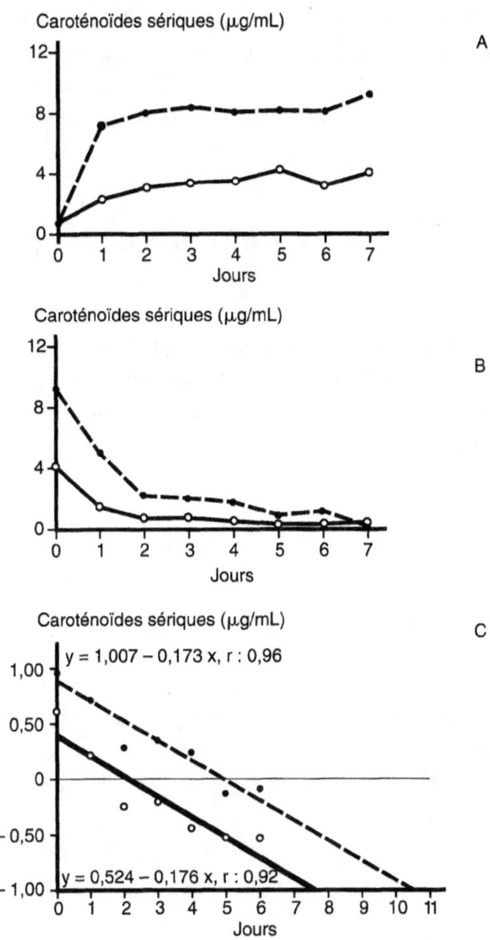

Figure. 11.2. A : Évolution de la teneur en pigments caroténoïdes du sérum de truites ayant ingéré de la canthaxanthine (—) ou de l'astaxanthine (---). B : après cessation d'ingestion de pigments. C : droites de régression logarithmique (Choubert *et al.*, 1994). Avec l'aimable autorisation d'Elsevier Science.

Affinité spécifique pour un tissu particulier

L'affinité spécifique concerne l'aptitude de chaque caroténoïde à se déposer dans un tissu particulier (peau, muscle, exosquelette, glande digestive). Certains caroténoïdes, comme les mycoxanthophylles ou les xanthophylles glycosylées, ne sont pas déposés dans le muscle de truite. D'autres, comme la citranaxanthine, ont une efficacité pigmentaire limitée. Cependant, cette caractéristique ne désigne en fait que la résultante des divers processus aboutissant à la fixation des pigments. Elle dépend de facteurs tels que la disponibilité des caroténoïdes dans les matières premières et leur digestibilité (déjà mentionnée), la concentration dans l'aliment, la durée de l'apport, l'aptitude de l'organisme à transformer ou à déposer les pigments dans les tissus.

Critères de perception de l'efficacité pigmentaire

L'efficacité pigmentaire des caroténoïdes se définit comme le rapport gain/apport. Différents critères sont utilisés pour l'apprécier : l'analyse chimique de la concentration en caroténoïdes du sang ou du muscle, la mesure de la couleur du muscle et l'analyse sensorielle.

Analyse chimique

Les caroténoïdes sont instables à la lumière, à la chaleur, à l'oxygène, aux peroxydes, aux acides et, dans certains cas, aux bases. Une attention particulière doit être portée à cette caractéristique durant l'analyse. Le dosage des caroténoïdes est long et se fait après extraction et séparation par chromatographie (chromatographie sur couche mince sur plaque ou haute performance sur colonne). La concentration de chaque pigment est calculée à la longueur d'onde du maximum d'absorption.

Mesure colorimétrique

Définir une couleur implique de préciser trois caractéristiques :
– la teinte (ou longueur d'onde dominante), permettant d'opérer un choix élémentaire dans la gamme des couleurs ;
– la saturation (ou pureté d'excitation), exprimant la proportion du mélange de cette teinte avec le blanc (couleurs vives ou ternes). L'œil humain combine la teinte et la saturation en une unique impression de couleur ;
– la luminance (ou luminosité), caractérisant l'intensité lumineuse des couleurs (claires ou foncées).
De telles mesures physiques montrent (fig. 11.3) un déplacement rapide de la teinte (longueur d'onde dominante) du jaune à l'orange à mesure que la quantité de canthaxanthine du muscle augmente. La teinte de la truite tend ainsi vers un maximum qui ne peut être dépassé malgré la poursuite de l'ingestion de pigments. Quand la concentration en canthaxanthine du muscle s'accroît, la saturation augmente, la luminance diminue et la couleur devient

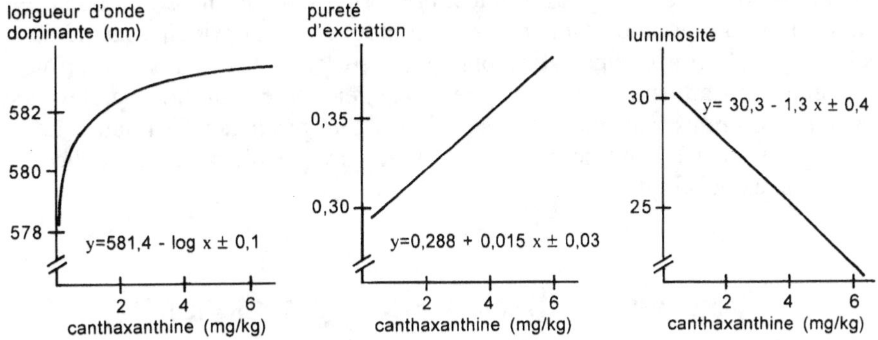

Figure. 11.3. Relation entre la concentration en canthaxanthine (mg/kg)
et les caractéristiques de la couleur du muscle chez la truite (Choubert, 1982).

alors plus foncée. Les caractéristiques de la couleur du muscle de truite sont affectées de la façon suivante : la teinte, par l'état chimique des caroténoïdes, la saturation, par la concentration en caroténoïdes, la luminosité, par l'état physique du muscle (broyé ou non). Il est important de noter que, dans certains cas (fortes concentrations par exemple), l'addition de caroténoïdes à un aliment n'entraîne pas nécessairement une augmentation de la couleur.

Analyse sensorielle

Si l'analyse chimique de la concentration en caroténoïdes ainsi que la mesure physique de la couleur du muscle sont des méthodes objectives et reproductibles, elles restent, cependant, longues, onéreuses et complexes à utiliser. De plus, elles ne prennent en compte qu'un aspect de la pigmentation (concentration ou couleur pour chacun des caroténoïdes étudiés) et ne permettent pas de distinguer la part de chacun lorsque différents caroténoïdes sont présents dans l'aliment.

Des méthodes subjectives, plus simples à mettre en œuvre, sont aussi utilisées pour percevoir l'efficacité pigmentaire des caroténoïdes. Ces méthodes reposent sur la comparaison visuelle des muscles de poissons, soit entre eux (test de rang ou *rank-test* des Anglo-saxons), soit par rapport à un étalon coloré. Celui-ci peut être :

– un atlas de couleurs (ex : le système NCS, *Natural Color System*) ;

– un éventail de couleur, dérivé du système NCS, mais davantage centré sur une plage de couleurs (ex : l'éventail établi pour les saumons ayant ingéré de l'astaxanthine) ;

– une échelle arbitraire de couleur allant de 1 (pas de pigmentation) à x (maximum de rouge), sachant que x peut être égal à 8,10 et même 18 selon l'échelle.

Ces méthodes ne sont pas reproductibles et présentent un certain nombre de limites dont la plus importante est, sans conteste, liée au principe même de ces techniques, à savoir comparer des pigments naturels à des encres d'imprimerie. L'échelle arbitraire ne permet pas de comparer des échantillons prélevés sur des sites différents, car elle est très variable d'un producteur à l'autre. Le test de rang, quant à lui, ne permet pas de comparer des échantillons collectés à des moments différents.

Facteurs affectant la pigmentation

Les proportions relatives des divers caroténoïdes présents dans les organes ou tissus, ainsi que celles de leurs différentes formes sont très variables : elles dépendent de nombreux paramètres. Trois facteurs principaux influencent la fixation en caroténoïdes : l'alimentation, l'animal et les facteurs environnementaux.

Alimentation

Sources de caroténoïdes

Il existe de nombreuses sources de pigments : des matières premières brutes (levures particulières, algues, krill), des dérivés industriels (déchets de crabe ou de crevette) et des préparations spéciales (farine de crevette). Les deux premières catégories ont l'avantage d'exister en grande quantité et surtout d'avoir un coût attractif. Elles peuvent également constituer un apport protéique important. L'utilisation de telles sources de caroténoïdes augmente la pigmentation des poissons. Cependant, elle est délicate du fait de la grande variabilité des teneurs en pigments et de la présence, parfois en grande quantité, de substances peu nutritives : carbonate de calcium (jusqu'à 30 % des sous-produits de crustacés) ou parois peu digestibles (fibres des algues et levures). Les procédés technologiques mis au point pour éliminer ces composés ont bien souvent eu un effet néfaste sur la stabilité des caroténoïdes. C'est la raison pour laquelle on a cherché à extraire les pigments des matières brutes avant de les incorporer dans les aliments, soit tels quels, soit après dissolution dans une huile végétale ou animale dépourvue de caroténoïdes. Ont ainsi été utilisés des extraits d'écrevisse, de crabe, d'autres crustacés ou de végétaux : paprika, fleur de marronnier, œillet d'Inde (*Tagetes* sp.). La pigmentation obtenue avec ces produits est très hétérogène.

La synthèse chimique de la canthaxanthine puis de l'astaxanthine a permis de s'affranchir de l'usage de matières premières riches en caroténoïdes. Cette supplémentation en molécules de synthèse accroît toutefois le coût de l'aliment d'environ 15-30 %. De plus, elle est soumise à la législation en vigueur dans chaque pays. Dans l'Union Européenne, la canthaxanthine et l'astaxanthine sont inscrites en annexe I (Directives 88/228/CEE et 87/552/CEE). Elles sont recommandées à une dose de 80 mg/kg d'aliment pour la canthaxanthine et 100 mg/kg d'aliment pour l'astaxanthine.

Structure des caroténoïdes

La composition du muscle en isomères d'astaxanthine reflète la composition de l'aliment. Dans le muscle des salmonidés, l'astaxanthine n'a pas la même structure selon que le poisson est sauvage ou qu'il provient d'un élevage. Toutefois, l'ingestion d'isomères optiques d'astaxanthine : (3S,3'S)-, (3R,3'S)-, (3R,3'R)-, ou d'un mélange correspondant à ce que l'on trouve dans la chair des salmonidés sauvages (1:2:1) n'entraîne pas d'épimérisation de ce pigment.

Stabilité des caroténoïdes

La stabilité des caroténoïdes incorporés dans l'aliment des poissons est faible. Il faut donc prendre des précautions notamment vis-à-vis de l'oxydation, cause principale de leur dégradation. Pour cette raison, la protection des pigments de synthèse est réalisée, soit par enrobage dans de la gélatine, soit par microdispersion dans un support glucidique. L'aliment peut également être conditionné sous atmosphère inerte aussitôt après sa fabrication ; les risques d'oxydation sont alors fortement amoindris. L'addition d'antioxydants (chap. 18) augmente la stabilité des caroténoïdes face à l'oxydation.

Le pressage des aliments (chap. 21) entraîne la perte d'une fraction importante de pigments caroténoïdes (de l'ordre de 20 % pour la canthaxanthine). Ce sont l'élévation de la température et l'abrasion de l'enrobage lors du passage de la farine à travers la filière qui, davantage que la pression, seraient responsables des pertes. Les détériorations subies par les granulés hâteraient la destruction des caroténoïdes par suite de l'augmentation de la surface exposée à l'air. Elle accroîtrait également les pertes au cours du stockage. Le délitement des granulés lors d'une mauvaise manutention et la prise d'humidité entraînent aussi une diminution de la teneur en caroténoïdes.

Quantité de pigments

L'influence de la quantité de pigments caroténoïdes ingérée par les poissons sur la pigmentation est bien établie. La fixation des caroténoïdes dans le muscle est d'autant plus élevée que la quantité de pigments ingérée est grande (fig. 11.4). Cependant, à partir d'un certain niveau, toute augmentation de

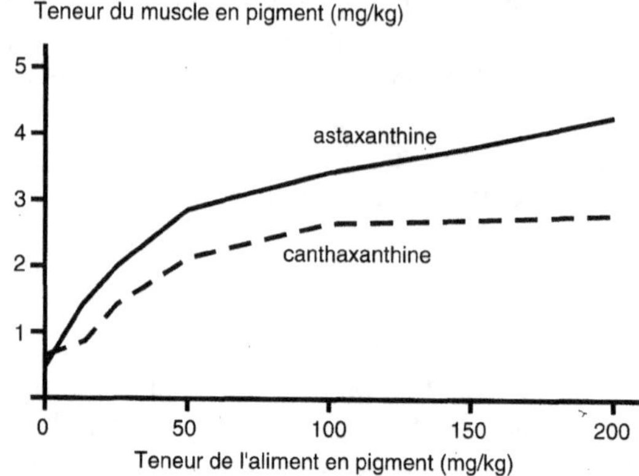

Figure 11.4. Évolution de la teneur en pigments caroténoïdes (canthaxanthine ou astaxanthine) du muscle de truite en relation avec la durée d'alimentation et la concentration en pigment de l'aliment (d'après Choubert et Storebakken, 1989).

l'ingestion de pigments ne produit plus d'effet. Cette limite, qui avoisine 100 mg/kg pour la canthaxanthine, pourrait correspondre à une saturation du potentiel d'absorption. Par ailleurs, la fixation de la canthaxanthine est moindre que celle de l'astaxanthine. Cette différence serait attribuable à une meilleure absorption de l'astaxanthine. Chez la truite, le changement de pente de la courbe représentant l'évolution de la canthaxanthine fixée dans la totalité de la masse musculaire du poisson n'a lieu qu'à partir du moment où le poisson a fixé 4 à 5 mg de canthaxanthine/kg de muscle. Mais comme les caroténoïdes peuvent disparaître pendant le stockage et la préparation ultérieure, une concentration de 5-6 mg de caroténoïdes/kg est préférable. Pour un aliment contenant 80 mg de canthaxanthine/kg d'aliment et un indice de consommation moyen, cela se traduit par une durée de distribution du pigment d'environ deux à trois semaines. Toutefois, de nos jours, la tendance est à la hausse et il n'est pas rare de trouver des concentrations de l'ordre de 8 à 12 mg de caroténoïdes/kg de muscle impliquant des apports alimentaires supérieurs.

Le coefficient de rétention en caroténoïdes, défini comme la proportion de caroténoïdes ingérée qui a été retenue dans le muscle ou dans l'animal entier, décroît à mesure que la quantité ingérée augmente (fig. 11.5). Pour les doses faibles, on constate une augmentation de la rétention jusqu'à un maximum pour la canthaxanthine de 6,9 % pour un apport de 50 mg de canthaxanthine/kg d'aliment et pour l'astaxanthine de 12,5 % pour un apport de 25 mg d'astaxanthine/kg d'aliment. Le coefficient de rétention moyen pour l'astaxanthine est 1,3 fois plus élevé que celui de la canthaxanthine et serait en partie expliqué par les différences observées dans les digestibilités.

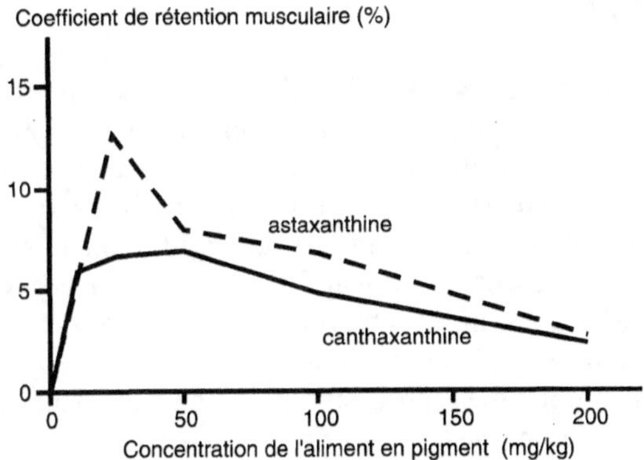

Figure 11.5. Coefficients de rétention musculaire des pigments caroténoïdes chez la truite en fonction de la concentration en céto-caroténoïdes (Choubert et Storebakken, 1989).

Si l'on cesse d'apporter de la canthaxanthine à des truites qui en recevaient jusqu'alors, on constate que la pigmentation du poisson en est affectée (fig. 11.6). Le phénomène est cependant plus marqué chez des truites nourries que chez des poissons à jeun. Ce résultat suggère l'existence d'une redistribution de la canthaxanthine d'un tissu à l'autre, dès lors que la demi-vie du tissu musculaire est longue comparée à celle d'autres organes.

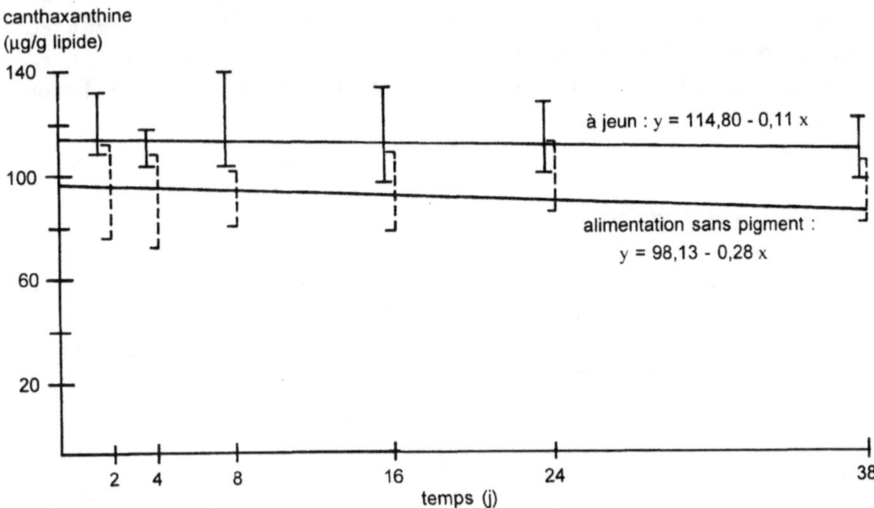

Figure 11.6. Effet du jeûne ou d'un aliment sans pigment sur la teneur en canthaxanthine du muscle de la truite préalablement pigmenté par de la canthaxanthine (Choubert, 1985).

Lipides alimentaires

Comme les caroténoïdes sont liposolubles, une addition de lipides dans l'aliment devrait favoriser la pigmentation, car elle tend à améliorer la digestibilité des pigments. Chez les salmonidés, les lipides déposés dans le muscle ou le tissu cutané reflètent en partie les apports qualitatifs et quantitatifs de lipides alimentaires. Cependant, l'action directe des lipides sur la solubilité et la stabilité des caroténoïdes ne constitue peut-être qu'un des aspects du problème. Des effets indirects pourraient aussi intervenir, l'un d'entre eux concernant la compétition qui s'établit entre les caroténoïdes et la vitamine A au niveau des sites de fixation sur les molécules qui assurent le transport dans le sang et peut-être aussi à travers les membranes.

L'effet de la source lipidique sur la pigmentation du muscle de truite n'est pas non plus très clair. Chez la truite, le fait de dissoudre la canthaxanthine dans de l'acide oléique plutôt que dans d'autres acides gras augmenterait son dépôt dans le muscle. Par contre, la concentration en astaxanthine dans le muscle ne semble pas influencée par l'origine des lipides alimentaires (huile de maïs ou huile de poisson).

Variabilité liée à l'animal

L'absorption et la fixation des pigments caroténoïdes peuvent varier de façon considérable selon le genre, l'espèce et même la souche de poisson considérés. Ainsi, à l'intérieur d'une même population de truites, le coefficient de variation pour la pigmentation du muscle avoisine normalement 30 % chez des animaux sexuellement immatures. Ce coefficient peut augmenter fortement lors de la maturation sexuelle.

Masse corporelle et âge

La truite pesant moins de 150 g fixe peu de canthaxanthine dans son muscle, quel que soit l'apport alimentaire. En fait la capacité des salmonidés à fixer les caroténoïdes est davantage liée à l'âge et à l'état physiologique qu'à la masse corporelle ou à la teneur en caroténoïdes alimentaires.

Tissus

La forme sous laquelle sont fixés les pigments chez les poissons diffère selon le tissu étudié (peau ou muscle). Dans la peau des salmonidés, l'astaxanthine se trouve sous forme estérifiée alors que, dans le muscle, elle est sous forme non estérifiée mais liée à des protéines. Selon une première hypothèse, ces formes estérifiées proviendraient des formes estérifiées de l'astaxanthine contenues dans les matières premières utilisées et seraient stockées dans la peau sans modification d'aucune sorte. En effet, les salmonidés fixent tels quels les caroténoïdes ingérés à la différence de certaines autres espèces de poissons comme le carassin. Mais, chez une « perche » (*Cymatogaster aggregata*), après hydrolyse des formes estérifiées dans l'intestin lors de l'absorption, l'astaxanthine serait réestérifiée dans la paroi intestinale puis transportée vers la peau.

Dans la peau des salmonidés, la concentration en pigments caroténoïdes est supérieure à celle du muscle (environ 10 fois plus). Cette plus forte concentration de la peau en pigments pourrait s'expliquer par le rôle des caroténoïdes dans les phénomènes mettant en jeu la lumière. En effet, quoique les fonctions précises des caroténoïdes soient encore inconnues chez les poissons, un grand nombre d'observations permettent de supposer que les pigments jouent un rôle important dans la protection des cellules et des tissus contre les effets nocifs de la lumière visible. Leur intervention se ferait par modification ou atténuation de la lumière à condition que les pigments contiennent un minimum de 9 doubles liaisons conjuguées dans leurs molécules, ce qui est le cas pour tous les caroténoïdes de la peau des truites. Les caroténoïdes ont été reconnus comme inhibiteurs potentiels des dommages cellulaires causés par une exposition prolongée à de fortes intensités lumineuses chez les plantes, les algues et les bactéries ainsi que chez de nombreuses espèces animales dont l'Homme (action photoprotectrice).

Chez les crustacés, les caroténoïdes se trouvent essentiellement sous forme de complexes dont les caroténoprotéines sont les mieux connues. Ces complexes hydrosolubles sont à l'origine d'une grande variété de couleurs selon la nature du groupement prosthétique.

Maturation sexuelle

Durant la maturation sexuelle des salmonidés, les caroténoïdes du muscle sont mobilisés et sélectivement transférés vers la peau chez le mâle et vers les ovaires chez la femelle. Cependant, cette observation a été faite sur des poissons sauvages dont l'activité alimentaire est réduite ou interrompue lors de la migration anadrome. Chez les truites d'élevage, nourries jusqu'à 2-3 semaines avant la ponte, le processus est quelque peu différent. La pigmentation musculaire de la truite augmente au cours de la maturation sexuelle grâce aux caroténoïdes alimentaires. Si, en quantité absolue, la canthaxanthine est répartie de façon égale entre le muscle et les ovaires, les concentrations en pigments, elles, sont plus importantes dans les ovaires que dans le muscle. Lors de la maturation sexuelle, les concentrations en caroténoïdes du muscle décroissent de façon importante dans les deux sexes. Quatre mois après la ponte, les femelles

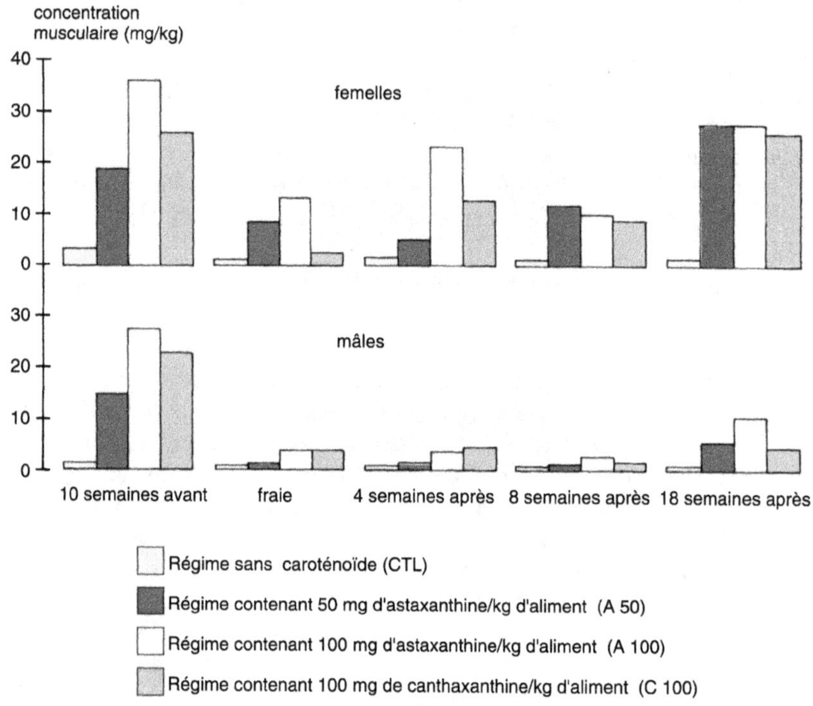

Figure 11.7. Effet de la durée de la période de reproduction sur la teneur en céto-caroténoïdes du muscle de truite mâle et femelle (Choubert et Blanc, 1993).

ont à nouveau des concentrations en caroténoïdes dans leurs muscles équivalentes à celles qu'elles avaient avant la reproduction (fig. 11.7), alors que les mâles, 18 semaines après la spermiation, ne retrouvent que le tiers de leurs concentrations initiales en pigments musculaires. Cette différence peut s'expliquer par le fait que la spermiation s'étale sur une période plus longue que la ponte. Nourrir les poissons avec un aliment supplémenté en caroténoïdes juste après la reproduction n'a donc qu'un effet limité, tant que les poissons n'ont pas retrouvé leur état de repos sexuel.

Facteurs génétiques

Les muscles des salmonidés recevant dans leur alimentation des caroténoïdes développent une large gamme de couleurs. Cependant, à l'heure actuelle, il n'y a pas d'explication métabolique à ces différences observées dans la capacité à utiliser les caroténoïdes alimentaires par les salmonidés. Ces variations de couleur sont dues à une variabilité génétique entre familles et *a fortiori* entre individus.

Cas particulier des crustacés : l'exuviation

L'abandon de l'ancienne carapace, au cours de l'exuviation, ou mue, représente une perte considérable de pigments caroténoïdes. Les pigments présents dans les nouveaux téguments sont issus, sans modification, de l'épiderme où ils ont été apportés depuis l'hépatopancréas par l'hémolymphe. La transformation définitive et irréversible en pigments de la carapace se fait sur place entre les stades D_1 et D_2.

Facteurs environnementaux

La vie des poissons et des crustacés est conditionnée par différents facteurs environnementaux présentant de nombreuses interférences. Il est alors difficile de dégager leur action propre. Ainsi, bien que la température de l'eau affecte significativement la croissance et le métabolisme des poissons, elle ne semble pas avoir d'effet sur la pigmentation de la truite élevée à 7 °C ou à 17 °C. Par ailleurs, chez cette même espèce, la salinité semble ne pas avoir d'effet sur la pigmentation. L'effet de la lumière a été évoqué p. 241.

Autres rôles des caroténoïdes chez l'animal

Le rôle pigmentaire ne représente, en fait, qu'une des fonctions des caroténoïdes. Une autre fonction de ces molécules est celle de précurseurs de la vitamine A. Environ 10 % des caroténoïdes naturels possèdent une activité provitaminique A notable chez les mammifères, davantage chez les invertébrés et peut-être les vertébrés inférieurs. Toutefois, l'équivalence vitaminique A d'un caroténoïde donné est très variable d'une espèce à l'autre : elle ne paraît jamais très élevée chez les poissons (chap. 9).

Certains caroténoïdes interviendraient dans la régulation des défenses immunitaires par leur action de défense vis-à-vis des radicaux libres. Ces rôles n'ont pas encore été démontrés chez les poissons.

L'intervention des caroténoïdes a également été notée dans les phénomènes physiologiques de la croissance et de la reproduction. Dans la croissance, le mode d'action de ce groupe chimique de pigments n'est pas connu, mais il semble qu'il soit lié à leur caractère provitaminique A. Dans la reproduction des poissons (comme dans celle des mammifères), l'implication des caroténoïdes *per se* a été signalée à diverses reprises : au cours de la maturation des oocytes, de la fécondation des ovules, de la respiration des œufs et du développement des embryons. Elle n'est pas encore clairement démontrée.

Conclusion

En conclusion, la pigmentation des salmonidés dépend essentiellement de la rétention des pigments caroténoïdes. Pour améliorer l'efficacité de la rétention, il faut tenir compte des facteurs qui affectent l'absorption, la fixation et le métabolisme de ces pigments. Ces facteurs sont nombreux, ils dépendent de l'espèce et varient au cours de son cycle de vie. Jusqu'à présent les études n'ont porté que sur l'aspect pigmentation et les interrelations caroténoïdes-vitamine A. Il convient maintenant de mieux comprendre les autres aspects du rôle nutritionnel des caroténoïdes chez les poissons dès lors qu'ils jouent un rôle dans la reproduction, la croissance et à un degré moindre dans la résistance vis-à-vis de plusieurs pathologies.

Références bibliographiques

Arrêté ministériel du 22 février 1989 paru au Journal Officiel de la République Française du 31 mars 1989 : liste et conditions d'incorporation des additifs autorisés en alimentation animale conformément aux directives de la CEE (canthaxanthine et astaxanthine : directives 88/228/CEE et 87/552/CEE du Parlement Européen et du Conseil datant respectivement des 8/4/1988 et 17/11/1987).

BAUERNFEIND J.C., 1981. *Carotenoids as colorants and vitamin A precursors.* Academic Press, New York, 938 p.

CHOUBERT G., 1982. Method for colour assessment of canthaxanthin pigmented rainbow trout *(Salmo gairdneri). Sci. Aliments,* 2 : 451-463.

CHOUBERT G., 1985. Effects of starvation and feeding on canthaxanthin depletion in the muscle of rainbow trout *(Salmo gairdneri* Rich.*). Aquaculture,* 46, p. 293-298.

CHOUBERT G., BLANC J.M., 1993. Muscle pigmentation changes during and after spawning in male and female rainbow trout, *Oncorhynchus mykiss,* fed dietary carotenoids. *Aquat. Living Resour.,* 6 , p. 163-168.

CHOUBERT G., GOMEZ R., MILICUA J-C. G., 1994. Response of serum carotenoid levels to dietary astaxanthin and canthaxanthin in immature rainbow trout *Oncorhynchus mykiss. Comp. Biochem. Physiol.,* 109A, p. 1001-1006.

CHOUBERT G., STOREBAKKEN T., 1989. Dose response to astaxanthin and canthaxanthin pigmentation of rainbow trout fed various dietary carotenoid concentrations. *Aquaculture*, 81, p. 69-77.

GOODWIN T. W., 1952. *The comparative biochemistry of the carotenoids*. Chapman and Hall, London, 356 p.

ISLER O., 1971. *Carotenoids*. Birkhaüser Verlag, Basel, 932 p.

LENEL R., NÈGRE-SADARGUES G., CASTILLO R., 1978. Les pigments caroténoïdes chez les crustacés. *Arch. Zool. Exp. Géné.*, 119, p. 297-334.

Troisième partie

CAS PARTICULIER DES LARVES DE POISSONS ET DES CRUSTACÉS

12
ONTOGENÈSE, DÉVELOPPEMENT ET PHYSIOLOGIE DIGESTIVE CHEZ LES LARVES DE POISSONS

Chez les poissons, le terme de larve désigne les plus jeunes individus entre le moment où ils sont capables d'ingérer de la nourriture exogène et celui où ils prennent la forme de l'adulte (fig. 12.1). Le stade larvaire suit le stade embryonnaire et précède le stade juvénile. Il correspond à une période de transformation morphologique et physiologique continue de l'animal. La larve partage avec l'embryon certaines caractéristiques comme une très petite taille, un taux de croissance spécifique très élevé et une différenciation incomplète de certains organes. Cependant, elle est déjà capable de capturer et digérer des proies.

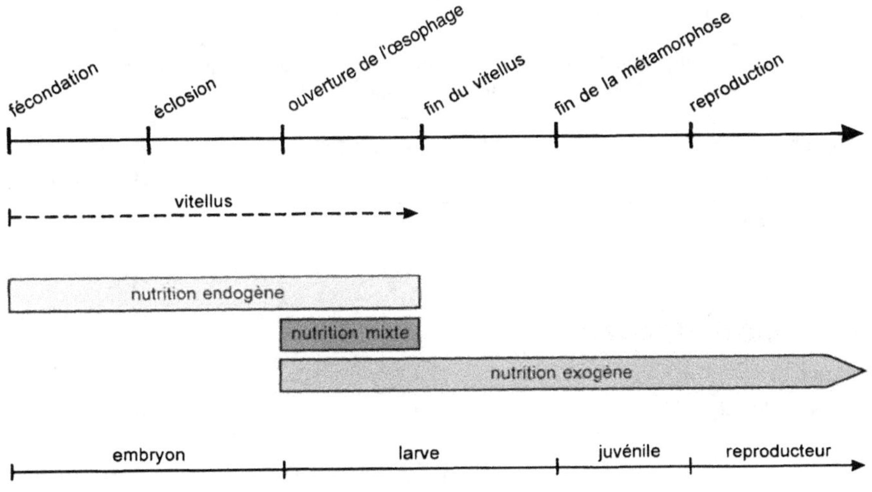

Figure 12.1. Stades de développement et modes de nutrition au cours de la vie des poissons.

Développement prélarvaire

Le développement embryonnaire mérite d'être considéré car il conditionne certaines caractéristiques importantes des larves et en particulier la taille au moment du premier repas.

Utilisation des réserves vitellines

La vie embryonnaire se déroule d'abord dans le milieu clos délimité par le chorion de l'œuf, puis, après éclosion, dans le milieu extérieur. L'embryon est alors appelé soit « vésiculé » car la vésicule vitelline forme une proéminence ventrale bien visible, soit « libre » car il bénéficie d'une certaine capacité de déplacement autonome, même si ses performances de nage sont encore très mauvaises.

D'un point de vue nutritionnel, l'embryon couvre ses dépenses de croissance et d'entretien en utilisant les réserves vitellines d'origine maternelle qui sont présentes dans l'œuf au moment de la fécondation. La question de l'existence d'autres sources alimentaires a été posée. L'hypothèse d'un apport trophique par absorption de matière organique dissoute a été avancée pour expliquer la croissance des larves dites leptocéphales que l'on rencontre chez certaines espèces comme l'anguille. Ces larves très particulières manifestent une grande activité au cours de leur phase migratoire, et leur longueur augmente jusqu'à

Tableau 12.1. Quantité initiale de vitellus (mg de matière fraîche) et masse maximale des larves à jeun (mg de matière sèche de l'individu entier) chez quelques poissons.

Espèce	Quantité initiale de vitellus	Masse maximale des larves à jeun
Saumon quinnat[1]	164	112(6 °C) 104(8 °C) 98(10 °C) 80(12 °C)
Truite fario[2]	38	19
Flétan[3]	1,4	0,75
Poisson-chat africain[4,5]	0,4	0,30
Carpe[6]	0,23	0,12
Turbot[7]	0,04	0,02

[1]Heming, 1981. [2]Escaffre, Bergot, 1990. [3]Finn *et al.*, 1995. [4]Kamler *et al.*, 1994. [5]Verreth, 1994. [6]Kamler, 1976. [7]Quantz, 1985.

atteindre cent fois le diamètre de l'œuf sans que l'on puisse observer d'activité prédatrice. La capacité d'absorber des acides aminés (AA) par voie trans-épithéliale a été démontrée chez l'embryon et la larve de carpe ou de corégone par des expériences de balnéation : il y a synthèse de protéines à partir d'AA marqués dissous dans le milieu. Cependant les possibilités de « dopage » des larves par des bains nutritifs ont été peu explorées et l'on considère que, dans les conditions ordinaires d'élevage, l'apport autre que celui des réserves vitellines est négligeable.

Les réserves initiales sont par définition limitées et, compte tenu de la petite taille des œufs de la plupart des espèces, elles ne permettent la formation que d'un organisme de petite taille. De grandes différences existent d'ailleurs entre les espèces de poissons (tabl. 12.1). L'embryon de turbot dispose initialement d'environ 1 Joule de réserves, soit 8 fois moins que celui de carpe et 4800 fois moins que celui de saumon quinnat. Chez les animaux maintenus à jeun, les masses respectives de la matière sèche du vitellus et de l'organisme proprement dit (embryon ou larve) évoluent de manière similaire dans les différentes espèces (fig. 12.2). Seuls les paramètres des équations des courbes semblent différer selon l'espèce, la quantité initiale de vitellus et la température.

L'éclosion a lieu pendant la phase de croissance quasi exponentielle qui suit la fécondation. La masse de l'embryon au moment de l'éclosion n'est pas constante pour une espèce donnée mais dépend de la température d'incubation. L'ouverture de l'œsophage a lieu après le point d'inflexion de la courbe de la masse corporelle de l'embryon et avant que la masse maximale de la larve laissée à jeun ne soit atteinte. À ce stade, il reste encore du vitellus dont l'utilisation couvre les dépenses d'entretien. Ensuite la biomasse décroît et le vitellus finit par disparaître. Dans la mesure où la composition de la matière sèche de l'embryon et celle du vitellus varient peu au cours de la résorption, des courbes similaires à celles des masses corporelles décrivent les variations des contenus énergétiques respectifs de l'embryon et du vitellus. Par ailleurs, pour une

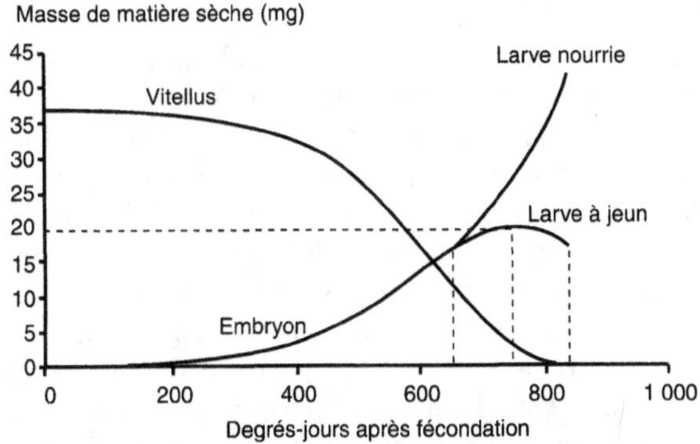

Figure 12.2. Évolution de la masse de matière sèche (mg) du vitellus et du corps chez la truite commune (d'après Escaffre et Bergot, 1990).

température donnée, la consommation d'oxygène de l'embryon ou de la larve par unité de temps apparaît directement proportionnelle à la masse corporelle, et non à la masse corporelle élevée à la puissance 0,7-0,8 comme chez les juvéniles. Elle présente donc les mêmes variations que la masse de l'embryon. Après l'éclosion la consommation d'oxygène peut être accrue par des facteurs externes comme l'éclairement qui augmente l'agitation et les dépenses de nage des larves.

Pour des espèces très différentes, tant par la quantité initiale de vitellus que par la température d'incubation, la matière sèche maximale des larves à jeun représente de 50 à 70 % de la quantité initiale de vitellus. Ce rapport, élevé et assez constant, permet de prévoir, à partir du vitellus de l'œuf, la taille maximale des larves à jeun et celle des larves capables de se nourrir, qui est inférieure mais proche de la précédente. Chez la truite, la taille des alevins issus d'une même femelle est, à un stade de développement précis, directement proportionnelle à celle des œufs. L'éclosion a lieu en même temps indépendamment de la taille des œufs, mais la masse maximale à jeun est atteinte légèrement plus tard par les alevins issus des plus gros œufs. Dans un organe comme le foie, les gros alevins ont des cellules de même taille mais deux fois plus nombreuses que celles des alevins qui sont deux fois plus petits. Maintenus à jeun, les gros alevins atteignent le stade 50 % de mortalité plus tard que les petits alevins.

Beaucoup de difficultés d'élevage étant liées à la petitesse des larves, il semble avantageux de choisir des œufs contenant beaucoup de vitellus. Quand l'espace périvitellin est réduit, le volume du vitellus correspond approximativement à celui de l'œuf dont la taille peut servir de critère de sélection. Pour une espèce donnée, la taille de l'œuf varie suivant les femelles. En général, les œufs provenant de la première ponte (première année de ponte chez les espèces à cycle annuel ou première ponte de la saison chez les espèces à ponte fractionnée) sont plus petits que ceux des pontes suivantes. La taille des œufs a aussi tendance à décroître chez les femelles très âgées et pour les dernières pontes d'une saison.

Pour une même quantité de vitellus initial, il est également intéressant d'optimiser le rendement de la transformation de vitellus en embryon, c'est-à-dire le rapport entre la masse maximale à jeun et la masse initiale de vitellus. Ce rapport dépend de facteurs externes et en particulier de la température. Des œufs de saumon quinnat incubés à 6, 8, 10 ou 12 °C donnent des alevins dont la masse maximale à jeun est d'autant plus élevée que la température est plus basse, la différence de masse des alevins atteignant 40 % entre 6 et 12 °C. De façon générale, il semble exister pour chaque espèce une température pour laquelle la vitesse de croissance de l'embryon est maximale, et une autre température, inférieure à la précédente, qui optimise le rendement de l'utilisation du vitellus et donne la masse maximale de la larve à jeun la plus élevée.

Utilisation du globule lipidique

Outre le vitellus, composé principalement de protéines, les réserves vitellines de certaines espèces (bar, daurade, turbot) contiennent un globule lipidique. Ce globule est absent chez d'autres espèces (carpe, flétan). Chez le corégone, il existe de nombreux petits globules lipidiques qui fusionnent progressivement en cours d'incubation pour former un seul gros globule chez la larve.

La résorption du globule lipidique est plus lente que celle du vitellus et il reste souvent une masse relativement importante de globule quand le vitellus est épuisé. Le globule est constitué de lipides apolaires (triacylglycérols et aussi cérides chez certains poissons marins). Etant dépourvu de protéines, il ne peut servir à la synthèse de nouveaux tissus chez les larves à jeun qui ont épuisé leur vitellus. Par contre il constitue une réserve d'énergie pouvant couvrir les dépenses de nage et éventuellement limiter le catabolisme oxydatif des protéines. Chez le corégone on constate qu'au moment où les larves à jeun commencent à mourir une partie d'entre elles possède encore un globule lipidique qui reste inutilisé. Certains auteurs ont suggéré que le globule lipidique, qui a une densité plus faible que celle des autres compartiments corporels, jouerait un rôle physique de flotteur, permettant l'équilibre de nage chez les larves qui ne possèdent pas encore de vessie natatoire.

Passage de l'endotrophie à l'exotrophie

Différenciation du tube digestif

La fin du stade embryonnaire est marquée par l'ouverture de l'œsophage, qui a lieu après celle de l'anus. Différentes études, en particulier chez le turbot et le poisson-chat africain, montrent qu'à ce moment les cellules épithéliales absorbantes de l'intestin des larves ont le même aspect que les entérocytes des animaux plus âgés. Dès la première prise de nourriture il est possible de distinguer une partie antérieure où les entérocytes manifestent une activité d'absorption des lipides et une partie postérieure où se produit une absorption de macromolécules protéiques. Chez la carpe, un segment distal, distinct du précédent et n'absorbant pas les macromolécules protéiques, est en outre présent. Cette distinction en segments spécialisés faite d'après l'aspect histologique des entérocytes est exactement celle qui peut être faite chez les poissons de grande taille (chap. 4).

L'ultrastructure des cellules hépatiques et pancréatiques est également identique à celle trouvée chez les juvéniles. La présence d'enzymes pancréatiques peut être détectée dans les acinus pancréatiques avant même l'ouverture de l'œsophage. L'ensemble des données histologiques indique l'existence de structures fonctionnelles permettant la digestion et l'absorption des lipides dans l'intestin antérieur. Une activité trypsique est décelable dans le pancréas et la lumière intestinale, ce qui suggère une capacité de dégradation des protéines et l'absorption des produits de dégradation dans l'intestin antérieur. De plus, l'absorption par pinocytose et la dégradation intracellulaire de macromolécules protéiques par les enzymes cytosoliques peuvent être observées dans l'intestin postérieur. La capacité d'utilisation d'amidon gélatinisé a également été montrée chez la larve de carpe au niveau digestif (présence d'une activité amylasique) et métabolique (induction d'une hypertrophie du foie par l'addition d'amidon dans le régime).

Les différences importantes observées entre le système digestif des larves et celui des juvéniles, exception faite de l'absence d'estomac, ne sont pas d'ordre cytologique ni fonctionnel mais concernent la morphologie générale. Chez les larves, l'intestin est très court par rapport au corps. Il forme souvent un simple tube rectiligne, sans anses ni évaginations (caecums pyloriques) qui peuvent être présentes chez les adultes. L'épaisseur de la musculeuse est faible. La muqueuse ne forme pas les plis observés chez les juvéniles. Le foie est constitué initialement par un lobe unique, de même que le pancréas, alors que chez les juvéniles de plusieurs espèces, en particulier ceux des cyprinidés, ces deux organes sont intriqués l'un dans l'autre de façon complexe le long des anses intestinales. De plus le pancréas des plus jeunes larves ne présente pas de cellules adipeuses intercalées entre les acinus.

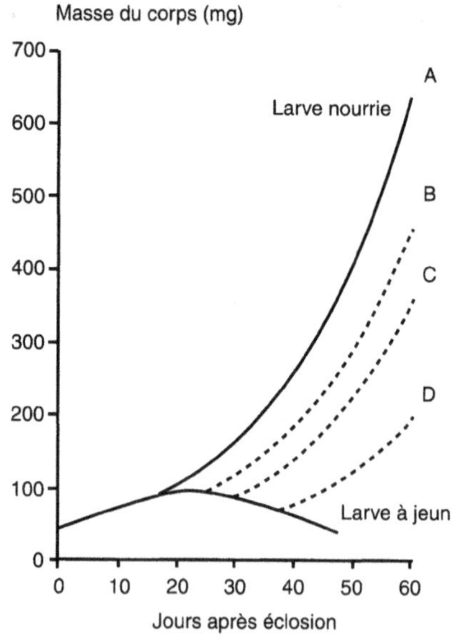

Figure 12.3. Évolution de la masse du corps chez la truite nourrie dès l'ouverture de l'œsophage (courbe A), de façon retardée (courbes B, C et D) ou gardée à jeun (d'après Escaffre, Bergot, 1985).

Effet d'un retard d'alimentation

Le vitellus qui reste au moment de l'ouverture de l'œsophage permet aux larves de grandir encore un peu, même en l'absence de nourriture. Le taux de croissance spécifique des larves à jeun est réduit et devient négatif après le stade de la masse maximale. L'accès à la nourriture exogène permet aux larves de garder un taux de croissance spécifique élevé correspondant, au moins temporairement, à une croissance exponentielle. À âge égal, les alevins de truite nourris précocement présentent une supériorité de masse manifeste par rapport aux alevins nourris tardivement, même si ces derniers retrouvent, une fois qu'ils sont alimentés, le même taux de croissance spécifique que les premiers (fig. 12.3). Cependant, après un certain degré de jeûne, appelé « point de non retour », l'animal affaibli devient incapable de se nourrir et se trouve condamné à périr, même en présence de nourriture.

Les larves sont d'autant plus sensibles au jeûne qu'elles sont plus petites. Les larves de grande taille qui se développent en eau froide disposent de plusieurs jours, et même de plusieurs semaines dans le cas des salmonidés à gros œufs, pour trouver des proies et apprendre à les capturer avant de souffrir gravement du jeûne. Au contraire, les très petites larves vivant à température élevée se trouvent dans une situation difficile. L'échelle de temps de leur développement, exprimée en nombre de jours ou de périodes éclairées, est courte et elles ne disposent que d'un créneau temporel étroit pour se nourrir dans de bonnes conditions, surtout si leur alimentation est restreinte à la phase éclairée du cycle nycthéméral.

L'intestin et le foie sont deux organes rapidement affectés par une dénutrition. Des critères biochimiques (rapport ARN/ADN, composition en acides gras, niveau des activités enzymatiques) ou histologiques (hauteur de l'épithélium intestinal, volume des hépatocytes, taille des noyaux des hépatocytes) sont utilisés pour apprécier l'état nutritionnel des larves, c'est-à-dire leur degré de jeûne ou le niveau d'adéquation de la nourriture.

Développement larvaire

Particularités de la croissance et du développement

Les larves bien nourries présentent des taux de croissance spécifique bien supérieurs à ceux des poissons de plus grande taille. Ces taux dépendent de la température. Ils peuvent dépasser 60 % par jour chez certains poissons-chats africains élevés à 27-29 °C. Chez la carpe, à 24 °C, nourrie avec des artémias, le taux de croissance quotidien peut atteindre 40-50 % pendant les premiers jours d'alimentation. Avec des aliments artificiels ce taux peut rester proche de 20-25 % pendant plusieurs semaines, jusqu'à une masse de 1 g, alors qu'il ne dépasse pas quelques % pour les animaux de plus de 1 kg. Les larves se conforment à une loi générale : le taux de croissance spécifique diminue inéluctablement quand la taille de l'animal augmente.

L'accroissement de la masse des larves est accompagné de modifications importantes de leur morphologie, de leur anatomie et de leur physiologie. Chez la carpe comme chez beaucoup d'espèces le corps de la larve devient proportionnellement moins allongé et plus massif. La hauteur du corps et son épaisseur augmentent plus vite que sa longueur, jusqu'aux proportions définitives du juvénile. Le coefficient b de la relation : Log (masse) = a + b Log (longueur) est compris entre 4 et 5 chez les larves alors qu'il est voisin de 3 chez les poissons de plus de 1 g. Les segments extérieurs du corps (museau, partie caudale) grandissent plus vite que la partie centrale. Les nageoires se différencient pendant la phase larvaire. Ces modifications ont été reliées au changement du mode de nage et interprétées comme des adaptations aux lois de l'hydrodynamique qui régissent le milieu. Les forces de viscosité sont importantes pour les larves de petite taille se déplaçant lentement, alors que les forces d'inertie jouent davantage pour les poissons plus grands qui nagent rapidement. Des allométries de croissance (traduites par des valeurs différentes du coefficient b de l'équation ci-dessus), ont été observées pour divers tissus et organes des larves. Le tissu nerveux et les yeux, relativement développés au début, augmentent moins vite de volume que le tissu musculaire. La croissance du foie est particulièrement rapide. La surface d'échange respiratoire s'accroît beaucoup au cours du développement larvaire, avec la différenciation des lamelles branchiales et le déclin de la respiration cutanée initiale (disparition du muscle rouge embryonnaire superficiel). La surface de la muqueuse intestinale augmente du fait de l'allongement relatif de la longueur intestinale et du développement des plis du côté luminal. La différenciation de l'estomac chez les espèces qui en sont pourvues est souvent tardive et indicatrice de la fin de la période larvaire. Cependant, le début de la phase juvénile n'est pas strictement défini par un événement unique comparable à l'ouverture de l'œsophage pour la phase larvaire. Outre la

Tableau 12.2. Développement des larves de turbot. D'après Segner *et al.*, 1994.

Longueur de la larve (mm)	Événement
4	ouverture de l'œsophage
5	disparition du vitellus
5,5	développement de la vessie gazeuse
6	développement des rayons des nageoires
8	courbure de la notocorde
18	début de l'asymétrie
26	résorption de la vessie gazeuse et fin de la migration de l'œil

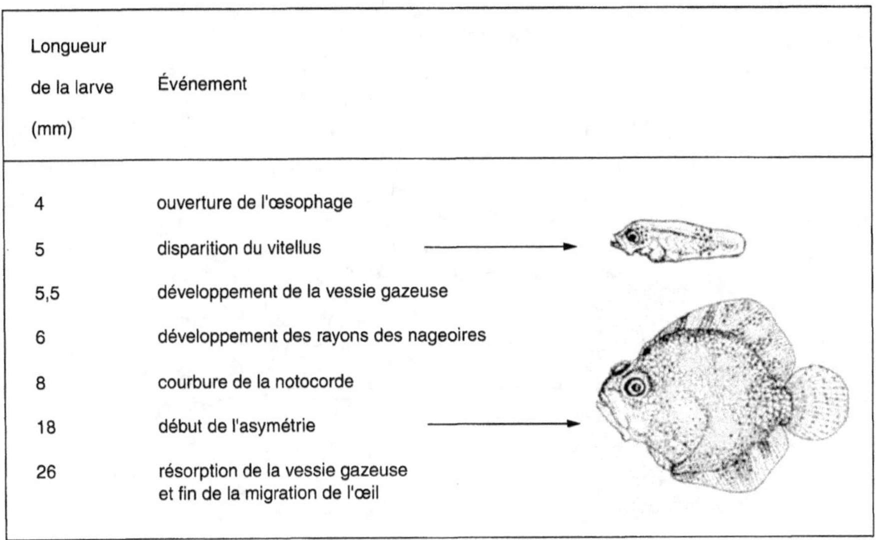

Longueur de la larve (mm)	Événement
4	ouverture de l'œsophage
5	disparition du vitellus
5,5	développement de la vessie gazeuse
6	développement des rayons des nageoires
8	courbure de la notocorde
18	début de l'asymétrie
26	résorption de la vessie gazeuse et fin de la migration de l'œil

Figure 12.4. Développement des larves de turbot (d'après Segner *et al.*, 1994).

forme générale, des critères de pigmentation, de différenciation des nageoires et de mise en place des écailles sont utilisés.

Chez certaines espèces, comme les poissons plats (tabl. 12.2), la différence d'aspect entre la larve symétrique qui commence à s'alimenter et le juvénile asymétrique est spectaculaire et on parle de métamorphose pour désigner le passage d'une forme à l'autre (fig. 12.4). Pour d'autres espèces, dont les œufs contiennent beaucoup de réserves vitellines, l'animal possède déjà les caractéristiques du juvénile au début de la phase exotrophe et on considère que le stade larvaire n'existe pas. Une catégorie intermédiaire entre les précédentes est celle des saumons et des truites. Au moment du premier repas, leurs « larves » possèdent un estomac fonctionnel mais se distinguent malgré tout des juvéniles par leur morphologie. L'usage courant les désigne d'ailleurs sous le nom d'alevins plutôt que celui de larves.

Équipement enzymatique

Variation de l'activité des enzymes digestives au cours du développement

Chez la larve de bar, une forte augmentation de l'activité des enzymes pancréatiques comme l'amylase, la trypsine et la chymotrypsine est observée au moment de l'ouverture de la bouche, indépendamment de toute prise de nourriture. Les enzymes intestinales du cytosol (par exemple la leucine-alanine pepti-

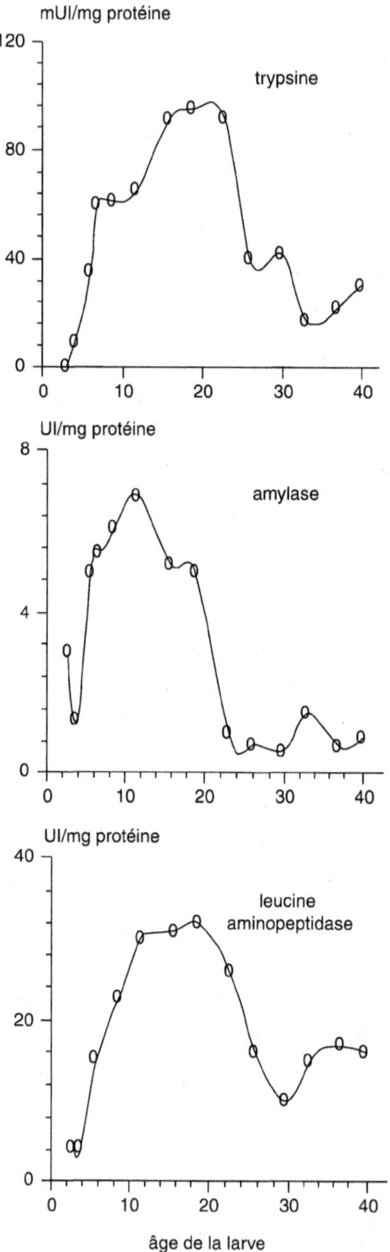

Figure 12.5. Évolution de l'activité spécifique de quelques enzymes digestives chez les larves de poissons marins au cours du développement. UI : unité internationale de mesure de l'activité enzymatique ; mUI : milli-unité.

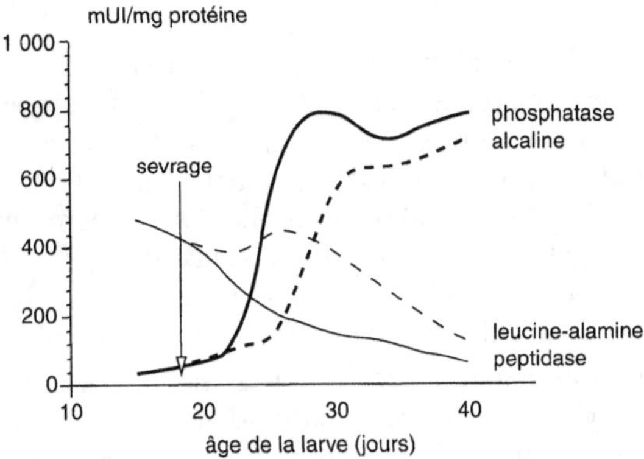

Figure 12.6. Variation de l'activité spécifique des enzymes des entérocytes au cours du développement des larves de poissons : augmentation d'une enzyme de la bordure en brosse, la phosphatase alcaline, et décroissance d'une enzyme cytosolique, la leucine-alanine peptidase chez des animaux nourris avec des proies vivantes (—) et des animaux sevrés avec un aliment composé (---).

dase) et de la bordure en brosse (comme la γ-glutamyl-transpeptidase, la maltose et la phosphatase alcaline) sont aussi décelées avant l'ouverture de la bouche, bien qu'à de faibles niveaux.

Toutes les enzymes étudiées, sauf la pepsine, montrent schématiquement le même profil de leur activité spécifique (activité de l'enzyme rapportée à la quantité de protéines) au cours du développement de la larve de bar (fig. 12.5) : une forte augmentation jusqu'au jour 12, un maintien des activités à un niveau élevé, puis, vers le jour 23, une chute de ces activités qui restent ensuite constantes jusqu'au jour 40. La chute des activités ne correspond pas à une diminution de la capacité digestive globale de la larve. En fait, de nouvelles enzymes apparaissent et l'importance relative des premières enzymes présentes diminue (l'activité spécifique correspond en effet à l'activité de l'enzyme étudiée rapportée aux protéines totales de l'échantillon). La pepsine ne peut être dosée qu'à partir du jour 25. Les activités spécifiques dosées dans une fraction purifiée des bordures en brosse des entérocytes augmentent régulièrement au cours du développement, indiquant que la muqueuse intestinale accroît son potentiel digestif au fur et à mesure que les microvillosités se multiplient. La présence d'enzymes cytosoliques dans les entérocytes a été révélée dès les premiers jours par immunohistochimie et certaines ont pu être récemment dosées. L'activité spécifique de ces enzymes du cytosol évolue en sens contraire de celle des enzymes de la bordure en brosse au cours du développement de la larve (fig. 12.6). La digestion au niveau intestinal chez les jeunes larves se caractérise par une intervention importante du cytosol des entérocytes alors que, chez les individus plus âgés, les enzymes de la bordure en brosse des entérocytes deviennent prépondérantes.

Modulation des activités enzymatiques

Dès le début de l'alimentation, les larves de poisson sont capables de moduler leurs activités enzymatiques en réponse à la composition biochimique de l'aliment. Ainsi, il a été montré chez la larve de bar qu'un régime contenant 12 % d'amidon induisait une très forte augmentation de l'activité de l'amylase, y compris pendant la phase lécitho-exotrophe. De la même manière, l'activité de la trypsine augmente en réponse à la présence d'AA libres dans le régime. Une augmentation de la phosphatase alcaline est aussi observée lorsque le régime contient des molécules phosphorylées, comme des phosphoprotéines.

D'autres stimulus affectent la sécrétion des enzymes pancréatiques. En effet, une sécrétion de trypsine a été mise en évidence chez la larve de hareng en réponse à un stimulus mécanique comme la distension de la paroi du tube digestif.

Les échecs obtenus lors des expériences de substitution d'aliment composé à des proies vivantes chez les larves de poissons marins ont longtemps été expliqués par l'hypothèse suivante : les jeunes larves synthétiseraient trop peu d'enzymes pour pouvoir digérer un aliment composé et les proies vivantes fourniraient directement ou indirectement un complément enzymatique indispensable à leur digestion par les larves. Les données récentes, qui montrent une grande capacité des larves à synthétiser des enzymes digestives, infirment cette hypothèse. De plus, l'apport direct d'enzymes par la proie vivante apparaît négligeable : le tube digestif d'une larve de bar de 20 jours ne peut contenir au même moment plus de 5 artémias, ce qui correspond à 2 % de l'activité trypsique dosée chez la larve. Enfin la supplémentation en enzymes des régimes n'a pas donné de résultats très concluants. Un résultat positif a été signalé sur des larves de daurade nourries avec des aliments composés enrichis en enzymes pancréatiques, mais un tel résultat semble être une exception.

Par ailleurs, il a été montré que la présence de pepsine consécutive à la formation de l'estomac n'était pas déterminante pour expliquer une bonne utilisation de l'aliment composé chez les larves de poissons. Les larves de carpe (espèce agastre) peuvent être nourries dès l'ouverture de la bouche avec des aliments composés.

Effet du sevrage avec un aliment de formulation classique

Le passage d'une alimentation de type « proies vivantes » à une alimentation composée provoque, chez toutes les espèces de poissons, un retard de croissance d'autant plus important que le sevrage survient plus tôt. La survie des larves est, par contre, peu affectée, sauf lors de sevrages très précoces, par exemple avant le jour 15 chez le bar.

Une brusque augmentation des activités spécifiques de toutes les enzymes est observée pendant la première semaine qui suit le sevrage. Cette augmentation traduit une mobilisation des capacités enzymatiques de la larve pour utiliser au mieux l'aliment. Un retour à des valeurs identiques à celles trouvées chez des larves nourries avec des proies vivantes est ensuite constaté. Cependant, ce retour à la normale n'est pas observé chez les larves de bar sevrées avant le jour 20. Bien que les larves ingèrent effectivement les microparticules d'aliment, leurs profils enzymatiques restent proches de ceux qui sont observés lors de malnutrition ou de jeûne.

Cette modification des profils enzymatiques peut s'expliquer par le fait que le développement des fonctions digestives est encore inachevé chez la larve. Chez la plupart des espèces, la mise en place de certaines fonctions digestives s'effectue au cours du développement larvaire suivant une séquence génétiquement programmée, et ce n'est qu'après trois semaines que l'animal a acquis un mode de digestion de type adulte. Chez le bar, un sevrage au jour 10 affecte la sécrétion des enzymes pancréatiques, pourtant efficacement synthétisées. De la même façon, au niveau intestinal, un sevrage précoce perturbe l'apparition des enzymes de la bordure en brosse, tout en maintenant de forts niveaux d'enzymes cytosoliques. L'animal conserve alors une digestion de type larvaire et la mise en place d'une digestion de type adulte est différée ou annulée. Le sevrage avec un aliment mal adapté aux jeunes larves (avant 3 semaines) peut ainsi compromettre tout le développement ultérieur de l'animal (fig. 12.6).

Adaptation de l'aliment aux spécificités digestives des larves

L'absence de perturbation de la séquence normale d'apparition des différentes fonctions digestives constitue un critère de bonne adaptation de l'aliment aux larves. Des expériences récentes montrent que l'addition de 10 % d'acides aminés (AA) libres dans un aliment composé permet une amélioration sensible de la sécrétion des enzymes pancréatiques. Par ailleurs, l'incorporation dans l'aliment de 12 % d'hydrolysat protéique limite le retard d'apparition des enzymes de la bordure en brosse intestinale. La modification d'une partie de l'apport protéique de l'aliment permet ainsi une meilleure maturation des fonctions digestives de la larve, ce qui se traduit par un gain de masse corporelle (60 %) et de survie (30 %) par comparaison avec les larves sevrées avec un aliment contenant la protéine native. Il est possible également que la forme d'apport des lipides et des glucides alimentaires influence la maturation des fonctions digestives.

Les résultats obtenus au cours de ces dernières années montrent donc que la larve possède les capacités digestives suffisantes pour utiliser un aliment composé pour peu que celui-ci soit formulé en tenant compte des particularités digestives de cet organisme. Ce point de vue est confirmé par la démonstration récente qu'il est possible de nourrir des larves de bar dès le premier repas avec un aliment artificiel, sans apport de proies vivantes.

Qualité des juvéniles produits

Dans le cas des élevages de larves, l'unité prise en compte est souvent le « lot » constitué par une population généralement nombreuse, de l'ordre de 10^4 à 10^6 individus, partageant le même bac et la même nourriture pendant plusieurs semaines. Un des buts recherchés de la production de juvéniles est l'obtention de lots homogènes dépourvus de poissons anormaux.

Homogénéité des lots

Pour des larves issues de la même ponte et incubées dans les mêmes conditions, la variabilité initiale de la masse est faible et le coefficient de variation habituellement inférieur à 15 %. Ce coefficient augmente en cours d'élevage jusqu'à une valeur d'environ 30 % rencontrée chez la truite comme chez la carpe. Une alimentation de mauvaise qualité entraîne une augmentation du coefficient de variation. Le coefficient d'asymétrie de la masse est généralement nul ou légèrement négatif au départ. Il peut diminuer en début d'alimentation si une partie des larves ne grandit pas. Il augmente ensuite avec le temps, d'une part à cause de la mort des plus petites larves et, d'autre part, du fait de l'apparition d'un petit nombre d'animaux montrant des croissances très supérieures à celles de la moyenne de la population. L'apparition de ces animaux est souvent associée au cannibalisme. Ce comportement anormal traduit de mauvaises conditions d'élevage et en particulier un manque de nourriture ou une inadaptation de l'alimentation.

Anomalies du développement

De nombreuses anomalies du développement peuvent être rencontrées dans les élevages. Elles ne sont pas observées dans la nature (ce qui ne signifie pas qu'elles n'existent pas), hormis dans des milieux très pollués. Les anomalies les plus graves disparaissent du lot par la mort des individus affectés. Par contre des anomalies sérieuses non létales peuvent se maintenir dans les milieux d'élevage protégés, en l'absence de prédation autre que le cannibalisme.

Dans certains cas la cause des anomalies a pu être identifiée. On distingue trois types de facteurs : les premiers sont d'ordre physico-chimique. Ainsi, le non-gonflement de la vessie gazeuse chez la larve de daurade et de bar peut être prévenu par le nettoyage de la surface de l'eau des bacs (suppression du film huileux). Cette absence de gonflement entraîne des lordoses chez les Perciformes. On sait aussi que des températures trop éloignées du *preferendum* de l'espèce, surtout au stade embryonnaire, peuvent entraîner des déformations irréversibles chez les survivants de ces conditions limites.

Des carences nutritionnelles constituent un second type de facteurs d'anomalies. Le jeûne peut affecter non seulement l'appareil digestif mais aussi la morphologie externe, par exemple un aplatissement de la tête et une exophtalmie. Les anomalies pigmentaires des poissons plats semblent en grande partie dues à une mauvaise qualité alimentaire des artémias, bien que les nutriments en cause ne soient pas clairement identifiés. Une carence en phospholipides peut provoquer une scoliose chez l'ayu. Une carence en vitamine C chez la larve de carpe provoque des déformations branchiales et l'érosion de la nageoire caudale. Un excès d'apport de vitamine A provoque une compression des vertèbres du hiramé.

Enfin des infections microbiennes peuvent être à l'origine de malformations larvaires. C'est le cas d'un virus qui provoque une hyperplasie épidermique chez le hiramé. Des vibrions pathogènes peuvent également provoquer des nécroses intestinales et musculaires. D'autres bactéries telles que *Flexibacter ovolyticus* peuvent détruire le chorion de l'œuf, entraînant ainsi une éclosion prématurée d'embryons mal formés.

Conclusion

L'étude de l'ontogenèse des poissons pendant la période larvaire a longtemps été la préoccupation des seuls biologistes. L'approche physiologique entreprise récemment a permis de voir sous un jour nouveau les problèmes de nutrition que l'on abordait jusqu'à une période très récente sous un angle très empirique. Les données récemment acquises devraient faciliter la tâche des nutritionnistes dans l'élaboration d'aliments adaptés aux poissons pendant ces stades.

Références bibliographiques

ALAMI-DURANTE H., 1990. Growth of organs and tissues in carp (*Cyprinus carpio* L.) larvae. *Growth, development & aging*, 54, p. 109-116.

ESCAFFRE A.-M., BERGOT P., 1984. Utilization of the yolk in rainbow trout alevins (*Salmo gairdneri* Richardson) : effect of egg size. *Reprod. Nutr. Dévelop.*, 24, p. 449-460.

ESCAFFRE A.-M., BERGOT P., 1985. Effet d'une alimentation précoce ou retardée sur la croissance d'alevins de truites arc-en-ciel (*Salmo gairdneri*) issus d'oeufs de taille différente. *Bull. Fr. Pêche. Piscic.*, 296, p. 17-28.

ESCAFFRE A.-M., BERGOT P., 1990. Résorption du vitellus chez les alevins de truite commune (*Salmo trutta* L.) gardés à jeun ou nourris. *Bull. Fr. Pêche Piscic.*, 317, p. 58-67.

ESCAFFRE A.-M., BERGOT P., SZLAMINSKA M., 1989. Site of absorption of protein macromolecules in the intestine of carp (*Cyprinus carpio* L.) larvae and rainbow trout (*Salmo gairdneri* Rich.) fry. *Pol. Arch. Hydrobiol.*, 36, p. 263-271.

FINN R.N., RONNESTAD I., FYNH H.J., 1995. Respiration, nitrogen, and energy metabolism of developing yolk-sac larvae of Atlantic halibut (*Hippoglossus Hippoglossus* L.). *Comp. Biochem. Physiol.*, IIIA, p. 647-671.

GATESOUPE F.J., 1994. Development of fish larvae and rearing conditions in hatcheries. *In* : B. Lahlou and P. Vitiello eds. *Coastal and Estuarine Studies. Aquaculture : fondamental and applied research.* American Geophysical Union, Washington DC, p. 159-172.

HEMING T.A., 1982. Effect of temperature on utilization of yolk by chinook salmon (*Oncorhynchus tshawytscha*) eggs and alevins. *Can. J. Fish Aquat. Sci.*, 39, p. 184-190.

KAMLER E., 1976. Variability of respiration and body composition during early developmental stages of carp. *Pol. Arch. Hydrobiol.* 23, p. 431-485.

KAMLER E., 1992. *Early life history of fish. An energetic approach.* Chapman & Hall, London, 267 p.

KAMLER E., SZLAMINSKA M., KUCZYNSKI M., HAMACKOVA J., KOURIL J., DABROWSKI R., 1994. Temperature-induced changes of early development and yolk utilization in the African catfish *Clarias gariepinus. J. Fish Biol.*, 44, p. 311-326.

OSSE J.W.M., 1990. Form changes in fish larvae in relation to changing demand of function. *Neth. J. Zool.*, 40, p. 362-385.

QUANTZ G., 1985. Use of endogenous energy sources by larval turbot *Scophthalmus maximus. Trans. Am. Fish Soc.* 114, p. 558-563.

SEGNER H., STORCH V., REINECKE M., KLOAS W., HANKE W., 1994. The development of functional digestive and metabolic organs in turbot, *Scophthalmus maximus. Mar. Biol.*, 119, p. 471-486.

VERRETH J., 1994. Nutrition and related ontogenetic aspects in larvae of the African catfish, *Clarias lazera.* Thesis Univ. Wageningen. 205 p.

ZAMBONINO INFANTE J.L., CAHU C., 1994. Development and response to a diet change of some digestive enzymes in sea bass (*Dicentrarchus labrax*) larvae. *Fish Physiol. Biochem.*, 12, p. 399-408.

13

ALIMENTATION DES LARVES DE POISSONS AVEC DES PROIES VIVANTES

De par leur ontogenèse, les larves de poisson doivent se nourrir activement bien avant que le développement de leur système digestif ne soit achevé (chap. 12). Dans l'état actuel des connaissances, pour la plupart des espèces marines, les aliments inertes proposés ne conviennent pas aux premières phases de la vie larvaire. Il est donc nécessaire d'alimenter ces larves avec des proies vivantes depuis la première prise de nourriture (larves de 0,2 à 0,4 mg selon les espèces) jusqu'à un stade post-larves (de plus de 50 mg) où les animaux peuvent s'adapter à des aliments inertes (période dite de sevrage). Cette phase représente une période courte (1 à 2 mois), mais pendant laquelle la croissance est rapide. Les dimensions de la bouche des larves vont déterminer la taille des particules vivantes utilisables : en général autour de 200 μm à l'ouverture de la bouche jusqu'à quelques mm en fin d'élevage.

Dans le milieu naturel, les larves se nourrissent de plancton. La solution *a priori* la plus simple est de reconstituer un milieu plus ou moins fermé et contrôlé favorisant le développement du phytoplancton, puis du zooplancton, avant d'y introduire les larves. C'est l'élevage de type extensif applicable à de faibles densités. L'aquaculture traditionnelle des poissons d'eau douce doit son développement à la réussite de cette méthode. Son application en milieu lagunaire est très limitée et l'essor de la production des poissons marins repose principalement sur les méthodes d'élevage intensif des larves.

En élevage intensif, il a fallu créer une chaîne alimentaire artificielle avec production d'algues unicellulaires dont se nourrissent des animaux filtreurs, eux-mêmes destinés à servir de proies pour les larves de poisson. De nombreuses études ont été nécessaires pour maîtriser ces productions en cascade ; la nutrition des proies a dû faire l'objet d'études au même titre que celle des larves. Les coûts de production demeurent élevés et ce sont eux, et non la qualité nutritionnelle intrinsèque de ces aliments vivants, qui ont guidé le choix des quelques espèces retenues. Le « plancton » est constitué par un nombre limité d'espèces. Dans un deuxième temps, la qualité nutritionnelle des proies a fait l'objet d'études et de tentatives d'amélioration. Par ailleurs, ces élevages intensifs se font dans un milieu très chargé en matières organiques propices à la prolifération bactérienne. Ces bactéries constituent un risque supplémentaire, et la qualité de l'environnement bactérien des proies doit être considérée en même temps que la valeur alimentaire.

Ce chapitre présente les rares espèces qui ont été retenues, les techniques de production, la valeur alimentaire de ces produits et les méthodes utilisées pour l'améliorer, ainsi que les aspects quantitatifs de cette alimentation. Enfin les bactéries associées à ces élevages seront présentées ainsi que leurs effets sur les larves et les moyens de contrôle.

Proies vivantes utilisées en aquaculture marine

Le premier maillon de la chaîne alimentaire est constitué par des organismes unicellulaires qui peuvent être très différents du phytoplancton naturel : par exemple, des levures ou des bactéries. Ils peuvent être utilisés vivants, lyophilisés ou séchés par atomisation, directement ou pour nourrir les animaux-proies (second maillon). De même que ceux du premier niveau, les organismes du deuxième niveau n'appartiennent pas nécessairement au zooplancton marin. Il s'agit en général de filtreurs qui peuvent facilement se nourrir de microparticules inertes.

Organismes unicellulaires

Le grand intérêt de ces organismes réside dans leur teneur élevée (50 à 80 % de la matière sèche) en protéines de bonne qualité. Ces proies sont également riches en acides nucléiques et en vitamines. Certaines font l'objet d'une production industrielle, ce qui permet de réaliser des économies substantielles dans le coût de production de la chaîne alimentaire.

Levures

Il existe un grand nombre de sources commerciales de levures vivantes ou atomisées qui peuvent être utilisées comme aliment des filtreurs-proies. La levure de boulangerie vivante (*Saccharomyces cerevisiae*) est l'aliment le plus courant pour la production des rotifères. Au Japon, on cultive cette levure spécialement sur un milieu contenant de l'huile de foie de seiche, afin de l'enrichir en acides gras essentiels (AGE) pour les poissons marins. Les levures sèches, sous forme atomisée, constituent de bonnes sources de protéines pour le grossissement d'artémias. Des levures marines ont également été proposées, mais leur utilisation ne s'est pas développée : leur teneur en AGE est supérieure à celle de la levure de boulangerie mais reste insuffisante pour l'usage habituel.

Algues

La chlorelle d'eau douce est actuellement la seule algue produite industriellement (pour l'alimentation humaine) qui soit utilisée de façon significative en aquaculture, sous forme vivante ou atomisée. Son prix reste élevé, et la plupart des écloseries cultivent spécialement des algues unicellulaires marines qui demeurent indispensables à l'entretien des souches de rotifères et au démarrage des productions de masse. De nombreuses espèces sont utilisées ; citons par exemple *Pavlova lutheri* (4 μm) et *Platymonas suecica* (10 μm). La culture des algues est relativement coûteuse, en installations et en main-d'œuvre. Elle nécessite un travail en environnement stérile pour le maintien des souches monospécifiques (non nécessairement axéniques). Un contrôle de l'éclairement et de la température est également nécessaire, de même qu'un enrichissement de l'air en CO_2 et un apport de minéraux et de certaines vitamines. Les algues présentent de fortes variations de composition biochimique en fonction des conditions de croissance, mais leur culture strictement contrôlée permet dans une certaine mesure de moduler la composition chimique et par conséquent la valeur nutritionnelle. Lorsque les conditions climatiques sont favorables, des cultures extérieures en grands bassins permettent des productions de masse à coût moindre. Cependant, cette production, plus aléatoire, ne s'accorde pas toujours avec les exigences d'une écloserie où l'aliment vivant doit être fourni impérativement chaque jour.

Proies vivantes animales

Les proies animales servant à nourrir les larves de poissons sont toujours des invertébrés. Généralement seules les larves correspondant aux premiers stades de développement sont utilisées. Elles sont produites dans les écloseries à partir, soit de populations entretenues (rotifères, copépodes), soit de cystes d'artémias (appelés « œufs de durée ») commercialisés après récolte dans les salines que l'on fait éclore. Une alternative peut être recherchée dans les ressources naturelles (collecte de zooplancton, œufs de poissons ou larves de mollusques).

Copépodes

Les copépodes du zooplancton marin représentent l'essentiel des proies consommées dans le milieu naturel : ce sont donc des aliments de référence, d'efficacité reconnue pour l'élevage des larves. La gamme des tailles couvre bien l'ensemble des besoins au cours du développement, puisque les premiers nauplius mesurent de 80 à 200 μm, et les adultes de 1 à 5 mm. Malheureusement, peu d'espèces se prêtent à l'élevage de masse, car le cycle de production est long (il faut une vingtaine de jours pour obtenir des adultes) et les densités maximales sont faibles, ce qui nécessite de grands volumes. De tels élevages constituent une lourde charge pour les écloseries. Quand une collecte de copépodes du milieu naturel est possible, elle constitue un aliment d'appoint de haute valeur pour l'écloserie. Les copépodes harpacticoïdes, *Tigriopus japonicus* par exemple, sont benthiques et détritivores. Ils ont un cycle de reproduction tout aussi lent que les planctoniques, mais ils peuvent être nourris à coût moindre et supportent de plus fortes concentrations. Leur culture est réalisée en bassins extérieurs, sous climat suffisamment chaud.

Rotifères

Ces animaux ont longtemps été considérés comme une peste pour l'aquaculture japonaise traditionnelle, car leur prolifération extrêmement rapide détériorait la qualité du milieu dans les bassins d'élevage d'anguilles. Par la suite cette productivité exceptionnelle a été mise à profit pour le développement de l'aquaculture des poissons marins. Un seul rotifère appartenant au genre Brachionus a été retenu en raison de son caractère euryhalin. Sa taille, de 80 à 300 μm (tableau 13.1), convient bien pour la première alimentation de nombreux poissons. Ce rotifère a été longtemps considéré comme formant une seule espèce, *B. plicatilis*. En fait il existe deux types de tailles nettement différentes qui sont maintenant rattachés à deux espèces distinctes : *B. plicatilis* (de grande taille) et *B. rotundiformis* (de petite taille). Les souches les plus intéressantes pour l'aquaculture sont celles qui peuvent supporter de grandes fluctuations dans leur environnement sans que se déclenche un cycle de reproduction sexuée. C'est en effet sur la multiplication parthénogénétique que repose la forte productivité de l'espèce. A 20 °C, une femelle peut se reproduire 2 jours après l'éclosion, et pondre une vingtaine d'œufs en 8 jours. Le taux de reproduction dépend en particulier de la concentration des individus et de leur alimentation. Il peut, dans les meilleures conditions, dépasser un doublement de

Tableau 13.1. Taille et masse moyennes des proies utilisées en production intensive de larves. D'après Cunha et Planas, 1995.

Proie	Masse moyenne (μg)	Longueur (μm)	Largeur (μm)
rotifères*			
type S	0,10	166	122
type L	0,45	262	177
artémias			
à l'éclosion	1,9	460	164
enrichis 24 h	2,0	617	164
alimentés 48 h	3,4	895	181

la population par jour. On ignore presque tout des besoins nutritionnels des brachionus. On sait cependant qu'ils ont un besoin en vitamine B_{12}.

Les souches sont conservées dans de petits volumes où l'on maintient une population de femelles à faible concentration par l'ajout bihebdomadaire d'une petite quantité d'algues. Les productions se font par des cultures en continu stabilisées d'où l'on prélève chaque jour un volume qui, dans les écloseries, varie de quelques centaines de litres à quelques m^3. Elles sont démarrées par inoculation d'une souche dans des cultures d'algues à forte concentration (plusieurs millions de cellules/mL). Lorsque la concentration des rotifères dépasse une centaine d'individus/mL, on peut inoculer un volume plus important. L'aliment de production le plus pratique est la levure de boulangerie fraîche, distribuée à raison d'environ 200 mg (60 mg de matière sèche)/L de culture/jour. Cet apport alimentaire permet de maintenir une population supérieure à 200 individus/mL, avec une récolte quotidienne du quart du volume de culture. L'utilisation d'huile de poisson en émulsion avec la levure améliore la qualité des rotifères (fig. 13.1). Cependant, cet aliment n'est pas toujours suffisant à long terme et un apport d'algues est alors nécessaire. Lorsque des cultures d'algues sont possibles en bassins extérieurs, on peut pratiquer un ensemencement direct et l'on dispose alors de volumes beaucoup plus importants, mais moins bien contrôlés.

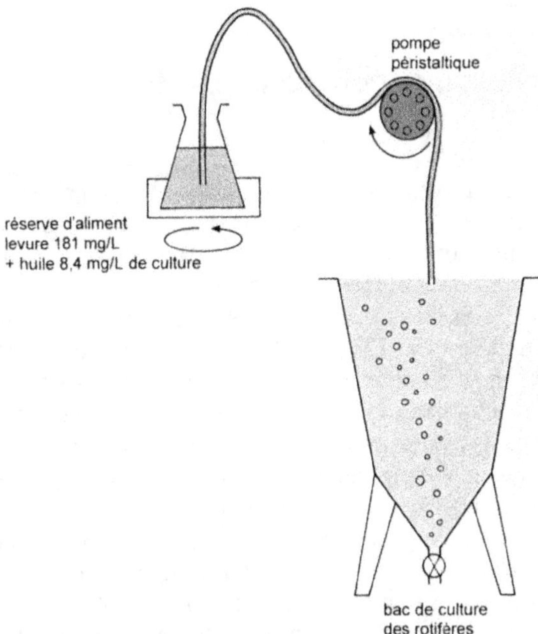

Figure 13.1. Schéma d'alimentation des rotifères produits selon une technique semi-continue (renouvellement 1/4 du volume par jour) et nourris de levure fraîche et d'émulsion d'huile.

Artémias

Le genre *Artemia* (crustacés branchiopodes), autrefois réduit à une seule espèce *A. salina*, a été divisé en plusieurs espèces d'après des caractères chromosomiques. Ces espèces sont indifféremment utilisées en aquaculture, et généralement désignées par leur seul nom de genre. L'animal est adapté aux milieux sursalés et produit en grande quantité des cystes dans de nombreux marais salants et autres étendues d'eau sursalée où il prospère. Faciles à récolter, ces cystes en état de dormance (« œufs de durée ») sont conservés à l'état desséché sous vide et commercialisés. Leur emploi en écloserie est très aisé : il suffit de les réactiver par hydratation et oxygénation pour obtenir en 24 h à 28 °C l'éclosion des larves au stade nauplius (tabl. 13.1). Ces nauplius doivent être débarrassés des coques (chorions) des œufs de durée avant utilisation. Cela se fait par décantation, ou tamisage en eau, ou par une technique de « décapsulation » qui consiste à « dissoudre » ces chorions dans de l'eau de Javel (hypochlorite de sodium à 2 % pendant 7 à 10 mn) avant l'incubation des œufs. Les nauplius peuvent être utilisés directement comme proies. Un élevage de quelques jours permet d'obtenir des proies plus grosses, mais il est de moins en moins pratiqué, car contraignant, et l'on sait de mieux en mieux adapter les alevins à un aliment composé avant que cette taille de proie ne soit nécessaire.

Besoins nutritionnels des larves

L'alimentation des larves avec des proies vivantes se prête très mal à des études de besoins car il est difficile d'obtenir des aliments vivants expérimentaux de composition bien contrôlée et de faire varier un facteur de façon précise, sauf en ce qui concerne les acides gras (AG).

Le besoin des poissons marins en AG à longue chaîne polyinsaturés (AGLPI) en particulier en EPA (C20:5 n-3) et surtout DHA (C22:6 n-3) (chap. 7, encadré p. 155 pour la terminologie) est maintenant bien établi. Comme la teneur des proies en AGLPI peut être aisément modifiée, les effets positifs d'un enrichissement sur la survie, la croissance et la résistance aux stress des larves ont été amplement démontrés. Des évaluations quantitatives du besoin ont été entreprises en prenant pour critère la somme des AG en C20 et C22 de la série n-3. Ce besoin est variable suivant l'espèce de poisson mais il semble plus important chez la larve que chez le juvénile (respectivement 1,3 % contre 0,8 % de la matière sèche chez le turbot). Les estimations de ce besoin diffèrent aussi largement selon les auteurs. Ainsi, sur la daurade royale, les estimations varient de 0,56 à plus de 3 % de la matière sèche des proies et semblent dépendre des méthodes utilisées pour ces études. Par ailleurs, le DHA est plus efficace que l'EPA, notamment pour la survie et la résistance aux stress. Il est aussi impliqué dans la mise en place de la pigmentation cutanée chez les poissons plats. Les besoins en AG de la série n-6 ne sont pas encore définis, mais un besoin en acide arachidonique doit exister pour la synthèse des prostaglandines.

Pour les autres facteurs nutritionnels, il n'existe pas de données précises, pour les espèces marines du moins. Le besoin en vitamine C est en cours d'étude. C'est pourquoi la valeur nutritionnelle des proies est encore estimée principalement à partir des besoins du juvénile ou de données obtenues sur des larves d'espèces d'eau douce dont l'alimentation inerte est possible.

Qualité nutritionnelle des proies

La qualité des proies vivantes est par nature assez variable car ces organismes réagissent en fonction des facteurs d'environnement et d'alimentation au cours de leur production et jusqu'au moment où ils sont ingérés par les larves. Ces facteurs étant plus ou moins contrôlables, des variations de la composition biochimique des proies sont observées d'une écloserie à l'autre et même au sein d'un même élevage. Dans les études nutritionnelles sur les larves, il est nécessaire de vérifier la composition des proies et de la corriger éventuellement. On peut en effet modifier la qualité nutritionnelle des artémias ou des rotifères juste avant de les distribuer aux larves par culture ou par des techniques dites d'enrichissement.

Techniques de culture

Avec un régime relativement équilibré, une culture d'au moins deux jours est nécessaire pour modifier la composition en AG et obtenir une croissance des artémias. Elle nécessite un élevage à des concentrations faibles (10 à 20 artémias/mL). Les techniques d'alimentation induisent des teneurs en lipides de 10 à 20 % seulement.

Techniques d'enrichissement

Les techniques d'enrichissement ont été initialement réalisées dans le but d'ajouter à la valeur nutritive de la proie celle de son contenu digestif. On réalisait ainsi des biocapsules dans lesquelles on pouvait ajouter des nutriments ou des produits pharmaceutiques. La réalité de cet apport par le contenu digestif est éphémère et assez discutable, mais ces techniques ont une efficacité indéniable pour l'apport de lipides. En effet, les proies vivantes ont une remarquable capacité d'incorporation des lipides.

Ces enrichissements sont pratiqués soit par des bains nutritifs, soit avec une alimentation riche en lipides où une émulsion d'huile apporte des AGE à haute dose. Divers produits commerciaux ou expérimentaux ont été élaborés à cette fin. Des enrichissements de courte durée (1/2 heure) sont déjà efficaces pour les artémias « prégrossis » (de même que pour les rotifères). Les nauplius d'artémias après éclosion nécessitent des enrichissements de plus longue durée (24 heures) pratiqués à de fortes concentrations (300 artémias/mL). Le nauplius à l'éclosion ne pouvant s'alimenter, ces périodes comprennent la durée du prédéveloppement jusqu'à l'ouverture de la bouche et la période d'enrichissement proprement dit. L'enrichissement pendant 24 h avec une émulsion riche en AGE est plus largement utilisé que la culture. Il conduit à des teneurs en lipides élevées (de 20 à 30 % de la matière sèche des proies) en apportant des AG qui se surajoutent aux lipides préexistants. Pour le rotifère l'incorporation d'AGE est quasi maximale en 6 h, un enrichissement pendant 24 heures avec des algues marines est aussi couramment utilisé dans certaines écloseries.

Énergie

Les notions d'énergie sont difficiles à prendre en considération dans les élevages de larves où il est techniquement impossible de mesurer de façon précise l'ingéré et la digestibilité. La masse moyenne, la composition chimique et donc l'énergie disponible dans les proies varient fortement en fonction de l'état physiologique de ces dernières. Ce qui compte au niveau nutritionnel c'est la valeur énergétique des proies au moment où la larve les consomme, valeur différente de celle que l'on peut estimer au moment de la distribution. Pendant leur présence dans les bacs d'élevage, les proies utilisent leurs réserves énergétiques et perdent une partie de leur valeur nutritive. Il faut donc veiller à limiter ces pertes en ajustant la distribution aux besoins quantitatifs des larves tout en s'efforçant de minimiser ces derniers.

Composition lipidique et acides gras essentiels

La comparaison des compositions en AG de divers organismes utilisés comme proies vivantes montre de grandes différences (tabl. 13.2) suivant les types d'organismes et les modalités d'alimentation (en production ou en enrichissement).

Tableau 13.2. Composition lipidique (% matière sèche) et principaux acides gras polyinsaturés de proies vivantes.

	Copépodes (*Tisbe* sp.)	Rotifères (*Brachionus plicatilis*)				Artemia sp.		
		Alimentés avec :						
		Levure	Algue (*Platymonas suecica*)	Levure + Super Selco®	Enrichis par Super Selco®	Nauplius à l'éclosion	Enrichis 24h par Super Selco	Alimentés 48h avec levure + huile de foie de morue
Lipides (% M.S.)	5,1	11,8	8,5	8,5	18	18,1	21	18,9
Acides gras (% M.S.)	2,4	8	5,5	6,8	15	14,4	15,1	14,7
AGLPI (% M.S.)	1,1	0,2	0,7	1,4	5,7	0,5	3,3	2,5
AG (% AG Totaux)								
Somme Saturés	20,8	20,6	23,4	8,7	9,6	17,7	13,6	15,2
Somme n-7	11,2	15,8	5,9	26,6	11,6	13,4	11	17,8
Somme n-9	8,5	26,8	9,4	28,8	19,8	21,9	18,4	29,3
Somme n-6	5,4	22,6	29	9,9	9,3	9,8	7,6	5
dont 18:2 n-6	1,8	18,6	18,6	7,6	7,2	8,3	5,4	3,6
20:4 n-6	2,7	1,1	5,1	1,1	1,2	1,4	1,3	1,1
Somme n-3	44,9	6,7	25,3	24,4	41,7	29,4	42,1	24,9
dont 18:3 n-3	0,4	2,9	7,2	1,7	2,2	22,3	17,8	6
20:5 n-3	14,7	1,1	6,2	10,3	16	2,9	12,7	11,7
22:5 n-3	tr	0,7	1,9	3,1	3,4	-	1,1	0,6
22:6 n-3	29,5	0,2	0,1	6,6	16,2	-	7,2	4,5

La teneur en AGE de la série n-3 (AGE n-3) est généralement bonne chez les copépodes qui semblent capables de les concentrer, particulièrement le DHA. Par comparaison, les teneurs en AGE ainsi que le rapport DHA/EPA sont faibles chez les rotifères et les artémias.

Certains auteurs considèrent que les AGLPI des copépodes marins proviennent directement du phytoplancton qu'ils consomment. Mais chez certaines espèces de copépodes de bonnes capacités d'élongation et de désaturation des AG n-3 ont été démontrées, alors que ces capacités sont très faibles chez le rotifère et les artémias.

Des rotifères alimentés de levure de boulangerie seule sont très déficients en AGLPI et leur valeur nutritionnelle est insuffisante. Les techniques d'enrichissement sont en ce cas nécessaires. Une émulsion d'huile riche en AGE n-3 peut aussi être ajoutée aux levures dans l'aliment de production des rotifères. Par ailleurs, il existe des aliments commerciaux permettant de cultiver les rotifères tout en leur assurant une bonne qualité en AGE. Si l'on utilise des algues marines, l'espèce et les conditions de culture sont déterminantes pour leur teneur en AG et celle des rotifères qui s'en nourrissent.

La composition des artémias à l'éclosion varie selon les lots (lieu et date de récolte) ; elle dépend en fait de l'aliment naturel des animaux. On définit deux types en fonction de leur composition en AG (fig. 13.2) : le type « marin » relativement riche en EPA (nécessaire aux larves d'animaux marins), et le type d'« eau douce » riche en acide linolénique 18:3 n-3 (que des larves de poissons d'eau douce peuvent utiliser comme précurseur de l'EPA ou du DHA). Dans la pratique, de bons élevages de larves de poissons marins peuvent être

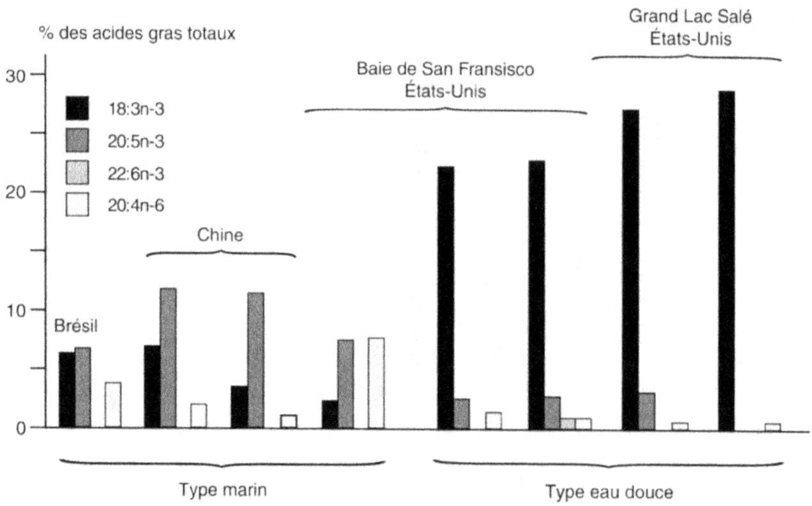

Figure 13.2. Principaux acides gras polyinsaturés de lots d'artémias de différentes origines géographiques.

réalisés avec des nauplius de type marin. Cependant ces derniers ont, même avec les meilleurs lots de cystes, une teneur en AGLPI inférieure aux besoins estimés chez les espèces marines exigeantes. Le DHA est généralement absent ou en teneur très faible dans les nauplius à l'éclosion, or cet AG est le plus efficace pour les larves. De ce fait il faut l'apporter par l'alimentation ou l'enrichissement des proies.

Composition protéique

Les proies vivantes ont des teneurs en protéines supérieures à 60 % de la matière sèche, valeur que les enrichissements avec de fortes quantités de lipides peuvent diminuer. Chez le rotifère, le taux de croissance des cultures influence positivement la quantité de protéines par individu. La qualité des protéines des proies vivantes est considérée comme bonne et intrinsèquement peu variable. Les compositions en acides aminés (AA) de différentes espèces utilisées comme aliments vivants sont assez comparables et couvrent les besoins en AA indispensables estimés sur des poissons juvéniles.

La proportion d'AA libres (AAL) présents dans les organismes du zooplancton a parfois été considérée comme un facteur de qualité des proies pour les larves dont le tube digestif est peu développé, ces AAL étant plus facilement absorbés. Les teneurs en AAL sont plus élevées chez des copépodes sauvages ou cultivés que chez des rotifères ou artémias, et des techniques d'enrichissement protéique ou mixte (protéines + lipides) ont été proposées. Elles permettent de modifier les teneurs en AAL, mais l'effet de cet enrichissement sur les performances d'élevage n'est pas clairement établi.

Minéraux

Relativement peu de données existent sur l'influence des minéraux des proies pour l'alimentation des larves. En eau de mer, l'apport de minéraux par l'eau est souvent considéré comme suffisant. Il est néanmoins limité en culture très intensive et un effet global d'un enrichissement minéral a été relevé dans ce type de culture. Quelques données existent sur les compositions en macro-minéraux et oligo-éléments des artémias, montrant des valeurs *a priori* correctes bien que variables selon les souches. Les cultures de rotifères reposent souvent sur des algues, elles-mêmes issues de culture intensive qui apportent des minéraux (tabl. 13.3). Les milieux utilisés pour la production d'algues varient d'une écloserie à l'autre, apportant ou non des oligo-éléments, éventuellement des chélateurs qui limitent l'incorporation des éléments traces. Ces facteurs agissent sur la composition minérale des rotifères.

Tableau 13.3. Oligo-éléments dans différentes proies vivantes : rotifères produits à l'aide d'algues ou de levures et nauplius d'artémias à l'éclosion (moyenne de différentes souches en μg/g de matière sèche).

	Rotifères/algues	Rotifères/levure	Nauplius d'artémias
Fe	216 ± 52	135 ± 68	265 ± 94
Zn	38 ± 2	98 ± 28	218 ± 56
Mn	19 ± 2	17 ± 8	15 ± 5
Cu	14 ± 3	18 ± 8	12 ± 7

Vitamines

Peu de données existent sur la composition en vitamines des animaux-proies. Le rotifère a un besoin en vitamines qui lui sont fournies principalement par les bactéries associées aux élevages. Les conditions de culture influencent cette synthèse par les bactéries associées, des niveaux bas d'oxygénation la favorisent. Il est possible d'enrichir les proies en vitamines liposolubles par leur alimentation alors que l'apport direct de vitamines hydrosolubles semble inefficace. Ainsi la vitamine C peut être apportée sous forme de palmitate d'ascorbyle alors que les formes hydrosolubles n'ont pas d'effet d'enrichissement.

Polluants et toxiques

Différentes études ont montré que les nauplius d'artémias utilisés en aquaculture contenaient divers organochlorés provenant des pesticides utilisés autour des zones de production de cystes. Ces composés sont suspectés d'influencer la qualité des artémias. En général les tests comparant l'efficacité des souches d'artémias sur les performances d'élevage de larves montrent surtout des corrélations avec d'autres caractéristiques comme la composition en AGE.

Alimentation pratique

Comportement alimentaire des larves

La larve, au comportement de prédateur, dépense de l'énergie pour capturer ses proies et chaque tentative n'aboutit pas à une capture, ce qui accroît la dépense. Ce comportement a été plus particulièrement étudié dans le but d'optimiser les conditions d'alimentation des larves. Les facteurs de l'environnement du bac d'élevage (couleur des parois, éclairage, agitation de l'eau) influent sur le taux de réussite des captures et, de ce fait, sur le succès de l'élevage. Les méthodes de distribution des proies dans les cultures ont des conséquences importantes sur la qualité des proies au moment de leur capture, en particulier sur leur valeur énergétique, ainsi que sur le niveau d'alimentation effectif. La nature, la densité et la taille des proies influencent le rapport entre l'énergie récupérée dans celles-ci et l'énergie dépensée pour les captures.

Type et taille des proies

En pratique, la séquence d'alimentation comporte une succession des types de proies qui permet une adéquation entre taille des aliments et taille de la bouche au cours du développement. Une introduction précoce de nauplius d'artémias (plus gros que les rotifères) dès que les larves peuvent les ingérer permet d'accélérer la croissance des larves. De même, l'utilisation ultérieure d'artémias prégrossis et enrichis permet une adaptation de la taille des artémias à celle des larves. Une étude sur des larves de carpes nourries avec différentes souches d'artémias montre que les résultats de croissance sont en relation avec la taille et la masse des nauplius des souches utilisées (sachant que pour cette espèce de poisson les différences de composition en AG des souches d'artémias ne semblent pas importantes).

Aspects quantitatifs

Dans les techniques d'élevage intensif le soin apporté à la distribution des aliments vivants est déterminant. Il faut couvrir les besoins quantitatifs journaliers des larves de façon complète et précise. Or le nombre de larves à un moment donné n'est pas connu avec précision du fait de la mortalité relativement importante en début d'élevage et de l'impossibilité de dénombrer correctement les morts quand les larves sont petites. D'autre part, la croissance est très rapide et la quantité d'aliment distribué doit croître de façon similaire (fig. 13.3).

La couverture des besoins quantitatifs journaliers doit concilier deux principes contradictoires :

– assurer une densité optimale de proies pour favoriser leur capture par les larves ;

– éviter que les proies ne résident longtemps dans le bac avant leur capture pour éviter une perte de valeur nutritive ;

Le mode de distribution des proies dépend de la technique d'élevage en eau verte ou en eau claire :

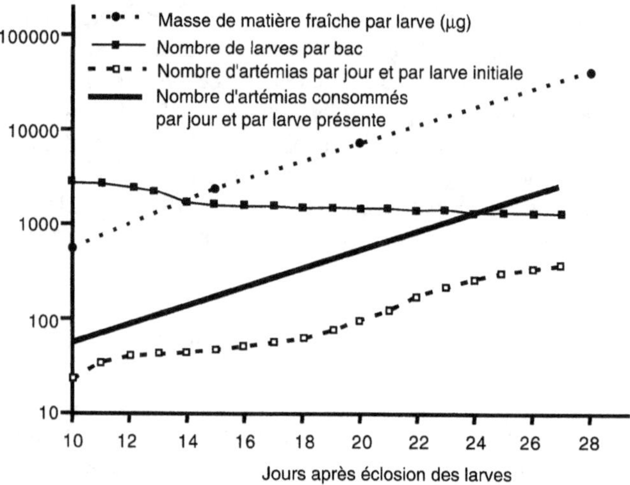

Figure 13.3. Quantité d'artémias enrichis consommés par des larves de turbot (échelle logarithmique) dans un élevage.

– en eau verte (avec présence d'algues phytoplanctoniques), la densité des proies est maintenue sensiblement constante par l'introduction de nouvelles proies compensant celles qui sont ingérées par les larves ;

– en eau claire, la technique généralement utilisée est assez empirique. Elle consiste à quantifier les proies restantes dans le bac d'élevage puis à ajuster la distribution suivante en fonction de ces reliquats et d'un schéma de progression préétabli. L'objectif recherché est d'obtenir un minimum de proies inutilisées restant dans l'élevage le jour suivant.

Gestion de la qualité des proies dans le bac de larves

Dans les élevages en eau claire les proies restent à jeun dans le bac de larves. Différentes techniques peuvent être utilisées pour minimiser la perte de qualité alimentaire et permettre la meilleure croissance des larves possible. Il s'agit d'assurer, soit une distribution en plusieurs repas par jour, soit une distribution continue des proies par système de pompage à partir d'une réserve de proies (fig. 13.4). Les proies en attente de distribution sont conservées dans un milieu d'enrichissement ou au froid (pour les nauplius d'artémias). En cas de distribution continue, les proies en excès sont évacuées par l'eau sortant du bac d'élevage où est placé un filtre de maille appropriée pour laisser passer les proies en retenant les larves.

La technique en « eau verte » permet de maintenir la valeur nutritionnelle des proies à un niveau relativement satisfaisant puisque celles-ci s'alimentent

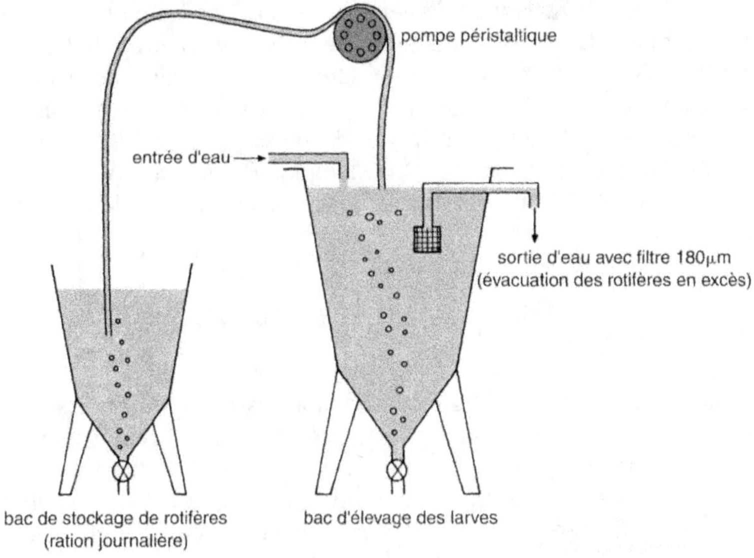

Figure 13.4. Schéma de la méthode de distribution continue des proies
(ici des rotifères) aux larves.

dans le bac. La composition corporelle des proies évolue cependant sous
l'influence des algues consommées. Ce phénomène est effectif pour les rotifères ou les copépodes mais, pour les nauplius d'artémias, le maintien de la qualité est assuré par une distribution continue ou fractionnée.

Qualité bactérienne des proies vivantes

Importance des bactéries dans la chaîne alimentaire

Les organismes vivants présents dans la chaîne alimentaire artificielle ne
sont pas tous introduits volontairement. Des bactéries s'y développent inévitablement, à moins de pratiquer des élevages axéniques, technique délicate réser-
vée à des fins expérimentales. L'intervention de la microflore intestinale dans
l'alimentation des poissons n'a pas été étudiée dans cet ouvrage, car l'importance de cette flore varie de 10^3 à 10^8 germes/g de contenu digestif, selon le
régime alimentaire et la zone climatique de l'espèce considérée. Or on considère qu'un minimum de 10^7 germes/g est nécessaire pour que la concentration
des enzymes bactériennes soit suffisante pour agir significativement dans le

processus digestif. Ce niveau est largement atteint dans les cultures de rotifères où l'on compte de 10^6 à 10^7 germes/mL de milieu, et environ 10^9 germes/g de rotifère. Des larves de turbot en bonne santé et nourries avec ces rotifères contiennent au jour 8 de 10^7 à 10^8 germes/g de larve. Un rôle nutritionnel des bactéries est donc possible chez les larves de poisson. Ce rôle est certain pour l'alimentation des filtreurs-proies. Par exemple, *Pseudomonas* est un bon aliment pour les rotifères ; en particulier il constitue une source de vitamine B_{12}.

Rôle ambigu des vibrions

Les vibrions dominent généralement la flore associée aux poissons marins, bien que le genre *Pseudomonas* puisse être également représenté en grand nombre. Ils dominent également la flore associée aux filtreurs-proies. On peut penser que la plupart des souches sont inoffensives, peut-être même utiles. Toutefois, le caractère pathogène de certaines souches a été mis en évidence par infection expérimentale. C'est le cas d'un vibrion opportuniste qui peut dépasser 10^9 germes/g de larve de turbot, entraînant la mortalité massive des turbots une trentaine d'heures après le début de l'infection. Si l'on ne provoque pas expérimentalement l'infection des turbots, il semble que la souche n'exprime son pouvoir pathogène que lorsque les larves sont déjà affaiblies par des conditions d'élevage défavorables.

Prophylaxie et qualité alimentaire

Pour éviter la prolifération de ces vibrions opportunistes indésirables, une première précaution s'impose : il faut éviter d'élever des larves issues d'une ponte de qualité douteuse et suivre rigoureusement les normes établies pour l'élevage de l'espèce.

Une deuxième précaution à prendre consiste à limiter la prolifération bactérienne dans son ensemble. Un soin tout particulier doit être pris pour conserver la culture de rotifères aussi « propre » que possible en la maintenant artificiellement à une concentration élevée (300 à 400 individus/mL) et en la transplantant régulièrement dans un bac propre avec un milieu entièrement renouvelé.

Le désir d'enrichir au maximum la teneur des proies en AGE ne doit pas conduire à utiliser un excès d'huile de poisson ou un enrichissement de trop longue durée. Une émulsion d'huile avec de la lécithine est en effet un facteur de prolifération des vibrions. Une distribution en continu des rotifères sur 24 h avec 8 mg d'huile émulsionnée par litre de milieu d'enrichissement est satisfaisante. Une autre solution peut être de limiter à 6 h la durée de l'enrichissement avant distribution, avec 50 mg/L d'huile émulsionnée.

Traitements spécifiques

Les antibiotiques sont couramment employés dans les écloseries de mollusques ou de crustacés. Bien qu'il soit parfois pratiqué à des fins expérimentales, leur emploi est à proscrire pour l'élevage des larves de poissons afin de minimiser le risque d'apparition de souches pathogènes résistantes. Sur les sites de production aquacole, l'usage des antibiotiques devrait être strictement réservé au traitement des maladies infectieuses touchant les poissons en grossissement.

Un traitement de remplacement a été proposé : l'apport de probiotiques. Ce sont des préparations contenant des germes viables, généralement des bactéries lactiques, ou des spores de bacilles (chap. 18). Ces bactéries ne sont pas capables de se développer dans les milieux d'élevage, et elles doivent être apportées en continu dans le milieu de production ou d'enrichissement des proies (de l'ordre de 10^4 germes/mL de milieu/jour). Leur emploi est encore expérimental, et l'on a pu observer des effets positifs mais variables selon les produits : par exemple, l'amélioration du taux de production des rotifères ou du taux de croissance des larves de turbot. Des limitations de la prolifération bactérienne ont également été observées, en particulier celle des vibrions. La survie des larves de turbot, en cas d'infection expérimentale, peut également être améliorée.

Des bactéries lactiques sont présentes de façon naturelle dans la flore intestinale des poissons. On a pu dénombrer jusqu'à 10^4 germes lactiques par gramme de tube digestif d'une espèce de brème, et l'on peut compter jusqu'à 10^4 germes lactiques naturellement présents par gramme de larve de turbot. Certaines souches isolées et réintroduites chaque jour à titre de probiotiques dans le milieu d'enrichissement des rotifères à raison de 10^7 germes/mL peuvent donner des concentrations de l'ordre de 10^7-10^8 germes/g de larve. La flore lactique peut alors exercer un véritable « effet de barrière », limitant en particulier la mortalité des larves infectées expérimentalement. D'autres souches de bactéries lactiques isolées dans la flore des poissons sécrètent des substances inhibant la croissance des vibrions (antibiotiques). De nombreux travaux demeurent nécessaires avant de pouvoir passer de l'expérimentation à la pratique aquacole, mais ces souches semblent être un atout pour le contrôle de l'équilibre bactérien des élevages.

Résultats obtenus

Les techniques d'amélioration de la qualité alimentaire des rotifères et artémias permettent maintenant d'assurer une alimentation efficace des larves de poissons et une production de juvéniles quantitativement satisfaisante. De grandes différences existent selon les espèces. Pour un poisson robuste comme le bar, la survie à la fin du premier mois dépasse souvent 90 %. Pour une espèce plus délicate comme le turbot, une survie de 20 à 30 % est jugée satisfaisante. Pour la majorité des espèces déjà étudiées, l'approvisionnement en juvéniles des installations de grossissement est assuré de façon plutôt excédentaire. Le coût de production, encore élevé, devrait pouvoir être réduit. Par ailleurs, les techniques développées à ce jour permettent d'envisager la production de nouvelles espèces de poissons avec un minimum de recherches d'adaptation.

Néanmoins deux problèmes importants restent à résoudre :

– l'alimentation, et donc la production des juvéniles, repose massivement sur l'approvisionnement des écloseries en cystes d'artémias issus de production naturelle. Une pénurie de cystes a déjà été rencontrée de façon conjoncturelle, elle deviendra structurelle avec l'accroissement de l'aquaculture mondiale si d'autres aliments pour larves ne sont pas développés ;

– les juvéniles issus de productions intensives présentent de fréquentes malformations qui semblent induites par l'alimentation ou les conditions d'élevage au cours de la phase larvaire, mais dont les déterminants ne sont pas encore compris ; l'exigence de qualité devenant plus forte, il faudra réduire ces taux de malformations.

Conclusion

Malgré le petit nombre d'espèces planctoniques utilisées pour la reconstitution des premiers maillons de la chaîne alimentaire, il est maintenant possible de produire des proies dont la taille s'échelonne tout le long de la gamme recherchée. La valeur nutritionnelle de ces proies, peu variable et souvent insuffisante à l'origine, peut être largement modulée, surtout en matière de nutrition lipidique. L'utilisation de ces techniques assure au fonctionnement des écloseries une fiabilité suffisante dans le contexte actuel. Il ne paraît cependant pas possible d'envisager, à moyen terme, un accroissement soutenu de la production aquacole, tout au moins pour les espèces dont les larves sont très petites, avec ces seules techniques. L'apparition de techniques totalement différentes impliquant en particulier le recours de plus en plus grand aux aliments inertes paraît inéluctable.

Références bibliographiques

CUNHA I., PLANAS M., PITTMAN K., BATTY R.S., VERRETH J. (eds.), 1995. Ingestion rates of turbot larvae *(Scophthalmus maximus)* using different-sized live prey. *In* : *Mass rearing of juvenile fish*, Bergen (Norway), 21-23 juin 1993, ICES Mar. Symp. 201, p. 16-20.

GATESOUPE F.J., 1990. The continuous feeding of turbot larvae, *Scophthalmus maximus*, and control of the bacterial environment of rotifers. *Aquaculture*, 89, p. 139-148.

ROBIN J., 1994. Importance des acides gras n-3 et n-6 dans l'alimentation des larves de poissons marins. *La Pisciculture Française*, 118, p. 21-28.

SORGELOOS P., LEGER P., 1992. Improved larviculture of marine fish, shrimp and prawn. *J. World Aquaculture Soc.*, 23, p. 251-264.

WATANABE T., KIRON V., 1994. Prospects in larval nutrition. *Aquaculture*, 124, p. 223-251.

WATANABE T., KITAJIMA C., FUJITA S., 1983. Nutritional values of live organisms used in Japan for mass propagation of fish : a review. *Aquaculture*, 34, p. 115-143.

14
ALIMENTS INERTES
POUR LARVES DE POISSONS

En salmoniculture intensive, tout le cycle de production, de l'alevin au reproducteur, est basé sur la distribution d'aliments secs, sous forme de « miettes » ou « granulés ». Ces aliments apportent tous les nutriments nécessaires à la croissance et à la reproduction. Du fait de leur plus grande facilité de stockage et de distribution, ils ont supplanté la nourriture vivante et les aliments humides plus anciennement utilisés. Le cas des salmonidés n'est cependant pas général. Pour beaucoup d'espèces, et en particulier pour les poissons marins, seuls les juvéniles et les adultes peuvent être élevés avec des aliments secs. Les larves de ces espèces, qui ont une masse corporelle de l'ordre du milligramme et non de la centaine de milligrammes comme les alevins de truite doivent actuellement être nourries avec des proies vivantes comme les rotifères et les nauplius d'artémias (chap. 13). Par suite de problèmes déjà énoncés (chap. 12), ce n'est qu'après plusieurs semaines qu'elles peuvent être sevrées, c'est-à-dire recevoir des aliments artificiels à la place des nauplius d'artémias. On se retrouve alors dans la même situation qu'en salmoniculture pour la suite de l'élevage.

Depuis une vingtaine d'années, des recherches ont été conduites pour réduire la période d'utilisation de la nourriture vivante grâce à une meilleure connaissance de la physiologie et du comportement des larves et à l'amélioration des microparticules. Dans ce chapitre sont présentées les possibilités et les limites actuelles d'utilisation des aliments inertes chez les larves des poissons d'eau douce et d'eau de mer.

Conditions d'utilisation des aliments inertes

Modalités de sevrage

L'âge auquel est pratiqué le sevrage varie considérablement selon les espèces. Il paraît d'ailleurs résulter davantage de la taille des larves et de l'état des techniques d'élevage que d'un stade physiologique particulier. Chez la carpe, on est en effet passé en l'espace de quelques années d'un sevrage à 50 mg à un sevrage à 2 mg, c'est-à-dire dès l'ouverture de la bouche. Une alimentation artificielle, tout en donnant encore des croissances initiales inférieures, permet maintenant d'obtenir d'aussi bons taux de survie (supérieurs à 90 %) qu'une nourriture vivante. Il en est de même pour d'autres espèces d'eau douce où la masse des larves à l'ouverture de la bouche est comprise entre 5 et 10 mg (corégone, silure) ou supérieure (ombre commun). Pour ces espèces, les nauplius d'artémias procurent des taux de croissance spécifique plus élevés que l'aliment artificiel pendant une ou deux semaines, mais similaires ensuite.

Des progrès très importants ont également été réalisés depuis une dizaine d'années chez les poissons marins comme le bar, le turbot ou la sole dont les larves pèsent de 0,2 à 0,5 mg au début de la vie trophique. L'âge de sevrage a pu être abaissé de 60 jours à 30-40 jours dans les conditions de production. Des gains très nets en survie et surtout en croissance ont aussi été enregistrés, grâce en particulier à la mise au point d'aliments spéciaux. Chez le bar, par exemple, des masses corporelles moyennes de 2 g peuvent être obtenues avec un mois d'avance (3 au lieu de 4), ce qui a un impact économique considérable pour la phase écloserie. Chez la même espèce, il a été montré en conditions de laboratoire qu'il est possible d'utiliser une alimentation artificielle encore plus tôt, dès l'âge de 20 jours, avec des larves de 2 mg, sans diminution de la survie, et ce avec un retard de croissance tout à fait acceptable, n'excédant pas une semaine sur un cycle de 3 mois. Actuellement, il est en général possible de sevrer des larves à partir d'une masse de 2-3 mg, au moins dans les conditions du laboratoire, cette masse étant atteinte à un âge variable selon les espèces et les conditions d'élevage (tabl. 14.1).

Le sevrage peut être pratiqué de plusieurs façons :

– en passant par une période d'alimentation avec du zooplancton congelé ou lyophilisé qui est en quelque sorte intermédiaire entre les nauplius vivants d'artémias et l'aliment artificiel. Le zooplancton congelé étant conservé pris dans des pains de glace, ces pains sont mis directement dans les bacs et libèrent les « proies » au fur et à mesure qu'il fondent. Ce plancton est souvent constitué de copépodes récoltés dans des stations de lagunage ou des étangs ; il peut s'agir aussi d'artémias adultes ;

– en distribuant simultanément des proies vivantes et de l'aliment sec, pendant une période d'une à plusieurs semaines. L'alimentation mixte peut com-

Tableau 14.1. Sevrage précoce des larves de quelques poissons marins.

Espèce	Longueur totale (mm)	Masse corporelle (mg)	Âge depuis l'éclosion (j)	Aliment artificiel (% de la ration)	Résultat
Bar	4	0,2	5	100	médiocre
	9	3	20	100	bon
Daurade royale	3	0,1	3	50	bon
	7	1	25	50	bon
	-	-	20	80	bon
Sole	4	0,4	2	100	médiocre
	7	3	10	100	bon
	-	3	10	100	bon
Morue	4	0,6	4	100	médiocre
Daurade japonaise	4	-	10	90	bon
Ombrine	3	0,2	5	partiel	bon
Bar tropical	2	-	2	100	médiocre
	-	-	-	partiel	bon

mencer très tôt, bien avant que les larves n'aient atteint une masse de plusieurs milligrammes. L'apport de proies vivantes, *Brachionus* et artémias, peut représenter de 10 à 50 % de la ration journalière ;

– en faisant appel à la méthode précédente, mais en écourtant le recouvrement proies vivantes - aliment sec qui peut être ramené à deux, voire un jour. Ce procédé assure une meilleure homogénéité des tailles à l'intérieur de la population.

Modalités de distribution

Deux écueils sont à éviter, d'une part la sous-alimentation des larves et, d'autre part, la pollution du milieu d'élevage.

Comme les proies vivantes, les particules d'aliment doivent être présentes en grande quantité autour des larves. Les particules de petite taille distribuées commencent par flotter puis tombent au fond des bacs en suivant un trajet qui dépend de la répartition des courants d'eau. En général les larves ne s'intéressent pas aux particules qui flottent ou reposent sur le fond, mais seulement à celles qui passent à leur portée immédiate. Le maintien d'une concentration suffisante de particules en suspension conduit à multiplier le nombre des repas et à étaler la période de distribution sur une large partie du nycthémère. Les larves ne disposent que de peu de réserves corporelles et sont très sensibles au jeûne et à la sous-alimentation. Leur potentiel de croissance, beaucoup plus élevé que celui des juvéniles, ne peut s'exprimer qu'avec des niveaux de consommation en pourcentage de la masse corporelle, également beaucoup plus élevés que ceux des juvéniles. Cependant les larves, à la différence des poissons plus gros, ne peuvent ingérer leur ration journalière en 2 ou 3 repas seulement. Le temps de séjour des aliments dans leur tube digestif est très court, généralement de l'ordre de l'heure et non de la dizaine d'heures comme c'est le cas chez les poissons de grande taille.

Sur le plan pratique, une distribution continue et en excès, compte tenu des pertes inévitables, est donc conseillée. L'utilisation de distributeurs, rotatifs ou à tapis, par exemple, est presque une obligation. Ceci n'exclut pas l'intérêt de distributions manuelles supplémentaires, en particulier pendant les premiers jours qui suivent un changement d'aliment, car c'est l'occasion d'observer la réaction des larves vis-à-vis de l'aliment.

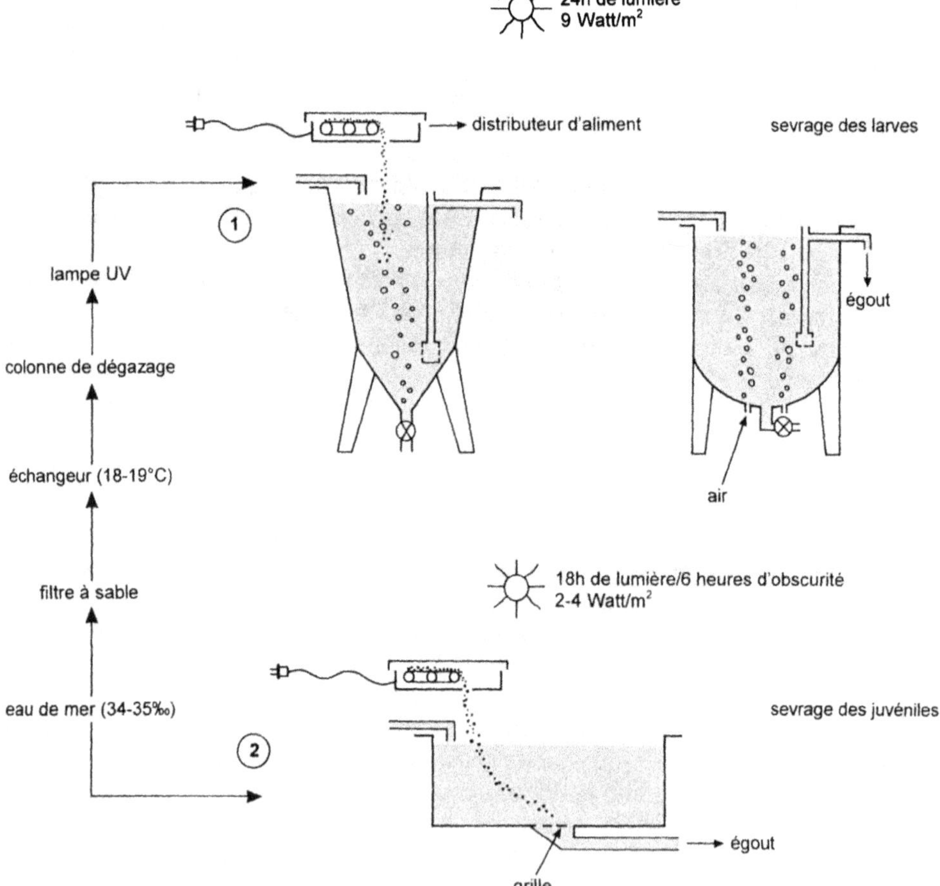

Figure 14.1. Enceintes de sevrage de larves ① et de juvéniles ② de poissons marins.

Adaptation des dispositifs d'élevage

Le risque de pollution du milieu est beaucoup plus élevé avec les aliments secs ou humides qu'avec les proies vivantes. Ce risque est d'autant plus grand que les particules se désagrègent et se dissolvent plus rapidement dans l'eau et que la température est plus élevée. Les dangers sont la prolifération des microorganismes, le colmatage des filtres et la dégradation de la qualité de l'eau. Les larves sont plus sensibles que les juvéniles à la présence d'ammoniaque et de nitrites et à un déficit en oxygène.

En général, les bacs de pisciculture classiques, peu profonds, à fond plat et évacuation centrale utilisés pour l'élevage des juvéniles ne conviennent pas à celui des larves. La structure des bassins de sevrage des larves demande des aménagements particuliers adaptés à la distribution de l'aliment inerte tout en respectant le comportement des larves, très sensibles à l'hydrodynamique : forme de bac facilitant le nettoyage et la vidange sans léser les larves, filtres biologiques surdimensionnés en cas de recyclage de l'eau. Chez les larves de poissons de mer, le sevrage se fait le plus souvent dans des bassins profonds à fond hémisphérique ou conique qui permettent une meilleure concentration et récupération des déchets (fig. 14.1). Différentes solutions adaptées aux exigences de chaque espèce en fonction de son stade de développement ont été proposées : transvasement périodique des larves d'un bac sale dans un bac

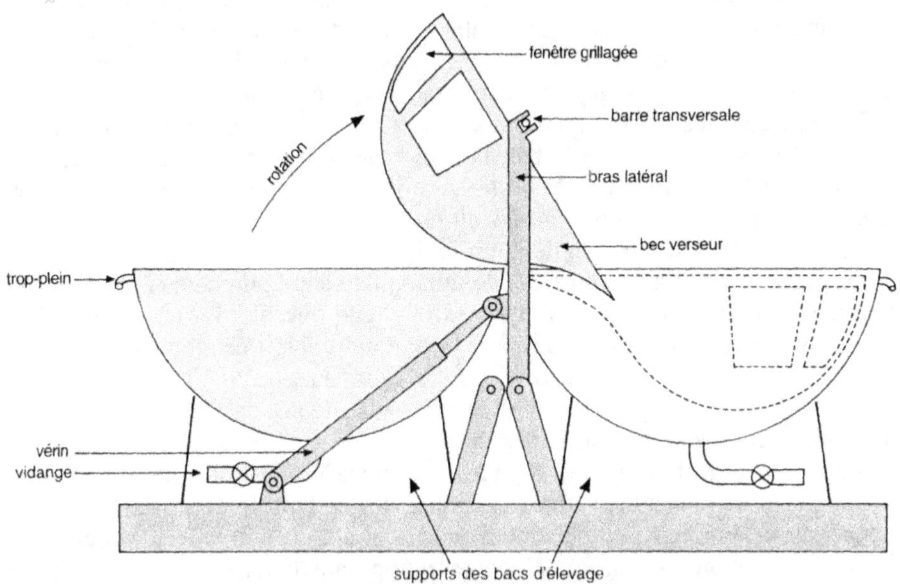

Figure 14.2. Enceinte d'élevage de larves de carpe avec transvasement automatique
(d'après Charlon, 1990).

propre, enceintes d'élevage rotatives, tamis d'évacuation amovibles, zones de rassemblement des déchets. Un dispositif mis au point pour l'élevage des larves de carpe est constitué par des doubles bacs d'élevage permettant le transfert automatique des larves de l'un à l'autre (fig. 14.2).

Quel que soit le dispositif d'élevage, la dynamique de l'eau dans les bacs doit être adaptée à l'emploi des aliments inertes. Le renouvellement de l'eau doit être rapide pour éliminer les substances dissoutes. L'allongement du trajet des particules entre la surface de l'eau et le fond des bacs par un courant latéral est souhaitable. La vitesse de l'eau doit cependant rester très modérée pour ne pas perturber les larves.

Particularités des aliments artificiels pour larves

Objectifs et contraintes

L'objectif est de faire accepter les particules par la larve dans un délai aussi court que possible, d'autant plus court que l'animal est plus jeune. Il faut rechercher les conditions d'élevage qui favorisent la détection, la capture et l'ingestion des particules. Les stimulus visuels et chimiques sont importants car ils conditionnent la vitesse d'acceptation de l'aliment artificiel. Les particules alimentaires doivent avoir une taille convenable et une stabilité à l'eau qui n'est ni excessive pour être dégradable dans la lumière intestinale, ni insuffisante pour ne pas se désagréger ou se dissoudre dans l'eau.

Le repérage des particules par les larves paraît être surtout visuel. Chez la plupart des espèces comme le bar, la sole et le turbot avant la métamorphose, la perche et le sandre, l'intérêt de la larve pour une particule se manifeste par une posture particulière qui consiste en un repli du corps en forme de S, précédant une détente en direction de la proie. L'ouverture extrêmement rapide de la bouche provoque l'aspiration du volume d'eau situé immédiatement devant l'animal et l'attraction de la proie dans la cavité buccale. La larve peut alors, soit avaler, soit recracher la particule. Les conditions d'éclairement (intensité, longueur d'onde, localisation des sources lumineuses ainsi que la couleur et les caractéristiques physiques du revêtement interne des bassins) sont importantes pour le repérage des particules par les larves. Ces dernières sont sensibles au contraste entre l'aliment et l'environnement. Certains aliments sont colorés en rouge par de la canthaxantine pour imiter les nauplius d'artémias.

Des attractants, en particulier des acides aminés, sont souvent ajoutés aux aliments. Leur présence à faible concentration dans l'eau peut stimuler l'appétence des larves, ce qui est particulièrement important lorsqu'on utilise des aliments semi-purifiés. Ainsi la glycine, l'alanine, l'arginine et la bétaïne augmentent la consommation de particules par les larves de daurade. Les facteurs qui influencent l'ingestion ou le rejet des aliments aspirés dans la bouche sont assez mal connus. La consistance, dure ou molle, la texture de surface, lisse ou rugueuse, et la saveur interviennent probablement. La présence occasionnelle dans l'intestin des larves de bulles d'air ou de cystes d'artémias indique cependant que la sélection des aliments est parfois peu stricte.

Caractéristiques physiques

La taille des particules distribuées doit être adaptée à celle de la bouche des larves et augmentée à mesure que ces dernières grandissent. De façon générale, la taille des aliments secs doit être plus petite que celle des proies vivantes (brachionus, artémias) qu'ils remplacent. En effet, ces particules se déforment moins que les proies vivantes dans la bouche et l'œsophage des larves. De plus, elles sont susceptibles de gonfler dans l'eau et c'est leur taille au moment de l'ingestion qui est à prendre en compte. Les particules doivent être très bien calibrées autour de la taille optimale. Celles qui sont trop grosses ainsi que les agrégats qui se produisent avec des aliments collants ne sont pas consommés et sont une source de pollution du milieu. Les particules trop petites et les poussières souvent associées aux aliments poudreux ne sont pas non plus ingérées et aggravent la pollution. Il en est de même des fragments de particules qui se désagrègent dans l'eau. Les caractéristiques de ces trois catégories d'aliments sont présentées dans le tableau 14.2.

Par ailleurs, les particules doivent avoir la composition la plus homogène possible pour que la quantité ingérée dans chaque repas soit équilibrée du point de vue nutritionnel. Ce point est probablement l'un des plus délicats dans la fabrication des aliments pour larves, et ce d'autant plus que les particules sont plus petites. Les particules des matières premières constitutives doivent avoir une taille bien inférieure à celle des particules alimentaires. La

Tableau 14.2. Composition de quelques aliments de sevrage.

	Taille (μm)	Teneur en protéines (en % de la MS)	Teneur en lipides (en % de la MS)	Début d'utilisation (nombre de jours depuis l'éclosion)	
				Aliment seul	Alimentation mixte
Substituts de rotifères	50-100	60-65	20-25	-	10-15
Substituts d'artémias	100-200	60-65	20-25	20-30	10-20
Miettes	200-400	52-55	12-15	30-40	-

ségrégation d'ingrédients riches en protéines et riches en lipides dans des particules différentes induit des différences de densité et donc de comportement dans l'eau entre ces particules. Les larves qui captureront préférentiellement certaines d'entre elles risquent ainsi d'avoir des rations tout à fait déséquilibrées.

Modes de fabrication

Les particules de plus de 200 µm distribuées aux larves qui ont dépassé une masse corporelle de 30 à 100 mg sont semblables aux miettes utilisées en salmoniculture. Elles sont obtenues par broyage et tamisage de granulés plus gros produits par une presse ou un extrudeur. Ces granulés sont préparés à partir de matières classiques préalablement tamisées à 150 µm et éventuellement enrichies en attractants.

Les particules de 50 à 200 µm, couramment appelées microparticules, qui sont destinées aux plus petites larves relèvent de procédés de fabrication particuliers. De par leur qualité nutritionnelle et leur taille, les miettes habituelles ne conviennent pas car, en petites dimensions, elles ne sont pas assez homogènes ni assez stables à l'eau.

Trois procédés de fabrication sont utilisés, au moins à titre expérimental (fig. 14.3) :

– microagrégation : les matières premières solubles ou finement tamisées sont mélangées en milieu aqueux à un liant glucidique (carraghénane, alginate) ou protéique (gélatine, zéine) qui piège les substances solubles et cimente les éléments insolubles. Le produit est séché ou lyophilisé puis broyé et tamisé.

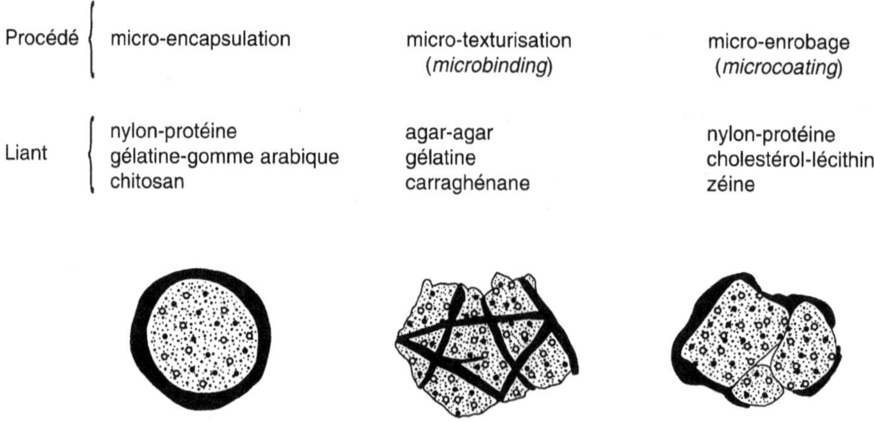

Figure 14.3. Représentation schématique de microparticules alimentaires pour larves fabriquées selon des procédés différents.

Ce type de microparticules est en général bien accepté mais n'est pas très stable à l'eau ;

– microenrobage : un revêtement externe est ajouté à des microparticules déjà calibrées. Ce revêtement peut être obtenu par trempage dans une solution de protéines (caséine, zéine) qui sont ensuite précipitées ou par projection d'une couche de matières grasses sur les particules par un courant d'air chaud ;

– microencapsulation : ce procédé s'inspire des méthodes galéniques de présentation des médicaments et présente de nombreuses variantes. Une phase liquide renfermant les éléments nutritifs en solution ou en suspension est mise en émulsion dans une autre phase liquide non miscible. Un film insoluble est formé à l'interface par une réaction de polymérisation (nylon par exemple) ou par séparation de phase (gélatine-gomme arabique-eau). Les particules obtenues après séchage présentent en général une surface très lisse et régulière. L'épaisseur du film qui les entoure et sa continuité conditionnent leur utilisation par les larves. Une pellicule épaisse rend les particules très stables à l'eau mais parfois indigestibles.

Composition des aliments

Besoins nutritionnels

Les besoins nutritionnels des larves, qui ont une masse corporelle inférieure à un milligramme, sont très mal connus. En se basant sur la composition du vitellus, celle des proies vivantes et celle des larves, on suppose que les besoins en protéines, en acides gras essentiels (AGE) et en vitamines des plus jeunes larves sont plus élevés que ceux des juvéniles. Ces hypothèses sont cependant difficiles à vérifier avec les proies vivantes qui se prêtent mal à la réalisation de carences. Les données expérimentales disponibles concernent surtout les besoins en AGE n-3 (chap. 7 et 13). Ceux-ci ont pu être étudiés grâce à des expériences mettant en jeu différents niveaux d'enrichissement en acides gras à longue chaîne polyinsaturés (AGLPI) n-3 de proies vivantes carencées en ces acides gras (*Brachionus* élevé sur de la levure de boulangerie, artémias ayant une composition en AGLPI de type eau douce). Les besoins déterminés chez les larves de plusieurs espèces de poissons de mer et exprimés en pourcentage de la matière sèche (MS) de l'aliment sont plus élevés (1,5 à plus de 3 %) que ceux des juvéniles (0,5 à 1 %).

Pour les larves de carpes de 1,5 à 2 mg, des régimes semi-synthétiques ne contenant comme sources de protéines que de la caséine, du caséinate de sodium et de l'hydrolysat de caséine peuvent être utilisés dès le premier repas. Ces régimes procurent des croissances modestes (masse corporelle de 100 mg après 21 jours d'alimentation au lieu de 200 mg avec des régimes complexes) mais des taux de survie élevés, supérieurs à 90 % après 3 semaines. Ils nécessitent encore des améliorations, en particulier pour le profil des acides aminés (AA) qui s'écarte de celui du corps des larves, mais ont déjà permis d'aborder l'étude des besoins en AGE et en phospholipides (PL).

Contrairement aux larves de poissons marins, les larves de carpes ont des besoins en AGE n-3 faibles (moins de 0,1 % de la MS de l'aliment) et des besoins en AGE n-6 semblables à ceux du juvénile (1 % de la MS). Le « besoin » en phospholipides (PL) des larves de carpe paraît couvert par une teneur alimentaire de 2 % de PL, le phosphatidylinositol donnant de meilleurs résultats de survie que la phosphatidylcholine purifiée. Il a par ailleurs été montré que la forme de l'apport azoté était importante, un mélange de caséine et d'hydrolysat de caséine donnant de meilleurs résultats de croissance et survie que la caséine seule ou l'hydrolysat seul. Indépendamment de la composition en acides aminés, des critères comme la solubilité et le degré d'hydrolyse des protéines alimentaires sont donc à prendre en compte pour la formulation des régimes.

Pour des larves de plusieurs mg, préalablement nourries avec des proies vivantes, certains besoins ont pu être étudiés avec des aliments artificiels. Les besoins en acides aminés indispensables (AAI) sont corrélés au profil des AAI corporels (chap. 6). L'emploi de régimes artificiels après sevrage a également permis de mettre en évidence un besoin PL. Ce besoin est actuellement le seul besoin qualitatif connu qui diffère chez les larves et les juvéniles. La capacité de synthèse des PL est suffisante chez ces derniers alors qu'elle semble insuffisante chez les larves. Il est acquis que l'effet des PL sur la survie et la croissance ne correspond pas à la simple correction d'une carence en choline, en inositol, ni en AGE n-3 ou n-6. Le besoin semble couvert par 2 à 3 % de phospholipides purifiés, la phosphatidylcholine et le phosphatidylinositol paraissant plus efficaces que la phosphatidyléthanolamine.

Couverture des besoins et choix des matières premières

Pour les larves que l'on ne sait pas encore nourrir dès le premier repas avec des aliments artificiels, il est actuellement difficile de savoir si les facteurs limitants sont les quantités ingérées, la digestibilité de l'aliment ou des phénomènes nutritionnels de carence ou de déséquilibre entre nutriments. Dans les aliments de sevrage précoce on cherche à éviter d'éventuelles limitations en utilisant des matières premières diversifiées. Certains produits d'origine animale tels que farine de crevette, de calmar ou foie de bœuf, utilisés dans les aliments pour larves, le sont rarement dans les aliments destinés aux poissons plus gros (annexe C, tabl. C.13). Des ovaires de poissons, riches en PL et en AGE n-3, sont également employés. Ces produits sont souvent lyophilisés pour préserver au mieux leur qualité originelle. Comme indiqué plus haut, un broyage très fin est nécessaire avant leur incorporation dans des microparticules. Des matières premières moins coûteuses sont également employées, comme des « protéines d'organismes unicellulaires » (poudre de levures ou de bactéries cultivées sur divers substrats) et des hydrolysats de poisson (tabl. C.13).

Les aliments pour larves contiennent aussi des colorants (canthaxanthine), des attractants (AA) et des antioxydants (en particulier de la vitamine E et de la vitamine C incorporés à des niveaux élevés, afin de protéger les microparticules qui ont un rapport surface/volume élevé de l'action de l'oxygène de l'air pendant la période de stockage). Divers autres additifs ont été expérimentés, comme des enzymes pancréatiques de mammifères, mais sans effet concluant sur les résultats d'élevage.

Conclusion

Les aliments composés sont probablement appelés à prendre une importance croissante dans les écloseries. Le développement des connaissances sur la physiologie digestive des larves et l'amélioration des techniques de fabrication de microparticules devraient permettre de mieux adapter les apports nutritionnels aux particularités digestives et métaboliques des larves. Des aliments plus performants pourront limiter l'utilisation des proies vivantes, par un sevrage de plus en plus précoce, ou même remplacer complètement la nourriture vivante. Cette évolution impliquera très vraisemblablement une modification de l'organisation des écloseries pour tenir compte des contraintes propres aux aliments inertes.

Références bibliographiques

CHARLON N., 1990. Technologie : automatisation de l'élevage larvaire en eau douce. *Aqua Revue*, 33, p. 19-22.

CHARLON N., DURANTE H., ESCAFFRE A-M., BERGOT P., 1986. Alimentation artificielle des larves de carpe (*Cyprinus carpio* L.). *Aquaculture*, 54, p. 83-88.

GEURDEN I., RADÜNZ-NETO J., BERGOT P., 1995. Essentiality of dietary phospholipids for carp (*Cyprinus carpio* L.) larvae. *Aquaculture*, 131, p. 303-314.

JONES D.A., KAMARUDIN M.S., LE VAY L., 1993. The potential for replacement of live feeds in larval culture. *J. World Aquac. Soc.*, 24, p. 199-210.

KANAZAWA A., 1993. Essential phospholipids of fish and crustaceans. *In* S.J. Kaushik et P. Luquet eds., *Fish Nutrition in Practice*, Biarritz (France), June 24-27, « Les Colloques », 61, INRA, Paris, p. 519-530.

PERSON-LE RUYET J., ALEXANDRE J.C., THÉBAUD L., MUGNIER C., 1993. Marine larvae feeding : formulated diets or live prey? *J. World Aquac. Soc.*, 24, p. 211-224.

PERSON-LE RUYET J., FISHER C., THÉBAUD L., 1993. Sea bass (*Dicentrarchus labrax*) weaning and ongrowing onto Sevbar. *In* : S.J. Kaushik et P. Luquet eds., *Fish Nutrition in Practice*, Biarritz (France), June 24-27, « Les Colloques », 61, INRA, Paris. p. 623-628.

RADÜNZ-NETO J., CORRAZE G., CHARLON N., BERGOT P., 1994. Lipid supplementation of casein-based purified diets for carp (*Cyprinus carpio* L.) larvae. *Aquaculture*, 128, p. 153-161.

TANDLER A., BERG B.A., KISSIL G.W., MACKIE A.M., 1982. Effects of food attractants on appetite and growth rate of gilthead seabream, *Sparus aurata* L. *J. Fish Biol.*, 20, p. 676-681.

TESHIMA S.-I., KANAZAWA A., SAKAMOTO M., 1982. Microparticulate diets for the larvae of aquatic animals. *Mini Review Data File Fisheries Research* 2, p. 67-86.

WATANABE T., KIRON V., 1994. Prospects in larval fish dietetics. *Aquaculture*, 124, p. 223-251.

YUFERA M., FERNANDEZ-DIAZ C., PASCUAL E., 1995. Feeding rates of gilthead seabream (*Sparus aurata*) larvae on microcapsules. *Aquaculture*, 134, p. 257-258.

15

PHYSIOLOGIE DIGESTIVE DES CREVETTES

De nombreuses descriptions anatomiques de l'appareil digestif des crustacés ont été publiées par des naturalistes des siècles passés. Elles reflètent mal la complexité des organes spécialisés dans la digestion des espèces de ce groupe. De plus, elles ne rendent compte que de façon très parcellaire de l'immensité et de la diversité du Sous-Embranchement des Crustacés. Les premières études de la physiologie digestive remontent, elles aussi, à une époque relativement ancienne : elles sont le fait de précurseurs qui ont jeté les bases de nos connaissances actuelles. Toutefois, elles n'ont pris un caractère plus global qu'à des périodes beaucoup plus récentes. Alors que les études des besoins nutritionnels des crustacés se sont multipliées au cours de ces dernières décennies sur les espèces d'intérêt commercial, et tout spécialement chez les crevettes pénéides, le même effort n'a pas été déployé dans le domaine fondamental ; la physiologie comparée est effectivement demeurée le fil conducteur des biologistes et des zoologistes, et dans les phylums d'intérêt aquacole auxquels nous nous sommes limités, seuls quelques travaux ont été consacrés à l'enzymologie et à la physiologie digestives.

Ce chapitre est consacré aux décapodes, et axé sur la famille des pénéides. Le cas des crustacés dits inférieurs, Branchiopodes compris, n'est pas pris en considération, malgré l'importance considérable d'*Artemia salina* en aquaculture (chap. 13).

Dans de nombreux travaux les aspects de l'anatomie et de la physiologie sont passés sous silence. L'originalité des crustacés vis-à-vis des animaux supérieurs doit être soulignée afin de permettre une meilleure compréhension des mécanismes principaux qui sont à la base de leur nutrition et dont les techniciens intéressés par l'alimentation des crevettes, des chevrettes ou des écrevisses ne peuvent se désintéresser. Ces particularités, dont les cinq dernières seront spécialement commentées, sont les suivantes :

– existence des mues qui oblige à des cycles de mise en réserve - réutilisation des nutriments ;

– existence de périodes de jeûne physiologique lors de ces mues ;

– renouvellement des parois internes d'une partie du tube digestif ;

– anatomie extrêmement originale des organes de la mastication et de l'absorption ;

– mécanismes de digestion et d'absorption spécifiques ;

– existence de certaines enzymes originales, à côté d'enzymes très proches de celles des vertébrés ;

– implication de la glande digestive dans des fonctions variées et en particulier dans le stockage des nutriments.

Anatomie et histologie du tractus digestif

Ce tractus (fig. 15.1) est classiquement subdivisé en cinq parties : bouche, œsophage, estomac, hépatopancréas et intestin moyen, intestin postérieur. Si cette subdivision est parfaitement justifiée, l'appellation des différents segments l'est beaucoup moins, par rapport aux définitions couramment employées chez les vertébrés supérieurs. Elle conduit parfois à certaines confusions. Ainsi, l'estomac des crustacés n'a que des rapports assez lointains avec celui des vertébrés et l'hépatopancréas, qui n'est ni un foie, ni un pancréas, n'est pas non plus l'équivalent de celui de certains poissons où le foie est interpénétré par les acinus pancréatiques.

Bouche

Comme chez les autres arthropodes, la bouche est entourée par plusieurs paires d'appendices spécialisés dans la chémoréception et la préhension :

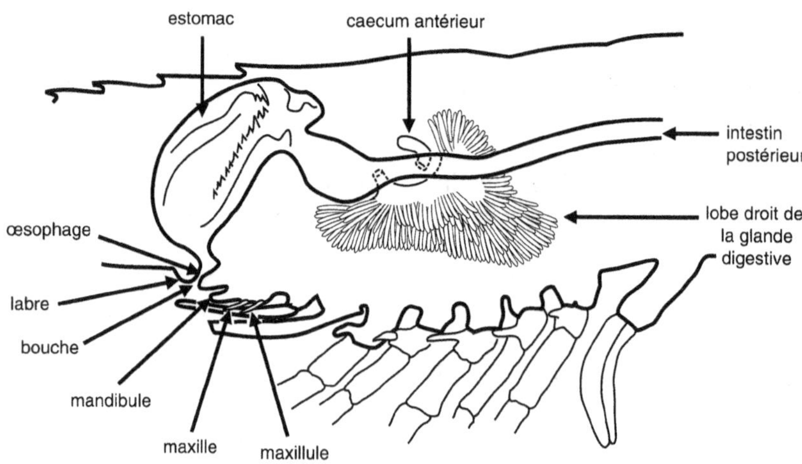

Figure 15.1. Schéma de l'estomac et de l'intestin moyen d'une crevette pénéide (d'après Ceccaldi, 1994).

maxilles, maxillules, mandibules et maxillipèdes. Ces appendices permettent à l'animal d'approcher les aliments de la bouche, d'en assurer un début de dilacération, surtout chez les décapodes, via les maxillipèdes, de trier les particules de taille adaptée à celle de l'orifice buccal et finalement de les avaler. La bouche elle-même est pourvue d'un *labrum* relativement dur qui joue essentiellement un rôle de clapet. Il est intéressant de noter que, chez les très jeunes larves, les antennes, les antennules et les mandibules servent d'abord à la nage.

Œsophage

La lumière du tube digestif fait partie, comme chez les autres animaux, du milieu extérieur et ses parois constituent un prolongement de l'épiderme. Chez les crustacés, cet état de fait est particulièrement évident puisque les parois de la partie antérieure ainsi que de la partie postérieure du tube digestif sont recouvertes d'une mince couche de chitine, composé constitutif majeur de l'exosquelette. Cette cuticule est renouvelée au moment de chaque mue. L'œsophage apparaît donc comme un conduit aux parois constituées de complexes chitino-protéiques souples. Il est relativement court et droit chez les espèces d'intérêt aquacole ; sa section est généralement en forme de X. Il est parcouru par des ondes de contraction assez semblables, quoique plus simples, à celles de l'œsophage des vertébrés.

Estomac

L'estomac des crustacés fait partie, comme l'œsophage, de l'intestin antérieur au sens large (fig. 15.2). C'est un organe de forme extérieure relativement simple et de structure assez rigide. Au cours du développement larvaire, on a décrit, sur les parois internes de l'estomac, des éléments durs (soies, épines et brosses) qui servent à la mastication des aliments, à la manière des dents situées dans la bouche des vertébrés. L'évolution de ces appareils aboutit au « moulin gastrique ». Chez les décapodes, l'estomac comprend deux parties séparées par une constriction marquée munie d'une sorte de valvule, plus ou moins complexe suivant les groupes. Par extension de la terminologie employée chez les vertébrés supérieurs, ces deux parties ont été nommées chambre cardiale - ou cardiaque - et chambre pylorique. La section de la chambre cardiale comme celle de l'œsophage a grossièrement la forme d'un X, du fait de la présence de replis en forme de gouttières et d'épaississements des parois. La partie antéro-ventrale de cette chambre comprend une crête garnie d'une rangée de saillies dures et pointues appelées ossicules, ou dents pour les plus grandes (fig. 15.2). Ces pièces calcifiées et articulées sont mues par l'action de muscles particuliers situés sur les parois extérieures de la

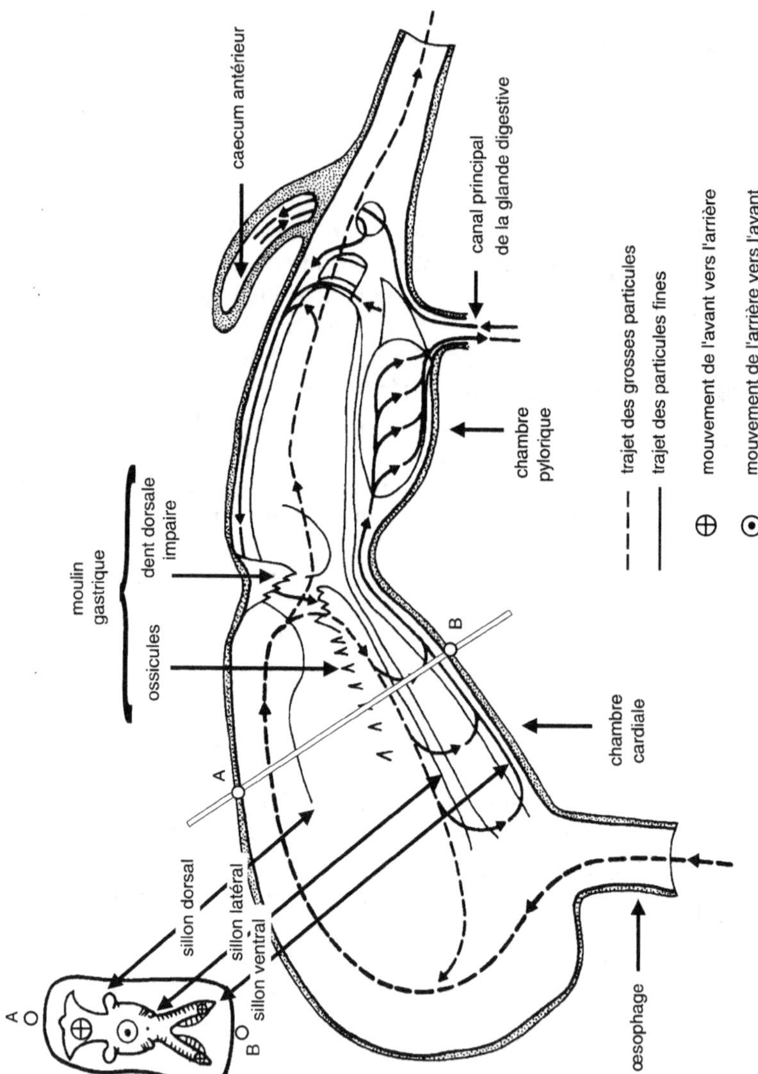

Figure 15.2. Schéma probable de la circulation des particules et fluides alimentaires à l'intérieur de l'estomac (d'après Dall et Moriarty, 1983). La section en haut à gauche correspond à la coupe de l'organe selon A-B.

poche stomacale. Leur nombre et leur complexité sont caractéristiques de l'espèce ; on en compte 14 chez les pénéides.

Des études de neurophysiologie ont permis de mettre en évidence une innervation complexe (6 groupes de nerfs différents) assurant les mouvements des différentes pièces du moulin gastrique, les contractions de la valvule cardio-pylorique ainsi que le péristaltisme d'une partie importante de l'estomac pylorique. Des organes chémorécepteurs et mécanorécepteurs prennent leur part dans l'ensemble des processus. Avec leur musculature spéciale, ces pièces constituent le moulin gastrique, organe de broyage qui comprend également une dent dorsale impaire puissante. Dents et ossicules sont renouvelés à chaque exuviation, en même temps que l'exosquelette, les parois de l'œsophage et de l'intestin postérieur. La complexité du moulin gastrique, variable selon les familles, semble inversement liée à celle des organes mandibulaires : plus ceux-ci sont efficaces et permettent une véritable trituration en plus de la simple préhension, plus le moulin gastrique est rudimentaire, et réciproquement. Il est très développé chez les brachyoures (les crabes), moyennement chez les pénéidés, et très peu développé chez les caridés, dont font partie la crevette bouquet et la chevrette.

Les formations calcifiées se prolongent dans la poche pylorique qui est en fait le début de l'intestin moyen ou mésenteron. Des formations dures existent aussi à ce niveau, prenant la forme de dents de peigne qui voisinent avec des soies, parfois très complexes, et des tubercules. La poche elle-même présente également des replis serrés. Replis, épines et soies ne laissent passer que les particules les plus fines du bol alimentaire ; en d'autres termes, il y a broyage par les dents, compression par les mouvements de l'estomac et filtration au travers des peignes. L'estomac pylorique est un organe de pressage, de tri et de filtration. Les particules les plus fines franchissent donc un filtre ventral et postérieur parfois appelé filtre-presse, puis elles sont dirigées vers l'organe d'absorption, l'hépatopancréas. À cause de cela, certains zoologistes considèrent que les crustacés sont des organismes filtreurs, au même titre que d'autres invertébrés marins comme les mollusques bivalves. Notons que si la mastication et la filtration se faisaient au niveau des mandibules, une grande partie des aliments serait perdue par dissolution dans le milieu ambiant.

Le trajet des particules alimentaires à l'intérieur de l'estomac est complexe et ne se réduit pas à de simples séquences : broyage, compression, pressage et filtration. Malgré les difficultés d'observation, des études détaillées ont permis de décrire une partie du trajet des particules. Les trajectoires les plus probables sont représentées sur la figure 15.2. Les aliments provenant de l'œsophage se déplacent d'abord d'avant en arrière dans la gouttière supérieure jusqu'au moulin gastrique. Après trituration et premier mélange avec des enzymes digestives, le chyme revient vers l'avant, mais en cours de trajet les particules fines repartent vers l'arrière dans la gouttière ventrale, jusqu'au filtre-presse. Les éléments les plus fins, de l'ordre de quelques micromètres, peuvent le franchir et atteindre, dans la chambre pylorique, l'ouverture de la glande digestive proprement dite, l'hépatopancréas, pour y être digérés puis absorbés au niveau de la lumière interne des tubules. Les particules insuffisamment broyées, au lieu de tomber dans la gouttière ventrale, subissent un nouveau cycle : elles atteignent la partie antérieure de la poche cardiale, puis repartent à nouveau vers l'arrière pour y subir un autre passage dans le moulin gastrique. Cette reprise des aliments peut continuer jusqu'à ce que le broyage soit suffisant. Les particules trop dures ou indigestes finissent cependant par entrer dans la chambre pylorique, mais elles ne peuvent passer au travers des filtres et sont conduites dans l'intestin moyen ; elles constituent les fèces.

Les autres originalités de l'estomac sont une musculature externe, une innervation quasi-autonome et un revêtement particulier. Chez la plupart des espèces, le pH du contenu stomacal demeure neutre ou légèrement alcalin, ce qui n'est guère étonnant, le pH de l'eau de mer étant proche de 8,3. L'organe ne comporte aucune glande ou cellule à sécrétion acide ou enzymatique. Des pH légèrement acides ont cependant été signalés chez le homard. Malgré cette nuance, l'estomac des crustacés ne correspond pas aux définitions habituelles auxquelles les physiologistes sont accoutumés pour les vertébrés.

Glande digestive

La glande digestive ou hépatopancréas, ou encore glande de l'intestin moyen, est un organe massif, constitué de deux lobes symétriques. Elle est située dans la partie dorsale du corps, immédiatement sous le cœur. Elle représente de 2 à 6 % de la masse corporelle et elle est formée, chez l'adulte, de centaines de tubules aveugles débouchant sur deux chambres symétriques qui s'ouvrent dans la poche pylorique de l'estomac.

Chaque tubule possède un double réseau de fibres musculaires longitudinales et circulaires qui permettent des mouvements péristaltiques et de contraction, assurant les mouvements des phases liquides à l'intérieur des tubules.

À l'état larvaire, l'hépatopancréas se différencie sous forme de diverticules apparaissant de part et d'autre de l'estomac primitif, qui n'est alors qu'une simple poche. Au cours du développement larvaire, ces tubes s'allongent, se multiplient abondamment. Du tissu conjonctif emballe l'ensemble et un réseau de fibres musculaires se met en place pour former la glande définitive. La structure fondamentale des tubules n'est jamais bien différente de l'organisation primitive et la glande reste un ensemble de tubes aveugles qui convergent vers le mesenteron avec lequel elles communiquent par une ampoule collectrice (fig. 15.3).

À l'intérieur des tubules, comme dans les acinus des glandes sécrétrices ou dans les villosités de l'intestin des vertébrés, on distingue une zone distale où se produit la différenciation cellulaire à partir de cellules embryonnaires, puis une ou plusieurs zones fonctionnelles, sécrétrices et absorbantes et, enfin, à la partie proximale des tubules, une zone où les cellules dégénèrent et sont rejetées dans la lumière du tube digestif. Nomenclature, classification et fonctions

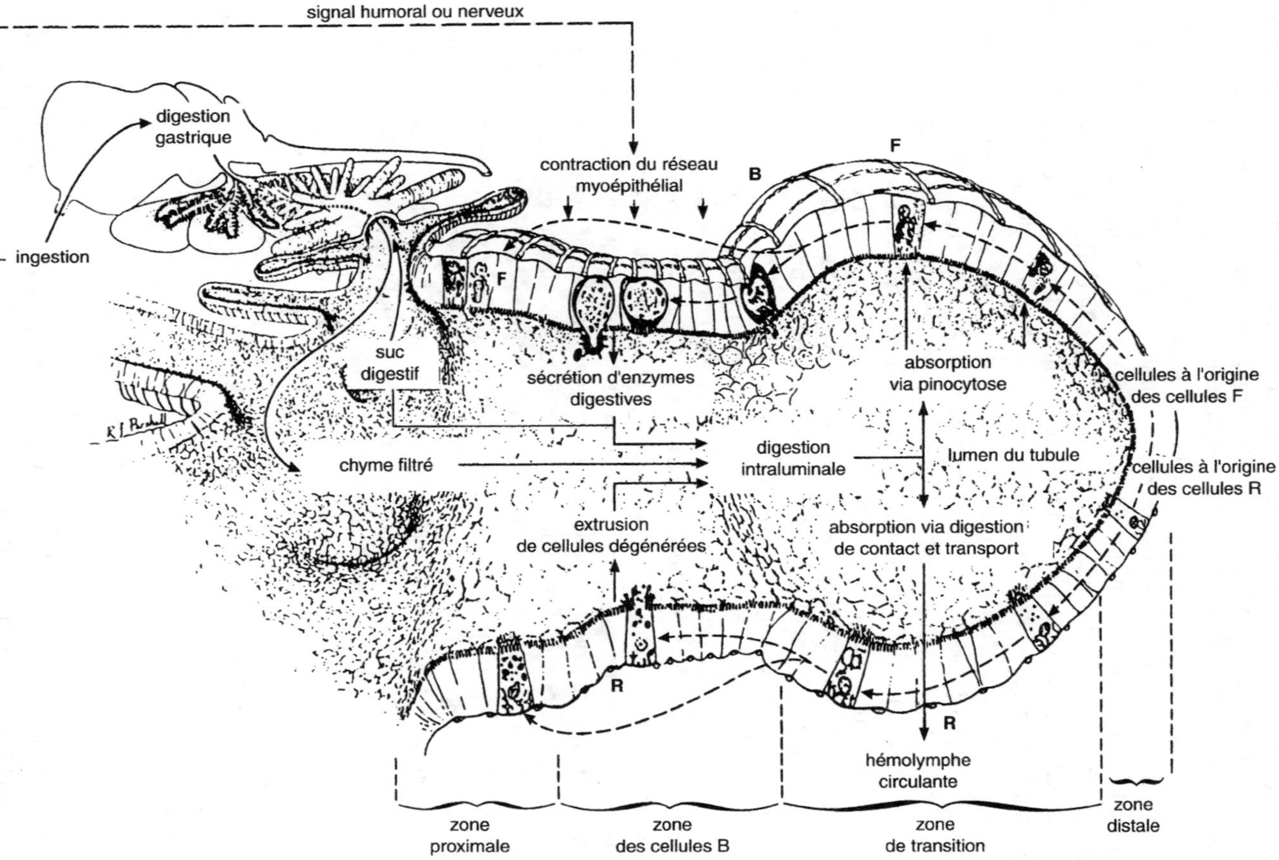

Figure 15.3. Vue « en perspective » d'un tubule de la glande digestive (d'après Dall et Moriarty, 1983).

des cellules constituant les tubules ne font pas encore l'unanimité entre spécialistes. Toutefois, un certain consensus s'est établi autour des interprétations exposées ci-dessous.

Les cellules E (embryonnaires) de la zone de prolifération apicale donnent naissance à trois types principaux de cellules ; les cellules F (fibrillaires), les cellules B sécrétrices (de l'allemand *Blasenzellen*, cellules en ampoules) et les cellules R (de l'allemand *Restzellen*, cellules de réserve). D'autres types de cellules ont été décrits dans les tubules, en particulier les cellules M (de l'anglais *midget*, nain). Selon la théorie la plus couramment admise à ce jour, il n'y aurait en fait que deux familles de cellules issues de la zone de prolifération : celle des cellules F et B d'une part, et des cellules M et R, d'autre part. Les cellules F seraient intermédiaires entre les cellules E et les cellules B, et les cellules M intermédiaires entre les cellules E et les cellules R. Les cellules F paraissent sécréter des enzymes. À un stade ultérieur, celui de jeunes cellules B, elles sont le siège de phénomènes d'endocytose. À maturité, ces mêmes cellules se caractérisent par une très grande vacuole centrale de forme ovoïde qui occupe presque tout l'espace cellulaire ; ensuite elles se désagrègent et leur contenu se déverse dans la lumière du tubule. Les cellules B sont donc des cellules sécrétrices. Les cellules R, par l'importance de leurs réserves en lipides, ainsi qu'en glycogène, calcium, zinc et cuivre ont incontestablement un rôle de stockage, soit pour les nutriments d'origine alimentaire, soit pour ceux qui proviennent de la destruction des propres tissus des animaux au cours des phases du cycle biologique précédant la mue. Ces cellules, comme leurs précurseurs les cellules M, semblent également dotées de capacités d'absorption importantes. Notons que le métabolisme énergétique des crustacés repose sur l'utilisation des lipides, beaucoup plus que sur un cycle glycogénique.

Les mouvements des particules à l'intérieur de chaque tubule sont assurés par les contractions et les relâchements successifs de l'organe et de chaque tubule. Les mécanismes ne sont pas encore connus en détail, car les fluides contenus dans les tubules sont en partie rejetés dans l'estomac pour permettre le début de la digestion enzymatique alors que, presque simultanément semble-t-il, le chyme en cours de préparation à la digestion est aspiré à l'intérieur des tubules pour que la digestion enzymatique s'y produise et soit aussitôt suivie par l'absorption des produits de la digestion biochimique. De récentes observations faites chez les larves montrent un passage rapide des particules alimentaires en voie de digestion de certaines tubules qui se contractent fortement vers des tubules du côté opposé grâce à des jeux de valvules situés à côté du filtre-presse. L'existence de mécanismes similaires n'est pas encore connue chez les juvéniles.

Intestin moyen

Cette partie du tube digestif qui va du pylore au rectum est rectiligne. Bien que sa surface soit accrue par la présence de caecums ou diverticules assez volumineux et que les apex soient garnis de microvillosités bien développées, elle n'est nullement comparable à l'intestin d'un vertébré avec ses circonvolutions et ses villosités. Dans l'épithélium on distingue des cellules nerveuses, des hémocytes ainsi que des cellules vraisemblablement endocrines. La grande originalité de l'épithélium de cette région est son aptitude à sécréter d'abord du mucus qui enrobe les déchets solides issus de l'estomac puis, au niveau d'une formation annulaire, une pellicule de chitine qui forme un véritable cylindre enveloppant l'agglomérat fécal, la membrane péritrophique des excretums. Cette membrane perméable n'empêche pas l'absorption des nutriments résiduels des fèces. Son rôle, encore non élucidé, pourrait être analogue à celui du glycocalyx des vertébrés.

Intestin postérieur

La partie distale du tube digestif, rectiligne et courte, joue sans doute le rôle d'un rectum. Mais les cellules de son épithélium sont pourvues de mitochondries nombreuses, ce qui rappelle fortement celles de la partie distale de l'intestin des poissons et suggère un rôle similaire de régulation ionique. Sa musculature suggère que les décapodes sont, comme les isopodes terrestres, capables de boire par l'anus.

Fonctionnement de l'appareil digestif

Chémoréception et comportement alimentaire

L'anatomie des appendices buccaux et de la bouche elle-même entraîne un comportement alimentaire bien caractérisé : les crustacés décapodes sont des « grignoteurs » qui ne peuvent avaler entièrement leur proie que dans des cas tout à fait exceptionnels, par exemple quand on leur distribue des aliments composés en forme de cylindres de très petit diamètre. Dans les autres cas le temps nécessaire au grignotage sera d'autant plus long que la consistance de l'aliment sera plus dure et que les particules seront plus grosses. Qu'elle soit assurée essentiellement par les appendices péri-buccaux ou parachevée par l'estomac, cette phase mécanique de l'utilisation alimentaire est nécessaire pour une bonne efficacité de la digestion.

La manière dont les crustacés se dirigent vers leurs proies et se décident à les avaler est pour partie déterminée par des chémorécepteurs externes localisés sur les appendices. La nature chimique des substances qui jouent un rôle d'attractant, de phagostimulant ou à l'inverse de répulsif n'est encore connue que de façon très partielle (on a mis en évidence le rôle d'acides aminés, de plusieurs bases organiques, de nucléotides et de nucléosides ainsi que d'hexoses). Les modes d'alimentation sont certainement très différents chez les crustacés carnivores, chez les détritivores et chez les omnivores, étant entendu que cette classification usuelle est extrêmement floue.

Transit digestif

Les différentes phases du transit digestif ont été mentionnées avec la description anatomique des différentes parties de l'appareil digestif. Les quatre stades dont l'originalité est la plus grande sont incontestablement la remastication répétée des particules jusqu'à ce que le broyage soit suffisant, la filtration du chyme, les mouvements de va-et-vient dans les tubules de la glande digestive et enfin l'enrobage des fèces par la membrane péritrophique.

Les études quantitatives sur la vitesse de transit sont très peu nombreuses. Il est encore impossible d'énoncer des lois comme c'est le cas pour les poissons. Mais il est clair que l'ensemble du transit est d'une rapidité surprenante : chez les pénéides tropicales de 20 g, à 28 °C, l'émission des fèces débute environ 90 minutes après la prise de nourriture et s'achève environ 4 h après l'ingestion. La régulation du transit est tout aussi mal connue : l'existence de peptides à activité hormonale, comme ceux du tube digestif des vertébrés, a été soupçonnée, mais elle n'a pas été démontrée.

Digestion et absorption

Chez les crustacés il est assez difficile de séparer la digestion enzymatique, c'est-à-dire l'hydrolyse des macronutriments, de l'absorption (transport des nutriments à travers la paroi de l'appareil digestif) du fait qu'une partie seulement de la digestion a lieu dans le lumen. On peut rappeler aussi que la totalité de la digestion est enzymatique, l'absence de sécrétion acide ne permettant aucune digestion chimique des protéines, peptides ou glucides « labiles ».

Enzymes digestives

Malgré les recherches anciennes ou très récentes auxquelles il a été fait allusion, les enzymes digestives des crustacés n'ont pas encore été inventoriées de façon exhaustive avec les techniques modernes, et ce même pour une seule espèce. Ce paragraphe sera donc réduit à des généralités.

On a longtemps considéré que le mode de sécrétion des enzymes était très différent de celui des vertébrés, aucune n'étant sécrétée sous forme de zymogène (chap. 4). Toutefois, l'existence de zymogènes a depuis peu été clairement démontrée, bien que leur mode d'activation fût encore inconnu. Les enzymes membranaires de l'intestin des vertébrés (qui hydrolysent les fragments des macromolécules) ont probablement leurs équivalents, en particulier dans les cellules R des crustacés, mais elles ne sont guère connues même si plusieurs activités de ce type ont été mises en évidence. Quant aux enzymes lysosomales, agissant lors de la digestion intracellulaire, leur rôle est certainement bien plus grand que chez les animaux supérieurs mais il est difficile de les distinguer des enzymes issues de la lyse des cellules B.

La liste des principales enzymes connues figure dans le tableau 15.1. Elle rappelle fortement celle qui a été établie chez les poissons sans estomac.

Tableau 15.1. Principales enzymes digestives des crustacés décapodes.

Catégorie	Enzyme	Remarque
Endoprotéases	trypsine	activité très grande
	chymotrypsine	activité élevée, spectre large
	astacine*	spectre très large
Exoprotéases	carboxypeptidases A et B	
ou	aminopeptidases	
Exopeptidases	dipeptidase	
Glucidases	amylase	
	chitinase	
	laminarinase	mal connue
	cellulase	présence incertaine mais probable
	autres glucuronidases	
Glucosidases	maltase	
	chitobiase	probable
	laminaribiase	probable
	cellobiase	probable
	saccharase	
	mannosidase	
	autres glucosidases	peu spécifiques
Lipases	Lipase équivalente de la lipase pancréatique	mal connue
	Estérases	nombreuses
Diverses	Ribonucléase	
	Désoxyribonucléase	
	Phosphatase	

* Cette enzyme était, il y a quelques années, appelée « protéase à faible masse moléculaire », parce qu'on pensait à tort que cette dernière était de 11 kD. L'appellation d'astacine n'est sans doute pas définitive.

Parmi les protéases, qui sont toujours très bien représentées, on ne trouve jamais de pepsine. En revanche la trypsine est synthétisée de façon massive, représentant jusqu'au 1/3 des protéines solubles de la glande digestive. Les masses molaires paraissent variables selon les espèces (de 25 à 36 kDalton) et les propriétés fonctionnelles des molécules ne seraient pas exactement les mêmes que celles des trypsines de vertébrés. La trypsine des crustacés serait plus active sur les protéines non dénaturées que sur les mêmes molécules dénaturées. Certains auteurs parlent même de pseudo-trypsines ou d'enzymes apparentées aux trypsines bien que la trypsine de la crevette indienne présente une analogie de 50 % avec celle de bœuf. Il s'agit de la principale protéase des crustacés. L'activité de la chymotrypsine a longtemps été sous-estimée, parce qu'elle était mesurée avec un substrat inadapté. On sait aujourd'hui qu'elle est très élevée chez les pénéides. Certaines « collagénases » sont en fait des chymotrypsines. Une autre enzyme, très différente, l'astacine, a été trouvée chez de nombreux crustacés alors qu'elle est encore inconnue chez les vertébrés. Il s'agit d'une métallo-protéase et non d'une protéase à sérine ; son spectre est très large.

L'action de ces endoprotéases est complétée par celle d'un ensemble d'exopeptidases très similaire à celui des vertébrés : carboxypeptidases A et B, aminopeptidases et dipeptidases. Notons que, chez le homard, l'activité protéolytique principale est due à des cathepsines, enzymes lysosomales libérées par la lyse des cellules de la glande digestive.

Les glucosidases sont au nombre de quatre : amylase (α 1 $\rightarrow$ 4 glucanase), chitinase (β 1 $\rightarrow$ 4 N-acétyl-glucanase), laminarinase (β 1 $\rightarrow$ 3 glucanase) et cellulase (β 1 $\rightarrow$ 4 glucanase). La présence des deux premières enzymes paraît systématique. L'activité de la chitinase semble cependant assez réduite. Elle ne permet qu'une digestion très partielle de la chitine par les crevettes qui ingèrent les exuvies d'individus vivant dans la même niche écologique qu'eux ou des téguments d'autres crustacés morts ou vivants. Les laminarinases qui hydrolysent la laminarine des algues et de quelques autres organismes marins sont assez mal connues (plusieurs enzymes sont peut-être confondues sous ce nom), mais elles paraissent fréquentes, beaucoup plus que les cellulases dont l'action n'a été vraiment démontrée que chez un crustacé foreur du bois et quelques autres espèces primitives. Plusieurs faits expérimentaux militent cependant en faveur d'une activité cellulasique importante chez la chevrette dont on connaît le caractère relativement herbivore.

L'action des hydrolases précédentes est complétée par celle d'enzymes hydrolysant les dimères qui en résultent : le maltose est hydrolysé par une maltase (α-glucosidase), le chitobiose par une chitobiase (β-N-acétyl-glucosaminidase) et le cellubiose par une cellubiase (β-glucosidase). La laminaribiase n'a pas été étudiée à notre connaissance mais d'autres enzymes hydrolysant les glucides de faible masse molaire existent certainement ; certaines ont été mises en évidence de façon épisodique : saccharase, α-mannosidase, α-fucosidase, etc. Des glucuronidases participant à la digestion des résidus glucidiques des glycoprotéines ont également été trouvées.

Les lipases des crustacés ont été très peu étudiées comparativement aux enzymes précédentes. Le couple lipase-colipase qui existe déjà dans un embranchement d'invertébrés, celui des mollusques, ne semble pas avoir été clairement mis en évidence bien que des activités lipasiques similaires à celles de la lipase pancréatique des vertébrés aient été trouvées et même quantifiées. Il n'existe pas de sels biliaires chez les crustacés mais des composés doués de propriétés tensioactives comparables. Ces derniers sont généralement formés d'un acide gras à 22 atomes de carbone et d'un dipeptide contenant principalement de la taurine comme les sels biliaires conjugués des vertébrés. De nombreuses estérases ont été mises en évidence, mais on connaît mal leur localisation, leur spécificité (sans doute faible comme dans les autre phylums) et *a fortiori* leur rôle précis.

Parmi les enzymes diverses on peut signaler des phosphatases, des désoxyribonucléases et des ribonucléases, enzymes dont l'activité est habituellement élevée à la fois chez les herbivores à flore symbiotiques et chez les détritivores, c'est-à-dire chez les animaux dont le régime renferme beaucoup de bactéries et autres microorganismes.

Notons que si de nombreuses enzymes ont été caractérisées qualitativement, les données quantitatives sont beaucoup plus rares. On s'accorde généralement à reconnaître une relation entre comportement alimentaire de l'animal dans la nature et activité des enzymes responsables de l'hydrolyse des composés alimentaires les plus fréquents. Ainsi les espèces « carnivores » comme la crevette japonaise auraient une activité protéasique supérieure à celle des espèces omnivores, lesquelles auraient une plus grande activité amylasique. Cette relation apparemment logique n'est cependant pas établie de façon convaincante. Il semble qu'en réalité les activités varient énormément, pour une espèce donnée, en fonction de la composition qualitative (et quantitative) du régime, l'activité étant plus élevée si le régime est riche en macronutriment concerné et réciproquement. En d'autres termes, les activités enzymatiques digestives s'adaptent à la composition des aliments composés ingérés. Mais il faut se garder de conclure que les activités des enzymes digestives sont corrélées à des besoins en nutriments.

Pour cet ensemble d'enzymes, la zone de pH optimal se situe entre 5,5 et 9, les valeurs voisines de 5,5 correspondant aux enzymes lysosomales. Comme c'est le cas pour les poissons (chap. 4), la zone optimale de température est probablement voisine de la température interne des homéothermes, et non de la température moyenne de ces ectothermes.

Flore digestive

Les seules études relativement poussées de la flore digestive des crustacés se rapportent à des taxons primitifs à tendance herbivore. Chez les décapodes, les genres *Vibrio*, *Moraxella* et *Flavobacterium* en particulier ont été mis en

évidence. Mais les populations bactériennes ne paraissent ni stables ni caractéristiques des espèces hôtes. Aucune corrélation entre abondance ou nature de
la flore et alimentation naturelle de l'espèce n'a pu être trouvée. Tout porte
donc à croire que le rôle nutritionnel de la flore digestive est plus réduit encore
chez les crustacés que chez les poissons d'élevage (chap. 4), ce qui n'est pas
surprenant étant donné la brièveté du transit digestif.

Voies d'absorption

Les différents mécanismes impliqués dans l'absorption des nutriments par
l'appareil digestif sont certainement les mêmes que chez les autres animaux
(chap. 4), mais les crustacés manifestent au moins une grande différence vis-à-
vis des vertébrés : sécrétion des enzymes et absorption sont assurées à l'intérieur d'un même organe, la glande digestive, dont les cellules ne paraissent pas
avoir une spécialisation très poussée.

L'absorption des macromolécules par endocytose (chap. 4), phénomène courant chez les animaux primitifs, existe chez les crustacés ; la première étape de
ce processus a été mise en évidence par microscopie électronique dans les cellules B jeunes, c'est-à-dire dans les anciennes cellules F sécrétrices. L'étape
suivante (digestion intracellulaire) est visible, mais le transport des nutriments
vers la paroi baso-latérale n'a pas été décrit et on ignore quelle part des nutriments est rejetée dans la lumière du tubule lors de la désagrégation des
cellules B. L'importance quantitative de cette voie d'absorption demeure inconnue mais certains auteurs estiment cependant qu'elle dépasse celle de l'absorption par les mécanismes de transport.

La sécrétion des enzymes digestives par les cellules F et B entraînant une
importante digestion extracellulaire, il doit, de toute évidence, exister une
absorption des nutriments par diffusion passive, transport actif ou diffusion
facilitée. *A priori* cette absorption peut être assurée par toutes les cellules épithéliales des tubules à l'exclusion des cellules embryonnaires dépourvues de
microvillosités. Il semble que ce soient les cellules M ainsi que les cellules R
jeunes qui contribuent le plus nettement à cette fonction, le grand développement de leurs microvillosités plaide en faveur de cette thèse. Au cours de l'évolution de ces cellules R, les nutriments absorbés servent à la constitution des
réserves. Certes les nutriments véhiculés par l'hémolymphe sont aussi, pour
partie, à l'origine de ces réserves, mais les nutriments d'origine alimentaire y
contribuent sans doute majoritairement comme le montre le développement
des formations situées entre le noyau et la bordure en brosse.

Le transport de l'eau et des ions minéraux semble avoir lieu dans l'intestin
postérieur comme chez les poissons ; comme chez ces derniers également il ne
faut pas considérer cette fonction sous le seul angle de la nutrition, mais également sous celui de l'osmorégulation.

Bilans digestifs, régulation

Digestibilité des principaux nutriments

Quelques rares études ont été effectuées sur des crustacés auxquels on distribuait des proies animales ou des végétaux. Plus récemment, des mesures de digestibilité ont été conduites avec des aliments complets ou des ingrédients entrant couramment dans la composition de ces derniers, d'abord avec des crevettes palaemonides, puis surtout avec des crevettes pénéides. Si l'on excepte quelques études anciennes, les mesures de digestibilité ont été conduites par la méthode indirecte, c'est-à-dire avec utilisation d'un marqueur inerte et collecte partielle des fèces.

Bien que l'émission de fèces sous forme enveloppée dans une membrane péritrophique riche en azote puisse en théorie augmenter la perte d'azote endogène, les valeurs des digestibilités mesurées sont généralement élevées : les Coefficients d'Utilisation Digestive (CUD) des protéines sont souvent supérieurs à 90 %, parfois à 95 %. Ceux des lipides sont du même ordre de grandeur, du moins chez deux espèces, la crevette tigrée *(Penaeus monodon)* et la crevette bleue *(P. stylirostris)*. Ces valeurs sont comparables à celles que l'on a obtenues chez les poissons. Dans le cas de l'amidon, les digestibilités mesurées dans des conditions rigoureuses ont des valeurs relativement élevées, du même ordre de grandeur que chez les mammifères (70 à 94 %), c'est-à-dire bien supérieures à ce que l'on connaît chez les poissons, du moins pour l'amidon cru.

Pour les trois grands types de macronutriments, des différences marquées de digestibilité ont bien sûr été observées, mais on ne dispose encore que d'un nombre modeste d'observations. Toutefois, on retrouve parmi les sources de protéines classiques, farines ou tourteaux végétaux, farines animales, produits purifiés, pratiquement la même hiérarchie de digestibilité que chez les vertébrés supérieurs ou les poissons. De même parmi les sources d'amidon, l'origine botanique et les traitements technologiques exercent sur la digestibilité des effets tout à fait similaires à ceux que l'on connaît chez les mammifères ou les oiseaux.

Il est cependant un domaine qui demeure beaucoup plus mal connu chez les crustacés que chez les poissons (chap. 4) ou, *a fortiori,* chez les vertébrés supérieurs ; c'est celui de la régulation de la digestibilité. La constance de la digestibilité d'un nutriment quel que soit l'apport alimentaire de ce même nutriment a été observée, mais il n'y a eu que très peu d'études. On sait que la digestibilité peut augmenter avec l'âge des animaux, chez les post-larves du moins. L'effet des facteurs abiotiques a été très peu étudié. On ne peut donc affirmer que la digestibilité des nutriments a, chez les crustacés, la constance qu'on lui connaît chez les vertébrés.

Conclusion

L'étude de l'anatomie et de la physiologie digestives des crustacés a révélé de profondes différences avec les vertébrés ainsi que des originalités surprenantes. La glande digestive, par sa structure et ses fonctions, est un organe sans équivalent chez les vertébrés, même chez les poissons pourvus d'un « hépato-pancréas ». À l'opposé, dans le domaine de l'enzymologie digestive, il existe une analogie frappante entre ce phylum et les larves de poissons ou encore les poissons sans estomac. Toutes ces études demeurent très partielles et une coordination entre recherches fondamentales et recherches finalisées permettrait certainement de grands progrès dans ce secteur.

Pris sous le seul aspect du bilan global, le système digestif des crustacés paraît à première vue d'une efficacité tout à fait comparable à celle que l'on connaît chez les vertébrés pour les protéines, les lipides et surtout les glucides. Cette première impression doit cependant être nuancée à plus d'un titre : les mesures effectuées dans des conditions rigoureuses sont peu nombreuses ; celles concernant les nutriments pour lesquels les crustacés ont un besoin (au sens large) spécifique tels que chitine, phospholipides ou cholestérol le sont beaucoup moins encore ; les éventuelles différences inter-spécifiques demeurent presque inconnues.

Références bibliographiques

CECCALDI H.J., 1994. Appareil digestif : anatomie et physiologie. *In :* P.-P. Grassé, *Traité de Zoologie. Anatomie, systématique, biologie. VII. Crustacés 1. Morphologie, physiologie, reproduction, systématique,* Masson et Cie Paris, p. 487-527.

CECCALDI H.J., 1998. A synopsis of the morphology and physiology of the digestive system of some crustacean species studied in France. *Rev. Fish. Science.,* 6 (n° 1-2), p. 13-39.

DALL W., MORIARTY D.J.W., 1983. Functional aspects of Nutrition and Digestion. *In :* D.E. Bliss edit.-in-chief, *The biology of crustacea,* V, (L.H. Mantel ed.). Internal anatomy and physiological regulation. Academic Press, New York, London p. 215-261.

VAN WORMHOUDT A., BELLON-HUMBERT C., 1991. Bases biologiques de la culture des crustacés. *In :* G. Barnabé coord., *Bases biologiques et écologiques de l'aquaculture.* Lavoisier, Paris, p. 212-270.

16
NUTRITION ET ALIMENTATION DES LARVES DE CREVETTES PÉNÉIDES

La séquence de développement des larves de crevettes pénéides a été décrite dès 1942 par un auteur japonais, Hudinaga, qui était parvenu à réaliser en laboratoire un élevage des larves de crevette japonaise, *Penaeus japonicus*. Mais ce n'est qu'à partir de 1975 que se sont multipliées les études sur les besoins nutritionnels et la digestion des larves, études destinées à soutenir l'important développement des écloseries à travers le monde. Il est rapidement apparu que les larves de crevettes, organismes pélagiques et en cours d'ontogenèse, avaient un comportement alimentaire et des besoins nutritionnels légèrement différents de ceux des post-larves et juvéniles généralement benthiques.

Développement des larves et ontogenèse du tube digestif

Phase endotrophe

Le développement embryonnaire, entre la ponte et l'éclosion, ne dure chez les pénéides qu'une quinzaine d'heures et à l'éclosion apparaît un organisme d'environ 300 μm, le nauplius. En effet, contrairement aux autres crustacés décapodes, les crevettes pénéides effectuent tout leur développement larvaire hors de l'œuf, ce qui fait de ce groupe zoologique un modèle idéal pour l'étude de la mise en place des différentes fonctions digestives au cours de l'ontogenèse. Les six stades nauplius (N1 à N6) se déroulent en 48 heures ; l'animal n'est pas encore pourvu de tube digestif, la croissance et l'ontogenèse ne sont assurées que par les réserves vitellines. Les lipides représentent 20 % de la matière sèche du N1 et seulement 8 % de celui du N6 ; ils constituent le principal substrat énergétique de cette phase endotrophe (fig. 16.1). La compo-

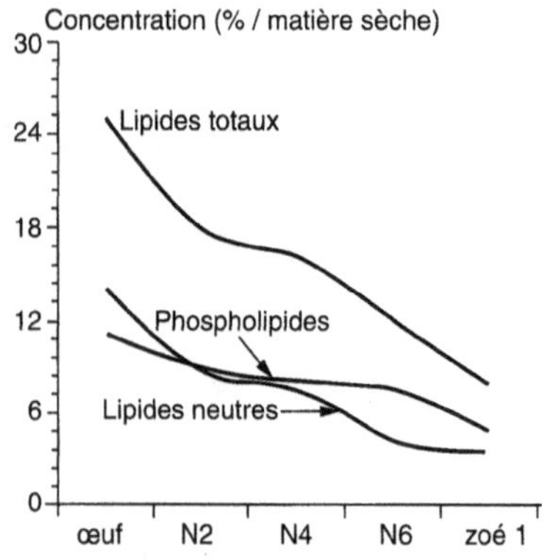

Figure 16.1. Variation de la teneur en lipides totaux, phospholipides et lipides neutres pendant la phase endotrophe chez *Penaeus indicus* (d'après Cahu *et al.*, 1988).

sition biochimique de l'œuf (tabl. 16.1), liée à l'alimentation des géniteurs, détermine la capacité de l'organisme à effectuer un développement correct. Une teneur élevée en acides gras à longue chaîne polyinsaturés (AGLPI) de la série n-3, constituants importants des membranes biologiques, est indispensable pour soutenir le développement cellulaire rapide pendant les stades embryonnaires et post-embryonnaires. Cette teneur a été évaluée à 4 % de la matière sèche de l'œuf. Les vitamines C (acide ascorbique) et E (α-tocophérol) doivent être également présentes dans l'œuf à une concentration suffisante pour protéger les lipides intracellulaires et membranaires de la peroxydation.

Tableau 16.1. Concentration de quelques composants de l'œuf de crevette pénéide exprimée par rapport à la matière sèche (Cahu *et al.*, 1995).

Composants	Concentration
Protéines	50-55 %
Lipides totaux	22-26 %
dont phospholipides	8-12 %
lipides neutres	10-14 %
ALGPI n-3	3,5-4 %
α-tocophérol	0,3-0,6 mg/g
Acide ascorbique	0,4-0,8 mg/g

Phase exotrophe

L'organisme poursuit son développement par une série de mues accompagnées ou non de métamorphoses. Un tube digestif, linéaire et fonctionnel, s'ouvre au début de la phase zoé qui comprend 3 stades (Z1 à Z3). L'organisme est alors filtreur et essentiellement herbivore. Dans la nature, les zoés s'alimentent de phytoplancton, constitué d'espèces très variées et notamment de diatomées. Puis se déroule la phase mysis (M1 à M3), précédant la métamorphose en post-larve (PL). Les larves s'orientent alors vers un régime carnivore, en capturant diverses proies, qui, dans la nature, sont principalement des copépodes. Suivant la température, comprise entre 25 et 32 °C, 10 à 12 jours s'écoulent entre l'éclosion et le premier stade post-larvaire. L'animal devient alors benthique.

Ce changement morphologique et comportemental s'accompagne d'un profond remaniement anatomique et fonctionnel du tube digestif. Ce phénomène a été largement décrit chez *Penaeus setiferus* par Lovett et Felder (1990). Chez les larves, les fonctions de synthèse et de sécrétion des enzymes pancréatiques sont assurées par les caecums digestifs antérieurs et latéraux situés dans la partie proximale du tube digestif ; la fonction d'absorption s'effectue tout au long du tractus digestif. Au moment de la métamorphose, entre les stades M3 et PL4 (PL de 4 jours), une dégénérescence des caecums antérieurs se produit. Puis les lobes de l'hépatopancréas ou glande digestive se ramifient à partir des caecums latéraux et augmentent considérablement de volume pour donner la glande définitive. Ce n'est qu'après 3 à 4 semaines de développement post-larvaire que le tractus digestif a achevé sa différenciation et acquis sa forme adulte. Un mode de digestion de type adulte se met en place, assez différent de celui décrit chez les vertébrés (chap. 15 et fig. 16.2). Un allongement important du temps de transit dans le tractus digestif s'observe à partir de la métamorphose.

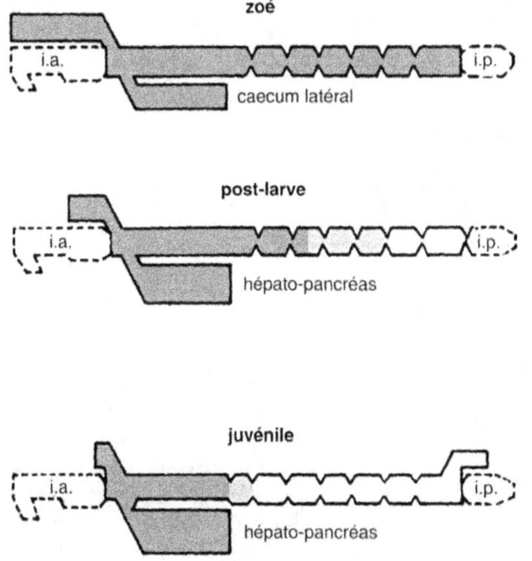

Figure 16.2. Distribution de l'activité de la phosphatase alcaline dans le tube digestif de *Penaeus setiferus* au cours de son développement larvaire. Cette enzyme est caractéristique des sites de digestion et d'absorption membranaires. Trame foncée : forte activité ; trame claire : légère activité ; en blanc : pas d'activité. i.a. : intestin antérieur ; i.p. : intestin postérieur. Au centre l'intestin moyen. Noter qu'au cours de l'ontogenèse le caecum latéral se transforme en hépatopancréas (ou glande digestive ou glande de l'intestin moyen). Adapté de Lovett, Felder, 1990.

Mise en place et niveau d'activité des enzymes digestives au cours du développement

Profil général des activités enzymatiques au cours du développement

Les enzymes digestives sont présentes avant l'ouverture de la bouche : on a pu mettre en évidence la trypsine et l'amylase dès le stade nauplius, et même dans l'œuf. Toutes les enzymes étudiées, trypsine, amylase, carboxypeptidase, estérase présentent des profils d'activité assez similaires au cours du développement : une rapide augmentation des activités spécifiques se produit pendant la phase zoé puis une chute brutale s'opère pendant la phase mysis jusqu'à un minimum observé quelques jours après la métamorphose (fig. 16.3). Ensuite, les activités remontent progressivement pendant la vie post-larvaire. L'effondrement des activités enzymatiques observé au moment de la métamorphose coïncide avec la dégénérescence des caecums digestifs anté-rieurs. Puis l'augmentation ultérieure de ces activités correspond à la forma-tion des multiples tubules de l'hépatopancréas.

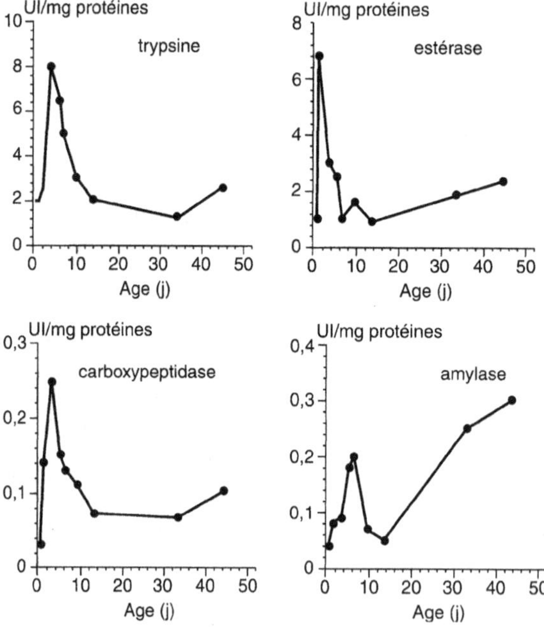

Figure 16.3. Variation des activi-tés spécifiques de quelques enzy-mes digestives au cours du déve-loppement larvaire de *Penaeus setiferus* (adapté de Lovett, Felder, 1990). UI : unité internationale de mesure de l'activité enzymatique.

Ce profil d'activité des enzymes digestives chez les larves de pénéides est semblable à celui qui a été décrit au cours du développement post-natal chez les groupes phylogénétiquement plus évolués. Les poissons et même les mammifères présentent une forte augmentation de l'activité des enzymes digestives au cours des premiers jours de leur vie. Puis les activités spécifiques s'effondrent au bout d'un certain nombre de jours, période coïncidant avec l'apparition d'une digestion de type adulte (chap. 12).

Adaptation des activités enzymatiques à l'aliment

Des expériences réalisées en nourrissant des larves de *Penaeus vannamei* avec des aliments composés sous forme de microparticules ont montré une corrélation positive entre la quantité de trypsine synthétisée et la teneur en protéine (caséine) de l'aliment (fig. 16.4a). De plus, la nature et la forme moléculaire de l'apport azoté affectent le niveau de synthèse des différentes protéases : la farine de calmar stimule spécifiquement l'activité de la chymotrypsine, le concentré de protéines solubles de poisson (CPSP), source de protéines déjà hydrolysées, induit une diminution des niveaux de trypsine et de chymotrypsine (fig. 16.4b). Il semble également que la synthèse d'amylase soit davantage stimulée par l'amidon de maïs natif que par l'amidon soluble. Dès les stades les plus précoces (zoé), les larves sont donc capables de moduler leur synthèse enzymatique en fonction de la concentration et de la nature des nutriments. De même, les larves élevées suivant une séquence d'alimentation classique comprenant des micro-algues pendant les stades zoé, puis des nauplius d'artémias en quantités croissantes pendant les stades mysis, sécrètent d'abord une grande quantité d'amylase puis une grande quantité de protéases. Le rapport amylase/protéases souvent utilisé pour caractériser une alimentation de type herbivore ou carnivore est divisé par 10 entre les stades zoé et mysis. Une augmentation de l'activité chitinasique liée à une alimentation zooplanctonique est également observée à partir des stades mysis.

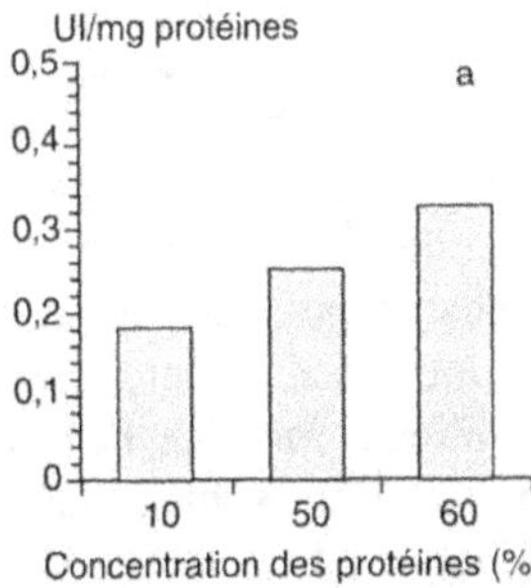

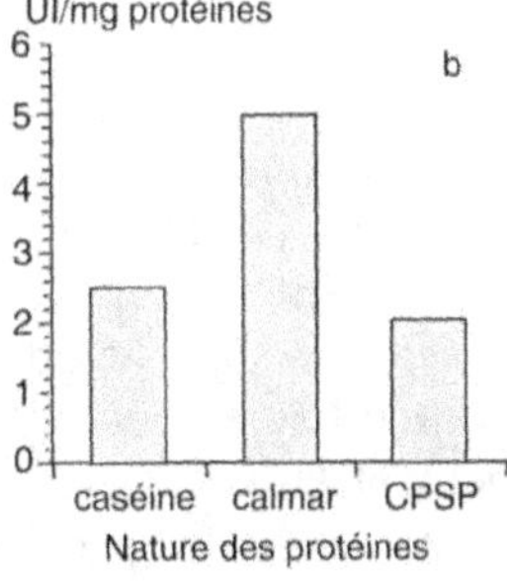

Figure 16.4. Réponse de l'activité spécifique de la trypsine à la concentration (a) et de la chymotrypsine à la « nature » (b) des protéines du régime chez les stades zoé de *Penaeus vannamei* (d'après Le Moullac *et al.*, 1994). UI : unité internationale de mesure de l'activité enzymatique.

Une alimentation à partir de microparticules induit chez les larves des niveaux enzymatiques plus faibles que ceux obtenus chez les animaux témoins nourris avec la séquence alimentaire algues et artémias. Cependant, l'addition dans le milieu d'élevage de l'algue *Chaetoceros gracilis* à faible concentration (10 000 cellules/mL) provoque une forte augmentation des activités enzymatiques chez les larves nourries avec des microparticules. Cet apport complémentaire d'algues stimulerait la production d'enzymes et expliquerait, d'après certains auteurs, l'amélioration de croissance que l'on obtient en nourrissant les larves avec des régimes mixtes, microparticules plus algues. Ce phénomène évoque l'action bénéfique attribuée aux « eaux vertes » dans les élevages de larves de poissons. Cependant aucune relation simple entre la quantité d'enzyme dosée chez les larves et la croissance de ces dernières n'a encore été trouvée à ce jour. De nombreuses autres hypothèses ont été proposées pour expliquer l'effet bénéfique des « eaux vertes ».

La composition de l'aliment n'intervient que pour moduler les niveaux d'activité des enzymes dont l'expression évolue au cours de l'ontogenèse. Par exemple, l'activité spécifique de l'amylase et le rapport amylase/protéase qui chutent au cours des stades mysis augmentent de nouveau considérablement pendant les stades post-larvaires, même si les animaux ne sont nourris qu'avec des artémias. Un apport d'amidon à ce stade ne fait qu'accentuer ce phénomène.

Besoins nutritionnels

Pour identifier les besoins nutritionnels des larves, de nombreuses expériences ont été réalisées avec des aliments purifiés ou composés qui permettent maintenant des taux de survie élevés. Les connaissances demeurent toutefois encore imprécises.

Nutrition protéique

Des besoins en protéine très variables ont été reportés. Selon Kanazawa, ils se situent entre 23 et 57 % suivant l'espèce étudiée et la source protéique utilisée. Plus précisément il est généralement admis que les protéines doivent représenter de 35 à 50 % du régime, comme pour les juvéniles. Les sources de protéines utilisées classiquement dans l'alimentation des crevettes plus âgées comme des poissons marins conviennent aux larves : farines de poisson, de calmar, de crabe et de moule, tourteau de soja, levure lactique, caséine, etc. Les farines de poisson constituent la meilleure source de protéines pour les larves de crevettes et peuvent pratiquement être utilisées comme unique source dans les microparticules ; par contre, le concentré protéique de crabe, la farine de

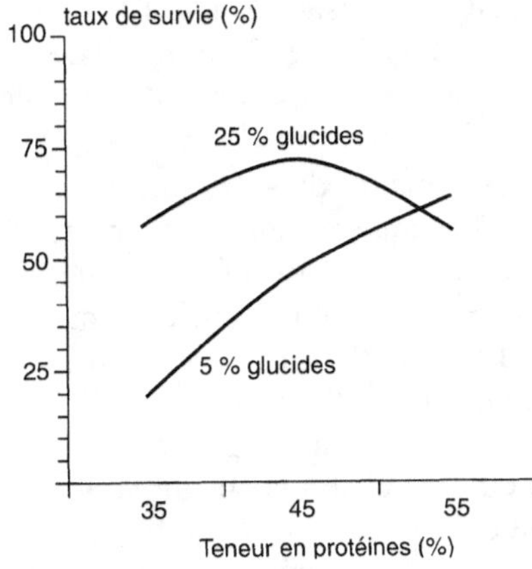

Figure 16.5. Influence de la concentration en protéine du régime sur la survie des larves de *Penaeus japonicus*. Effet d'épargne des protéines par les glucides (d'après Teshima, Kanazawa, 1984).

calmar ou la caséine, dont les teneurs en certains acides aminés indispensables sont limitantes, doivent être associés à d'autres protéines pour permettre une croissance et une survie correctes des larves.

La concentration optimale en protéines d'un régime est également liée à sa teneur en glucides qui permettent une épargne des protéines. Avec un régime ne contenant que 5 % de glucides, la teneur optimale en protéines pour les larves de *Penaeus japonicus* est de 55 %, alors qu'une concentration en glucides de 25 % permet d'abaisser la teneur en protéines à 45 % (fig. 16.5). Une augmentation de 5 à 25 % de glucides dans un aliment contenant peu de protéines (35 %) améliore la survie des larves mais n'a pas d'effet dans un aliment contenant 55 % de protéines. Les larves utilisent donc les glucides comme substrat énergétique beaucoup mieux que les juvéniles, ce qui permet une épargne de protéines.

D'autre part, il semble que les larves aient une assez bonne capacité d'utiliser les AA purs (cristallisés). En effet, un ajout d'AA indispensables, notamment d'arginine, à un régime à base de caséine augmente la survie larvaire. Enfin, des peptides comme l'alanyl-glycyl-glycine ou l'alanyl-valine semblent avoir un effet promoteur sur la croissance. Mais on ignore actuellement si ces peptides agissent grâce à un effet attractant, améliorent la valeur nutritionnelle de l'aliment ou s'il s'agit de véritables facteurs de croissance.

Nutrition lipidique

Parmi les lipides, les composés revêtant un caractère essentiel sont le cholestérol, les phospholipides (PL) et les acides gras essentiels (AGE). Comme les juvéniles, les larves ne synthétisent pas les stérols *de novo* ; cependant, elles ont la possibilité d'effectuer la bioconversion de l'ergostérol et du β-sitostérol en cholestérol, composé qui peut donc être remplacé par d'autres stérols. Elles n'ont qu'une capacité réduite d'élongation-désaturation des AG et les AGE sont, comme pour les crustacés juvéniles, les AG polyinsaturés (AGLPI) de la série n-3, et tout spécialement le 20:5 n-3 (EPA) et le 22:6 n-3 (DHA) (chap. 7). Le caractère essentiel des PL provient d'une capacité insuffisante de synthèse de ces molécules à partir d'AG ou de triacylglycérols (TAG).

La concentration optimale de cholestérol est voisine de 1 %, une absence totale de stérols et un excès de cholestérol (5 %) induisent une forte mortalité (fig. 16.6). Les concentrations optimales d'AGLPI n-3 et de PL sont interdépendantes : chez la crevette japonaise, la meilleure combinaison est obtenue avec un régime contenant 0,5 à 1 % d'AGLPI n-3 (EPA+DHA) et 3 à 6 % de PL (fig. 16.7). Les PL alimentaires interviennent dans l'émulsion des lipides neutres ingérés, triacylglycérols et cholestérol, dans le tube digestif. Les plus efficaces chez les larves sont la phosphatidylcholine et le phosphatidylinositol qui sont présents dans la lécithine commerciale de soja. Une partie des lipides de l'aliment est apportée par les sources de protéines, une autre partie est apportée par les huiles (dont l'huile de foie de morue riche en AGLPI) et la lécithine de soja. Généralement une concentration de 8 % de lipides alimentaires suffit pour assurer une bonne croissance des larves. L'augmentation de cette concentration jusqu'à 16,5 % est sans effet sur la croissance et la survie.

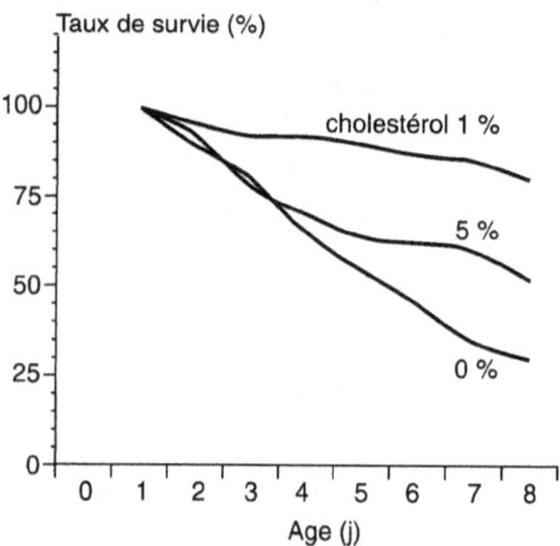

Figure 16.6. Effet de la concentration en cholestérol sur la survie des larves de *Penaeus japonicus*. Expérience réalisée avec des régimes purifiés contenant 5 %, 1 % ou 0 % de cholestérol (d'après Teshima *et al.*, 1983)

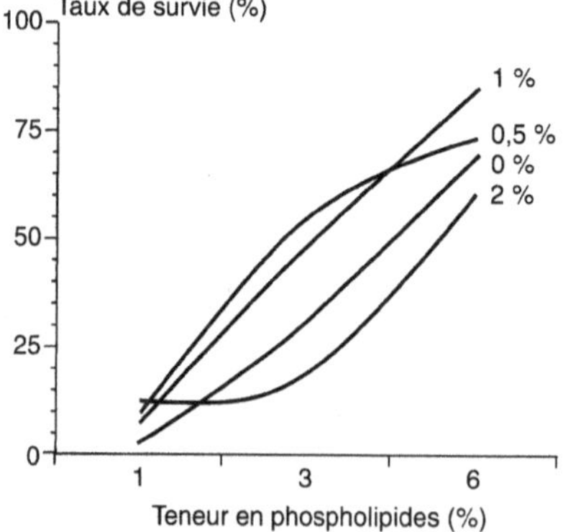

Figure 16.7. Effet de la concentration en acides gras polyinsaturés à longue chaîne et en phospholipides sur la survie des larves de *Penaeus japonicus*. Expérience réalisée avec des régimes purifiés contenant 2 %, 1 %, 0,5 % ou 0 % d'acides gras polyinsaturés à longue chaîne (AGLPI) (d'après Kanazawa *et al.*, 1985). Avec l'aimable autorisation d'Elsevier Science.

Nutrition vitaminique

Les vitamines hydrosolubles et liposolubles sont indispensables aux larves de crustacés comme aux vertébrés et leur absence entraîne une mort rapide des larves. Cependant, les besoins sont très difficiles à quantifier et les vitamines doivent être mises en excès dans l'aliment afin de pallier les pertes par lessivage. Une concentration de 1 % de l'aliment a été recommandée pour la vitamine C, mais il s'agit d'une énorme surestimation due à un lessivage spectaculaire. Les doses peuvent être considérablement diminuées par l'utilisation des formes stables (composés phosphatés). Il a été montré récemment que 100 mg d'acide ascorbique/kg d'aliment suffisaient pour assurer la survie et la croissance des larves quand cette vitamine était apportée sous forme de L-ascorbyl-2-phosphate. Toutefois, des doses de l'ordre de 2000 mg/kg permettent une meilleure résistance des post-larves aux stress environnementaux et aux infections bactériennes.

Alimentation pratique

Les besoins nutritionnels des larves de crevettes pénéides sont parfaitement couverts par la séquence alimentaire classique constituée d'algues unicellulaires pendant la phase zoé, auxquelles on ajoute des nauplius d'*Artemia salina* (Na) pendant la phase mysis. Les algues les plus couramment utilisées sont *Chaetoceros* sp., *Tetraselmis* sp., *Skeletonema costatum* et *Isochrisis galbana* à une densité de 50 000 à 100 000 cellules/mL. Les artémias sont distribués à raison de 10 Na/larve/j pour les M1, quantité augmentant progressivement jusqu'à 100 Na/larve pour les PL4. Cette technique permet d'atteindre couramment une survie proche de 80 % dans les élevages en conditions contrôlées. La technique japonaise extensive basée sur la création et l'entretien d'un bloom phyto- puis zooplanctonique, en très grand volume (20 à 50 m^3), conduit à des productions très aléatoires.

De nombreuses microparticules ou microcapsules alimentaires sont maintenant disponibles dans le monde et utilisées dans les écloseries. Dans la plupart des cas, elles sont utilisées en substitution partielle à la nourriture naturelle, à hauteur de 50 à 70 %. Toutefois, dans certaines écloseries elles sont utilisées comme seule nourriture. Selon Jones *et al.* (1993), ces microparticules doivent répondre à trois critères autres que la valeur nutritionnelle proprement dite :

– acceptabilité : les microparticules doivent avoir une densité similaire à celle des proies vivantes et une taille correcte pour être ingérées. Leur diamètre est d'environ 50-100 µm pour les premiers stades, 125-250 µm pour les stades mysis ;

– stabilité : les microparticules doivent rester stables et subir un lessivage minimal avant d'être ingérées. Différents procédés d'encapsulation ont été mis au point et des liants comme le carraghénane, la zéine, la gélatine ou les alginates sont utilisés. Ce traitement doit assurer le maintien des différents composants dans la microparticule, et limiter ainsi la pollution de l'eau d'élevage ;

– conservation : les microparticules doivent pouvoir être stockées plusieurs mois sans altération.

Les rations journalières indicatives sont fournies avec les produits (fig. 16.8) et la ration quotidienne doit être fragmentée en 5 à 6 distributions par jour.

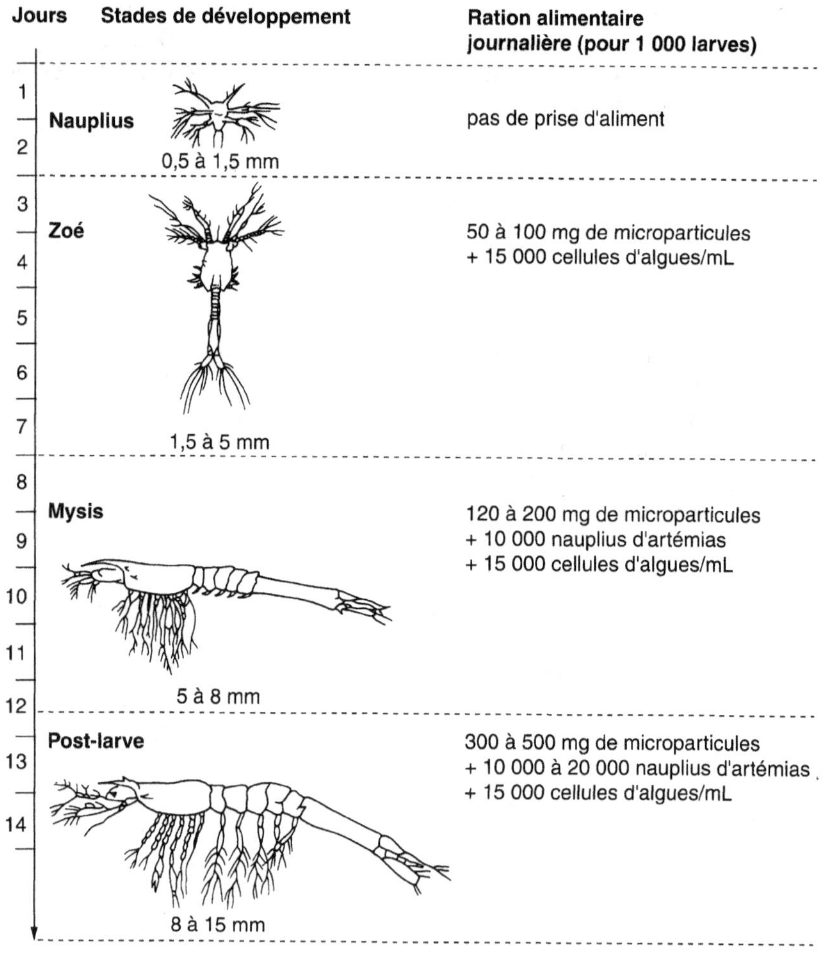

Figure 16.8. Développement des larves de crevettes pénéides et exemple de séquence d'alimentation dans un élevage.

Conclusion

Les connaissances sur la physiologie de la digestion et les besoins nutritionnels des larves de crevettes pénéides ont suffisamment progressé ces vingt dernières années pour permettre la mise au point d'aliments composés utilisables dès les premiers stades larvaires. Il n'existe pas actuellement d'équivalent pour les jeunes larves de poissons marins, malgré une connaissance plus vaste de la nutrition de ces derniers.

Cependant, la survie, la croissance et la qualité des larves d'écloserie nourries exclusivement avec des aliments composés doivent être améliorées. Les éleveurs préfèrent encore souvent les post-larves sauvages, plus résistantes. L'alimentation explique certainement en partie cette différence. En effet, des aliments de même composition biochimique sont utilisés pour les différents stades larvaires alors que les changements de régime alimentaire observés chez les larves sauvages, ainsi que les remaniements profonds du tractus digestif au cours de l'ontogenèse, laissent supposer que les besoins nutritionnels évoluent légèrement au cours du développement. Des gains de croissance, de survie et de qualité des post-larves produites pourraient encore être obtenus dans les écloseries grâce à la formulation d'aliments spécialement adaptés aux besoins spécifiques de chaque stade.

Références bibliographiques

Cahu C., Cuzon G., Quazuguel P., 1995. Effect of highly unsaturated fatty acid, alpha-tocopherol and ascorbic acid in broodstock diet on egg composition and development of *Penaeus indicus*. *Comp. Biochem. Physiol.*, 112 A, p. 417-424.

Cahu C., Sévère A., Quazuguel P., 1988. Variation de la composition en lipides de *Penaeus indicus* au cours de son développemement larvaire. Congrès annuel CIEM. Comité mariculture. F : 22, 16 p.

Jones D.A., Kamarudin M.S., Le Way L., 1993. The potential for replacement of live feeds in larval culture. *Journal of the World Aquaculture Society*, 24, p. 199-210.

Kanazawa A., Teshima S.-I., Sakamoto M., 1985. Effects of dietary lipids, fatty acids, and phospholipids on growth and survival of prawn (*Penaeus japonicus*) larvae. *Aquaculture*, 50, p. 39-49.

Le Moullac G., Van Wormhoudt A., Aquacop, 1994. Adaptation of digestive enzyme to dietary protein, carbohydrate and fibre levels and influence of protein and carbohydrate quality in *Penaeus vannamei* larvae *(Crustacea, Decapoda). Aquat. Living Resour.* 7, p. 203-210.

Lovett D.L., Felder D.L., 1990. Ontogenic change in digestive enzyme activity of larval and postlarval white shrimp *Penaeus setiferus* (Crustacea, Decapoda, Penaeidae). *Biol. Bull.*, 178, p. 144-159.

TESHIMA S.-I, KANAZAWA A., 1984. Effects of protein, lipid, and carbohydrate levels in purified diets on growth and survival rates of the prawn larvae. *Bull. Jpn. Soc. Sci. fish.* 50, p. 1709-1715.

TESHIMA S.-I., KANAZAWA A., KOSHIO S., 1993. Recent developments in nutrition and microparticulate diets of larval prawns. *The Israeli Journal of Aquaculture-Bamidgeh,* 45, p. 175-184.

TESHIMA S.-I., KANAZAWA A., SASADA H., KAWASAKI H., 1982. Requirements of the larval prawn *Penaeus japonicus* for cholesterol and soybean phospholipids. Mem. Fac. Fish. Kagoshima Univ. 31, p. 193-199.

17
NUTRITION ET ALIMENTATION DES CREVETTES EN ÉLEVAGES INTENSIF ET EXTENSIF

L'étude des besoins nutritionnels des crevettes a débuté avec l'expérience originale de Kanazawa *et al.* (1970) : pour expérimenter sur la crevette japonaise (*Penaeus japonicus*), ces auteurs avaient eu l'idée d'utiliser un régime composé inspiré de ceux qui convenaient à un poisson et deux arthropodes, en l'occurrence le saumon quinnat, le vers à soie et l'artémia. Ce régime a permis d'emblée une assez bonne croissance et ouvert la voie à des études systématiques qui devaient être bientôt étendues à d'autres espèces. En effet si l'élevage de la crevette japonaise s'est développé à partir de 1970 dans son pays d'origine, il a rapidement stagné tandis que la domestication et l'élevage s'étendaient aux espèces tropicales qui alimentent aujourd'hui la presque totalité du marché mondial.

En théorie, il faudrait donc passer en revue les besoins des principales espèces d'intérêt aquacole. En effet, si la production mondiale est largement dominée par la crevette tigrée dite aussi crevette géante (*P. monodon*) et, dans une moindre mesure, par une crevette blanche (*P. vannamei*), 20 % de la production se répartit sur une dizaine d'espèces secondaires dont les principales sont la crevette de Chine (*P. chinensis = P. orientalis*), la crevette indienne (*P. indicus*), une crevette bleue (*P. stylirostris*) et la crevette japonaise. Dans la pratique les spécificités nutritionnelles de ces différentes crevettes ne sont connues que de manière très fragmentaire (D'Abramo *et al.*, 1997).

Il faudrait également tenir compte du degré d'intensification de l'élevage. En effet, de l'Asie du Sud-Est à l'Amérique latine, on rencontre toute une gamme de techniques « semi-intensives » se différenciant par le nombre de crevettes mises en élevage par m^2 de bassin d'élevage. La densité y varie de 10-15 à 20-25 animaux/m^2. L'apport alimentaire se fait sous forme de granulés secs, parfois aussi sous forme d'« extrudés » (chap. 21). L'indice de consommation (IC) se situe en général entre 1,5 et 2,5 et les rendements varient de 1,5 à 3 t/ha/an. Les techniques intensives méritent seulement d'être mentionnées ; une des rares qui soient encore utilisées de nos jours, à petite échelle, est celle de Tahiti qui permet une production équivalant à 20-25 t/ha/an en deux récoltes. Dans le cas de l'aquaculture semi-intensive, il est difficile de connaître la part de l'alimentation fournie directement par l'homme. L'apport de nourriture joue un rôle direct ou indirect (par stimulation de la production naturelle), complémentaire de la nourriture naturelle, mineur ou majeur selon les cas. La part respective des deux sources de nourriture évolue avec l'âge des animaux. Les principes de nutrition et d'alimentation exposés dans ce chapitre, bien que destinés aux élevages pratiques, s'appuient presque exclusivement sur des expériences de laboratoire où les animaux sont nourris avec les seuls aliments artificiels.

Nutrition des juvéniles en élevage expérimental

Besoins en protéines

Niveau protéique optimal pour les principales espèces

De tous les nutriments nécessaires à la crevette, les protéines sont de loin ceux qui ont été le mieux étudiés. Le besoin, ou tout au moins le taux protéique optimal, a été déterminé, ou estimé, sur près de 20 espèces différentes. Les résultats relatifs à 9 espèces présentant un intérêt économique sont présentés à titre indicatif dans le tableau 17.1.

Tableau 17.1. Teneur en protéines brutes assurant une croissance optimale en bacs d'élevage chez différentes espèces du genre *Penaeus*.

Espèce	Teneur (%)	Source de protéines	Auteur
P. aztecus	30	farine de poisson et calmar	Shewbart et Mies, 1973
P. chinensis	40	farine de poisson	Liu *et al.*, 1990
P. japonicus	42	caséine	Koshio *et al.*, 1993
P. merguiensis	50	mélange	Aquacop, 1978
P. monodon	40	caséine	Aquacop, 1977
P. schmitti	20-35	farine de poisson	Galindo, 1983*
P. setiferus	30	mélange	Andrews et Sick, 1972
P. stylirostris	30-35	mélange	Colvin et Brand, 1977
P. vannamei	30	mélange	Cousin *et al.*, 1993

* communication personnelle

Au vu de ces données, il semble exister de notables différences d'une espèce à l'autre. Selon une interprétation reprise par plusieurs auteurs, les espèces à tendance carnivore auraient des besoins supérieurs à ceux des espèces à tendance omnivore ou, *a fortiori*, herbivore. Cette assertion, à première vue logique, doit cependant être considérée avec précaution. Il pourrait s'agir d'une interprétation hâtive de différences dues à des facteurs variés. En effet les besoins des crevettes ont été mesurés avec des sources de protéines diverses : caséine pure ou supplémentée en AA, farine de poisson, farine de calmar, ou même mélange de protéines d'origine animale et végétale. Beaucoup d'expériences ont été réalisées avant que l'on ne connaisse la digestibilité des protéines. Enfin le niveau énergétique a varié de façon aléatoire d'un essai à l'autre.

Une nécessaire révision

À défaut d'une détermination simultanée dans une expérience comparative du besoin des différentes espèces (protocole difficile à mettre en œuvre), le niveau protéique optimal demande donc à être réexaminé, espèce par espèce, dans des conditions standardisées. Une expérience récente conduite sur la crevette japonaise indique que l'excrétion azotée est minimale et la croissance optimale avec une teneur en protéines alimentaires voisine de 40 %, alors que les travaux antérieurs effectués dans le même laboratoire avaient abouti à la valeur de 60 %. Ce résultat permet donc de rapprocher *P. japonicus* des autres crevettes pénéides en termes de besoin azoté. Il alourdit les doutes qui pèsent sur nombre de travaux « anciens ». L'idée d'une surestimation des besoins en protéines s'est répandue parmi les fabricants d'aliments qui, faute de données sûres et précises, semblent s'acheminer vers des teneurs voisines de 40 %, voire moins. Cette valeur correspondrait à peu près aux besoins des espèces telles que *P. monodon*, *P. stylirostris*, *P. vannamei* et *P. chinensis* dans les conditions d'élevage semi-intensif.

Adaptation à d'autres facteurs

Contrairement à celui de l'espèce, le rôle du stade de croissance ou des facteurs du milieu n'a que très peu retenu l'attention des chercheurs. La plupart des essais ont été réalisés sur des juvéniles d'environ 1 g, quelquefois sur des post-larves, et on ignore pratiquement tout de l'évolution des besoins quand la masse corporelle varie de 1 à 25 g. Au début des années soixante-dix pour *P. japonicus*, les chercheurs japonais conseillaient le même aliment depuis la période juvénile, ou même depuis la fin du stade larvaire, jusqu'au stade adulte. Il s'agissait d'un aliment fabriqué avec des matières premières (farines de calmar, krill et poisson) de très grande qualité selon des normes comportant de confortables marges de sécurité. Cette manière de voir n'a plus cours

Tableau 17.2. Évolution de la teneur de l'aliment en protéines en fonction du développement (recommandations).

Stade de développement ou biomasse individuelle	Teneur en protéines (%)
Post-larve jusqu'à 1 g	42
2 à 5 g	41
5 à 10 g	40
10 à 20 g	37
20 à 25 g	35

aujourd'hui et, sur *P. monodon*, les industriels taïwanais ont développé une gamme d'aliments rapportée dans le tableau 17.2. L'effet de la taille des crevettes qui y est pris en compte est sans doute une transposition des connaissances acquises sur d'autres animaux. D'autres fabricants, tenant compte du fait qu'en élevage semi-intensif la jeune crevette se nourrit surtout grâce à la production naturelle, proposent en début d'élevage un aliment plus pauvre en protéines que les aliments destinés aux crevettes plus âgées.

Notons que, pour les crevettes comme pour les poissons, on admet que la température et la salinité n'ont pas d'influence sur le niveau protéique optimal.

Besoins en acides aminés indispensables

En ce qui concerne les acides aminés (AA), des études conduites avec la technique de l'injection d'acétate ou de glucose marqué au ^{14}C (chap. 6) ont permis d'identifier les acides aminés indispensables (AAI) chez 10 espèces de crustacés, crevettes ou crabes. La liste de ces AAI est la même que chez les poissons (chap. 6, tabl. 6.1).

Le problème de l'équilibre des AAI n'a été que sommairement abordé. Certains auteurs ont choisi comme protéine idéale ou protéine de référence le muscle de crevette, d'autres les protéines de la palourde japonaise (*Ruditapes philipinarum*), mollusque dont la chair constitue à n'en pas douter une excellente nourriture pour la crevette. Des formulations reposant sur le profil des AAI du muscle de crevette ont été proposées à défaut d'une connaissance suffisante des besoins quantitatifs en chacun des AAI. L'étude de ces besoins progresse, certes, mais à un rythme très lent du fait des difficultés techniques rencontrées, et tout spécialement du lessivage des AA purs des aliments expérimentaux qui, consommés lentement (chap. 16), restent longtemps au contact de l'eau. Récemment, des essais de supplémentation avec de l'arginine encapsulée ont permis une approche de la détermination du besoin quantitatif en cet AAI chez *P. monodon*. On peut espérer que la méthode sera bientôt étendue aux autres AAI d'importance économique. Dès lors la formulation pourra reposer non plus sur les seules protéines totales mais sur un ensemble de besoins concernant protéines totales et AAI.

Confiant dans cette voie d'avenir, Akiyama *et al.*, (1989) ont déjà publié des tables de disponibilité des AAI dans les principales matières premières ainsi que des recommandations pour chaque AAI. Nous nous permettrons cependant de faire deux rappels théoriques : le besoin protéique des crustacés est peut-être moins étroitement corrélé à l'accrétion protéique que chez les vertébrés du fait de la synthèse de chitine, polyholoside renfermant 43 % d'équivalent protéine brute ; par ailleurs l'importance du phosphagène (synthétisé à partir de l'arginine) dans le métabolisme énergétique diminue vraisemblablement la corrélation bien connue entre AAI des protéines corporelles et besoins en ces mêmes AAI. En d'autres termes, la détermination des besoins réels en AAI et du « besoin » en AA non indispensables risque d'être plus laborieuse chez les crevettes que chez les vertébrés.

Énergie et glucides

Énergie

L'utilisation de l'énergie alimentaire est encore très mal estimée chez les crevettes. Au niveau expérimental on raisonne généralement en énergie digestible (ED) que l'on obtient par calcul à partir de coefficients qui ne sont pas toujours appropriés. Les mesures de digestibilité des protéines et, surtout, des lipides et des glucides sont encore trop peu nombreuses. L'emploi rationnel de ces deux derniers macronutriments devrait permettre d'économiser les protéines du régime dont la crevette, comme le poisson, fait apparemment une utilisation importante en tant que source d'énergie. Il paraît donc urgent d'évaluer le besoin journalier en énergie selon l'espèce, le stade de développement et la température, pour ne citer que les facteurs principaux (Cuzon et Guillaume, 1997). L'acquisition de ces données doit permettre d'établir des recommandations sur le rapport protéines/énergie qui peut être exprimé par exemple en grammes de protéines par mégajoule d'énergie digestible (rapport PrD/ED, chap. 5).

Glucides disponibles

Ces nutriments acquièrent une importance croissante depuis que l'on « formule » des aliments moins riches en protéines brutes qui laissent davantage de place à l'apport glucidique. La tolérance à l'apport de quelques glucides, sucres simples, disaccharides ou polysaccharides, est connue, du moins chez quelques espèces. Les crevettes, comme les poissons, présentent en effet une hyperglycémie plus ou moins marquée après une ingestion de glucides et les conséquences négatives de ce phénomène sur la croissance sont parfois spectaculaires (sans que la liaison de cause à effet soit bien établie). En revanche peu d'études ont été consacrées à l'utilisation digestive ou métabolique des glucides complexes.

Les amidons sont maintenant assez souvent incorporés à raison de 20 à 45 % dans les aliments pour *P. monodon*. Il s'agit d'amidons de riz, de blé, de maïs, de pomme de terre, de sagou (extrait de la mœlle d'un palmier d'Extrême-Orient) ou de manioc. Des études de laboratoire récentes tendent à démontrer que, contrairement aux poissons à tendance carnivore, certaines crevettes tolèrent très bien une teneur en amidon élevée dans leur régime, et ce même (voire surtout) si les amidons sont crus : chez *P. vannamei* la digestibilité est de l'ordre de 70 à 90 % pour des amidons crus et de 93 à 96 % pour des amidons prégélatinisés. Des teneurs d'incorporation de 20 à 35 % d'amidon cru dans l'aliment semblent compatibles avec de bonnes performances, chez cette espèce du moins. Il paraît donc logique de rechercher une épargne des protéines par l'amidon chez les crevettes comme on l'a fait chez les poissons avec les lipides. L'utilisation métabolique du glucose reste cependant à préciser compte tenu de la difficulté que rencontre la crevette pour réguler sa glycémie. On ne dispose encore pratiquement d'aucune information sur l'activité des enzymes du métabolisme intermédiaire (hexokinase et autres enzymes de la glycolyse) qui pourrait nous renseigner sur les causes de l'hyperglycémie.

Glucides non disponibles (peu digestibles)

La carapace des crustacés est formée surtout de chitine, polymère d'N-acétyl-glucosamine. Certains travaux ont fait état d'un effet bénéfique de l'apport alimentaire de glucosamine qui, bien que synthétisable par la crevette, aurait un caractère semi-indispensable. Ce rôle pourrait expliquer l'intérêt des farines de crevette, dans la mesure où la chitine alimentaire est digestible. En fait, malgré la présence d'une chitinase, la digestibilité de la chitine paraît faible, moins de 10 % chez *P. stylirostris*. La réingestion d'exuvies des animaux venant de muer par leurs voisins est exacerbée par la distribution d'aliments mal équilibrés tandis qu'elle est atténuée par l'emploi de régimes efficaces. Ce phénomène a été attribué également au besoin en glucosamine, mais le caractère semi-indispensable de ce sucre aminé n'a pas été confirmé. L'effet bénéfique de la farine de crevette peut avoir d'autres origines.

La cellulose paraît partiellement digestible chez des caridés tropicaux (comme la chevrette) qui posséderaient une cellulase propre. Mais ce n'est pas le cas des crevettes pénéides où les fibres ne jouent qu'un rôle de lest. Les fabricants d'aliments pour crevettes s'attachent parfois à maintenir l'apport en cellulose brute à un niveau très bas (moins de 1 % dans les aliments philippins destinés à *P. monodon*). Il est difficile de dire si cette contrainte confère à l'aliment un avantage réel.

Lipides

Lipides sources d'énergie

Plusieurs études semblent montrer que la crevette tolère assez mal les lipides, des ralentissements de croissance apparaissant au-delà de 10 et surtout 15 % du régime. De ce fait on n'a prêté que peu d'attention à ces nutriments en tant que source d'énergie. L'effet négatif des lipides sur la tenue des granulés mis en forme par pressage est une autre cause du désintérêt manifesté vis-à-vis de ces macronutriments. Cependant une étude récente semble indiquer que, chez *P. chinensis*, on n'observe pas de ralentissement de la croissance avec un régime contenant 15 % de lipides. Il paraît souhaitable de répéter ce genre d'expérience et de l'étendre à d'autres espèces. Parallèlement, il convient de déterminer la digestibilité des lipides dans ces nouvelles conditions puisque l'on sait seulement que le CUD des lipides est de l'ordre de 85 % pour des niveaux d'incorporation allant de 4 à 10 % de l'aliment. En outre, il reste à vérifier les effets d'un apport élevé en lipides sur une période complète d'élevage, et ce en étudiant les répercussions éventuelles sur la composition du muscle et de l'hépatopancréas.

Besoin en acides gras indispensables

Chez la crevette le caractère indispensable porte sur les mêmes familles d'acides gras (AG) que chez les vertébrés, à savoir les familles ou séries n-3 et n-6 (chap. 7). De plus, les espèces étudiées à ce jour (*P. japonicus* principalement) n'ont qu'une aptitude extrêmement faible à utiliser les AG polyinsaturés en C18 pour synthétiser les AGPI, EPA, DHA et acide arachidonique. Cette capacité de bioconversion paraît même inférieure à celle des poissons marins. Le besoin le plus élevé porte sur la série n-3 (donc EPA et DHA), du moins chez *P. japonicus*, bien qu'un besoin en acide arachidonique, moins bien connu, existe. Ces acides gras sont abondants dans les huiles et les farines d'origine marine. Un apport d'huile de foie de morue fournissant ces AG en plus de ceux amenés par les sources de protéines animales d'origine marine permet de couvrir aisément le besoin des larves et des juvéniles, estimé à 0,8 % de l'aliment.

Cholestérol et phospholipides

Un des aspects les plus originaux de la nutrition des crevettes est le besoin en cholestérol qui apparaît comme une véritable vitamine pour les arthropodes. Dans les muscles des crustacés les stérols totaux représentent jusqu'à 41,5 % des lipides et, chez la crevette, le cholestérol représente 90 % des stérols totaux. Chez les crevettes et la chevrette, il est un composant des lipoprotéines circulantes ou membranaires et sert de substrat pour la synthèse de divers composés dont l'hormone de mue. Si les crustacés sont incapables de synthétiser le noyau stérol, ils peuvent néanmoins convertir certains phytostérols (en particulier l'ergostérol et le β-sitostérol) en cholestérol, l'efficacité nutritionnelle des phytostérols étant quelque peu inférieure à celle du cholestérol. Toutefois, les effets bénéfiques de la supplémentation en cholestérol ont été mis en évidence avec des régimes expérimentaux plus ou moins purifiés. Ils sont moindres avec les aliments composés renfermant des ingrédients variés et en particulier de la farine de crevette, de la poudre d'algues et même des tourteaux (coprah, soja) qui apportent des stérols utilisables par les crustacés.

Un autre aspect original de la nutrition lipidique des crustacés concerne les phospholipides (PL) qui n'agissent pas seulement en tant que source de phosphore, d'AGLPI, d'inositol ou de choline. Ce sont d'abord des émulsifiants et des agents nécessaires à la formation des micelles dans le tube digestif ; ce sont aussi des composants des lipoprotéines nécessaires au transport du cholestérol entre les cellules absorbantes et les cellules utilisatrices de l'organisme. Ces PL, dont la synthèse par les crustacés est sans doute lente, sont parfois présentés comme des promoteurs de croissance. Tous n'ont pas la même efficacité, la phosphatidylcholine est généralement la plus active. Le « besoin » en PL est d'autant plus élevé que l'apport alimentaire de cholestérol est faible, la relation PL-cholestérol dans l'hémolymphe d'animaux nourris avec ou sans lécithine est particulièrement nette chez le homard (fig. 17.1). Le rôle des PL en tant que promoteurs de croissance est controversé chez le homard mais il est bien démontré chez la crevette où ces composés sont nécessaires chez la

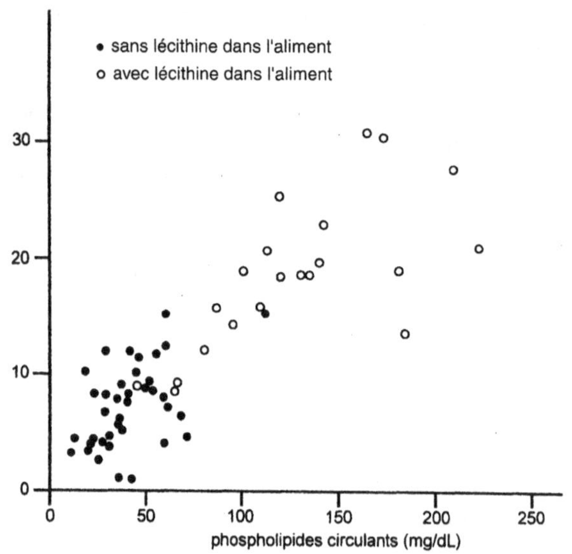

Figure 17.1. Relation entre cholestérol circulant et phospholipides circulant chez le homard (d'après d'Abramo *et al.*, 1982). Avec l'aimable autorisation de Springer Verlag.

post-larve, le juvénile, mais aussi chez les reproducteurs. Chez ces derniers, incorporés à des aliments composés, ils améliorent le nombre d'œufs et le pourcentage d'éclosion.

D'une manière générale, les PL sont apportés sous forme de lécithines à des teneurs de 0,5 à 3 % des aliments. Des phospholipides sont parfois incorporés aux aliments dans un but purement technologique. Ainsi 0,5 % de lécithine de soja contenant au moins 65 % de phospholipides facilite l'émulsion des lipides et permet d'homogénéiser le mélange des divers ingrédients.

Vitamines

Dans les élevages, plusieurs maladies ou anomalies ont été attribuées à des carences vitaminiques : maladie de la mort noire, syndrome de mort à la mue, maladie bleue, ralentissement de croissance, etc. En fait les connaissances actuelles sur la nutrition vitaminique des crevettes sont encore très réduites, se limitant pour la plupart des molécules à des informations qualitatives. La liste des molécules organiques nécessaires aux crevettes et regroupées sous le terme de vitamines, au sens large du terme, est la même que chez les poissons, du moins si on n'y inclut pas le cholestérol. Les besoins en bases puriques, trouvés chez l'artémia (crustacé inférieur), n'existent pas chez les pénéides.

Les besoins quantitatifs en vitamines sont très mal appréhendés en raison du lessivage qui survient lorsque les aliments granulés, plus ou moins stables, séjournent un certain temps dans l'eau avant d'être ingérés. Les mesures de lessivage faites sur des granulés montrent en effet une dissolution particulièrement rapide des vitamines hydrosolubles, en particulier de celles qui ont été apportées à l'état libre dans un prémélange et tout spécialement de la vitamine C. Ce phénomène peut être aggravé par la destruction dans l'eau de mer des vitamines instables en milieu basique, ce qui est le cas de l'acide ascorbique. Pour ces raisons, les expérimentateurs ont d'abord pratiqué des surdosages considérables. La situation a changé avec l'apparition des formes stables de vitamine C, comme le polyphosphate d'ascorbyle. Cette forme, aisément hydrolysée puis bien absorbée au niveau de l'intestin des crevettes, a permis de commencer les études précises sur le besoin quantitatif. Ainsi, chez *P. vannamei* et *P. monodon*, des doses de 100 à 500 ppm sont suffisantes pour une survie et une croissance maximales, alors que certains expérimentateurs avaient employé des niveaux d'acide ascorbique atteignant 2 à 3 % du régime !

Pour les autres vitamines, les besoins estimés lors d'essais croissance - survie sont présentés dans le tableau 17.3.

Tableau 17.3. Besoins quantitatifs en vitamines de quelques crevettes et normes proposées (mg/kg) (d'après Conklin, 1997).

Vitamine	*P. japonicus*	*P. monodon*	*P. vannamei*	*Macrobrachium*	**Recommandations**
Thiamine	60	15	-	-	60
Riboflavine	-	22	-	-	25
Niacine	-	7	-	-	40
Pyridoxine	60	-	-	-	50
Acide pantothénique	-	-	-	-	75
Biotine	-	-	-	-	1
Acide folique	-	-	-	-	10
Vitamine B_{12}	-	0,2	-	-	0,2
Choline	600	-	-	-	600
Myo-inositol	400	-	-	-	400
Vitamine C (forme stable)	99	209	120	104	200
Vitamine A	2,4	-	-	-	5000 UI
Vitamine E	-	-	100	-	100
Vitamine D	0,2	0,1	-	-	0,1
Vitamine K (forme liposoluble)	-	-	-	-	5
Vitamine K (forme hydrosoluble)	-	35	-	-	-

Minéraux

La nutrition minérale a été très peu étudiée chez la crevette bien que les crustacés perdent des éléments inorganiques, et en particulier du calcium, en quantité notable à chaque mue. En fait, tout comme les poissons, les crustacés sont capables d'absorber le calcium, le phosphore et sans doute beaucoup d'autres éléments dissous dans l'eau de mer. La présence d'un exosquelette ou carapace ne semble pas diminuer notablement cette capacité comme l'avaient supposé certains auteurs. La nécessité d'une source alimentaire de calcium n'est pas démontrée chez les crustacés marins. On s'est attaché davantage à préciser le minimum de phosphore disponible nécessaire à la crevette, le rapport phosphocalcique n'ayant guère de signification. Les formes monophosphates sont mieux utilisées en raison de leur solubilité et de leur pH de dissociation. La crevette, qui ne possède pas à proprement parler d'estomac, n'utilise efficacement que les phosphates qui se dissocient en milieu légèrement basique, ce qui n'est pas le cas du phosphate bicalcique. C'est pourquoi les régimes pour crevettes renferment couramment du monophosphate de sodium ou de potassium. Notons que les pénéides ont une certaine aptitude à utiliser le phosphore phytique.

Pour les oligo-éléments, certains auteurs conseillent l'addition d'un prémélange à 0,1 % de l'aliment, d'autres, tablant sur l'apport de l'eau de mer, se contentent d'une supplémentation en cuivre (minimum 60 ppm dans l'aliment), en raison des besoins particuliers des crustacés pour ce métal qui se trouve dans la molécule d'hémocyanine, équivalent de l'hémoglobine chez les crustacés.

Divers

L'apport de nutriments à proprement parler n'est pas le seul à prendre en considération ; il paraît certain que les attractants alimentaires jouent un rôle pratique bien que leur nature n'ait été étudiée que pour de très rares espèces. Dans un autre domaine, on a recommandé l'apport de facteurs de croissance, en particulier de celui de la farine de calmar, bien que la molécule active n'ait pas été isolée.

Alimentation des crevettes en élevage de type commercial

Importance de la présentation (mise en forme)

La crevette, du fait de la nature de ses appendices buccaux et de sa bouche, n'est que rarement capable d'avaler une particule alimentaire telle qu'on la lui distribue. Elle la déchiquette et l'avale progressivement, ce qui entraîne inévitablement un lessivage auquel il a déjà été fait allusion. Les repas de la crevette ayant le plus souvent lieu durant la nuit, au crépuscule ou à l'aurore, on comprend aisément que, sans distributeur automatique, il soit difficile d'apporter l'aliment aux heures les plus propices. Le séjour de l'aliment s'en trouve prolongé, le lessivage accentué et ses conséquences aggravées. Même si un aliment a une composition idéale, sa valeur nutritionnelle est pour le moins incertaine s'il est activement lessivé après son immersion. Dans les cas extrêmes, le granulé se délite dans les secondes qui suivent son immersion et il se transforme en une bouillie qui n'est pas consommable par les crevettes, même si elle renforce la production naturelle et contribue indirectement à l'alimentation de ces dernières.

Tout ceci explique le rôle de la stabilité des granulés dans l'alimentation des crevettes et l'importance des travaux appliqués qui ont permis de maîtriser ces techniques.

Principaux types d'aliments

Les différentes techniques utilisées pour la mise en forme des aliments pour animaux aquatiques seront exposées dans le chapitre 21 auquel nous renvoyons pour plus de détails. Il paraît cependant opportun d'insister dès à présent sur le cas particulier des aliments crevettes que l'on classe en deux catégories : les aliments pressés ou granulés et les aliments extrudés. Le pressage lui-même peut être réalisé « à sec » (procédés industriels) ou par voie humide.

Granulés pressés industriels

Les aliments pressés, ou agglomérés, couramment appelés granulés, destinés aux crevettes peuvent être mis en forme par pressage du mélange d'ingrédients au travers de filières épaisses comprimantes (2,7 à 3,5 mm d'épaisseur) avec adjonction de vapeur. Ils ont alors un diamètre de 1,7 à 2,5 mm et une longueur de 5 mm. Ils sont durs et gardent leur forme dans l'eau grâce aux liants qui y ont été incorporés : argiles, polymères, lignosulfonates, amidons prégélatinisés, gluten de blé, etc. Les composés de type urée-formaldéhyde sont doués d'une grande efficacité mais sont interdits par les législations européenne et américaine. Les liants sont parfois utilisés en combinaison pour renforcer leur action et il est souvent nécessaire de travailler avec une température d'au moins 90 °C au niveau de la presse. Il existe sur certaines installations des « maturateurs » qui sont des mélangeurs dans lesquels les ingrédients sont malaxés au contact de la vapeur pendant quelques minutes. Les formules contenant du gluten de blé bénéficient grandement de ce traitement qui confère au granulé une stabilité bien supérieure à celle des produits fabriqués sur chaînes sans maturateur. Mais il faut noter que les techniques précises font souvent partie du secret des fabricants.

Granulés pressés par voie humide

Les granulés de ce type sont mis en forme par pressage d'une pâte au travers d'une grille de faible épaisseur avec un appareil généralement utilisé dans l'industrie agro-alimentaire ou pharmaceutique. Dans un premier temps on obtient des « spaghettis » qui, après séchage, peuvent être concassés, criblés et calibrés à la granulométrie désirée. Ces particules sont très appréciées par les aquaculteurs qui les utilisent surtout au cours de la phase de nourrisserie (après la métamorphose). Leur tenue à l'eau est remarquable si la formule comprend du gluten, qui forme un réseau piégeant les autres particules alimentaires. En outre, ce procédé permet de former directement des « spaghettis » de 0,8, voire 0,6 mm de diamètre, qui après séchage peuvent être simplement brisés. On obtient ainsi un diamètre idéal qui permet à la crevette d'ingérer la particule directement sans déchiquetage. À ce jour ce type de technologie n'a pas été transposé à l'échelle industrielle.

Particules extrudées

La cuisson-extrusion est aujourd'hui utilisée à l'échelle industrielle, quoique beaucoup moins que le pressage. Elle permet d'utiliser des amidons qui gélatinisent partiellement à l'intérieur de l'extrudeur, liant ainsi efficacement les particules. On peut également obtenir un effet assez comparable par texturation des protéines de soja. L'application de ce procédé à l'alimentation des crevettes se heurte cependant à une difficulté particulière car il n'est pas aisé de fabriquer un agglomérat de moins de 3 mm de diamètre en raison du phénomène d'expansion en sortie de filière. Des améliorations technologiques ayant trait à la filière de sortie (trous de 1 mm de diamètre) et à la conduite de l'extrudeur ont été réalisées et le procédé se répand actuellement malgré son coût.

La cuisson-extrusion représente peut-être une solution d'avenir. Elle permet d'obtenir des particules dont la texture reste souple et qui s'imbibent facilement tout en gardant une excellente stabilité. Si la taille de l'extrudé est adéquate (environ 1 mm de diamètre), la crevette peut l'ingérer entier, comme elle le fait d'un agglomérat obtenu avec le procédé de pressage par voie humide.

Rations

Elles sont ajustées en fonction de la biomasse individuelle moyenne des crevettes et tiennent compte, en théorie du moins, de l'espèce et de la température. Un exemple est donné pour des animaux de masse comprise entre 0,2 et 5 g dans le tableau 17.4.

Tableau 17.4. Exemple de table de rationnement. Ce schéma alimentaire permet à l'éleveur d'obtenir en bassins de 2000 m^2 des indices de consommation de l'ordre de 1,8.

Biomasse individuelle moyenne des crevettes en bassins (g)	Rationnement en pourcentage de la biomasse
0,2 - 1,0	20 - 17
1,0 - 2,0	17 - 14
2,0 - 3,0	14 - 11
3,0 - 5,0	11 - 9

Mode de distribution des aliments

Le mode de distribution des aliments constitue un point essentiel pour la conduite d'un élevage. Les crevettes ont un comportement alimentaire lent, elles ne se déplacent pas vers l'aliment dès qu'il est distribué. Plusieurs repas par jour sont théoriquement nécessaires.

De fait, en élevage intensif, on travaille actuellement avec quatre distributions manuelles par jour, en faisant le tour du bassin. Une mangeoire témoin posée au fond permet à l'éleveur de constater l'existence des restes et d'ajuster la quantité distribuée d'un repas sur l'autre. Une autre solution consiste à utiliser des distributeurs automatiques programmables pouvant fournir plus de 20 repas par jour, à raison d'un appareil par bassin de 100 m^2 par exemple. Ce mode de distribution semble même permettre de pallier la mauvaise tenue à l'eau des granulés, assurant ainsi la meilleure utilisation de l'aliment. Toutefois en élevage semi-intensif, avec des bassins de plusieurs hectares, la distribution d'aliments a lieu généralement en une fois, vers la fin d'après-midi, selon les quantités fixées à partir d'un modèle prédictif de croissance-survie.

Les chevrettes posent des problèmes très particuliers : au lieu de faire le tour des bassins en bandes, comme les pénéides, elles ont un comportement territorial strict et l'aliment doit être distribué sur le territoire de chaque animal, c'est-à-dire réparti de façon uniforme sur toute la surface.

Indice de consommation

L'efficacité alimentaire ne constitue pas un critère facile à mesurer, même en expérimentation, en raison de l'imprécision de la mesure de l'ingéré, de la réingestion des mues, etc. Cependant, la notion d'IC prévaut chez les éleveurs qui rapportent systématiquement la quantité distribuée à la biomasse produite sur une période de 3 à 6 mois. Ce critère leur fournit une indication, globale et difficile à interpréter certes, mais indicatrice de la bonne marche de l'élevage.

Chez les crevettes, l'IC dépend du type d'élevage d'une part, et du mode de distribution, d'autre part. Les valeurs obtenues en élevage expérimental (sans nourriture naturelle) comme en élevage intensif sont généralement comprises entre 1,8 et 2,2, c'est-à-dire largement supérieures à celles que l'on enregistre chez les poissons et ce sans doute à cause de la production des exuvies non comptabilisées. En élevage semi-intensif les IC peuvent être plus élevés (2,2 à 2,5) mais ils peuvent également descendre aux alentours de 1,6 à 1,4, voire moins, dans les élevages les plus performants. Il est bien entendu que dans ces cas la production naturelle contribue largement à l'alimentation des animaux. D'une certaine manière, on peut dire qu'en élevage semi-intensif l'IC sera élevé si la gestion des bassins favorise les compétiteurs des crevettes alors qu'il sera faible si elle favorise le développement d'organismes qui sont consommés par les crevettes. En conditions expérimentales des valeurs de 1,3 seulement ont été obtenues, ce qui laisse espérer de nouveaux progrès.

Le mode de distribution a une importance primordiale sur l'amélioration de l'IC, et ce d'autant plus que les bassins ont une faible superficie les rendant facilement gérables. L'amélioration constatée empiriquement après multiplication du nombre des repas pourrait s'expliquer par un gaspillage moindre (contrôlé à l'aide des mangeoires témoins) et une meilleure mise à disposition de l'aliment qui réduit la compétition entre les animaux. La valeur nutritionnelle et la stabilité du granulé contribuent bien entendu à l'amélioration de l'efficacité alimentaire de même que la gestion de la qualité de l'eau des bassins d'élevage qui vise à assurer aux crevettes des conditions optimales de croissance.

Conclusion

Les connaissances sur la nutrition ont progressé plus lentement chez les crevettes que chez les poissons, sauf peut-être dans le domaine des lipides. Cette lenteur résulte en partie des difficultés d'expérimentation causées par le comportement alimentaire de la crevette, le lessivage des aliments qui en est la conséquence, ainsi que le phénomène de mue. En outre, les apports optimaux en conditions expérimentales peuvent différer de ceux qu'il convient de recommander en bassins d'élevage.

Malgré cela, un certain nombre de données originales, voire de points qui paraissent paradoxaux aux yeux des nutritionnistes spécialistes des mammifères, ont été acquis. On peut citer à cet égard une certaine digestibilité de l'acide phytique ou de la chitine, une meilleure efficacité des amidons crus que des amidons prégélatinisés, un besoin en cholestérol et en phospholipides, etc. Ces points sont cependant assez peu nombreux. Dans beaucoup de domaines (protéines, acides gras essentiels, vitamines...) les crevettes ont des besoins *sensu lato* similaires à ceux des poissons quand ce n'est pas à ceux de tous les vertébrés. En fait les incertitudes l'emportent souvent sur les originalités démontrées. Il est pour le moins surprenant que l'on ne connaisse pratiquement rien des répercussions nutritionnelles d'un phénomène aussi fondamental que la mue.

Alors que l'élevage des crevettes passait en quelques décennies d'un stade artisanal archaïque à une échelle industrielle d'importance considérable, l'élaboration et la fabrication à grande échelle des aliments nécessaires se sont faites apparemment sans grandes difficultés malgré les particularités des crustacés. Certes, il s'agit d'élevages semi-intensifs où l'aliment artificiel n'a pas besoin d'être aussi complet et équilibré que dans les élevages intensifs. Mais les résultats ont donné globalement satisfaction. L'évolution rapide des contextes économique et écologique appelle maintenant de nouvelles orientations : les graves problèmes de pollution imposent la mise au point rapide d'aliments peu polluants ; la diminution de la rentabilité pousse à une étude plus précise des besoins nutritionnels et des particularités des principales espèces élevées.

Références bibliographiques

ANDREWS J.W., SICK L.V., 1972. Studies on the nutritional requirements of penaeid shrimps. *Proc. 3rd Annu. Meeting World Mariculture Soc.*, p. 403-414.

AQUACOP, 1977. Reproduction in captivity and growth of *Penaeus monodon Fabricius* in Polynesia. *Proc. 8th Annu. Meeting World Mariculture Soc.*, 927-945

AQUACOP, 1978. Study of nutritional requirements and growth of *Penaeus merguiensis* in tanks by means of purified and artificial diets. *Proc. 9th Annu. Meeting World Mariculture Soc.*, 225-233.

COLVIN L.B., C.W. BRAND, 1977. The protein requirement of penaeid shrimp at various life cycle stages in controlled environment systems. *Proc. 8th Annu. Meeting World Mariculture Soc.*, 821-840.

CONKLIN D.E., 1997. Vitamins. *In* D'Abramo L.R, Conklin D.E., Akiyama D.M. (ed.), 1997. *Crustacean nutrition. Advances in world aquaculture.* vol. 6. World Aquaculture Soc., Baton Rouge, LA, p. 123-149.

COUSIN M., CUZON G., BLANCHET E., RUELLE F., AQUACOP, 1993. Protein requirements following an optimum dietary energy to protein ratio for *Penaeus vannamei* juveniles. *In* Kaushik S.J., Luquet P. eds., *Fish nutrition in Practice.* " Les Colloques ", 61, p. INRA Paris, 599-606.

CUZON G., AQUACOP, 1998. Nutritional review of *Penaeus stylirostris. Reviews in Fisheries Science,* special issue: Crustacean Nutrition Symposium. R.R. Stickney, 6(1,2), p. 129-141.

CUZON G., GUILLAUME J., 1997. Protein and energy. *In* D'Abramo L.R, Conklin D.E., Akiyama D.M. (ed.), 1997. *Crustacean nutrition. Advances in world aquaculture.* vol. 6. World Aquaculture Soc., Baton Rouge, LA, p. 51-70.

D'ABRAMO L.R., BORDNER C.E., CONKLIN D.E., 1982. Relationship between dietary phosphatidylcholine and serum cholesterol in the lobster *Homarus* sp. *Mar. biol.,* 67, p. 231-235.

D'ABRAMO L.R, CONKLIN D.E., AKIYAMA D.M. eds., 1997. *Crustacean nutrition. Advances in world aquaculture.* vol. 6. World Aquaculture Soc., Baton Rouge, LA, 587 p.

GUILLAUME J., 1996. Protein and aminoacids. *In* D'Abramo L.R, Conklin D.E., Akiyama D.M. (ed.), 1997. *Crustacean nutrition. Advances in world aquaculture.* vol. 6. World Aquaculture Soc., Baton Rouge, LA, p. 26-50.

KANAZAWA A., 1990. Protein requirements of shrimp. *In : Advances in Tropical Aquaculture.* Proc. Workshop at Tahiti, Feb. 20 - March 4, 1989. Actes de colloques n°9, IFREMER, Plouzané, p. 261-270.

KANAZAWA A., SHIMANA M., KAWASAKI M., KASHIWADA K.I., 1970. Nutritional requirements of prawn. I. Feeding on artificial diet. *Bull. Jap. Soc. Sci. Fish.* 36, p. 949-954.

KOSHIO S., TESHIMA S.-I., KANAZAWA A., WATASE T., 1993. The effect of dietary protein content on growth, digestion efficiency and nitrogen excretion of juvenile kuruma prawns, *Penaeus japonicus. Aquaculture,* 113, p. 101-114.

LEE O.C., 1971. Studies on the protein utilization related to growth of *Peaneus monodon* Fabricius. *Aquaculture,* 1, p. 119-211.

LIU F., LIANG D., SUN F., LI H., LAN X., 1990. Effects of copper on the prawn *Penaeus orientalis. Oceanol. Limnol. Sinica,* 21, p. 404-410.

SHEWBART K.J., MIES W.I., 1973. Studies on nutritional requirements of brown shrimp : the effect of linolenic acid on growth of *Penaeus aztecus. Proc. 4th Annu. Meeting World Aquaculture Soc.,* p. 277-287.

TESHIMA S.-I., KANAZAWA A., SASADA H., KAWASAKI M., 1982. Requirements of the larval prawn, *Penaeus japonicus* for cholesterol and soybean phospholipids. *Mem. Fac. Kagoshima Univ.,* 31, p. 193-199.

Quatrième partie

ALIMENTATION DES POISSONS : APPLICATIONS

18

MATIÈRES PREMIÈRES ET ADDITIFS UTILISÉS DANS L'ALIMENTATION DES POISSONS

Les diverses matières premières utilisées pour la fabrication des aliments destinés aux poissons et crustacés peuvent être classées de plusieurs manières selon que l'on se réfère à leur origine, à leur composition, à certaines propriétés nutritionnelles ou physico-chimiques, à des critères économiques, etc. Dans les banques de données ou les tables de composition la classification retenue repose généralement sur l'origine des produits. C'est cette classification qui est employée pour ce chapitre ainsi que pour les tables de l'annexe B. Seules les matières premières « semi-purifiées » telles que les huiles, ou purifiées telles que les amidons, sels ou acides aminés ont été regroupées selon leur caractéristique chimique principale.

Une matière première est généralement un aliment en soi c'est-à-dire une source de nutriments. Ce sont ces nutriments dont la teneur est, avec celle des composés cellulosiques (chap. 8), donnée dans les tables de composition des aliments (annexe B). Toutefois certains ingrédients sont utilisés dans le but, non pas de rendre la formule mieux équilibrée, mais de lui conférer des propriétés particulières : meilleure appétibilité, couleur attrayante ou stabilité à l'eau par exemple. Dans d'autres cas, à l'inverse, les matières premières présentent des propriétés négatives. Elles contiennent en effet une certaine quantité de composés plus ou moins nocifs dont la nature et les propriétés sont précisées dans le chapitre 19, mais dont la présence est mentionnée dans ce chapitre.

Les principales caractéristiques des matières premières sources de nutriments, attractants, caroténoïdes, fibres et facteurs antinutritionnels sont exposées par rapport à leur intérêt dans les aliments aquacoles et les additifs autorisés sont considérés comme des ingrédients au sens large.

Principales matières premières d'origine animale

Avantages et inconvénients des matières premières animales

Elles ne représentent qu'une faible part des aliments pour animaux terrestres mais leur teneur dépasse presque toujours 50 % dans les régimes des animaux aquatiques. Alors que les produits d'origine animale sont de moins en moins utilisés dans l'alimentation des omnivores terrestres, leur emploi s'impose dans le cas des poissons : comparés aux matières premières purement végétales, ils permettent en général aux espèces carnivores d'avoir des performances meilleures, même quand on prend soin de formuler des régimes équivalents sur la base des normes habituelles. Les raisons en sont diverses et pas toujours évidentes : digestibilité, profil des acides aminés indispensables (AAI), appétibilité, richesse en vitamines du groupe A, teneur en facteurs de croissance ou acides gras essentiels (AGE) sont en général en faveur des produits d'origine animale et surtout marine. On peut également mentionner l'absence de composés de type cellulosique et la rareté des facteurs antinutritionnels *sensu stricto.*

Parmi les inconvénients, citons : les risques de contamination bactérienne si le produit est mal stérilisé ou, plus fréquemment, recontaminé ou mal conservé (farines de sang, de viande ou de poisson), la durée de conservation limitée, le faible pouvoir liant (sauf cas particulier comme la farine de sang), les excès de minéraux et en particulier de calcium des farines de viande dites osseuses et des farines de déchets de poisson, les excès d'acides gras (AG) saturés des farines de viandes ou les risques de peroxydation des AG insaturés des produits marins. En outre la qualité de ces produits est plus irrégulière que celle des produits végétaux par suite des aléas d'approvisionnement (farines de déchets), de la fluctuation des espèces capturées, du lieu et de la saison de pêche (farines de poisson) etc.

Farines de poisson et autres produits d'origine marine

Généralités

Ces farines constituent des sources de protéines bien adaptées aux poissons car riches ou très riches en AAI dont le profil correspond remarquablement aux besoins des vertébrés et en particulier à ceux des poissons. Les huiles contenues dans ces produits sont une excellente source d'énergie et ont une teneur élevée en acides gras à longue chaîne polyinsaturés (AGLPI), AGE les plus importants pour les poissons. Ces matières premières sont également de très bonnes sources de minéraux essentiels (calcium, phosphore, magnésium et oligo-éléments) et de vitamines (vitamines B_{12}, A, D_3, choline, inositol et aussi, dans une moindre mesure, de toutes les autres vitamines à l'exception de l'acide ascorbique). Elles apportent souvent aussi des caroténoïdes.

Ces caractéristiques expliquent la part prépondérante des farines de poisson par rapport aux autres matières premières dans les aliments pour l'aquaculture. Cependant, ces produits ne sont disponibles qu'en quantité limitée et ils sont chers. Par ailleurs, sur le marché mondial, l'aquaculture est largement concurrencée par les autres types d'élevage (volailles, porcs, et même animaux de compagnie).

Fabrication des farines de poisson et contrôle de la qualité

Le principe général (fig. 18.1) consiste à séparer l'eau et l'huile de la matière sèche. La matière première est tout d'abord hachée puis transportée dans un cuiseur qui est en général un système à vis chauffante (environ 20 mn à 90 °C). À ce niveau une première séparation a lieu entre une phase solide (protéines coagulées et parties osseuses) et une phase liquide (eau et huiles).

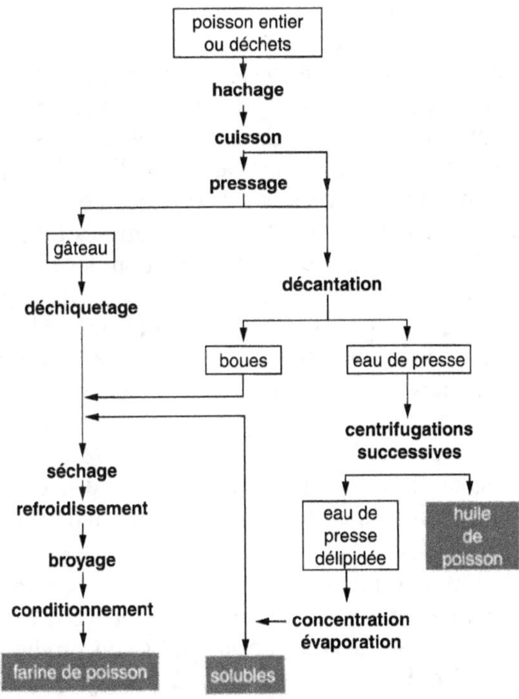

Figure 18.1. Diagramme de fabrication d'une farine de poisson.

Le passage dans une presse parachève cette opération, le gâteau obtenu ne contenant plus que 50 % d'eau. La phase liquide est décantée et centrifugée pour séparer les huiles. Les eaux de presse sont concentrées, évaporées et le « soluble » est en général réincorporé au gâteau.

Outre la nature et la fraîcheur du matériel de base, le séchage constitue le facteur essentiel qui conditionne la qualité du produit final. Il peut être direct ou indirect (sans contact du produit avec la flamme ou la source de calories). Mais la température maximale de la matière première en cours de traitement est un paramètre d'importance majeure pour la qualité de la farine. On considère qu'une « bonne » farine ne doit pas avoir été chauffée au dessus de 90 °C. Depuis quelques années des farines LT *(low temperature)* existent sur le marché ; il s'agit de produits pour lesquels la température maximale de cuisson ou séchage ne dépasse pas 70 °C. Dans tous les cas l'humidité résiduelle est ramenée à un maximum de 10 %, ce qui assure au produit une stabilité suffisante pour la commercialisation.

La première composante de la qualité qui subit l'influence de la température de traitement est la digestibilité des protéines. Elle peut être mesurée, soit sur les poissons ou les crustacés auxquels sont destinées les farines, soit sur des visons, animaux carnivores chez lesquels l'expérimentation est plus aisée que chez les animaux aquatiques. Les tests de digestibilité *in vitro* n'apportent pas une information aussi fiable ; certains peuvent malgré tout être utilisés pour une première évaluation rapide de la qualité des farines ; c'est le cas du test de Torry et de tests multi-enzymes. Ces tests ne rendent pas compte de la nocivité métabolique éventuelle des composés qui peuvent apparaître lors de la dégradation du poisson avant ou pendant le traitement. Les amines biogènes traduisent bien l'altération du poisson avant fabrication de la farine. Les performances des poissons qui reçoivent les farines sont corrélées négativement à leur teneur en amines biogènes. Mais le dosage des quatre amines biogènes est fastidieux et il est rarement effectué. La gizzeroline est un composé mal défini, apparenté à l'histamine mais beaucoup plus toxique. Il peut être dosé par un test *in vivo* simple sur dindonneaux ou poussins : il provoque une érosion du gésier (en anglais *gizzard*) suivie de « vomissements noirs ». Le dosage de la quantité de composés azotés basiques volatils totaux (en anglais *total volatile basic-nitrogen*, TVBN) est censé fournir une information similaire, mais, employé seul, il ne fournit pas d'information très fiable. Parmi les autres critères *in vitro* proposés, on peut citer le dosage des groupements sulfhydril et des liaisons disulfure. Aucun ne donne d'information hautement corrélée avec les performances *in vivo*.

Différentes techniques de fabrication voisines de ce schéma général existent. Elles évoluent actuellement vers une diminution du coût énergétique du procédé ainsi que vers une optimisation de la qualité du produit fini. L'amélioration de la digestibilité qui permet de diminuer les rejets constitue un objectif majeur.

Différentes catégories

Farines de poisson proprement dites

Toutes ces farines, à base de poisson entier, ont une composition chimique voisine (66 à 71 % de protéines, 9 à 12 % de lipides et 12 à 15 % de cendres, cf. annexe B, p. 441). Mais elles peuvent malgré tout différer notablement par la digestibilité ou plus généralement la disponibilité de leurs éléments nutritifs. Les grands pays producteurs ont été amenés à définir une politique de qualité s'appuyant sur des critères qui leur sont propres. On distingue plusieurs qualités :

– qualité norvégienne : ces farines sont à base de merlan, lançon, capelin, hareng, éperlan, lingue bleue ou morue. Par ordre de qualité croissante citons les farines : normale, Norseamink®, Norse LT94® ;

– qualité danoise : elles sont essentiellement à base de lançon mais contiennent aussi sprat, tacaud, maquereau, pilchard... On distingue les qualités : normale, spéciale A et B, « aquaculture » et LT ;

– qualité chilienne : à base de sardine et de pilchard, ces farines diffèrent surtout des précédentes par le mode de contrôle de qualité appliqué *a posteriori* : le test d'érosion du jabot (sur jeunes poussins) qui révèle la présence d'histamine et de gizzeroline. En fonction du résultat les farines sont classées en : normale, type Corpesca®, spéciale, LT ;

– qualité islandaise : essentiellement à base de capelin, elles comprennent des farines normales et LT.

Il existe aussi des production importantes de farines américaines (menhaden), canadiennes (hareng), péruviennes (anchoveta), sud-africaines (pilchard) et japonaises (sardine) :

– farines de déchets (France, Maroc, Sénégal) : elles sont produites à partir de déchets de filetage et de conserverie et éventuellement de poisson de retrait. Elles sont plus riches en cendres (22 à 24 %) et ne contiennent que 55 à 64 % de protéines (annexe B). Par ailleurs leur composition a tendance à être plus irrégulière et leur qualité moins fiable que celle des farines de poisson entier ;

– farines de bord (États-Unis, Japon, Russie, Pologne) : elles sont fabriquées sur des bateaux-usines avec les déchets de filetage de poissons blancs (merlu, colin...) ou des poissons sans valeur pour la consommation humaine. Les solubles n'y sont pas ajoutés, l'équipement nécessaire à leur concentration ne pouvant être embarqué. Il s'agit des « *white fishmeals* », farines utilisées dans les aliments destinés aux anguilles et recherchées également pour les aliments des crevettes. Leur composition chimique les rapproche des farines de déchets. Elles ont l'avantage d'être fabriquées avec des produits très frais, mais les procédés de fabrication sont moins facilement maîtrisés que dans les usines à terre. L'absence des solubles n'a pas de conséquence connue.

Concentrés de « protéines » solubles de poisson

Il s'agit d'un produit obtenu par hydrolyse des protéines de poissons grossièrement broyés à l'aide d'enzymes végétales de type papaïne ; le procédé est conduit dans des réacteurs de façon continue ou discontinue. L'hydrolysat, séparé des parties osseuses, est délipidé par centrifugation puis desséché par atomisation. Ce type de produit, dont le plus connu est le CPSP (Concentré de Protéines Solubles de Poisson), est particulièrement pauvre en cendres et riche en protéines (annexe B). Il renferme non pas des protéines au sens propre du terme, mais surtout des peptides et des AA qui lui confèrent une solubilité presque totale. Cette propriété peut devenir un inconvénient dans les aliments pour animaux aquatiques, mais la digestibilité de l'azote est toujours très élevée. Notons que, selon la qualité désirée, des lipides sont ajoutés après séchage, en quantité variable. Ils ne sont pas forcément d'origine entièrement marine.

Autolysats de poisson

Il s'agit de produits voisins mais dans lesquels l'hydrolyse est effectuée par les propres enzymes des tissus du poisson. La maîtrise de l'hydrolyse est plus délicate, elle est parfois menée plus loin que dans les concentrés solubles. Le prix de revient de ce type de matériel l'exclut en général de la formulation des aliments usuels pour poisson.

Ensilages de poisson

Il s'agit de produits liquides ou semi-liquides obtenus à partir de déchets de poissons ou de produits de rebut conservés à pH acide. Ce ne sont pas toujours des ensilages au sens propre du terme. Il existe plusieurs procédés reposant sur l'addition d'une solution d'acide (formique, chlorhydrique ou sulfurique par exemple) de façon à obtenir un pH de 4 à 4, 5. Ce pH inhibe la prolifération bactérienne conduisant à la putréfaction, tout en permettant une certaine hydrolyse grâce aux enzymes présentes. L'hydrolyse se poursuit pendant le stockage jusqu'à ce que les enzymes soient inactivées par chauffage. La liquéfaction complète peut prendre des heures ou des semaines selon la température et l'activité enzymatique du matériel de base. Le produit ne peut pas s'utiliser tel quel, il doit être mélangé à une base de farine et présenté sous forme de granulés humides ou séchés. Les poissons étant sensibles à l'acidité du régime il convient, selon le niveau d'incorporation, de neutraliser l'ensilage avant emploi. On rajoute dans ce but de 1,5 à 4 % de chaux ou de soude pour atteindre un pH voisin de 5,5. Le tryptophane étant instable en milieu acide, le produit final est relativement déficient en cet AAI. Il convient d'en tenir compte lors de la formulation. D'autres inconvénients ont été rapportés : excès de chaînons à 3 carbones dont l'utilisation métabolique est limitée, effet des ions ajoutés sur l'équilibre plasmatique.

Il faut signaler que les produits décrits dans les trois derniers sous-paragraphes sont souvent englobés dans une même appellation : hydrolysats de poisson.

Autres produits d'origine marine

Farines de crevette

Ce sont en fait des farines de « têtes » (céphalothorax) de crevettes. Elles sont riches en calcium (bien qu'assez pauvres en phosphore), mais elles présentent un grand pouvoir attractant et apportent en abondance des caroténoïdes ainsi que des AGE. Les farines de krill (rares sur le marché) sont, elles, à base d'animal entier, mais la quantité de fluor qu'elles contiennent limite leur niveau d'incorporation.

Farines de calmar

Riches en protéines, assez pauvres en minéraux, elles sont recherchées pour leur grand pouvoir attractant et pour la présence de facteurs de croissance pour les crustacés.

Farines animales d'origine « terrestre »

Farines de viande

Elles sont fabriquées à partir de déchets d'abattoir et de boucherie. La qualité des farines de viande est très variable et souvent limitée par l'excès de minéraux, la teneur en cendres pouvant atteindre 35 % dans les farines de viande osseuses. Dans les meilleurs cas elles contiennent de 45 à 60 % de protéines d'assez bonne valeur biologique quoique les AA soufrés y soient limitants. La température de cuisson, qui doit toujours être élevée pour des raisons sanitaires, ne permet pas d'obtenir des protéines aussi digestibles que dans le cas des farines de poisson. Les lipides, 8 à 10 % du produit, renferment surtout des AG saturés ou monoinsaturés et une quantité infime d'AGLPI autres que l'acide arachidonique.

Il a été prouvé que des farines de viande fabriquées en Grande Bretagne étaient responsables de la transmission de l'encéphalopathie spongiforme bovine, ce qui a jeté un discrédit sur ces sous-produits. Mais les farines en question avaient été fabriquées selon un procédé impliquant un chauffage à basse température. Les seuls procédés aujourd'hui autorisés dans l'Union Européenne garantissent une inactivation de l'agent pathogène incriminé, un prion. L'utilisation de viscères de ruminants ou de cadavres traités dans les équarrissages est désormais interdite. Par ailleurs, l'encéphalopathie spongiforme bovine n'a jamais été observée chez les poissons. Par conséquent, les risques de transmission de l'agent pathogène à l'homme via la consommation de poisson peuvent être considérés comme nuls dans l'état actuel des connaissances, mais dans le but de rassurer leurs clients ainsi que les consommateurs, certains industriels fabriquent des aliments garantis sans farine de viande.

Farines de creton

Ce sont des farines de collagène, résidu de la fabrication du suif ou du saindoux. La teneur en protéines est élevée (70 à 80 %) avec un bon profil en AAI. Ces farines diffèrent surtout des farines de viande proprement dites, auxquelles elles sont souvent mélangées, par des teneurs en lipides (1 à 3 %) et en cendres (10 à 20 %) beaucoup plus faibles, ce qui en fait un produit intéressant pour l'industrie aquacole en substitution des farines de poisson.

Farines de plumes hydrolysées

Ce sont des farines issues des abattoirs de volaille qui contiennent surtout de la kératine. Cette protéine, totalement indigestible à l'état natif, est hydrolysée par un traitement hydrothermique puissant. Les teneurs en protéines de ces farines sont élevées (80 à 85 %) mais leur valeur biologique est très faible par suite de la pauvreté extrême en méthionine, en lysine et en histidine. La teneur en cystine est par contre élevée. Ces farines ne peuvent s'utiliser qu'en complément d'autres sources protéiques. Leur teneur en lipides dénote un mélange avec des déchets autres que la plume.

Farines de déchets de volaille

Ce sont des farines de déchets comprenant sang et viscères, qui constituent une sorte de farine de viande de composition variable mais très utilisée dans certains pays, la teneur en AAI étant intéressante pour les mélanges avec des produits végétaux.

Farines de sang

Elles sont obtenues par déshydratation (séchage sur tambour ou atomisation) du sang d'abattoir. Leur niveau protéique est élevé (85 %) mais leur valeur biologique est assez faible : elles sont pauvres en méthionine, isoleucine et arginine et présentent un large excès de leucine. Elles sont aussi, ce qui est plus intéressant, tout particulièrement riches en lysine dont la disponibilité est élevée si elles sont traitées par atomisation, procédé qui garantit une très bonne qualité générale. Elles sont incorporées de plus en plus fréquemment dans les aliments pour poissons du fait de leurs propriétés liantes. Le produit de départ peut aussi être coagulé. On obtient alors, après séparation du plasma utilisé par ailleurs et séchage par atomisation, une poudre de globules rouges, le cruor, plus riche en protéines et au pouvoir liant encore plus élevé.

Du fait de l'amélioration des méthodes de récolte et de stockage, la qualité bactérienne de ces différentes farines est actuellement tout à fait convenable.

Autres farines animales d'origine terrestre

En laboratoire on utilise parfois d'autres sources de protéines d'origine animale, en général purifiées, comme la caséine, d'excellente valeur biologique, ou la gélatine douée d'un pouvoir liant très élevé. À l'échelle industrielle on emploie encore la poudre de lait (dénaturée, en général avec de la farine de poisson) ou le lactosérum.

Principales matières premières d'origine végétale

Avantages et inconvénients

Les matières premières d'origine végétale sont très nombreuses. Elles sont moins chères que celles d'origine animale. Les fabricants d'aliment sont donc tentés de les substituer à ces dernières. Elles sont souvent douées d'un certain pouvoir liant, associé à la présence de substances digestibles ou non. Elles constituent aussi des sources de vitamines du groupe B. Par contre, elles sont beaucoup moins bien adaptées aux besoins des poissons. Leur teneur en AGLPI n-3 est nulle ; elles sont moins appétibles. L'amidon, leur principale source d'énergie, n'est pas toujours bien toléré par les poissons ; elles renferment en quantité souvent importante des glucides membranaires complexes (pectines, hémicellulose, pentosanes, cellulose, lignine...), le plus souvent indigestibles. Enfin elles peuvent contenir des substances antinutritionnelles variées (chap. 19).

Tourteaux

Les tourteaux sont des co-produits de l'extraction des huiles, moins riches en protéines que les matières premières animales (30 à 50 % de protéines). Ils contiennent moins de cendres mais renferment en revanche une quantité non négligeable de composés membranaires ainsi que, fréquemment, des facteurs antinutritionnels.

Tourteau de soja ou soya (glycine max)

C'est de loin le plus utilisé, du fait de sa disponibilité sur le marché, de sa régularité, de son prix et surtout de sa bonne valeur nutritionnelle pour la plupart des poissons d'élevage. Il est riche en protéines (49 % s'il est décortiqué, 44 % s'il ne l'est pas). Le profil de ses AAI est bon malgré une déficience en méthionine. Ce tourteau contient de nombreuses substances antinutritionnelles et en particulier des facteurs antitrypsiques. Ces derniers sont en grande partie détruits par le traitement thermique qui est de rigueur. À ce sujet, il convient de noter que les exigences des fabricants doivent être plus grandes pour le tourteau de soja destiné aux poissons que pour celui qui est destiné aux animaux terrestres. Plus pauvre que tous les autres tourteaux, à la fois en cellulose et en glucides complexes, il constitue, quand il est correctement cuit, une matière première très intéressante pour l'aquaculture. Il existe aussi sur le marché des produits issus du soja plus purifiés que le tourteau ; ils sont plus riches en protéines et plus pauvres en cellulose et glucides indésirables, mais leur prix de revient les rend difficilement compétitifs dans les aliments pour poisson.

Tourteaux de colza et de coton

Le colza (*Brassica napus* et *Brassica campestris*) est de plus en plus abondant sur le marché européen. Ses protéines sont assez bien équilibrées et, bien que la teneur en cellulose demeure importante, les variétés nouvelles sont bien moins toxiques que les anciennes (chap. 19). La digestibilité des protéines, la valeur énergétique et même les limites d'emploi restent cependant mal connues chez les poissons, même pour les espèces les plus courantes.

Le tourteau de coton (*Gossypium* sp.) n'est pas recherché dans nos pays du fait de sa rareté sur le marché, mais aussi de sa teneur en fibres, de sa carence en lysine, de la présence de gossypol et des restes d'acide sterculique. Toutefois, du fait de sa richesse en protéines, il est largement utilisé dans les pays en voie de développement pour les aliments aquacoles. Des variétés récentes à rendement accru en coton et dépourvues de gossypol permettent d'envisager une plus grande utilisation de ce tourteau.

Autres tourteaux

Le tourteau de tournesol (*Helianthus annuus*), est pauvre en facteurs antinutritionnels (polyphénols) et relativement riche en méthionine. Il souffre cependant d'une déficience en lysine et surtout d'une teneur élevée en fibres qui limitent son utilisation à l'alimentation des poissons.

Le tourteau d'arachide (*Arachis hypogea*) est riche en protéines (48 à 50 %) de haute teneur en arginine mais carencées en lysine et méthionine. La présence d'aflatoxine, souvent signalée, a discrédité ce tourteau qui présente cependant une bonne digestibilité et qui est presque exempt de facteurs antinutritionnels.

Les tourteaux de palmiste (*Elaeis guineensis*) et de copra (*Cocos nucifera*) ne contiennent respectivement que 19 et 22 % de protéines tandis que leur teneur en fibres, au sens large, dépasse 50 %. Ils n'ont guère d'intérêt pour l'aquaculture en dehors de contextes locaux.

Céréales et co-produits

Ce sont des composés dont la teneur en protéines oscille généralement entre 10 et 20 % et qui constituent avant tout des sources d'énergie. Ils sont pauvres en minéraux, sauf en phosphore, qui est cependant sous forme phytique. Ce sont de bonnes sources de vitamines E et du groupe B. Les farines de blé (*Triticum aestivum*) ou de maïs (*Zea mays*) sont riches en amidon (62 à 72 %) mais celui-ci est assez peu digestible à l'état cru, surtout s'il est incorporé à dose élevée chez les poissons carnivores. Par opposition aux tourteaux, les céréales sont assez pauvres en protéines, elles même pauvres en AAI, lysine en particulier. Les traitements thermiques améliorent la digestibilité des amidons qui peuvent de ce fait devenir une source d'énergie intéressante. Ces mêmes amidons, constitutifs des céréales crues ou, mieux, des céréales ayant subi un traitement thermique, sont aussi recherchés pour leurs propriétés physiques. Dans les différents procédés de mise en forme de l'aliment (pressage et surtout cuisson-extrusion), ils ont une action bénéfique au même titre que les amidons purifiés (voir p. 358).

Sans que l'on sache très bien pourquoi, les autres céréales sont peu utilisées en alimentation aquacole. Elles pourraient certainement l'être davantage malgré quelques inconvénients possibles : l'avoine pourrait poser problème à cause de son écorce, certains sorghos riches en tannins risquent de présenter une toxicité, qui reste, il est vrai, à étudier chez les poissons.

Le son de blé (écorce de céréale) et les remoulages (intermédiaires entre farine et son) renferment beaucoup de fibres, mais aussi des vitamines du groupe B et de la vitamine E. Si leur mouture est fine, les remoulages constituent de bons liants et sont aussi utilisés en tant qu'agents de ballast. Le son de riz (*Oriza sativa*) est très employé dans la ceinture intertropicale, malgré sa teneur élevée en composés membranaires à effet abrasif.

Protéagineux

Il s'agit de graines de légumineuses dont la culture est, depuis quelques années, promue dans les pays de l'Union Européenne : féverole (*Vicia faba*), lupins (*Lupinus* sp.) et pois (*Pisum sativum*). Ces produits contiennent de 25 à 45 % de protéines dont la composition rappelle celle du soja. Alors que les lupins sont relativement riches en huile mais dépourvus d'amidon, la féverole et le pois sont presque aussi pauvres en lipides que des tourteaux mais contiennent plus d'amidon que de protéines. Le pois, qui est actuellement le plus abondant sur le marché européen, est disponible à l'état de produit décortiqué cru ou cuit. Ses facteurs antinutritionnels (lectines) ne posent pas de problème pour les poissons. Bien que leur emploi demande encore des études, les dérivés du pois cités ci-dessus présentent incontestablement un grand intérêt technologique de par leur pouvoir liant très élevé.

Farines de luzerne et farines de feuilles

Les farines de luzerne sont bien connues en Europe où elles sont recherchées en tant que source de protéines équilibrées, de certaines vitamines et de caroténoïdes. En aquaculture elles sont peu employées car, chez les poissons, leurs protéines sont mal digérées, leurs caroténoïdes sont inefficaces et leur teneur en fibres est souvent excessive. Par ailleurs il faut veiller à l'effet des saponines, surtout chez les crustacés. Dans la zone intertropicale existent plusieurs produits plus ou moins équivalents comme la farine d'ipil-ipil (*Leucaena glauca*) dont la toxicité (teneur en mimosine) doit cependant être soigneusement contrôlée.

Matières premières issues d'organismes unicellulaires

Ces matières premières sont issues d'algues unicellulaires ou filamenteuses (*Spirulina, Spirogyra, Cladophora, Chlorella*), de champignons inférieurs et en particulier de levures (*Candida, Saccharomyces, Torula, Kluyveromyces*) ou de bactéries (*Methanobacter, Pseudomonas, Micrococcus...*). Ce type de produits présente un grand intérêt expérimental et semble, *a priori*, promis à un certain avenir. En effet, l'aptitude de ces organismes à la culture hors sol sur des substrats ou déchets divers, la possibilité théorique de modifier rapidement leur qualité nutritionnelle par le biais de la génétique et des conditions de culture constituent des atouts. Force est cependant de constater que, à côté des tentatives industrielles sans lendemain, les levures (de bière, lactique, torula) demeurent aujourd'hui les seules sources de protéines unicellulaires présentes en quantité notable sur le marché. Elles constituent de bonnes sources de protéines équilibrées. Elles sont également très riches en vitamines (E et groupe B). Une levure particulière (*Phaffia rhodozemia*) est produite comme source de pigments caroténoïdes. La présence de facteurs de croissance, suspectée de longue date, n'a jamais été confirmée. En revanche, le rôle stimulant des glucanes pariétaux vis-à-vis des mécanismes de l'immunité cellulaire paraît tangible. Dans le cas de la levure de brasserie, l'amertume exerce un effet répulsif pour le poisson, on ne peut donc employer que des levures désamérisées.

Produits purifiés

Matières grasses

Huiles de poisson

Elles sont bien digérées même à dose élevée. Elles sont très riches en AGLPI et en particulier EPA et DHA, ainsi qu'en vitamines liposolubles (A et D). Certaines sont de bonnes sources d'astaxanthine (huile rouge de capelin).

Leur qualité dépend de l'origine du matériel de départ (espèce, lieu et époque de pêche...), mais aussi de la fraîcheur du produit utilisé et du traitement d'extraction lui-même. Ce sont de toute façon des produits fragiles qui doivent impérativement être protégés contre l'oxydation par des antioxydants (BHT, BHA, éthoxyquine, voir p. 360).

Matières grasses animales d'origine terrestre

Les suifs et saindoux ne sont guère utilisés en aquaculture. Leur point de fusion élevé (dû à l'abondance des AG saturés) les rend solides dans le tube digestif des poissons et peu sensibles à l'action des lipases, donc peu digestibles. D'autre part ils ne contiennent pratiquement pas d'AGLPI n-3.

Huiles d'origine végétale

Elles constituent des sources d'énergie tout à fait comparables aux huiles de poisson et la présence de facteurs antinutritionnels synthétisés par les plantes dont elles sont issues est exceptionnelle. Mais elles ne renferment ni vitamine A ou D, ni astaxanthine ni, surtout, AGLPI. Les seuls AGE qu'elles contiennent sont, soit l'acide linoléique en général non limitant, soit l'acide linolénique qui n'est facilement converti en AGLPI que par les poissons d'eau douce (chap. 7). Ces huiles sont généralement trop chères pour l'alimentation animale. Toutefois, dans certains contextes économiques et dans la mesure où le besoin des poissons en AGE est couvert par d'autres ingrédients, elles peuvent servir de complément énergétique. Il faut alors s'assurer que l'apport d'huile végétale ne modifie pas la qualité du produit fini, tant au niveau organoleptique que diététique afin de ne pas nuire à l'image de marque du poisson d'élevage.

Amidons

Les amidons sont employés aussi bien pour leurs propriétés liantes que pour leur valeur énergétique. Ils diffèrent entre eux par l'origine botanique, qui détermine les proportions d'amylose et d'amylopectine ainsi que la taille du grain d'amidon, et par le traitement technologique subi qui dégrade plus ou moins la structure du grain et gélatinise l'amidon (chap. 8). Les amidons de céréales sont plus digestibles que ceux de protéagineux, eux-mêmes plus digestibles que ceux de tubercules, mais dans tous les cas la cuisson facilite largement la dégradation enzymatique. Le terme « prégélatinisation », souvent rencontré, manque de précision et l'utilisateur doit se renseigner sur les propriétés physico-chimiques des produits afin d'en tirer parti au mieux pour un procédé technologique donné, pressage ou cuisson-extrusion.

Acides aminés purifiés

Parmi les quelques AA produits par synthèse ou génie biologique aujourd'hui disponibles sur le marché de l'alimentation animale, deux seulement semblent être effectivement utilisés pour l'alimentation des poissons : la méthionine et la lysine. Le tonnage utilisé dans ce secteur reste d'ailleurs encore faible, du fait du recours massif aux protéines animales. L'incorporation de ces composés dans les régimes des animaux aquatiques a posé davantage de problèmes que chez les animaux terrestres du fait de la solubilité des molécules. Ce problème n'est toutefois crucial que chez les crustacés où le séjour du granulé dans l'eau peut être long et entraîner un lessivage qui a fait croire à un manque d'utilisation des acides aminés purifiés par l'animal.

La lysine HCl, produite par génie biologique, ne pose aucun problème métabolique puisqu'elle ne comprend que l'isomère L. Pour la méthionine, les deux formes D et L présentes dans le produit commercial de synthèse (DL) ont une activité approximativement égale, alors que le MHA, analogue de la méthionine également synthétique, ne présente pas d'intérêt chez les poissons (chap. 6).

Additifs

Sont présentés dans ce paragraphe des composés purifiés autres que les AA et les caroténoïdes (traités dans les chapitres 6 et 11 respectivement) et dont l'incorporation dans les aliments est autorisée à faible dose à des fins variées.

Attractants

Rôle

Au sens strict, les attractants sont des substances qui orientent à distance les animaux vers une « proie ». Trois autres types de composés sont classés parmi les « attractants » au sens large : ceux qui immobilisent l'animal près de la proie (immobilisants), ceux qui l'incitent à la goûter (incitants) et ceux qui entraînent la poursuite de l'ingestion (stimulants). Cette distinction demeure assez théorique chez les poissons où les sens de l'olfaction et de la gustation ne diffèrent que par la localisation des récepteurs.

Les attractants jouent un rôle majeur chez les espèces dont le comportement alimentaire repose davantage sur l'olfaction que sur la vision. Malgré la tendance actuelle à remplacer par d'autres sources protéiques une part croissante de farines de poisson, ces dernières occupent toujours une place prépondérante dans la formulation de la plupart des aliments destinés aux poissons d'élevage. Ces farines, ainsi d'ailleurs que celles de crevette ou de calmar, étant tout particulièrement attractantes pour le poisson, il n'y a pas actuellement, sauf cas particulier, de problème d'appétibilité pour ces aliments. Il n'en sera plus de même si les matières premières d'origine marine deviennent minoritaires dans les formulations. Dans un premier temps il sera possible de se contenter de veiller à ne pas utiliser les matières premières qui ont un effet notoirement répulsif pour le poisson (levure de bière non désamérisée, par exemple). Dans un second temps, il faudra envisager l'ajout (dans l'aliment ou en enrobage) de substances attractantes, purifiées ou non, destinées à masquer un effet défavorable ou tout simplement à rehausser l'appétibilité du mélange alimentaire.

Une adjonction de substances à effet attractant se pratique déjà au laboratoire pour favoriser l'ingestion d'aliments expérimentaux simplifiés ou purifiés. Sur le terrain ces substances ont un rôle à jouer pour l'amélioration de la prise de nourriture dans un environnement difficile, après un stress ou en cas d'utilisation d'aliments médicamenteux.

Nature

La littérature sur le sujet des substances attractantes pour les poissons est assez abondante. Les composés chimiques doués d'un pouvoir attractant se répartissent essentiellement en trois groupes principaux : les AA de la série L (ceux de la série D sont parfois sans effet, parfois répulsifs), la bétaïne (ou glycine-bétaïne) et autres molécules possédant un atome d'azote pentavalent, et enfin les nucléosides et nucléotides (l'inosine et l'inosine-monophosphate en particulier).

Il existe, semble-t-il, une très grande spécificité - certaines substances attractantes pour une espèce donnée seront par exemple sans effet, voire répulsives, pour une autre - et des effets de synergie difficilement prévisibles (pour une espèce donnée, le mélange de deux substances faiblement attractantes peut se révéler extrêmement efficace). Il est ardu dans ces conditions de préciser des « recettes » valables à tout coup. Signalons simplement à titre indicatif que :

– les AA de la série L (seuls ou en mélanges) ont été décrits actifs pour le poisson-chat américain, le bar, la plie, la limande et les anguilles européenne et japonaise ;

– la glycine-bétaïne associée ou non aux composés précédents présente un effet attractant pour la sole, la plie, la limande, la daurade et l'anguille ;

– l'inosine est tout spécialement active chez le turbot, la barbue et la sériole.

L'utilisation d'aliments réhydratables permet une addition extemporanée de substances potentiellement attractantes. Elle peut être envisagée sur le terrain pour résoudre des problèmes de manque d'appétit (transitoire ou chronique) du cheptel.

Dans la pratique, les deux sources usuelles d'attractants naturels sont, d'une part la farine de poisson (riche en nucléotides) et, d'autre part les farines d'invertébrés (crevette, calmar), riches en bases azotées.

Additifs proprement dits

La liste des additifs qui peuvent être incorporés aux aliments des animaux est fixée de façon stricte par la législation européenne pour les espèces ou groupes d'espèces faisant l'objet d'élevage, les poissons apparaissant souvent dans la catégorie « autres espèces ». Doses maximales autorisées et conditions d'utilisation sont précisées, que les additifs soient incorporés seuls ou en association. Cette liste ne concerne pas les médicaments qui ne peuvent être incorporés que sur prescription vétérinaire, mais elle comprend des nutriments comme les vitamines et les oligo-éléments.

Aucun antibiotique, facteur de croissance ou régulateur d'acidité n'est autorisé dans l'alimentation des poissons. Ne seront considérés dans ce chapitre que les additifs des quatre groupes suivants :

– antioxydants (ou antioxygènes) ;
– émulsifiants, stabilisants, épaississants et gélifiants (groupe E) ;
– conservateurs (groupe G) ;
– liants, antimottants et coagulants (groupe L).

Les caroténoïdes forment un cinquième groupe (groupe F), voir chap. 11.

Antioxydants

Les antioxydants sont des substances s'oxydant facilement et protégeant de ce fait les autres composés sensibles à l'oxydation. Ils sont plus spécialement utilisés en vue de briser ou tout au moins ralentir la chaîne de réactions de peroxydation. Cette chaîne prend naissance par formation de radicaux libres au niveau des doubles liaisons des AG et se termine par la formation de composés de type aldéhydes et cétones stables mais doués d'une certaine toxicité (chap. 7). Ces réactions se produisent non seulement *in vivo* mais aussi dans les aliments et elles affectent tout particulièrement les huiles riches en AGLPI où les substances issues de la peroxydation posent de réels problèmes (chap. 19). La peroxydation est catalysée par des ions métalliques comme le fer et le cuivre ; elle endommage non seulement les AG mais de nombreux autres nutriments labiles comme la vitamine A ou les caroténoïdes.

La peroxydation est ralentie par plusieurs types de molécules qui freinent les réactions en chaîne par des mécanismes variés : séquestrant de l'oxygène (acide ascorbique), chélateurs des métaux (acide citrique, EDTA, AA) et donneurs de protons (tocophérols, éthoxyquine, BHA, BHT, galates). Une quinzaine d'antioxydants sont autorisés pour toutes les espèces et tous les aliments, les plus utilisés étant, outre l'acide ascorbique et le tocophérol qui sont des nutriments (chap. 8), le BHA (butylhydroxyanisole), le BHT (butylhydroxytoluène = butylméthylphénol) et l'éthoxyquine (dihydroethoxytriméthyl quinoline). Il est recommandé d'associer des antioxydants à action préventive (séquestrants de l'oxygène, chélateurs) et curative (donneur de protons), par exemple acide ascorbique et α-tocophérol, BHA et BHT. Les antioxydants sont fréquemment ajoutés aux matières premières utilisées en nutrition des poissons (farines de poisson, de crevette ou de calmar, huiles de poisson) et ils sont presque toujours ajoutés lors de la fabrication des aliments.

Agents liants

Ils sont nombreux et largement utilisés, compte tenu de la nécessité d'obtenir un produit fini stable à l'eau, propriété physique qui n'a que de lointains rapports avec la stabilité à l'air. Il s'agit presque toujours de polysaccharides plus ou moins complexes :
- extraits d'algues : alginates (qui forment des gels stables en présence d'ions calcium) extraits d'algues brunes, agar-agar et carraghénanes extraits d'algues rouges ;
- extraits de plantes terrestres : pectines, gomme arabique, gomme de guar, extraits de gousses de caroube ;
- extraits animaux : chitosanes ;
- extraits bactériens : gommes xanthanes ;
- divers : carboxyméthylcellulose et autres celluloses transformées, produits de l'industrie chimique, lignosulfites issus de l'industrie papetière, bentonites et autres argiles.

Il faut bien noter que plusieurs ingrédients tels que mélasses, amidons, transformés ou natifs, gluten de blé, caséine, collagène et gélatine, qui sont des sources de glucides ou de protéines, sont aussi employés pour leurs propriétés liantes.

Conservateurs

Ils sont utilisés pour la conservation des aliments humides. Le sorbate de potassium est un antifongique couramment employé. Des acides organiques ou minéraux sont également ajoutés dans la fabrication des ensilages de poisson.

Probiotiques

On désigne sous cette appellation un « apport microbien d'efficacité zootechnique » constitué de différents germes (streptocoques, bactéries lactiques) ou de spores revivifiables, présents tels quels ou sur des supports divers (lactosérum, céréales germées, etc.) qui agissent favorablement sur la croissance selon des mécanismes encore mal élucidés mais vraisemblablement par modification de la flore intestinale. Chez les poissons, des effets nets ont été observés pendant les premiers stades des élevages de diverses espèces (par l'intermédiaire des proies vivantes). Pour les stades ultérieurs l'efficacité de telles substances reste à démontrer.

Il faut noter que les probiotiques ne sont pas de véritables additifs au sens où la loi les définit ; ce ne sont pas non plus des médicaments.

Enzymes

Quand une enzyme digestive nécessaire à la dégradation d'un substrat donné fait défaut à un animal, l'idée peut paraître séduisante de l'apporter dans l'aliment, avec le composé peu digestible. Les tentatives de ce genre ont été nombreuses et ont souvent conduit à des impasses. Actuellement, on envisage des apports alimentaires de phytase dans le but de favoriser l'utilisation du phosphore phytique et finalement de réduire les rejets phosphorés, comme cela se pratique dans certains élevages terrestres (porcs). L'intérêt de ces apports est limité à l'utilisation des matières premières végétales riches en acide phytique (chap. 19).

Conclusion

Le nombre des matières premières couramment utilisées dans l'alimentation des animaux aquatiques est réduit. Cet état de fait résulte d'abord des exigences propres des poissons (niveau optimal en protéines élevé, besoin en AGE particuliers, assez faible tolérance de l'amidon, rôle des attractants...) qui excluent un certain nombre d'ingrédients des formules. Les farines d'origine animale, malgré leur prix élevé, présentent un grand intérêt pour l'ensemble des poissons et des crustacés tandis que les produits végétaux sont d'un emploi plus difficile. Mais, à faible dose ou dans des contextes particuliers, beaucoup d'ingrédients peuvent être employés, surtout pour les espèces relativement omnivores comme les carpes, les tilapias ou le poisson-chat américain. La liste des produits utilisables en nutrition aquacole devrait donc logiquement être élargie à l'avenir.

À bien des points de vue, nos connaissances sur l'intérêt des diverses matières premières sont encore limitées : on ignore souvent aussi bien la digestibilité des protéines ou de l'énergie (pour ne citer que ces deux points) que l'effet réel des facteurs antinutritionnels. Ces lacunes pourront être comblées grâce à des recherches finalisées qui risquent d'être longues, même si l'on se limite aux principales espèces aquacoles.

Références bibliographiques

ANDERSON J.S., LALL S.P., ANDERSON D.M., MCNIVEN M.A., 1993. Evaluation of protein quality in fish meals by chemical and biological assays. *Aquaculture*, 115, p. 305-325.

Arrêté ministériel du 2.10.1991 fixant la liste et les conditions d'incorporation des additifs aux aliments des animaux. Journal Officiel de la République Française. *In* : *Les additifs autorisés en alimentation animale.* Syndicat National des Producteurs d'Additifs Alimentaires, 41 bis, bd. Latour-Maubourg, Paris, 52 p.

Arrêté ministériel du 2.7.1992 fixant la liste et les conditions d'incorporation des additifs aux aliments des animaux. Journal Officiel de la République Française. *In* : Les additifs autorisés en alimentation animale. Syndicat National des Producteurs d'Additifs Alimentaires, 41 bis bd. Latour-Maubourg, Paris, 7 p.

HARA T.J. (ed.), 1982. *Chemoreception in fishes. Developments in Aquaculture and Fisheries Science*, 8, Elsevier, 433 p.

LARBIER M., LECLERCQ B., 1992. Les matières premières utilisées en aviculture, *in :* *Nutrition et alimentation des volailles.* INRA, Paris, p. 255-301.

NRC (National Research Council), 1993. *Nutrient requirements of fish.* National Academy Press, Washington D.C. 20418, 114 p.

PIKE I.H., HARDY R.W., 1997. Standards for assessing quality of feed ingredients. *In* D'Abramo L.R., Conklin D.E., Akiyama D.M. (ed.), 1997. *Crustacean nutrition. Advances in world aquaculture.* vol. 6. World Aquaculture Soc., Baton Rouge, LA, p. 475-492.

19
FACTEURS ANTINUTRITIONNELS

Les composés indésirables des matières premières sont de nature très variée. Il peut s'agir de polluants, en principe étrangers à la matière première elle même, comme les pesticides ou les métaux lourds, de composés toxiques apparus sur le produit de base (par exemple dans du poisson plus ou moins avarié avant sa transformation en farine) ou lors du transport ou du stockage du produit transformé. Dans d'autres cas, et en particulier dans celui des matières premières végétales, on a principalement affaire à des facteurs antinutritionnels *sensu stricto*, composés de certains végétaux qui entravent l'utilisation digestive ou métabolique des nutriments par les animaux. Si l'on choisit une acception large de cette notion, il est possible d'y inclure certains composés membranaires des végétaux qui, en cas d'excès, diminuent toujours la digestibilité chez les animaux monogastriques. Les substances exerçant un effet opposé aux attractants sont elles aussi souvent classées parmi les facteurs antinutritionnels.

Dans ce chapitre l'accent sera mis sur les facteurs antinutritionnels *sensu lato* car, d'une part, leur teneur n'est pas mentionnée sur les tables usuelles et, d'autre part, leur action est moins facile à prendre en compte que celle des nutriments lors de la formulation.

Généralités

Classification

Les composés à action antinutritionnelle, courants dans les produits végétaux et rares dans les produits d'origine animale ou micro-organique, comprennent :

— les antinutriments au sens propre qui limitent l'utilisation de nutriments spécifiques, comme les facteurs antitrypsiques ;

– les composés limitant l'efficacité des processus de digestion et ce de manière plus ou moins spécifique. C'est le cas de l'acide phytique ;

– les composés exerçant une action au niveau métabolique, correspondant davantage à des substances toxiques qu'à des facteurs antinutritionnels proprement dits. C'est le cas des composés anti-thyroïdiens des crucifères ;

– les substances au mode d'action multiple, suppression de l'appétence comprise.

Une autre classification possible repose sur la nature chimique de ces « facteurs ». On ne rencontre en effet, dans les produits usuels, qu'un petit nombre de familles chimiques : acides organiques et acides aminés (AA), peptides ou protéines, glucosides, saponines, polyphénols et alcaloïdes.

Les toxines fongiques ou alguales forment une autre catégorie chimiquement très hétérogène. Pour les produits de nature animale il n'est pas classique de parler de composés antinutritionnels. Un bref aperçu des composés indésirables les plus importants des matières premières animales sera cependant donné.

Incidence et moyens de lutte

Les facteurs antinutritionnels sont parfois des métabolites ou des composés qui jouent un rôle dans la physiologie de la plante. C'est le cas de l'acide phytique et plus spécialement de la phytine (phytate double de calcium et de magnésium) qui sont des formes de stockage du phosphore et des métaux pour la plante. C'est pourquoi l'acide phytique et les phytates se trouvent surtout dans les organes de réserve, graines et tubercules. Pour la même raison la sélection génétique ne peut *a priori* avoir qu'une assez faible prise sur ce caractère alors que, à l'opposé, le degré de maturation, voire les conditions de culture, créeront une certaine variabilité.

Dans d'autres cas, au contraire, aucun rôle physiologique n'a pu être attribué à ces composés et l'on a été amené à conclure qu'il s'agissait de moyens de défense de la plante vis-à-vis de ses prédateurs. C'est le cas des très nombreux alcaloïdes qui peuvent entraîner des troubles de toute sorte chez les animaux. Dans les cas extrêmes où l'on a affaire à une toxicité aiguë, on parle de poison et la plante n'est plus classée comme comestible. Cependant, la limite entre végétaux riches en « facteurs défavorables » et végétaux toxiques est souvent affaire de dose ou de niveau d'incorporation. Dans tous ces cas il est fréquent de rencontrer des variétés plus ou moins toxiques à l'intérieur d'une même espèce. Il est alors théoriquement possible de créer par voie génétique des types pauvres en facteurs « antinutritionnels ». L'obtention de variétés exemptes ou pratiquement exemptes de facteurs antinutritionnels, quand elle a été possible, a apporté une solution radicale aux problèmes rencontrés par les nutritionnistes.

Selon la nature chimique du composé, il est possible ou non de diminuer l'activité antinutritionnelle par un traitement approprié. Alors que les acides organiques sont particulièrement stables à la chaleur, un effet bénéfique du traitement thermique peut presque toujours être obtenu dans le cas des composés de nature protéique. De même la nature liposoluble de certains composés entraîne leur élimination lors du déshuilage, c'est à dire leur quasi-absence dans les tourteaux.

Principaux facteurs antinutritionnels des aliments végétaux

Acide phytique

Ce composé dont la formule est formée d'un inositol estérifié par 6 molécules d'acide phosphorique constitue *a priori* une source de phosphore et d'inositol pseudo-vitamine pour les poissons (chap. 9). En fait les vertébrés, contrairement aux bactéries, ne possèdent pas d'enzyme capable d'hydrolyser efficacement les liaisons ester de ce composé. Les nutriments des phytates sont donc indisponibles, tout au moins pour l'animal qui ne possède pas de flore digestive active, ce qui est généralement le cas chez les poissons. Bien plus, lors de son transit dans le tractus digestif, la molécule d'acide phytique peut complexer des molécules diverses et en particulier former des sels avec les métaux divalents, tels que calcium, magnésium, manganèse, zinc, cobalt, etc. Autrement dit, de source d'éléments indisponibles, la molécule, si elle n'est pas déjà sous forme de sel, peut devenir « antinutriment ». L'action néfaste de l'acide phytique ne s'arrête pas là puisque la molécule peut aussi agir sur certaines enzymes digestives et diminuer par exemple la digestibilité des protéines alimentaires.

Tous ces effets, bien connus chez les vertébrés supérieurs, n'ont pas été étudiés en détail chez les poissons. Néanmoins ils ont été observés chez les salmonidés où l'effet dépressif des phytates sur l'utilisation des protéines est net. En revanche, chez les crevettes pénéides, le phosphore phytique est relativement disponible ; aucune phytase n'a pu être mise en évidence, mais l'hydrolyse par le biais d'une autre phosphatase paraît possible.

L'acide phytique étant très stable, il n'existe pas de moyen technologique permettant de l'hydrolyser même partiellement. Pour tenir compte de sa présence et de sa faible disponibilité le moyen classique consiste à attribuer au phosphore phytique une disponibilité inférieure à celle du phosphore des produits animaux ou des sels minéraux (chap. 10). Le lecteur est renvoyé au même chapitre pour les interactions avec les oligo-éléments. Notons que l'on a récemment proposé d'incorporer aux aliments des phytases purifiées qui permettent de diminuer les supplémentations en phosphore minéral et de réduire le rejet de phosphore fécal dans l'environnement. Il existe d'autres sels organiques doués de propriétés un peu similaires, tels que l'acide oxalique, mais leur importance pratique dans le domaine de la nutrition aquacole est minime.

Facteurs antitrypsiques

Ces composés de nature protéique sont très répandus dans les graines, mais ils n'exercent une action défavorable que quand ils sont en concentration élevée dans les aliments. Ainsi dans les céréales, où ils régulent la mobilisation des protéines pour la plantule, leur rôle antinutritionnel peut être considéré comme négligeable. A l'inverse, dans certaines légumineuses, et en particulier dans le soya ou soja (*Glycine max*), ils atteignent une telle concentration que le tourteau de soya (cru) a longtemps été considéré comme impropre à l'alimentation animale. Dans cette espèce il existe au moins deux protéines antitrypsiques distinctes, le facteur de Kunitz et celui de Bowman-Kirk. Leur mode d'action a été très bien étudié chez les mammifères et les oiseaux ainsi que dans des expériences *in vitro*. Il y a d'abord inhibition de l'activité de la trypsine ainsi que dans une moindre mesure de la chymotrypsine et de l'élastase par formation de complexes stables, ce qui entraîne une diminution très nette de la digestibilité des protéines. Au bout d'un certain temps, un mécanisme compensateur se met en place, la sécrétion de trypsine est activée par le biais d'une hypersécrétion de cholécystokinine (chap. 4) suivie, chez la plupart des espèces, par une hypertrophie du pancréas. Cette compensation est très insuffisante et la digestibilité des protéines de la ration reste diminuée. Bien plus, la présence de ces facteurs peut entraîner une carence en AA soufrés, même avec des régimes équilibrés, du fait de la teneur élevée de la trypsine en cystéine.

Les facteurs antitrypsiques sont thermolabiles. Un nombre considérable d'études techniques a été consacré au traitement permettant leur destruction sans altération notable de la valeur nutritive des protéines. Température, pression, humidité et durée nécessaires sont maintenant bien connues. Les poissons paraissent très sensibles aux facteurs antitrypsiques qui se rencontrent également dans d'autres légumineuses (féveroles par exemple), mais à des concentrations bien inférieures. En pratique, seuls des tourteaux particulièrement pauvres en facteurs antitrypsiques peuvent être utilisés dans les aliments pour poissons.

Autres facteurs antinutritionnels de nature protéique

Il existe des antiamylases exerçant vis-à-vis de la digestion de l'amidon un effet inhibiteur comparable à celui des antitrypsines vis-à-vis des protéines. Leur rôle est cependant mineur. Parmi les autres facteurs de nature protéique, on peut citer des enzymes telles que l'uréase, autre facteur antinutritionnel thermolabile du soja sur lequel il ne paraît pas nécessaire d'insister (la toxicité qui s'exerce par le biais d'une libération d'ammoniaque dans le sang est certainement limitée chez les animaux aquatiques ammoniotéliques), bien qu'il serve par ailleurs d'indicateur de cuisson du tourteau. D'autres enzymes ont des actions antinutritionnelles comme la myrosinase dont il sera question à propos des glucosinolates et la lipoxydase qui agit comme anti-vitamine A.

Les lectines constituent un autre groupe de composés protéiques extrêmement ubiquiste. Leur présence a été signalée aussi bien chez les plantes supérieures que les micro-organismes ou les animaux inférieurs. Ces composés sont souvent appelés hémagglutinines car ils se fixent sur les hématies qu'ils agglutinent. En fait leur propriété caractéristique est une affinité particulière pour certains polysaccharides, y compris ceux des membranes cellulaires. Les lectines paraissent exercer un effet antinutritionnel en se fixant sur les entérocytes dont elles inhibent les fonctions absorbantes. Plusieurs légumineuses et en particulier le pois (*Pisum sativum*) sont riches en lectines. La cuisson est un moyen d'inactiver ces facteurs bien qu'il existe des lectines thermorésistantes (ricin). Leur nocivité pour les poissons reste très mal connue.

Glucosinolates et facteurs antithyroïdiens

Ces composés se rencontrent principalement dans la famille des Brassicacées (Crucifères). Ils sont présents dans toutes les parties de la plante. Il existe un grand nombre de composés correspondant soit à des molécules synthétisées par la plante, soit encore à des produits de dégradation apparus lors des traitements technologiques. Le nombre de composés identifiés à ce jour est considérable (plus de 70). L'ensemble peut représenter jusqu'à 8 % de la matière sèche de la graine, deux fois plus pour le tourteau. Les deux espèces botaniques, le colza vrai (*Brassica napus*) surtout cultivé en Europe et la navette (*Brassica campestris*) cultivée au Canada qui sont souvent confondus sous le terme générique de colza, n'ont pas la même teneur ; la navette est plus riche que le colza vrai en glucosinolates.

Tous les glucosides sont formés d'une molécule de glucose et d'un composé soufré comprenant une chaîne latérale de nature variable. Les glucosinolates en eux-mêmes ne sont pas très toxiques bien qu'ils puissent influencer le comportement alimentaire par leur saveur âcre. La plupart des effets « antithyroïdiens » proviennent de molécules issues de l'hydrolyse des glucosinolates sous l'effet de

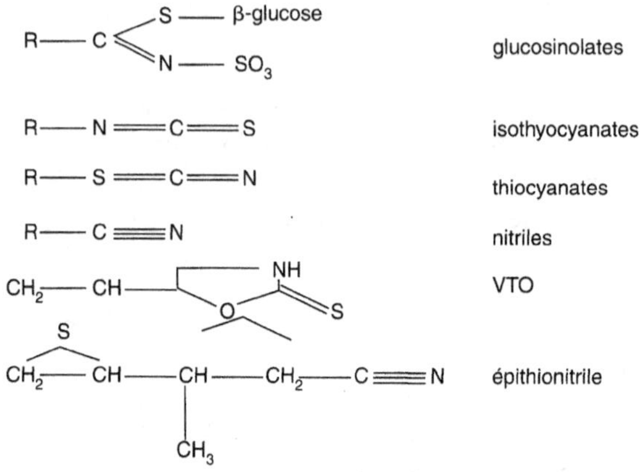

Figure 19.1. Formule chimique des glucosinolates et de quelques composés qui en dérivent. D'après Larbier et Leclercq, 1992.

la myrosinase qui est non pas une enzyme mais un complexe enzymatique. La formule des composés ainsi formés les plus courants est donnée sur la figure 19.1. L'inappétence fréquemment manifestée par les animaux devant les aliments renfermant du tourteau de colza est due pour l'essentiel aux isothiocyanates, tandis que l'effet antithyroïdien est dû surtout au 5-vinyl-2-thio-oxazolidone ou VTO également appelé goitrine. Cette molécule inhibe la fixation de l'iode sur les hormones thyroïdiennes. Cet effet n'est pas compensé par l'apport de suppléments d'iode dans le régime et il aboutit à une hyperplasie de la thyroïde, c'est-à-dire à un goitre.

Il existe plusieurs moyens de réduire la nocivité des tourteaux de crucifères, en particulier par inactivation thermique de la myrosinase. Aucun n'est vraiment satisfaisant et le problème s'est trouvé totalement modifié le jour où les généticiens, après avoir obtenu des colzas « zéro érucique » (dont l'huile était pratiquement dépourvue d'acide érucique) ont sélectionné des variétés « double zéro » c'est à dire très pauvres également en glucosinolates. Le « colza double zéro » canadien, qui est en fait une navette pauvre en glucosinolates, a été baptisé « canola ». La sensibilité des poissons aux glucosinolates et à leurs dérivés apparaît comme assez variable d'une espèce à l'autre, même au sein d'un même groupe comme celui des saumons du Pacifique.

Saponines

Ce sont, comme les glucosinolates, des composés de nature glucosidique. On les rencontre chez de très nombreuses espèces végétales dans la plante entière et en particulier dans les feuilles. L'une des mieux connues, présente dans la luzerne (*Medicago sativa*), est formée d'une molécule de glucose estérifiée par l'acide médicagénique. Mais il existe des dizaines de molécules de ce type.

Les propriétés des saponines sont doubles : par leur amertume elles peuvent, elles aussi, diminuer l'appétibilité des régimes, mais surtout, par leur affinité pour les stérols, elles interfèrent avec l'absorption intestinale de ces composés et limitent le recyclage des sels biliaires. Les saponines sont très stables mais il existe une importante variabilité génétique et des luzernes pauvres en saponines sont maintenant cultivées. La toxicité des saponines pour les poissons est controversée, elle est en fait mal connue. Chez les crustacés, les données expérimentales sont encore presque inexistantes, mais il faut *a priori* s'attendre à une toxicité plus élevée que chez les vertébrés par suite de l'incapacité des arthropodes à synthétiser le noyau stérol qui revêt un caractère indispensable (chap. 17).

Gossypol

Ce composé est un polyphénol. Il est présent en abondance dans les glandes microscopiques de la graine de coton (*Gossypum* sp.). Son effet paraît complexe : après ingestion de gossypol on observe d'abord une diminution de la digestibilité des protéines. En outre, chez la truite et si les doses sont élevées, la croissance est fortement réduite et des signes multiples de toxicité apparaissent au niveau du rein, du foie et de la rate. Le traitement du tourteau par la chaleur humide permet la formation de complexes où le gossypol est inactivé à 90 % environ. Des variétés très productives et dépourvues de glandes, donc exemptes de gossypol, ont récemment été obtenues.

Il existe beaucoup d'autres glucosides à effet néfaste et en particulier des glucosides cyanogènes dont l'hydrolyse libère un poison violent, l'acide cyanhydrique. Ils sont présents dans le manioc, certaines graines de légumineuses, etc.

Tannins

Les tannins (ou tanins) sont des polyphénols qui se rattachent à deux familles dont l'une seulement, celle des tannins condensés (fig. 19.2), renferme des facteurs antinutritionnels vrais. Ce sont des polymères macromoléculaires que l'on rencontre aussi bien chez des graminées comme le sorgho que chez certaines légumineuses comme les fèves ou féveroles (*Vicia faba*) ou certaines crucifères comme le colza. Ils sont localisés dans la pellicule des graines.

Comme dans le cas des glucosinolates et des saponines, cet effet antinutritionnel peut se doubler d'un effet d'inappétibilité, particulièrement net dans le

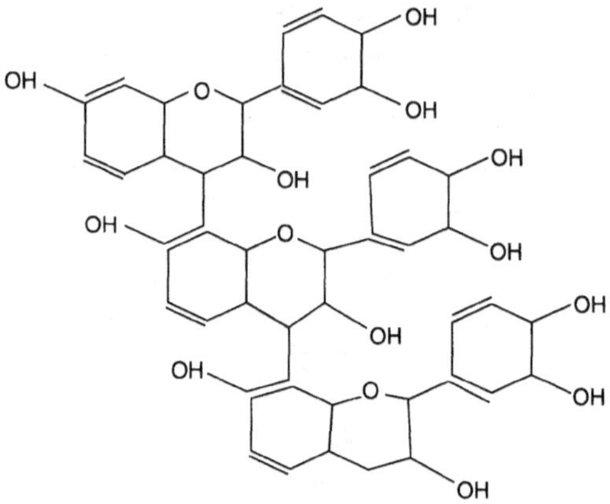

Figure 19.2. Structure chimique des tannins condensés. D'après Larbier, Leclercq, 1992.

cas des sorghos « résistants aux oiseaux ». L'effet antinutritionnel proprement dit provient d'une complexation non spécifique par les tannins de certaines protéines et tout particulièrement des enzymes digestives. Il s'agit donc d'une inhibition (au sens large) qui diminue la digestibilité. Les tannins condensés sont des molécules facilement dénaturées par le chauffage mais le simple dépelliculage des graines en élimine une grande partie. Par ailleurs, dans le cas de la féverole, les généticiens ont obtenu des variétés dépourvues de tannins, dont les protéines sont plus digestibles.

Alcaloïdes

Les alcaloïdes au sens étroit du terme sont des molécules azotées dérivant d'AA (lysine, ornithine, tyrosine, phénylalanine et tryptophane). Au sens large ils forment une très vaste famille de molécules renfermant toujours au moins un atome d'azote, généralement inclus dans un hétérocycle. On en connaît plusieurs milliers et on estime que le quart des plantes supérieures en contiennent, mais ils se rencontrent rarement parmi les plantes alimentaires et sont inconnus chez les plantes inférieures. Certains, comme la caféine ou la nicotine sont bien connus pour leur action sur le système nerveux, d'autres sont des poisons plus ou moins violents. Les lupins utilisés pour l'alimentation de l'homme ou des animaux contenaient tous à l'origine des alcaloïdes (lupinine, lupanine, etc.) doués d'une amertume si prononcée qu'il fallait extraire ces substances par trempage dans l'eau pour rendre les graines ou les farines consommables. Depuis le siècle dernier des variétés pratiquement dépourvues d'alcaloïdes ont été obtenues pour quatre espèces dont le lupin blanc (*Lupinus albus*), surtout cultivé en Europe et le lupin bleu (*L. angustifolius*), surtout cultivé en Australie. Ces variétés dites « douces » ont maintenant supplanté les variété amères. Elles sont très bien acceptées par les poissons et permettent d'excellentes performances. Rappelons que les graines de lupin doux ont été l'une des premières sources de protéines végétales utilisées pour nourrir les poissons d'étang.

Il existe de nombreux autres alcaloïdes. Dans la famille des Fabacées (Légumineuses), on rencontre la vicine et la convicine (féverole). Une toxicité aiguë a été obtenue expérimentalement chez les poissons avec plusieurs alcaloïdes, mais pas, à notre connaissance, avec les alcaloïdes de matières premières usuelles.

Autres facteurs antinutritionnels des végétaux supérieurs

La liste des facteurs antinutritionnels que l'on peut rencontrer dans les aliments pour poissons ne s'arrête pas là, même si dans de nombreux cas l'occurrence est faible, l'effet mal connu et l'importance économique inconnue. On peut citer, par exemple :

– les facteurs œstrogéniques des végétaux, de nature chimique variable, qui sont susceptibles d'influencer la maturation des femelles ;

– les acides gras à effet toxique tels que l'acide érucique des crucifères ou l'acide sterculique de l'huile de coton (inhibiteur des réactions de désaturation des acides gras) qui sont presque totalement éliminés des tourteaux ;

– les AA non protéiques, poisons bloquant la synthèse protéique par compétition avec les acides aminés protéiques sur les ARN messagers. Ces acides aminés particuliers sont parfois doués d'effets toxiques additionnels comme c'est le cas de la mimosine présente dans une légumineuse fourragère tropicale, *Leucaena glauca* ;

– les antivitamines de nature très variée, etc...

Toxines fongiques ou algales

Les toxines fongiques sont des composés sécrétés par des champignons microscopiques couramment appelés moisissures. Certaines de ces molécules ont une toxicité extrêmement élevée ; le pouvoir cancérogène des aflatoxines par exemple est 100 fois supérieur à celui des plus puissants cancérogènes synthétiques connus. Le danger des produits végétaux moisis est connu depuis longtemps et l'on sait que certaines denrées d'origine tropicale (arachides, tourteaux) sont très souvent contaminées, ne serait-ce que de façon minime, tant il est difficile d'empêcher le développement des moisissures en atmosphère chaude et humide. Mais la nature des mycotoxines n'a été déterminée qu'à une époque relativement récente, et les différentes molécules, présentes en quantité extrêmement faible, sont difficiles à doser avec précision. Pour ces raisons l'estimation de la toxicité des produits altérés par les micro-organismes reste délicate, surtout pour les poissons. Nous nous bornerons donc à un exposé très succinct.

Aflatoxines

Ce sont des composés relativement fréquents synthétisés par *Aspergillus flavus*. Le type même de matière première souvent contaminée est le tourteau d'arachide mais bien d'autres peuvent l'être également : tourteaux de coton ou de coprah, manioc, céréales. Les molécules d'aflatoxine présentent dans l'ultraviolet une fluorescence qui est utilisée pour leur détection, les molécules de fluorescence bleue sont dénommées aflatoxines B (*blue*) et les molécules de fluorescence verte aflatoxines G (*green*). La structure des molécules d'aflatoxines est maintenant connue (fig. 19.3). Leur toxicité est variable selon l'espèce animale. Ainsi l'aflatoxine B_1 apparaît comme la plus toxique. Le saumon argenté (coho) ou encore le poisson-chat américain sont plus résistants que la truite qui contracte un cancer du foie quand elle reçoit pendant une longue période une ration contenant une dose aussi faible que 0,4 ppb (mg/t d'aliment) d'aflatoxine B_1. La truite serait même l'animal le plus sensible à l'aflatoxine de tous ceux étudiés à ce jour. Bien plus, l'effet de l'aflatoxine est renforcé par l'acide sterculique, ce qui rend extrêmement dangereux le tourteau de coton contaminé par *Aspergillus flavus*. On peut noter que la concentration entraînant une toxicité chronique est du même ordre de grandeur que le seuil de détection !

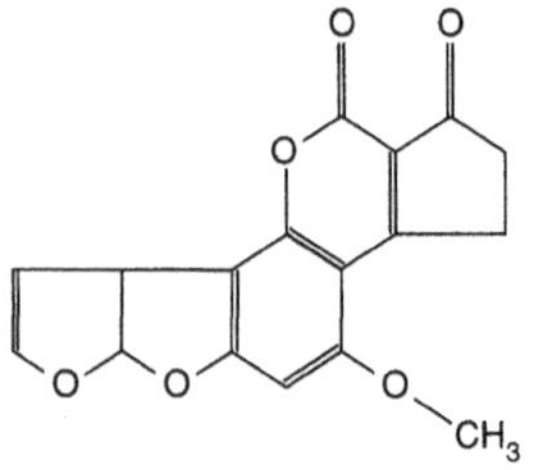

Figure 19.3. Formule chimique de l'aflatoxine B_1. D'après Larbier, Leclercq, 1992.

Autres toxines fongiques

Elles sont nombreuses et en général moins bien connues que les aflatoxines. Les trichotécènes sécrétées par des moisissures du genre *Fusarium* et la zéaralénone sécrétée par *Fusarium roseum* sont courantes sur les céréales moisies, ainsi que les ochratoxines sécrétées par des *Aspergillus* et des *Penicillium*. L'ochratoxine A présente chez la truite une toxicité voisine de celle des aflatoxines. Pour la plupart des autres toxines l'effet n'a pas été observé ou pas encore été étudié chez les poissons. Signalons cependant qu'une trichotécène, la vomitoxine, ne provoque pas de vomissement chez la truite où cependant elle supprime totalement la prise d'aliment.

Facteurs antinutritionnels des produits animaux

Il est beaucoup plus difficile de parler de facteurs antinutritionnels au sens propre dans le cas des produits animaux que dans le cas des produits végétaux, bien que l'on ait signalé par exemple des facteurs antitrypsiques dans les farines de poisson. De même l'avidine, protéine de l'albumen d'œuf cru, est une véritable anti-vitamine. Plusieurs types de composés nocifs existent néanmoins dans les matières premières animales.

Thiaminase

La présence d'une enzyme hydrolysant la thiamine a été souvent signalée dans le poisson cru et plus particulièrement dans le poisson d'eau douce. Elle a provoqué des accidents dans des élevages où l'on employait des aliments humides à base d'ensilage ou de poisson broyé. Cette enzyme est inactivée par le chauffage, mais on peut éviter les accidents simplement en réduisant le temps de contact entre l'enzyme et le substrat, c'est-à-dire en n'employant que de l'aliment fraîchement préparé et en majorant l'apport de thiamine pure.

Histamine

L'histamine, amine biogène dérivant de l'histidine, est synthétisée par les animaux et joue, chez les vertébrés supérieurs, un rôle dans les phénomènes d'allergie. Elle est également produite après la mort du poisson sous l'action de bactéries et en particulier de *Proteus morganii*. La teneur en histamine est d'ailleurs l'un des critères couramment retenu pour évaluer la qualité de la farine de poisson, ou tout au moins la fraîcheur du produit qui a servi à sa fabrication. Il ne peut cependant être utilisé seul puisque la teneur en histamine augmente au fur et à mesure que le poisson s'abîme puis diminue quand l'altération est très poussée. Cette teneur peut atteindre des niveaux particulièrement élevés dans la chair de thonidés. Des accidents ont été observés chez l'homme après consommation de thon riche en histamine. Par contre ce même produit employé en tant que poisson fourrage ne semble pas provoquer de choc histaminique chez le poisson qui en est nourri.

La « gizzeroline », qui doit son nom à l'érosion du jabot qu'elle provoque chez le dindonneau ou le poussin, serait un dérivé de l'histamine formé lors de la surchauffe des farines de poisson. Elle se fixe sur les mêmes récepteurs que l'histamine mais elle est 200 fois plus active. Il n'existe pas encore de dosage chimique sûr de cette amine mal définie qui ne peut être quantifiée que par tests biologiques sur poussins.

Lipides peroxydés

Les acides gras insaturés et tout particulièrement les acides gras polyinsaturés à longue chaîne (AGLPI) n-3 sont très sensibles à la peroxydation qui a lieu naturellement *in vivo* (chap. 7). Ces réactions peuvent aussi se produire dans les matières premières, au cours du chauffage pendant la granulation ou la cuisson-extrusion, ou pendant le stockage des matières premières ou des aliments. Les composés instables qui apparaissent en cours de réaction, de même que les composés stables et toxiques (aldéhydes, cétones) qui apparaissent en fin de chaîne (chap. 7) constituent alors de véritables facteurs antinutritionnels. Ils sont généralement dosés de manière globale et regroupés sous le terme de Substances Réagissant à l'Acide Thiobarbiturique (SRATB). Leur action se situe à trois niveaux : ils peuvent provoquer une inappétence du poisson vis-à-vis de l'aliment, induire des déficiences en vitamines C et surtout E et enfin exercer des effets toxiques proprement dits. Ces derniers comprendraient des intolérances digestives liées à une inhibition des sécrétions d'amylase, lipase et trypsine ainsi qu'une inhibition partielle des enzymes du cycle de Krebs et une réduction de la synthèse d'ATP dans les mitochondries. Mais la plupart des symptômes observés après adjonction d'huiles peroxydées aux régimes, hémolyse des hématies, dystrophie musculaire, diathèse exsudative ou anémie microcytique, sont en fait caractéristiques d'une carence en α-tocophérol. Ces symptômes résultent de la destruction des membranes par suite de la peroxydation des AGLPI. Ils sont inhibés par adjonction de vitamine E. Il faut rappeler que la peroxydation des acides gras dans les matières premières, les aliments ou même le bol alimentaire est fortement ralentie par les antioxydants de synthèse et les tocophérols, mais non par l'acétate de tocophérol qui est inactif avant hydrolyse (chap. 9).

Toxines algales véhiculées par les poissons

Un grand nombre de composés toxiques pour l'homme ou les poissons sont sécrétés par certaines espèces de phytoplancton lors des phénomènes appelés abusivement « marées rouges ». Leur énumération sort du cadre de cet ouvrage. Néanmoins un groupe de toxines mérite mention : celui des ciguatoxines et des maïotoxines. Les ciguatoxines sont sécrétées par une algue unicellulaire, *Gambierdiscus toxicus*, qui se développe sur des algues macrophytes, surtout après dégradation de récifs coralliens. La structure de la ciguatoxine est connue depuis peu. Il s'agit d'une molécule très complexe, tout à fait inhabituelle en chimie biologique, qui a la propriété de bloquer les canaux à sodium des membranes cellulaires, ce qui en fait un toxique très puissant. La formule de la maïtotoxine, sécrétée par la même algue, n'est pas encore connue. Ces molécules s'accumulent le long de la chaîne alimentaire et se concentrent préférentiellement chez les poissons carnivores âgés du littoral[1]. Leur toxicité n'est donc apparemment pas élevée pour les poissons. Mais il serait extrêmement préjudiciable pour le consommateur humain d'utiliser en aquaculture du poisson fourrage toxique, ou même de la farine fabriquée à partir de celui-ci, puisque la ciguatoxine est thermostable.

Les toxines bactériennes peuvent être présentes dans des produits d'origine animale altérés et entraîner des accidents spectaculaires. Il n'est cependant pas d'usage de les classer parmi les facteurs antinutritionnels. Elles figurent plutôt parmi les composés auxquels on attribue des failles dans la sécurité alimentaire ; ce groupe comprend également les toxines alguales mentionnées ci-dessus.

Conclusion

L'étude des effets des facteurs antinutritionnels des végétaux a été beaucoup moins poussée chez les poissons que chez les vertébrés supérieurs. Dans certains cas elle ne se justifiait guère, les matières premières étant peu employées dans l'alimentation aquacole pour des raisons économiques ou des raisons techniques diverses. Dans d'autres cas (facteurs antitrypsiques, aflatoxines) cette étude a révélé une très grande sensibilité de l'organisme des poissons, ce qui impose un contrôle rigoureux de la qualité des matières premières. Mais c'est dans le domaine des matières premières animales, et tout spécialement de celles issues du milieu marin (seules sources d'AGLPI n-3) que les connaissances sont les plus avancées, tout en demeurant insuffisantes.

---

1. Chez l'homme, la consommation répétée de poisson contaminé entraîne des symptômes d'abord bénins puis de gravité croissante et peut entraîner la mort.

Références bibliographiques

HENDRIKS J.D., BAILEY G.S., 1989. Adventitious toxins. *In* J.E. Halver, *Fish nutrition.* Academic Press, San Diego, p. 605-651.

LARBIER M., LECLERCQ B., 1992. Les matières premières utilisées en aviculture, *in : Nutrition et alimentation des volailles.* INRA, Paris, p. 255-301.

LIENER I.E., 1980. *Toxic constituents of plant foodstuffs.* Academic Press. New-York, Londres, 502 p.

20
FORMULATION DES ALIMENTS EN AQUACULTURE

Dès que les aliments composés pour poissons ont été produits à l'échelle industrielle, leur fabrication a bénéficié des outils informatiques performants mis au point pour les espèces terrestres, et tout spécialement de la formulation linéaire au moindre coût. Toutefois, dans le domaine de l'aquaculture, l'efficacité et par suite l'usage de cet outil ont été freinés par la faible précision des contraintes nutritionnelles ou techniques disponibles. La prise de conscience récente de la nécessité de préserver l'environnement, ou encore le recours à diverses techniques comme la cuisson-extrusion, ont élargi la gamme des paramètres à prendre en compte. Le problème s'est trouvé compliqué par ce nouveau contexte. La formulation des aliments pour animaux aquatiques repose néanmoins sur les mêmes principes que celle des aliments pour animaux terrestres, principes qui sont rappelés dans ce chapitre.

Principe général

Objectif minimal

Quand on dispose d'une gamme de matières premières pour nourrir un animal donné, il existe une infinité de combinaisons correspondant à des formules d'aliments utilisables. La nutrition d'une part, en permettant la détermination des besoins de l'animal, et la chimie d'autre part, en fournissant la teneur en éléments nutritifs des matières premières, permettent de calculer des formules optimisées d'un point de vue technique. Mais le nombre de solutions possibles demeure théoriquement infini. La formulation au moindre coût permet de franchir un pas supplémentaire capital, la sélection de la solution la plus économique.

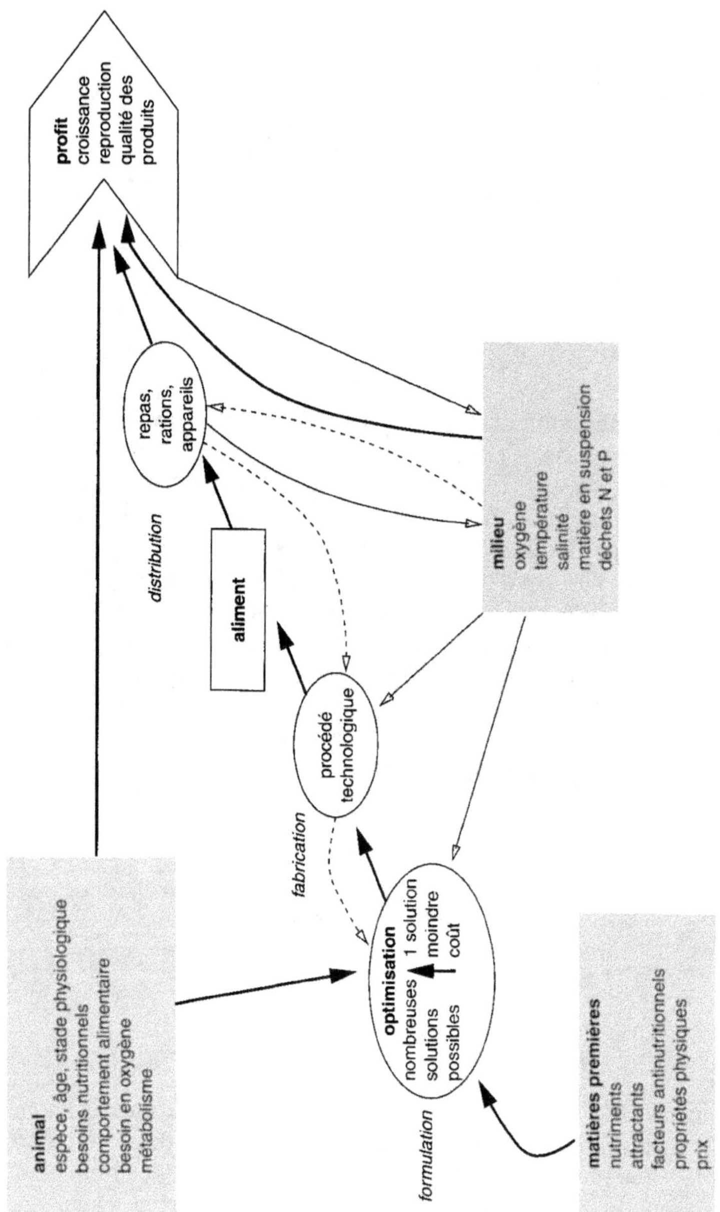

Figure 20.1. Problématique de la formulation d'un aliment.

Schéma global

La recherche de l'aliment le plus économique couvrant les besoins de l'animal ne constitue cependant que l'un des aspects du problème que doit résoudre le fabricant d'aliment, ou plus exactement le « formulateur ». Le meilleur aliment n'est pas forcément celui qui couvre au mieux et au moindre coût les besoins de l'animal (aspect nutritionnel pur), ni celui qui assure le plus de profit au fabricant ou à l'éleveur. C'est celui qui assure le profit le plus élevé à un ensemble de personnes ou d'entreprises concernées comprenant les fabricants, les éleveurs, les transformateurs, ainsi que la communauté chargée de la préservation du milieu. Les interrelations existant entre les contraintes relatives à l'animal, aux matières premières et au milieu ainsi que l'implication des diverses étapes de la formulation et de l'utilisation de l'aliment sont schématisées sur la figure 20.1.

Caractéristiques liées à l'animal, aux aliments et au milieu

Parmi les caractéristiques de l'animal figurent non seulement ses besoins en nutriments mais aussi son comportement alimentaire, son aptitude à digérer tel ou tel type d'aliment et d'autres caractéristiques, en particulier métaboliques, découlant de l'espèce et du stade physiologique. Parmi les caractéristiques des aliments il faut prendre en compte non seulement les nutriments sur lesquels se sont focalisées les études, mais aussi les antinutriments, les facteurs d'appétibilité (ou d'inappétibilité), ainsi qu'un certain nombre de propriétés physiques. Parmi les caractéristiques du milieu, il est nécessaire de considérer les teneurs en oxygène, en minéraux, en matière organique ou en composés spécifiques dissous ainsi qu'en matières en suspension. D'une manière générale, il faut prendre en compte les répercussions de l'élevage sur ces facteurs.

Toutefois, le milieu a des répercussions sur la physiologie et les besoins et, en retour, chacun des facteurs exerce une influence sur le milieu. Il est donc nécessaire de prendre en compte les rétroactions et les interactions diverses qui en résultent. D'autres paramètres (le terme étant pris au sens large) tels que les techniques de mise en forme ou le mode de distribution de l'aliment sont également à considérer.

Rappels sur le principe et les limites de la formulation linéaire au moindre coût

La formulation linéaire au moindre coût constitue la principale technique utilisée de nos jours, les calculateurs analogiques ayant été abandonnés. Le principe général consiste à résoudre un système d'inéquations tel que celui mentionné sur l'encadré ci-contre.

Supposons que l'on dispose d'une série de matières premières M dont on connaît la teneur a_{ij} en chacun des nutriments qui nous intéressent, l'indice i se rapportant au nutriment (par exemple la lysine) et l'indice j à la matière première (par exemple la farine de poisson). Si b_i est le besoin pour le nutriment i (par exemple besoin en lysine), pour que la somme des apports du nutriment i soit supérieure ou égale au besoin, il faut écrire :

$$\Sigma\ a_{ij}\ x_j \geq b_i$$

où x_j est le pourcentage de la matière première retenu dans la formule. Par nutriment on peut entendre un nutriment vrai, un macronutriment, l'énergie, les cendres, la cellulose, etc.

Une dernière inéquation est relative au prix qui doit être minimisé. Elle confère à ce dernier paramètre un rôle fondamental. La teneur en un nutriment donné peut en effet être nulle dans un ingrédient donné, elle peut être également inconnue, auquel cas il est possible de l'assimiler à zéro (si cela est vraisemblable) sans fausser l'ensemble de l'opération. À l'inverse un seul prix inconnu bloque le processus de calcul. En effet, si les inéquations (1) ... (m) étaient remplacées par des équations, on aurait à résoudre un système de (m + 1) équations à n inconnues. Ce système serait (sauf si m = n) soit impossible, soit à nombre de solutions infini. Si on remplace les équations par des inéquations, le nombre de solutions est infini mais on choisit la solution optimale en minimisant la fonction :

$$C = c_1 x_1 + c_2 x_2 + ... + c_m x_m$$

où C est le prix, c'est-à-dire en retenant la solution la moins coûteuse.

Les inéquations n'ont pas toutes trait à des minimums correspondant aux besoins, dans certains cas il est nécessaire d'imposer des maximums par exemple quand il s'agit de limiter la teneur d'un nutriment dont les excès sont nocifs tels qu'acides aminés indispensables (AAI) ou certains minéraux. Pour certains nutriments, on peut donc écrire :

$$a_{i1}x_1 + a_{i2} + ... + a_{ij}x_j + ... + a_{in}x_n \geq b_i$$

$$a_{i1}x_1 + a_{i2} + ... + a_{ij}x_j + ... + a_{in}x_n \leq B_i$$

où B_i est le maximum admissible.

En pratique, ce genre d'inéquation est assez peu utilisé pour les nutriments car la plupart des excès sont dispendieux et par conséquent écartés des formu-

Présentation mathématique du problème posé par la formulation linéaire au moindre coût

a_{ij} = teneur d'une matière première j en un « nutriment » (sens large) i.

b_i = besoin (sens large), c'est-à-dire norme nutritionnelle pour le nutriment i

B_i = maximum admissible pour le nutriment i

x_j = % (ou quantités) de la matière première j

n = nombre de matières premières disponibles

m = nombre de nutriments pris en compte

c_j = coût de la matière première j

Inéquations relatives aux contraintes nutritionnelles

$$a_{11}x_1 + a_{12}x_2 + ... + a_{1j}x_j + ... + a_{1n}x_n \geq b_1 \qquad (1)$$

$$a_{21}x_1 + a_{22}x_2 + ... + a_{2j}x_j + ... + a_{2n}x_n \geq b_2 \qquad (2)$$

- -

$$a_{m1}x_1 + a_{m2}x_2 + ... + a_{mj}x_j + ... + a_{mn}x_n \geq b_m \qquad (m)$$

avec

$$x_1 + x_2 + ... + x_n = 100 \qquad (m+1)$$

Pour certains nutriments on pose à la fois :

$$a_{i1}x_1 + a_{i2}x_2 + ... + a_{ij}x_j + ... + a_{in}x_n \geq b_1 \qquad (p)$$

$$a_{i1}x_1 + a_{i2}x_2 + ... + a_{ij}x_j + ... + a_{in}x_n \leq B_1 \qquad (p+1)$$

Inéquations ou équations relatives aux contraintes techniques (exemples)

$$x_j > d$$

$$x_k \leq e$$

$$p < x_o < f$$

$$x_h = g$$

Ces inéquations ou équations sont employées dans des buts très variés (p. 379).

Le système à m + 1 + N inéquations ou équations, où N représente le nombre total d'inéquations de type (p + 1) et d'inéquations relatives aux contraintes techniques, comporte un nombre infini de solutions.

La formulation linéaire au moindre coût permet de ne retenir qu'une solution, celle qui minimise la fonction

$$C = c_1x_1 + c_2x_2 + ... + c_jx_j + ... + c_nx_n$$

c'est-à-dire la formule la moins coûteuse. Le qualificatif « linéaire » suppose l'additivité des teneurs $a_{ij}x_j$ (p. 382), c'est-à-dire la validité des équations et inéquations de type (p) ou (p+1).

les au moindre coût. Il arrive cependant que l'on impose un taux minimal b_i et un taux maximal B_i afin de maintenir une teneur dans une plage donnée. L'usage de la seule limite supérieure est d'un usage fréquent pour des composés comme les fibres ou les minéraux totaux. Dans certains cas on a également recours à des équations et non des inéquations : on pourra par exemple fixer le niveau énergétique parce que les normes en AAI que l'on utilise correspondent à un niveau énergétique donné ou encore parce que ledit niveau est celui pour lequel l'énergie est la moins coûteuse. L'ensemble des données telles que b_i ou B_i constitue les contraintes nutritionnelles.

D'autres contraintes peuvent être imposées aux valeurs de x_{ij}, le formulateur désirant limiter ou, à l'inverse, « forcer » le pourcentage d'un ingrédient donné. Il s'agit des contraintes techniques. Ces dernières fixent une valeur minimale pour un ingrédient donné, même si ce dernier n'est pas rentable par ses seuls apports de nutriments. À l'inverse, pour des raisons techniques, elles peuvent limiter son emploi même dans les cas où ce dernier paraîtrait économique. Nous verrons que ces contraintes, dont l'usage ne peut qu'augmenter le coût des formules établies sur la seule base des contraintes nutritionnelles, permet de prendre en considération une série de facteurs qui ne peuvent être introduits dans la première série d'inéquations.

Limites théoriques de la formulation linéaire

Linéarité et additivité en nutrition

Le principe même de la formulation linéaire repose sur le calcul de la teneur en nutriments à l'aide d'une formule mathématique simple qui n'est théoriquement pas sujette à discussion, du moins pour les nutriments bruts. Mais on ne peut toujours pas en dire autant des éléments disponibles, le terme étant pris au sens large. Par exemple, en première approximation, il est admis que l'énergie digestible d'un régime est une fonction linéaire de celle de ses composantes. Cette hypothèse, admise y compris par les chercheurs qui mesurent l'énergie digestible, est rarement vérifiée de façon parfaite : la valeur énergétique d'un ingrédient peut très bien décroître quand le niveau d'incorporation (x) est élevé comme si on observait une saturation des phénomènes de digestion-absorption. En d'autres termes a_{ij} n'est plus une constante mais une fonction de x, les équations citées ci-dessus ne devraient pas être utilisées. Parmi les exemples les plus classiques de non-linéarité de ce genre on peut citer la valeur énergétique de l'amidon qui, chez les poissons, décroît pour des niveaux d'incorporation élevés, et ce de manière d'autant plus nette que l'amidon est cru et que l'espèce de poisson a une faible activité amylasique (chap. 8). Dans ces conditions, le principe de la formulation linéaire ne reste valable qu'à condition d'être transposé à des modèles plus complexes qui permettent d'estimer la teneur réelle des régimes en éléments disponibles.

Une critique plus grave peut être formulée : l'énergie digestible d'un ingrédient peut très bien dépendre de la présence d'autres ingrédients, phénomène que l'on qualifie d'interaction et qui, en théorie, invalide le principe même de la formulation linéaire. Les cas d'interaction sont fréquents (chap. 4). On peut citer par exemple la digestibilité des acides gras saturés qui est améliorée par la présence d'acides gras insaturés apportés par un autre ingrédient. Dans le domaine des besoins on peut rappeler le cas des AAI et en particulier celui de la méthionine dont le besoin dépend de l'apport de cystine (chap. 6). Les interactions vitaminiques sont également multiples : choline - vitamine B_{12} - acide folique, voire choline - vitamine B_{12} - acide folique - méthionine (chap. 9).

Incertitudes et inconnues

La puissance de l'outil informatique pousse souvent à utiliser la programmation linéaire dans des conditions où de nombreux paramètres font défaut. C'est le cas de la formulation des aliments destinés à des poissons dont on connaît très mal les besoins ou encore à partir de matières premières dont la composition est très incomplètement connue. Il est également tentant d'introduire des contraintes nombreuses même quand elles ne sont pas justifiées au plan scientifique ou technique. Il va sans dire que dans de telles conditions la puissance de l'outil peut devenir rapidement illusoire. Cependant, toutes les lacunes n'ont pas les mêmes conséquences pratiques : les lacunes concernant les caractéristiques de l'animal sont d'autant plus nombreuses que la liste d'espèces aquacoles a tendance à s'allonger plus rapidement que l'acquisition des connaissances. Ainsi on est poussé à emprunter à des espèces voisines des données manquantes sur la digestibilité, les besoins ou encore la tolérance vis-à-vis de tel ou tel facteur antinutritionnel. Les risques pris dans ce genre de démarche sont très inégaux :

– pour certains nutriments, comme les vitamines, des marges de sécurité considérables sont de rigueur ; il n'y a *a priori* aucune raison de ne pas utiliser pour une espèce inconnue les mêmes compléments, pléthoriques, que pour les espèces connues ;

– certains besoins, comme les besoins en AAI exprimés par 16 g N, semblent très voisins non seulement à l'intérieur d'un groupe d'espèces apparentées mais même pour l'ensemble des poissons. On ne prendra donc qu'un risque minime en choisissant pour une espèce inconnue le même profil d'AAI que celui qui a été déterminé pour une autre espèce (chap. 6) ;

– dans de nombreux cas on est tenté de remplacer une valeur inconnue de besoin par une moyenne de besoins déterminés chez des espèces voisines, voire, s'il n'y a pas d'espèce proche étudiée, par la moyenne de ce qui a été déterminé chez les poissons en général. Dans ce cas le risque pris est toujours très difficile à évaluer. Dans le vaste groupe des tilapias par exemple, les besoins nutritionnels ne semblent varier qu'assez peu d'une espèce à l'autre. À l'opposé, dans la famille des salmonidés, où pourtant dominent les régimes carnivores, les teneurs optimales des aliments en protéines et l'épargne des protéines par les lipides diffèrent notablement d'une espèce à l'autre ;

– la digestibilité d'un nutriment paraît relativement stable à l'intérieur d'un type donné, chez les poissons à tendance carnivore, omnivore ou herbivore par exemple. On ne commettra donc pas de grande erreur en estimant que la digestibilité d'un ingrédient donné est la même chez le bar et la truite. À l'opposé, on prendra un risque important en considérant que l'amidon cru est aussi bien digéré par un poisson marin à tendance carnivore que par une carpe ou un tilapia.

Il est donc impossible de conclure clairement sur les répercussions qu'entraînent les lacunes de connaissances sur le résultat de la programmation linéaire. Le manque de données, malheureusement fréquent, pousse à des interpolations ou à des extrapolations qui peuvent altérer fortement la validité des formules « optimisées » avec une précision apparemment extrême.

Caractéristiques difficiles à quantifier

L'appétibilité d'un ingrédient ou d'un aliment est, certes, fonction de la concentration de certaines substances aux caractéristiques gustatives définies, par exemple saveurs acide, amère ou sucrée. Mais, bien que certaines de ces substances soient dosables, il n'est pas possible de calculer les saveurs d'un mélange. Bien plus, de très nombreux autres facteurs comme la dureté, la solubilité ou la viscosité de l'ingrédient ou encore des facteurs purement liés à l'animal comme l'âge, l'état physiologique, l'accoutumance à des régimes antérieurs conditionnent la perception des caractères gustatifs. En pratique l'évaluation quantitative des propriétés organoleptiques n'est pas possible par programmation linéaire. De nombreux autres caractères tels que les propriétés physiques du mélange qui sont pourtant de première importance en technologie alimentaire ne peuvent pas non plus être prises en compte de façon directe.

Moyens de pallier ces insuffisances

Les interactions, un problème d'inégale difficulté

Dans certains cas, les interactions peuvent très facilement être prises en compte en programmation linéaire, par exemple dans le cas de l'interaction méthionine-cystine, on écrira :

$$\text{apport de méthionine} \geq b_m$$
$$\text{apport de méthionine + cystine} \geq b_{AAS}$$

où b_m et b_{AAS} sont les besoins en méthionine et en AA soufrés totaux (AAS) respectivement.

La première inéquation traduit le fait que le besoin en méthionine ne peut être couvert que par cet AA. La seconde indique que, une fois le besoin en méthionine couvert, l'un ou l'autre AA est efficace pour couvrir le besoin en AAS totaux.

Dans d'autres cas, comme celui des interactions entre vitamines ou AA cités, les phénomènes, du fait de leur complexité, ne peuvent être traduits à l'aide d'inéquations simples. Il est cependant possible de se placer dans des conditions où l'un des nutriments est en quantité « saturante » (apporté en quantité minimale, égale à la norme, à cause de son coût), ce qui permet de simplifier le problème. Certaines interactions, telles que celles existant entre phospore et calcium ou lysine et arginine, bien que très souvent citées, existent chez les animaux terrestres et non chez les poissons. La programmation linéaire peut alors s'utiliser sans ambages.

Si les interactions entre nutriments faussent l'estimation des Σa_{ij}, les principes mêmes de la formulation linéaire ne sont pas respectés. Il faut donc s'assurer que les biais ne sont pas excessifs, ce qui sort du champ de ce chapitre.

Besoins, normes, marges de sécurité

Le moyen le plus simple de pallier une incertitude est de prendre une marge de sécurité qui correspond à la différence entre norme et besoin (chap. 2). La marge pourra être justifiée pour de très nombreuses raisons liées à l'imprécision de la méthode de détermination elle-même, à l'hétérogénéité des animaux ou encore aux incertitudes sur la composition des matières premières. C'est souvent le nutritionniste lui-même qui choisit la marge en fonction de calculs statistiques ou d'autres considérations relatives à son expérimentation. Mais il est fréquent que le formulateur module ensuite la norme, ajoutant une nouvelle marge, compte tenu des aléas qui peuvent exister sur les matières premières qu'il utilise. Dans certains cas (pour les élevages terrestres du moins) les marges choisies sont inversement proportionnelles à l'écart type des teneurs pour une matière première donnée. Mais plus souvent, c'est une démarche beaucoup plus simple qui prévaut, chaque firme ayant sa propre politique d'achat et d'analyse et choisissant sa propre marge.

Quand il s'agit de formuler un aliment pour une espèce dont les besoins sont peu ou mal connus, la plupart des formulateurs tentent de résoudre le problème en empruntant les normes à une espèce connue et en les majorant. Cette nouvelle précaution est d'autant moins facile à justifier que la multiplication des marges finit par entraîner une formulation qui mérite de moins en moins l'appellation de « au moindre coût ».

Formulation avec des caractéristiques nutritionnelles non constantes : utilisation de matières premières fictives

Le cas des composants dont la digestibilité varie avec le niveau d'incorporation a été mentionné ci-dessus (p. 384). Dans ce genre de situation les fabricants utilisent une astuce qui, bien qu'imparfaite, a l'avantage d'être simple : au lieu de considérer par exemple qu'ils disposent d'un amidon dont la valeur énergétique décroît de 14 à 10,8 MJ/kg quand son niveau d'incorporation passe de 10 à 30 % du régime, ils considèrent qu'ils en ont une série de quatre dont ils limitent l'emploi entre 0 et 10, 10 et 20, 20 et 30, 30 et 40 % et auxquels ils attribuent des valeurs énergétiques de 14, 12,4, 10,8 et 9,2 MJ/kg, tous ces amidons ayant le même prix. Cette manière de procéder est utilisable pour des valeurs augmentant ou diminuant en fonction du niveau d'incorporation, et ce d'une manière quelconque, pourvu qu'elle soit connue. Elle revient à faire usage de contraintes techniques, usage qui résulte aussi de nombreuses autres considérations (encadré ci-dessous).

Exemples d'utilisation de contraintes techniques

1. $x_i = p$ Couverture de besoin (par exemple en vitamines ou en oligoéléments) par l'apport d'un prémélange assimilé à un ingrédient.

2. $x_i \leq q$ Limitation d'un ingrédient
   - présentant une certaine toxicité ;
   - diminuant l'appétibilité ;
   - doté de propriétés physiques défavorables pour le procédé de fabrication ;
   - trop peu connu du fabricant ;
   - trop peu digestible, donc trop polluant ;
   - etc.

3. $x_i \geq r$ « Forçage » d'un ingrédient
   - améliorant l'appétibilité ;
   - contenant des « facteurs inconnus » ;
   - contenant des nutriments dont on connaît mal le besoin ;
   - etc.

4. $r \leq x_i \leq s$ Imposition d'une marge
   - ingrédient présentant à la fois des propriétés de type 2 et 3 ;
   - contraintes d'enchaînement (limitation des changements temporels de formules). Dans ce cas cette double inéquation s'applique aux ingrédients principaux ;
   - traduction d'une matière première réelle dont une caractéristique nutritionnelle varie avec la dose d'incorporation en une série de matières premières fictives où cette caractéristique varie de façon discrète (discontinue).

Prise en compte de facteurs « nutritionnels » divers à l'aide des contraintes techniques

Il existe de nombreux nutriments pour lesquels non seulement les besoins sont encore imprécis mais les analyses des matières premières font largement défaut ; c'est le cas des vitamines et des oligo-éléments minéraux. Dans ce cas, les analyses étant longues et coûteuses, la solution quasi-universelle consiste à incorporer un prémélange apportant vitamines et éventuellement minéraux en quantité suffisante pour couvrir les besoins, avec les marges de sécurité de rigueur, sans tenir compte de l'apport des autres ingrédients. Une contrainte technique imposant 1 % (par exemple) de prémélange, considéré comme une matière première, remplacera donc plus d'une dizaine d'inéquations qui ne pourraient être employées qu'à mauvais escient.

Les contraintes techniques permettent aussi de prendre en compte des composés difficilement dosables ou pour lesquels on ne possède pas de norme. Elles peuvent aussi servir à regrouper de façon empirique plusieurs avantages ou inconvénients. Dans le chapitre sur les matières premières par exemple nous avons cité plusieurs séries d'avantages des farines animales et en particulier des farines de poisson. Les fabricants refusent souvent (pour les aliments destinés aux espèces carnivores du moins) de diminuer le pourcentage de farine de poisson en dessous d'un certain seuil afin de ne pas prendre de risque d'inappétibilité, de carence en acides gras essentiels de la série n-3 ou en AAI, etc. Inversement, les facteurs antinutritionnels, les composés fibreux ou tout simplement des facteurs répulsifs pour les poissons auront tendance à limiter l'usage des matières premières comme la levure de bière, les tourteaux ou autres produits végétaux. Certes il serait possible d'utiliser des inéquations analogues à celles des contraintes nutritionnelles pour limiter les facteurs antinutritionnels eux-mêmes, mais ce n'est pas encore du domaine du possible, faute d'analyse et de connaissance sur les réactions de l'animal à ces composés. La solution pratique consiste donc à imposer un minimum de farine de poisson et un maximum d'un produit végétal source de facteurs antinutritionnels et de fibres.

Contraintes d'enchaînement

Au cours du temps les variations du cours des matières premières diminuent la rentabilité de certains ingrédients et, à l'inverse, rendent d'autres produits plus compétitifs. Le principal intérêt de la formulation linéaire au moindre coût est de permettre aux fabricants de traduire immédiatement ces changements en termes de formule. Mais si les modifications sont trop brutales, elles peuvent par exemple faire remplacer une formule riche en glucides par une formule riche en lipides ou substituer massivement une source de protéine végétale à une source de protéine animale. Des inconvénients divers peuvent en résulter : chute de l'appétence des animaux, diminution temporaire de la digestibilité, voire perte de confiance de l'éleveur qui aura l'impression d'avoir acheté deux aliments différents sous le même nom. La solution habituelle consiste à rendre ces changements plus progressifs à l'aide d'une autre catégorie de contraintes techniques : les contraintes d'enchaînement.

Les contraintes techniques permettent donc d'apporter des solutions à des problèmes très variés et, malgré leur caractère souvent empirique, elles constituent une part importante du savoir faire ou des « secrets » des formulateurs.

Prise en compte des multiples facteurs liés à la technologie ou à l'environnement

Formulation et procédé de fabrication

Pour être utilisable, un aliment pour poissons doit avoir une certaine tenue et même une certaine forme, toutes caractéristiques dépendant de propriétés physico-chimiques des matières premières. En d'autres termes, on ne peut retenir dans les formules que des ingrédients qui ne rendent pas le produit final trop pulvérulent, trop pâteux ou trop dur, trop flottant ou à l'inverse trop dense par rapport à l'eau. Certes il est possible de modifier la texture de l'aggloméré final en choisissant un procédé technologique adapté ou encore en ajoutant un liant, doué ou non de propriétés nutritionnelles, qui sera incorporé à taux donné (chap. 21). Mais dans la pratique, le choix des ingrédients, l'addition de liants ou agglomérants, et le choix du procédé technologique sont étroitement liés.

Tout d'abord on peut choisir la cuisson-extrusion plutôt que le pressage simple parce que c'est le seul moyen d'obtenir des aliments flottants ou encore d'incorporer des pourcentages de lipides tels que ceux des aliments salmonicoles permettant de préserver le milieu (25 à 32 % de lipides totaux). Mais même avec ce procédé il est nécessaire d'assurer au granulé une texture (ou « matrice ») solide et le choix de produits comme l'amidon prégélatinisé ou les protéines natives est de rigueur. Bien entendu dans ce cas on ne dispose d'aucune caractéristique physique ou physico-chimique additive susceptible d'être prise en compte au même titre qu'une teneur en protéines, en minéraux ou en fibres. La solution consiste à limiter les ingrédients qui fragilisent l'agglomérat et à imposer un minimum de ceux qui ont un pouvoir texturant, le liant étant l'un d'eux. Le formulateur utilise donc à nouveau des contraintes techniques qui ne sont valables que pour le procédé utilisé, voire le procédé et l'espèce, voire même la combinaison procédé-espèce aquacole-matières premières dominantes.

Dans le cas des aliments pour crevettes où la tenue à l'eau est capitale, les industriels disposent en général d'un choix plus ouvert de procédés possibles. Ils peuvent opter soit pour la cuisson-extrusion, soit pour le pressage. Ils utilisent alors des contraintes bien distinctes pour chaque procédé, le recours à des expédients (liants non nutritifs) ne devenant systématique que dans le second cas (chap. 21).

Formulation, fabrication et distribution

Le mode de distribution des aliments et le comportement du poisson modulent l'importance des caractéristiques physiques de l'aliment. Il est clair qu'un aliment projeté par un distributeur soufflant ou un aliment distribué délicatement à la main ne nécessitent pas la même texture ce qui pourra, en théorie du moins, conduire à des techniques ou à des formules différentes.

Formulation et protection de l'environnement

La nécessité de protéger l'environnement, et plus précisément de limiter la pollution de l'eau, constitue aujourd'hui une contrainte majeure, même si la prise de conscience en est récente. La pollution par l'élevage dépend de nombreux facteurs où l'on peut regrouper, d'une part ceux qui ont trait au rationnement et à la distribution de l'aliment, d'autre part ceux qui se rapportent à la digestibilité et à l'équilibre nutritionnel (chap. 4 à 7) .

— les propriétés physiques de l'aliment acquièrent une importance accrue. Un aliment peu polluant doit d'abord se déliter le moins possible dans l'eau et être ingéré rapidement sans risque de rejet (aliment saisi puis recraché) ;

— ces mêmes aliments doivent aussi, comme indiqué ci-dessus, entraîner un minimum d'émissions fécales et d'excrétions.

Le concept d'aliment peu polluant a donc plusieurs autres conséquences sur la formulation. Dans la méthode traditionnelle de formulation, seul compte l'apport de nutriments utilisables, c'est-à-dire digestibles. Supposons que l'on dispose de deux ingrédients (théoriques) dont l'énergie brute soit de 20 et 30 MJ par kg et le CUD de l'énergie de 90 et 60 % respectivement. L'énergie digestible de ces deux matières premières sera la même (18 MJ). Pourtant l'énergie retrouvée sous forme fécale est de 2 et 12 MJ avec les ingrédients 1 et 2 respectivement. Pour limiter la pollution il faut évidemment accorder un avantage au premier. Plusieurs méthodes permettent d'atteindre ce but. Il est possible d'introduire dans le calcul l'énergie non digestible et la minimiser (solution mathématiquement complexe) ; il est aussi possible de fixer une limite de l'énergie non digestible, c'est-à-dire de choisir un CUD minimal pour l'énergie, la matière organique, l'azote ou d'autres nutriments. Plus simplement encore, on peut éliminer les ingrédients peu digestibles en les remplaçant par des ingrédients plus digestibles (par exemple farines de poisson classiques remplacées par des farines LT) ou encore imposer une limite d'incorporation aux premières. On retrouve là un nouvel usage des contraintes techniques.

En d'autres termes, la fabrication des aliments peu polluants nécessite à la fois des innovations technologiques et des changements simultanés dans le mode de formulation.

Formulation et qualité du produit final

La qualité du produit final, c'est-à-dire de la chair de poisson, n'a longtemps reçu qu'une attention restreinte comparée à la vitesse de croissance, à l'indice de consommation de l'aliment ou au coût de production d'un kg de chair de poisson. Il est difficile de négliger cet aspect quand la production plafonne, la concurrence se durcit, l'exigence des consommateurs s'accroît et les cours baissent. Que le produit soit destiné au marché « en frais » ou à la transformation, la qualité devrait désormais être prise en compte.

La qualité, avec ses composantes technologiques, organoleptiques et nutritionnelles, ne peut être définie de façon simple. Loin d'être une caractéristique objective, elle est perçue de façon éminemment variable selon les pays, les habitudes et les mœurs alimentaires des consommateurs. Il existe des attributs, ou caractéristiques, dont le déterminisme est essentiellement génétique (conformation, coloration par les mélanines). D'autres sont liés surtout au mode d'élevage et à l'état sanitaire (absence de malformations, sécurité alimentaire). D'autres enfin ont une origine nutritionnelle (teneur des lipides, en caroténoïdes ou en acides gras). Dans la plupart des cas, les déterminismes sont complexes et la nutrition, au sens large, exerce sur la qualité une influence variable et encore mal connue. Les deux cas où le rôle de la nutrition est bien démontré sont celui des caroténoïdes (chap. 11) et celui des lipides (chap. 7). Dans ce dernier cas, l'influence de la nutrition s'exerce d'ailleurs non seulement via la formulation (équilibre des acides gras, teneur en lipides, niveau énergétique du régime), mais aussi via le rationnement, l'ingéré énergétique déterminant le degré d'engraissement.

La limitation ou à l'inverse l'imposition d'un seuil minimal de certains ingrédients pour des raisons de qualité paraît donc actuellement difficile, même pour des matières premières comme le tourteau de soja supposées induire dans certains cas des goûts anormaux. Les principales contraintes que le fabricant doit s'imposer pour préserver la qualité ont trait aux caroténoïdes et aux acides gras. Il faut cependant s'attendre à ce que, dans le futur, ces contraintes se multiplient et prennent une importance croissante.

Autres aspects et autres domaines d'application de la formulation linéaire

Les divers logiciels de formulation linéaire actuellement disponibles (par exemple MIXIT, PORFAL) ne présentent pas exactement les mêmes avantages. Ils permettent cependant des calculs secondaires ou supplémentaires voisins et de grande importance pour l'industriel.

Calcul du prix d'intérêt

Quand un ingrédient ne figure pas dans une formule, parce que trop cher, il est possible de chercher à partir de quel seuil il serait retenu. Ce seuil, ou prix d'intérêt, est le prix maximal que peut avoir un ingrédient pour figurer dans la formule, le coût des autres ingrédients étant fixé. Cette donnée peut aider considérablement le fabricant à conduire sa politique d'achat.

Le problème peut également être abordé de manière plus complexe en tenant compte de la variation du prix de deux matières premières à la fois. Cette approche ne correspond pas à un simple jeu mathématique mais bien à la réalité car le prix d'une matière première importante (par exemple farine de poisson) dépend généralement de celui des produits concurrents (par exemple tourteau de soja). On aboutit alors à des représentations en deux dimensions permettant de visualiser l'incorporation des ingrédients étudiés dans les formules. Une restriction pratique à ce qui vient d'être dit concerne les matières premières rares sur le marché : si le prix d'intérêt de ces dernières attire les acheteurs, leur prix réel risque, par suite de la loi de l'offre et de la demande, d'augmenter si rapidement que le fabricant est pratiquement obligé d'en tenir compte d'emblée.

Plage d'invariance

Quand le prix d'un ingrédient décroît son niveau d'incorporation dans les formules au moindre coût augmente, mais cette augmentation se fait, de façon discontinue, par paliers qui traduisent des marges d'invariance. En d'autres termes, une diminution du prix de marché peut entraîner une augmentation immédiate du niveau d'incorporation théorique si le prix se situe à la limite inférieure de la marge, alors qu'il n'a aucune conséquence s'il est près de la limite supérieure de la marge. Il s'agit là d'une considération valable pour un contexte économique et technique donné.

Coût des contraintes saturées

En pratique, certaines contraintes, nutritionnelles ou techniques, n'ont pas d'incidence sur le prix des formules, étant toujours satisfaites par suite d'autres contraintes ou du faible coût de certains nutriments (par exemple le besoin en phosphore dans des formules riches en farines de poisson). D'autres à l'inverse (c'est le cas généralement des protéines ou AAI limitants) sont coûteuses. Pour les nutriments les plus coûteux, les teneurs dans la formule retenue ne dépassent jamais les contraintes, c'est-à-dire les normes ; ces contraintes sont dites saturées. Or les contraintes, même nutritionnelles, reposent sur des bases inégalement solides et jamais intangibles. Ainsi une norme en protéines comporte une marge de sécurité qui résulte de plusieurs précautions successives. Si, dans un contexte donné, cette contrainte est non seulement toujours saturée mais génératrice de surcoûts notables, le fabricant sera naturellement amené à réexaminer cette marge et à la remettre en question. L'examen du coût des contraintes peut orienter les recherches appliquées vers les secteurs où de grandes économies semblent possibles.

Multiformulation

Nous ne signalerons que pour mémoire ces procédés de calcul qui permettent non seulement d'optimiser les formules une à une, mais d'approcher globalement la formulation de plusieurs aliments très différents avec un ensemble limité de matières premières. D'une certaine façon on peut dire que la multiformulation permet d'orienter les diverses matières premières vers les espèces ou les stades physiologiques qui sont les mieux à même de les valoriser. Elle présente un intérêt pour les fabricants qui sont, pour des considérations pratiques, limités par leurs possibilités de stockage de matières premières et qui connaissent bien les tonnages respectifs des aliments qu'ils fabriquent. Si les aliments pour poissons ne représentent qu'une part marginale, leur composition ne sera guère modifiée par la multiformulation.

Conclusion

Les problèmes spécifiques à la formulation des aliments destinés à l'aquaculture tiennent parfois aux particularités nutritionnelles des poissons et des crustacés mais relèvent plus souvent de lacunes dans les connaissances qui rendent les contraintes imprécises ainsi que de la nécessité de prendre en compte des aspects ne relevant pas directement de la nutrition proprement dite. Au nombre de ces aspects, la protection de l'environnement revêt une importance particulièrement grande. Il est probable qu'à l'avenir la qualité des produits finis engendrera des problèmes comparables bien qu'actuellement les formulateurs soient encore relativement démunis pour y faire face.

Références bibliographiques

GARCIA GALLEGO M., 1987. Formulacion de dietas experimentales y piensos comerciales. *In :* J. Espinosa de los Monteros, U. Labarta (eds.). *Alimentacion en acuicultura.* Industrias Grafica Espana. Madrid.

HOUSER H., AKIYAMA D.M., 1997. Feed formulation principles. *In :* D'Abramo L.R., Conklin D.E., Akiyama D.M. (eds.), 1997. *Crustacean nutrition. Advances in world aquaculture.* vol. 6. World Aquaculture Soc., Baton Rouge, LA, USA. p. 493-519.

LAPIERRE D., 1979. *La formulation des aliments des animaux. Cycle approfondi d'alimentation animale,* INA-PG, Paris.

LARBIER M., LECLERCQ B., 1992. Modélisation des besoins et formulation des aliments. *In : Nutrition et alimentation des volailles,* INRA, Paris.

21
FABRICATION DES ALIMENTS

La fabrication d'un aliment composé consiste en une série d'opérations dont le but est d'associer plusieurs matières premières dans des proportions fixées à l'avance pour un objectif nutritionnel précis. Cette association est réalisée par mélange de composants sous forme solide (farines animales, tourteaux, produits céréaliers, minéraux, vitamines) ou sous forme liquide (huiles de poissons, lécithines, certaines vitamines et substances liantes). Un broyage préalable des composants solides les plus grossiers restreint l'hétérogénéité du produit et en accroît dans une certaine mesure l'utilisation digestive.

L'aliment est ensuite mis en forme. Plus aisé à transporter et à manipuler, il est plus facile à saisir par les animaux et permet de limiter la pollution des bassins. La texturation est l'opération clé permettant d'adapter l'aliment au comportement alimentaire de l'animal.

Les aliments destinés aux poissons et aux crustacés renferment des matières premières qui sont des co-produits d'autres industries (huilerie, amidonnerie, maïzerie), ou des produits élaborés spécifiquement (farines de poissons, farines de sang, huiles). Toutes ces matières premières ont, à des degrés divers, subi des traitements technologiques variés avant d'être associées dans un aliment composé. Seules les opérations liées à l'élaboration de l'aliment seront abordées ici.

La diversité des présentations (miettes, granulés de différentes tailles) et des propriétés (résistance mécanique aux manipulations et au délitement dans l'eau, aptitude à se réhydrater, à couler, à flotter) demandée aux aliments pour animaux aquatiques impose des adaptations importantes des lignes de fabrication existantes. La plupart du temps, les fabricants préfèrent concevoir des lignes spécialisées qui associent, en les adaptant, des opérations traditionnelles (broyage, dosage, mélange) et des opérations particulières (pressage, extrusion, séchage, enrobage, émiettage). Les figures 21.1 et 21.2 en sont des exemples.

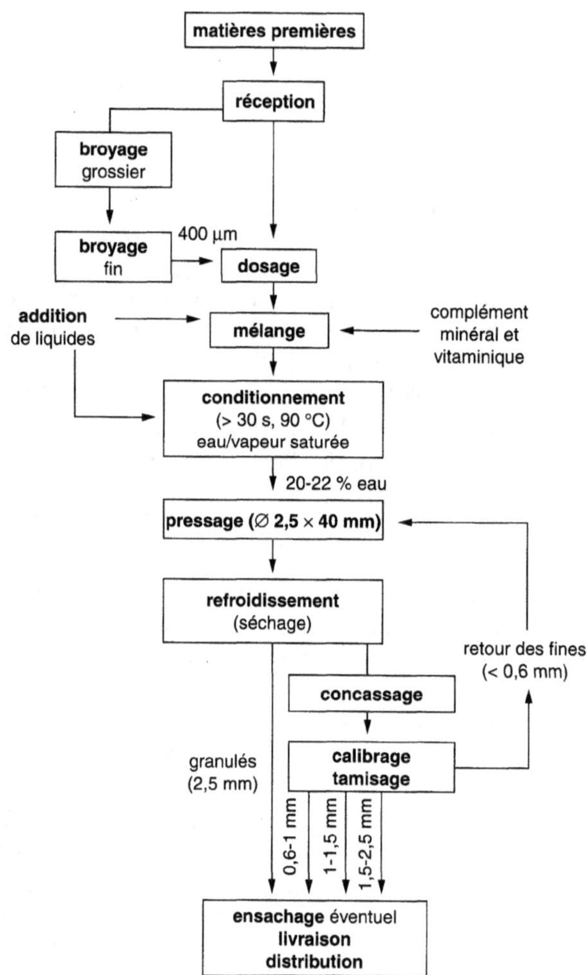

Figure 21.1. Exemple de fabrication d'aliments agglomérés stables à l'eau (crevettes).

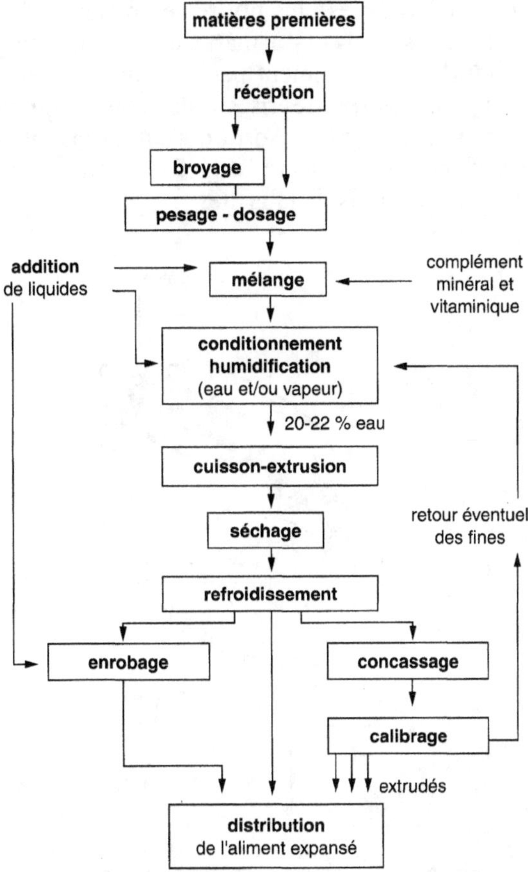

Figure 21.2. Exemple de fabrication d'aliments extrudés flottants (saumon, poisson-chat).

Opérations communes à la fabrication d'un aliment

Broyage

Le broyage consiste à réduire une matière première en particules plus fines. Il permet par la suite un mélange plus homogène et plus stable, et une mise en forme plus régulière. L'analyse granulométrique par tamisage analytique permet de caractériser le degré de finesse de la farine obtenue. Du fait de l'élévation de température due à l'énergie d'arrachement des molécules, certaines caractéristiques physico-chimiques peuvent également être modifiées.

Les équipements industriels les plus utilisés en raison de leur polyvalence et de leur robustesse sont les broyeurs à marteaux. Le produit à broyer pénètre dans une chambre où il est violemment percuté par des marteaux fixés sur un rotor. Les particules générées sont reprises à nouveau jusqu'à ce qu'elles puissent traverser les trous d'une grille (sorte de tamis) en tôle épaisse perforée située à la partie inférieure de l'appareil (fig. 21.3). Une dépression d'air aide les particules à traverser les trous de la grille.

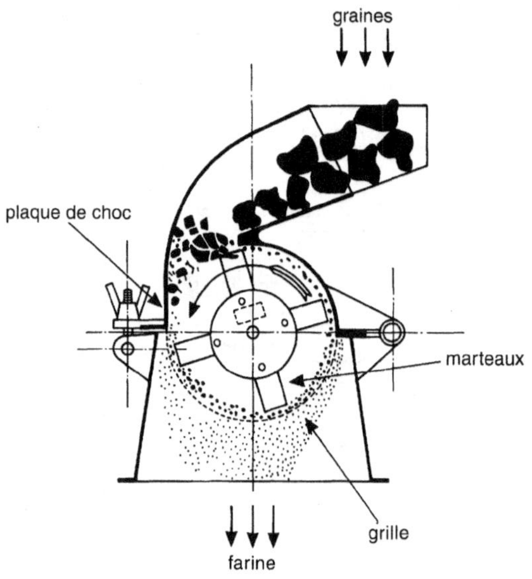

Figure 21.3. Schéma d'un broyeur à marteaux.

La vitesse d'impact est de 70 à 105 m/s selon les appareils. Elle est généralement constante pour un broyeur donné. Le diamètre des trous s'échelonne de 0,5 mm (aliments pour crevettes et jeunes alevins) à 3,5 mm (aliments pour gros poissons). La taille des particules est d'autant plus faible que les trous de la grille sont de petit diamètre et la vitesse périphérique des marteaux plus élevée. L'humidité, la texture de la matière première liée en partie à sa composition (teneur en huile, en fibres) sont aussi susceptibles d'intervenir. Le diamètre des trous de la grille constitue une limite supérieure de la granulométrie désirée, mais ne caractérise en aucun cas la finesse de la farine qui doit être mesurée séparément.

On admet que la taille maximale des particules ne doit pas dépasser 1/3 du diamètre des filières qui sont utilisées lors de l'agglomération. Une taille moyenne de particules inférieure ou égale à 500 µm est généralement recommandée dans les cas des aliments pour poissons. Elle doit être inférieure (250 µm à 180 µm) pour les aliments destinés aux poissons juvéniles et aux crustacés ; elle doit être plus petite encore (< 50 µm) lorsqu'il s'agit d'aliments pour larves et le broyage est alors effectué en 2 stades. Un tamisage supplémentaire peut se révéler nécessaire pour éliminer des fragments de matière souples (arêtes de poisson par exemple) difficiles à réduire en poudre, et qui provoquent par la suite des bouchages de filière ou des points de rupture dans les aliments mis en forme. Une maille de tamis de 800 µm suffit pour obtenir des tailles moyennes de particules d'environ 400 à 500 µm.

Dosage ou pesage

Le dosage assure l'apport des différents ingrédients de la formule dans des proportions bien définies. Il peut être massal (pesage), et c'est le cas le plus fréquent, ou volumétrique. La précision du dosage est d'une importance capitale dans la mesure où des substances actives onéreuses sont incorporées à des taux très bas dans les formules : tout excès ou insuffisance d'un élément constitue une dépense supplémentaire pour le fabricant ou un risque pour l'aquaculteur.

Dans la pratique, le fabricant dispose de balances (ou bascules) dont la portée est adaptée aux quantités à peser. L'emploi de deux bascules est une nécessité, l'une pour les matières premières employées en grande quantité, l'autre de portée plus faible (1/5 à 1/10ème de la précédente) pour les composants mineurs. Les bascules sont soit de type mécanique avec indications transmises au cadran par un jeu de leviers, soit de type électronique à jauges de contraintes. Ce dernier type prédomine maintenant dans la plupart des usines où il est relié à un ordinateur central qui gère également les stocks de matières premières.

Homogénéisation (mélange)

L'homogénéisation, opération essentielle à l'élaboration d'un aliment composé, consiste à associer les matières premières préalablement broyées et dosées en les répartissant uniformément dans la masse du mélange.

Un mélange est caractérisé par son homogénéité, mais aussi par le maintien de cette homogénéité dans le temps et dans l'espace. Le mot « homogène », qui n'est pas exact au sens physique du terme pour un mélange de farines, signifie que chaque élément du mélange doit être présent dans une masse donnée de produit à un pourcentage correspondant approximativement à sa valeur théorique. Il s'agit dès lors d'une notion relative à la taille de l'échantillon : l'animal doit pouvoir disposer de tous les éléments nécessaires à son entretien et à sa croissance, aussi petite que soit sa prise quotidienne de nourriture.

L'homogénéité peut s'évaluer à l'aide de traceurs, anions ou cations divers (Cl^-, Fe^{++}) déjà présents dans l'aliment, colorants (violet de méthyle, fluorescéine), microcristaux colorés introduits spécialement dans ce but.

L'efficacité de l'opération dépend beaucoup de la granulométrie des ingrédients et de l'appareil d'homogénéisation choisi :

– dans un mélange homogène, les grosses particules (et les plus légères) sont cimentées par les plus petites, mais si leur proportion est trop élevée, les fractions fines (souvent les plus lourdes) ont tendance à se séparer chaque fois que la denrée est en mouvement (mélange, transferts), phénomène communément appelé « démélange ». Un test simple et d'application aisée, le test des volumes au déversement, permet d'évaluer le risque de démélange. Pallier le risque de démélange suppose de broyer les particules les plus grossières (supérieures à 400 µm) ou d'ajouter des substances liquides (huile) qui freinent la percolation des particules les plus fines ;

– des mélangeuses horizontales à doubles rubans sont les appareils les plus répandus pour les matières premières pulvérulentes : elles peuvent à la rigueur convenir aussi pour l'incorporation de matières grasses sous forme liquide. L'appareil doit fonctionner rempli, la durée de mélange est à ajuster en fonction des formules : elle est généralement de 4 à 5 minutes. Après homogénéisation, une vidange totale et instantanée est à recommander. Bien que consommant plus d'énergie électrique, les mélangeuses à pales ou à socs sont mieux adaptées à l'incorporation des liquides.

Le complément minéral et vitaminique ou « prémix » est incorporé à ce stade. Il contient tous les micro-composants entrant à raison de 0,5-0,005 % dans l'aliment. Les composants sont obligatoirement homogénéisés séparément par dilutions successives sur un support broyé finement (tourteau de soja souvent). Leur nature chimique doit être prise en compte lorsqu'il s'agit de produits hygroscopiques (phosphate bicalcique, sulfate de fer ou de cuivre) ou à propriétés électrostatiques. Dans le dernier cas, la mélangeuse doit impérativement être raccordée à la terre. Le niveau d'incorporation du pré-mélange final à recommander est de 1 à 4 %. Plus ce taux est bas, et plus le risque d'hétérogénéité est susceptible de se manifester.

Mise en forme de l'aliment

L'aliment peut être donné aux poissons sous forme de pâte après incorporation d'eau (anguille), mais il est le plus souvent mis en forme à l'aide de deux techniques principales : l'agglomération et la cuisson-extrusion. Une troisième voie, la granulation « humide », utilisée jusqu'aux années 70, notamment aux États-Unis, n'est plus utilisée aujourd'hui qu'en laboratoire. De par son principe, elle se situe entre les deux précédentes.

Le mélange sous forme de farine est forcé par des galets (rouleaux) à travers les perforations d'une filière plate ou annulaire (fig. 21.4). Il ressort de la presse sous forme de petits cylindres (les agglomérés ou granulés) de longueurs et de diamètres déterminés. Le diamètre varie de 2,5 à 6 mm selon le type et la taille de l'animal. La longueur est ajustée grâce à des couteaux disposés à la périphérie de la filière. Elle est ordinairement de 1,5 à 2 fois le diamètre du granulé. De l'eau ou de la vapeur sont ajoutées au préalable à l'aide d'un conditionneur.

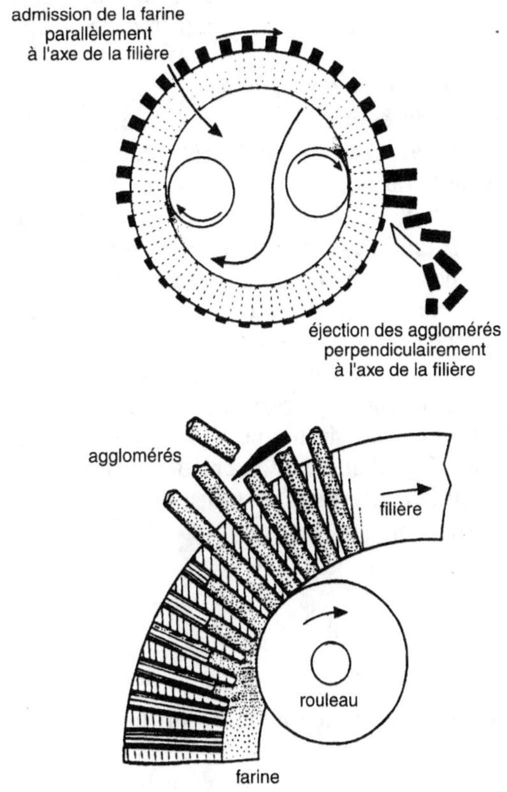

Figure 21.4. Fonctionnement d'une presse (*in* L. David, 1972).

La conduite de l'agglomération est délicate. Le résultat dépend de la composition de la formule, de l'efficacité de certains facteurs physiques, humidité et chaleur, de liants ajoutés et des caractéristiques de la filière utilisée. On attend d'un aggloméré une cohésion suffisante dans l'air et une certaine résistance au délitement dans l'eau. Ces propriétés peuvent être obtenues par :

- la réduction du taux de matières grasses dans l'aliment (3 à 4 % au maximum) et/ou l'incorporation de gluten de blé ou d'amidons pré-gélatinisés qui aident à former une matrice continue liant les particules les unes aux autres ;

– l'emploi de filières « comprimantes », dont le rapport longueur / diamètre du canal est > à 12. Plus ce rapport est élevé, plus durs seront les granulés ;

– l'addition de quantités d'eau ou de vapeur relativement importantes (2 à 6 %) suivie d'un « conditionnement long », opération qui consiste à maintenir le produit à température relativement élevée (60 à 80 °C) pendant 2 à 5 mn (au lieu des 15 à 20 s usuelles dans le conditionnement classique). Si cette température atteint ou dépasse 100 °C, on parle plutôt de « thermo-conditionnement ». Le but est d'accroître l'homogénéité de répartition de l'eau et la plasticité des particules de farine ;

– la densification préalable du mélange, ou pré-compaction qui, au lieu d'agir sur le facteur durée comme dans le cas précédent, met à profit la contrainte mécanique pour favoriser la pénétration des liquides (matières grasses) dans les micropores de la farine.

Le poste agglomération dans une usine entraîne une dépense importante d'énergie (16-48 kWh/t en énergie thermique et 19-37 kWh/t en énergie électrique). La dépense d'énergie est d'autant plus importante que les filières sont plus épaisses et que s'ajoutent des opérations supplémentaires comme la pré-compaction (+ 25 à 40 % de la consommation électrique) qui consiste en pratique à réaliser deux pressages successifs. L'agglomération représente pratiquement les 2/3 de l'énergie totale nécessaire à la fabrication. Elle entraîne un échauffement de l'aliment dont la température atteint couramment 70 à 85 °C à la sortie des presses. Les granulés doivent donc être refroidis et séchés pour éviter tout développement ultérieur de moisissures, surtout en conditions de température et d'hygrométrie élevées.

Cuisson - extrusion

La cuisson-extrusion consiste à soumettre un mélange aux effets conjugués de la pression (30 à 120 bars) et de la température (90 à 180 °C) pendant un temps court (inférieur à 30 s), et à le mettre en forme par passage forcé à travers une ou plusieurs filières (fig. 21.5). En raison de la faible diffusivité thermique des ingrédients et de leur « viscosité » élevée, il est nécessaire de travailler en couche mince par l'intermédiaire d'une ou deux vis (extrudeur monovis ou bivis) qui s'emboîtent dans un fourreau. Le frottement est obtenu entre vis et fourreau dans le premier cas, d'une vis sur l'autre dans le second cas. Des restrictions d'écoulement de formes variées selon les appareils sont également disposées le long du chenal de manière à accroître le cisaillement. L'eau contenue dans le produit est à l'état liquide à pression et à température élevées. Elle se vaporise en grande partie lorsqu'elle passe à la pression atmosphérique en sortant des filières. La vaporisation crée une structure alvéolaire (expansion) caractéristique, du moins si la composition de l'aliment le permet. À la sortie, le produit extrudé est coupé par un couteau « granulateur », refroidi et séché à environ 10-12 % d'humidité. Dans la pratique, on distingue parfois les aliments extrudés et expansés ; les seconds ne sont qu'un cas particulier des premiers.

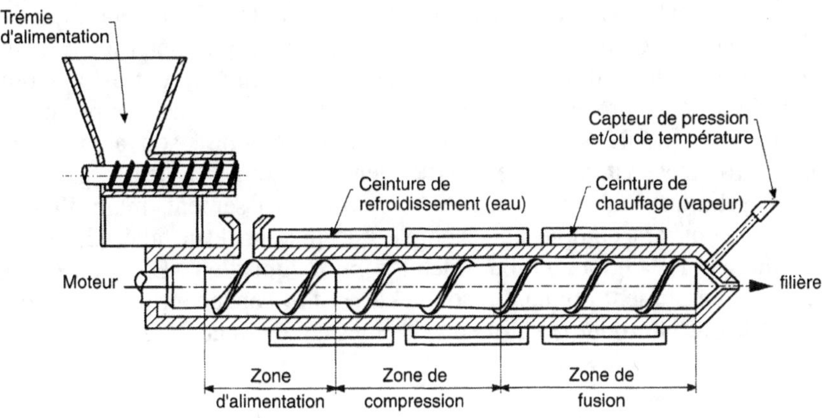

Figure 21.5. Schéma d'un extrudeur monovis (dessin Alain SIRE, INRA Nantes).

Lorsque l'aliment est pré-conditionné simultanément par de l'eau et de la vapeur avant extrusion (extrudeur monovis), on parle d'extrusion « humide ». L'humidité du mélange est portée de 7-8 à 18-19 % pour un temps de séjour dans le conditionneur de l'ordre de la minute. Ce temps sera d'autant plus long que le niveau de matière grasse sera plus élevé : il sera par exemple de 3 mn avec 7 % d'huile. À l'opposé, certains appareils fonctionnent sans addition d'eau. On parle alors d'extrusion « sèche », généralement plus sévère. Des solutions intermédiaires consistent à injecter directement de l'eau ou de la vapeur dans le fourreau.

La cuisson-extrusion est un processus complexe, dans lequel il y a simultanément malaxage intense, cuisson et texturation. Ces 3 fonctions en font une technique très souple bien que les mécanismes soient mal connus en raison des nombreux paramètres en cause : nature et structure des mélanges, caractéristiques géométriques et commandes de l'extrudeur.

La cuisson-extrusion monovis ou bivis est applicable soit à des aliments à humidité intermédiaire (38-40 % d'humidité) qu'il peut être nécessaire de sécher par la suite, soit à des aliments secs. Le produit perd alors complètement sa structure particulaire et acquiert de nouvelles propriétés. Extruder en présence de gluten de blé à humidité élevée et à basse température (< 80-90 °C) évite l'expansion et permet d'obtenir des aliments qui coulent, et restent stables au fond de l'eau durant plusieurs heures (aliments pour crevettes pénéides). Une variante est de refroidir fortement la partie terminale de l'extrudeur afin de supprimer l'expansion. Une hydratation plus faible, une température (140-160 °C) et un cisaillement plus élevés permettront au contraire d'obtenir des aliments expansés flottants, se réhydratant plus ou moins rapidement (aliments pour poisson-chat, saumon ou truite élevée en mer). Le type d'amidon incorporé à 8-12 % et son pré-traitement éventuel permettent d'ajuster le degré d'expansion et l'homogénéité de la réhydratation. De par leur principe de fonctionnement, les appareils bivis se prêtent également à l'incorporation avant extrusion de proportions élevées d'huile (22 % en pratique).

Les extrudeurs constituent une famille d'appareils très hétérogène dont les produits sont parfois difficilement comparables. Contrairement à l'agglomération, il s'agit d'un procédé sévère au cours duquel certains composants peuvent être soit modifiés dans un sens favorable (amidon), soit altérés profondément (protéines, vitamines, en particulier la vitamine C, acides gras insaturés). La technique est coûteuse, à la fois en investissement, main-d'œuvre et fonctionnement. On compte par exemple une puissance installée 2,5 fois plus élevée que pour l'agglomération à débit horaire équivalent. Elle doit être optimisée pour un aliment donné. Sa souplesse en fait cependant une technique de plus en plus utilisée pour les aliments destinés aux animaux marins.

Opérations complémentaires

Séchage - refroidissement

Le refroidissement est assuré par un flux d'air traversant une couche de granulés ou d'extrudés immobiles (refroidisseur vertical) ou disposés sur un tapis en mouvement (refroidisseur horizontal et « carrousel »). À la sortie du refroidisseur, l'aliment est généralement tamisé pour séparer les particules fines non agglomérées, recyclées ensuite sur la presse s'il s'agit d'agglomération.

L'humidité du produit est ramenée de 15-16 % à 9-10 % environ en 9 à 14 mn si l'air est à température ambiante. La perte d'eau est plus grande si l'air est chaud (40 à 60 °C). Par la formation d'une sorte de « coque » autour des granulés, le séchage contribue de manière importante à l'élaboration de leurs caractéristiques mécaniques. Le brassage intense du produit au cours du séchage est à éviter de manière à ne pas fragiliser les granulés dont on attend une stabilité à l'eau élevée.

Émiettage

Le produit extrudé ou aggloméré, généralement de petit diamètre, est concassé sur des cylindres cannelés (écartement 3 mm) après refroidissement et séchage, puis tamisé en vue d'adapter la taille des particules à celle de la bouche de l'animal. La taille des miettes, par exemple, est de 0,6 à 2,4 mm pour les crevettes, de 1,5 à 3 mm pour les poissons juvéniles. Elle est approximativement proportionnelle à la taille du poisson, par exemple 0,025 fois la longueur du corps chez la truite. Le tamisage laisse subsister un résidu très fin allant jusqu'à 25-35 %, inutilisable en l'état et qui doit être recyclé.

Enrobage

Les produits agglomérés ou extrudés peuvent être enrobés par de la matière grasse, en vue d'incorporer à la ration des acides gras essentiels et des vitamines liposolubles ou même hydrosolubles en émulsion (vitamine C). De plus, l'enrobage forme à la surface du produit une couche hydrophobe externe qui ralentit le délitement et le lessivage dans l'eau. Les matières grasses, généralement des huiles liquides à température ordinaire, sont pulvérisées sur les produits préalablement refroidis et surtout séchés, brassés lentement dans des enrobeurs à vis ou à tambour. La matière grasse pénètre alors dans les pores laissés libres par le départ de l'eau. Certains aliments pour crevettes subissent deux enrobages successifs : l'un avec des additifs hydrosolubles (vitamines, attractants) en très faibles proportions, l'autre avec l'huile et les additifs liposolubles. La capacité d'absorption d'huile des granulés est limitée à 3-4 %, celle des produits expansés est beaucoup plus grande (> 10 %). Elle peut être accrue légèrement en réalisant une incorporation par paliers. Il est également possible d'adsorber l'huile sur des silices précipitées hydrophobes.

Emploi des liants

En raison de leur teneur élevée en protéines d'origine animale et de la quasi-absence de matières premières végétales non transformées, les aliments destinés aux espèces carnivores contiennent peu de liants naturels. Il est alors inévitable d'ajouter des liants « externes » comme additifs. Certains, comme le gluten de blé ou les amidons prégélatinisés, peuvent avoir une valeur nutritive, d'autres sont des matières premières inertes utilisées comme gélifiants et épaississants en industrie alimentaire (carboxy-méthyl-cellulose, alginates, carraghénanes, agar-agar, gommes diverses). Des liants synthétiques sont vendus par l'industrie, mais certains (urée-formol par exemple) sont à déconseiller car, bien qu'efficaces, ils sont nocifs pour les espèces cibles.

L'efficacité des liants réputés inertes est souvent remise en cause lorsque l'aliment est élaboré par les techniques industrielles décrites ci-dessus. Le traitement thermomécanique subi tend à détruire la structure des gels formés si l'humidité du produit est insuffisante. À humidité plus élevée (45-50 %), l'aliment sera distribué en l'état, ou l'excès d'eau devra être éliminé par un séchage toujours coûteux. Par contre, les liants-gélifiants sont utiles si les formulations contiennent des proportions élevées de co-produits carnés frais. L'alginate de sodium à 1,5 % ajouté avec 15 % d'eau en présence de calcium (apporté par du plâtre) servant de séquestrant est utilisé avec succès dans des aliments pour crevettes. La fabrication s'effectue sur le lieu de l'élevage, à l'échelle artisanale avec des appareils simplifiés (presse, hachoir à viande).

Méthodes de caractérisation des aliments texturés

La qualité d'un aliment est caractérisée de différentes manières selon sa destination et son utilisation ; certains critères sont typiquement industriels, d'autres sont reliés davantage au comportement alimentaire de l'animal qui va consommer le produit.

Caractéristiques géométriques et physiques

Taille des particules

La taille des miettes destinées à des juvéniles est évaluée par tamisage analytique. L'échantillon (environ 100 g) est disposé au sommet d'une colonne de tamis dont les dimensions de maille s'échelonnent selon une progression géométrique (norme AFNOR NF X 11-501). Après « secouage » dans des conditions déterminées (15 mn), les refus présents sur chaque tamis sont pesés et les résultats exprimés en pourcentage. Les histogrammes étant peu exploitables directement, il est possible de calculer une taille moyenne de particules et un écart-type représentatif de l'hétérogénéité de la distribution granulométrique après ajustement à des lois statistiques (normes AFNOR NF X 11-635 et 636).

Masses volumiques (ou « densités »)

La masse volumique unitaire est la masse volumique d'un aggloméré ou d'un extrudé pris individuellement. Elle se relie à la prise alimentaire de l'animal. Elle se mesure par le volume d'un solide granulaire (sable, billes de verre calibrés) ou d'un liquide (mercure, eau) déplacé par une masse connue de produit. Cette caractéristique s'exprime généralement en g/cm^3.

S'il s'agit de produits non poreux, il est possible d'utiliser le mercure, ou l'eau, après avoir enrobé l'échantillon d'une substance hydrophobe solide à température ordinaire (suif, paraffine). Lorsqu'il s'agit d'un produit extrudé alvéolé, le liquide peut être remplacé par un sable purifié ou des billes de verres de granularité homogène (1 à 2 mm). Le produit est alors tassé dans des conditions normalisées avant et après introduction de l'échantillon produit (norme AFNOR NF A 95-112).

La masse volumique apparente (ou « en vrac ») est la masse volumique d'un ensemble d'individus. C'est un critère essentiellement pratique, qui prend toute sa signification lors des opérations d'ensachage, de transport et de distribution du produit car il est relié au degré de remplissage des sacs, des trémies, des systèmes de dosage. La masse volumique apparente s'évalue par la pesée d'un volume connu d'aliment (2 litres), versé à l'aide d'un entonnoir placé sur le récipient. Elle s'exprime souvent en kg/m^3, éventuellement en g/l.

Caractéristiques mécaniques en milieu aérien

Résistance à l'abrasion (durabilité)

La friabilité est évaluée par le taux de particules fines arrachées à l'aliment ayant subi une succession de chocs et de frottements dans un appareil à caissons tournants (norme ASAE S 269) ou dans un appareil à circulation pneumatique (méthode Holmen). Par convention, on définit comme particule fine tout fragment d'aliment traversant un tamis de maille égale à 0,8 fois le diamètre nominal du produit texturé. Il existe une relation étroite entre les résultats fournis par ces deux techniques, la seconde étant plus rapide, un peu plus discriminante dans le cas de produits compacts et peu friables. Un concassage dans un petit broyeur de laboratoire pendant un temps très court (10 ou 20 s) a également été proposé récemment (*Quick test*). La durabilité est le complément à 100 de la friabilité.

Résistance à l'écrasement (dureté)

La dureté est définie par la résistance maximale à la compression radiale d'un ensemble d'agglomérés ou d'extrudés de même diamètre, s'il sont de forme ronde, et de longueurs connues. Elle s'exprime en MPa (mégapascals).

La force d'écrasement se mesure à l'aide d'une machine de traction-compression. L'enregistrement de la courbe en fonction du déplacement permet de calculer le travail de rupture, information utile lorsque les produits ne sont pas de forme régulière. Des appareillages simplifiés permettent d'obtenir un indice d'écrasement par l'application d'une force ponctuelle.

Dans le cas d'aliments très riches en huile ou d'aliments semi-humides ou réhydratés, on ne distingue plus de seuil d'écrasement. Les mesures de durabilité et surtout de dureté perdent leur signification. Par analogie avec certains tests pratiqués sur les viandes ou les fruits, le produit peut être soumis à une double compression à vitesse et déformation fixées. Les deux pics obtenus permettent de définir une dureté (hauteur du premier pic), une recouvrance élastique et une cohésion (rapport des surfaces des deux pics) parfois appelée « plasticité ».

Caractéristiques comportementales en milieu aquatique

Aptitude à la réhydratation

Un test simple consiste à plonger l'échantillon disposé dans des paniers grillagés dans un excès d'eau à 20 °C et à mesurer, après égouttage sur papier filtre, soit la quantité d'eau absorbée, soit le taux de réhydratation (rapport : masse de produit réhydraté / masse de produit sec initial) en fonction de la durée d'immersion. Une simplification de la méthode est d'exprimer la quantité d'eau absorbée pour un temps fixé conventionnellement entre 8 et 15 minutes. Ce temps peut être réduit en plaçant l'échantillon sous vide partiel (3 mn). Il s'agit d'une méthode par défaut qui doit être corrigée en fonction du délitement éventuel.

L'absorption d'huile peut être évaluée selon le même principe. La durée de trempage est plus brève (1 mn à 40 °C).

Stabilité à l'eau

La résistance au délitement ou stabilité à l'eau revêt une importance fondamentale pour les aliments destinés aux prédateurs à l'affût ou à comportement brouteur ou détritivore : soles, crevettes pénéides et chevrettes, carpes dans une moindre mesure.

Méthodes statiques

Ni l'aliment, ni le liquide ne sont mis en mouvement : le gonflement et le délitement de l'aliment plongé dans l'eau sont estimés visuellement en fonction du temps. Une technique complémentaire consiste à verser l'aliment contenu dans un bécher sur un tamis (2,4 mm). Le résidu est ensuite repris et séché. Les résultats sont exprimés en % de la matière sèche.

Méthodes dynamiques

– déplacement du liquide par rapport au solide

L'échantillon placé sur un tamis est soumis à l'aide d'une pompe à un courant d'eau ascendant qui entraîne les particules et les substances dissoutes. L'opacité du liquide, reliée à la proportion de matières entraînées, est mesurée par néphélométrie. La méthode a l'avantage de ne pas faire appel à la dessiccation pour évaluer la matière sèche, mais en revanche, la signification de l'opacité du liquide reste à préciser.

– déplacement du solide par rapport au liquide

L'aliment, placé dans des paniers grillagés à maille de 2 mm, est alternativement plongé dans l'eau puis ramené à l'air à une cadence de 10 mouvements/mn. Au moment de la traversée de la surface du liquide, le produit est brassé :

Tableau 21.1. Caractéristiques courantes d'aliments pour animaux aquatiques (exemples).

Caractéristiques	Aliment « flottant »	Aliment « coulant » lentement	Aliment « coulant » et stable à l'eau
expansion diamétrale	1,2-1,6	1,0-1,1	0,98-1,02
masse volumique unitaire (g/cm^3)			0,78-0,95
masse volumique apparente (kg/m^3)	350-400	390-450	520-820
dureté (MPa)			0,4-0,9
durabilité (%)	96-97		98-99
réhydratation 8 mn (%)	140-220		60-70
stabilité à l'eau (%)			82-85

les substances solubles et les particules de taille inférieure à 2 mm sont arrachées. Au bout de 40 ou 60 mn, le résidu est repris, puis séché à l'étuve jusqu'à masse constante. La stabilité à l'eau est exprimée par rapport à la matière sèche de l'aliment témoin mesurée dans les mêmes conditions. Une stabilité de 80-84 % est considérée comme satisfaisante pour les aliments destinés aux crevettes pénéides : elle correspond à un maintien apparent de l'intégrité du produit *in situ* d'environ 3 h.

Des exemples de caractéristiques sont donnés dans le tableau 21.1. Les relations entre ces critères sont souvent de forme complexe.

L'aptitude à la réhydratation, qui rend le produit plus facilement consommable, est inversement reliée à la stabilité dans l'eau. Dans le cas d'aliments pour crevettes pénéides non expansés, il n'existe pas de relation entre durabilité dans l'air et stabilité à l'eau aussi bien pour des aliments agglomérés que pour des aliments extrudés.

Conclusion

L'obtention d'un aliment pour animaux marins s'apparente à celle d'un aliment classique, mais elle est plus exigeante : elle demande une maîtrise parfaite du broyage, des techniques de mise en forme (agglomération et cuisson-extrusion) et du séchage-refroidissement, opérations au cours desquelles il faut veiller à ne pas altérer la valeur biologique des protéines de l'aliment.

Le choix de la technique est à raisonner en fonction du type d'animal, mais également en fonction du coût de l'opération et de son caractère parfois aléatoire. Ainsi, la cuisson-extrusion, souvent privilégiée en raison de sa souplesse et de sa commodité d'emploi n'est pas la solution à tous les problèmes existants. C'est une opération coûteuse et encore imparfaitement maîtrisée dont le résultat peut être très variable : elle peut dans certains cas être remplacée par l'agglomération, avec éventuellement des adaptations comme le thermo-conditionnement ou la pré-compaction. En revanche, elle est incontournable s'il s'agit d'élaborer des aliments flottants.

Enfin, il existe plusieurs méthodes de caractérisation physique des aliments, qui, dans une première approche, permettent d'optimiser une technique pour un objectif fixé.

Références bibliographiques

BOUROCHE A., LE BARS M., 1996. *La cuisson-extrusion. Vocabulaire français-anglais-allemand.* INRA, Paris, 95 p.

COLONNA P., DELLA VALLE G., 1994. *Cuisson-extrusion*, Tec. & Doc. Lavoisier, Paris, 545 p.

CSAVAS I., 1991. Physical and nutritional properties of aquafeeds. *In : Feed production tomorrow.* VICTAM Asia, Jan. 24-26th, Bangkok (Thaïland), p. 2-19.

DAVID L., 1972. *Conduite et entretien des presses.* Louis David, auteur-éditeur, 17220 La Jarrie (France).

DAVID L., LEFUMEUX J., 1972. *Pratique de la compression et techniques nouvelles.* Louis David, auteur-éditeur, 17220 La Jarrie (France), 279 p.

KEARNS J.P., 1988. Preparation of fish and shrimp feeds by extrusion. *In : Proc. World Congress on Vegetable Protein Utilization in Human food and Animal Feedstuffs,* Singapore, oct. 2-7, TH. APPLEWHITE ed., AOCS publ., Champaign (Ill.), 1989, p. 152-161.

KEARNS J.P., HUBER G.H., DOMINY W.G., FREEMAN D.W., 1988. Properties of extrusion cooked shrimp feeds containing various commercial binders. Presented at World Aquaculture Soc. 19th Annu. Conf., Jan 4-8, Waikiki (Hawaï), 15 p.

MELCION J.-P., GUILLAUME J., MÉHU J., MÉTAILLER R., CUZON G., 1983. Préparation d'aliments pour animaux marins par cuisson-extrusion. *Rev. Alim. anim.,* 371, p. 26-31.

TAN R.K.H., 1988. Pelleting for aquaculture feeds. *In : Proc. World Congress on Vegetable Protein Utilization in Human Food and Animal Feedstuffs,* Singapore, oct. 2-7, TH. Applewhite ed., AOCS Publ., Champaign (Ill.), 1989, p. 162-166.

22

PRATIQUE DE L'ALIMENTATION
DES POISSONS

La pratique de l'alimentation des poissons présente des difficultés particulières pour trois raisons principales : tout d'abord, quel que soit le comportement des poissons, l'éleveur se heurte à la difficulté de voir si tout l'aliment distribué dans l'eau est effectivement ingéré. Ensuite, l'aliment non consommé peut entraîner, outre la perte économique, une détérioration de la qualité du milieu d'élevage, voire une pollution de l'environnement aquatique proche. Enfin, les besoins alimentaires des poissons varient en fonction de nombreux paramètres, notamment la température du milieu, ce qui exige de la part de l'éleveur une adaptation permanente de la ration distribuée. En pratique, l'éleveur doit ajuster au mieux la quantité d'aliment allouée aux besoins supposés du poisson à un instant donné, c'est le rationnement alimentaire, et choisir des méthodes de distribution de l'aliment appropriées, c'est le « nourrissage ».

Bases du rationnement

Influence du rationnement sur la croissance et la transformation de l'aliment

Pour un aliment, une espèce et dans des conditions donnés, le taux de croissance spécifique (TCS) et l'indice de consommation (IC) dépendent du taux de rationnement (TR) des poissons. Rappelons que la croissance et l'efficacité alimentaire maximales ne sont pas obtenues pour le même niveau de rationnement (chap. 2, p. 35). L'intervalle entre les taux de rationnement correspondant à ces deux valeurs remarquables délimite la marge de manœuvre de l'éleveur. Dans cette plage de rationnement, il est possible soit de maximiser la croissance, soit de minimiser le coût alimentaire, en fonction de contraintes économiques ou autres. L'obtention de la croissance maximale implique un surcoût alimentaire. À titre d'exemple, dans un essai d'élevage de truite fario en mer, ce supplément de coût a été chiffré à 12 % (soit 0,72 F par kg) pour l'alimentation à satiété par rapport à un rationnement à 85 % de celle-ci ; la différence entre les gains de masse obtenus avec les deux niveaux d'alimentation était de 12,3 %, représentant 10 jours d'élevage, soit 8 % de la durée de l'expérience. Toutefois, cette évolution du gain de masse[1] et de l'utilisation de l'aliment en fonction du TR est un schéma, vraisemblablement spécifique des conditions d'alimentation, et par ailleurs controversé. Le minimum du coût alimentaire et le maximum de croissance sont obtenus avec le même niveau d'alimentation chez la truite si elle est nourrie en libre service contrôlé, mode d'alimentation qui tient compte des rythmes alimentaires et de la demande des poissons (chap. 3).

Il est important également de considérer que la quantité d'aliment prise en compte dans le calcul de l'IC peut dépasser notablement la quantité réellement consommée par le poisson. Les risques de gaspillage sont d'autant plus grands que le taux de rationnement est élevé, ce qui est le cas lorsqu'on recherche une croissance maximale.

Alimentation à satiété

La satiété est beaucoup plus difficile à apprécier chez le poisson que chez les animaux terrestres puisque le milieu aquatique est en général peu propice à l'évaluation *de visu*, directe ou indirecte, de la quantité ingérée. On peut cependant tenter de l'approcher de deux manières différentes :

– la première consiste à donner aux poissons tout l'aliment qu'ils sont en mesure d'ingérer en se fiant à leur comportement. La fin de l'agitation liée à la prise de l'aliment signale un arrêt momentané du repas. Une satiété momentanée peut être obtenue en distribuant manuellement une certaine quantité d'aliment jusqu'au refus. Cependant, la satiété réelle ne sera obtenue qu'avec un nombre de repas suffisant (deux ou plus par jour) suivant la taille, l'espèce et la température du milieu. Ces facteurs, ainsi que la nature de l'aliment, déterminent la vitesse du transit intestinal ;

– la seconde consiste à laisser à la disposition du poisson, grâce à un dispositif approprié (distributeur libre-service), une quantité d'aliment excédentaire, l'animal prélevant à son gré celle qui lui est nécessaire. La maîtrise de ce dernier moyen est plus simple que celle des méthodes précédentes.

En règle générale, la gestion de la distribution à satiété est complexe et conduit fréquemment à des pertes d'aliment, à une efficacité alimentaire réduite et à une dégradation du milieu d'élevage qui peut être suffisante pour altérer les

---

1. Dans ce chapitre qui, plus que les précédents, se rapporte à des pratiques d'élevage plutôt que de laboratoire, le terme de masse (corporelle) a été remplacé par P, pour poids, terme incorrect mais généralement employé au lieu de masse dans la pratique.

performances zootechniques. Les problèmes rencontrés peuvent également être aggravés par la densité énergétique. Il est quelquefois possible de limiter les pertes par des contrôles de gaspillage. On peut recueillir l'aliment restant à l'aide de grilles placées à la sortie de bassins traversés par un courant suffisant ou à l'aide de « plateaux » posés sur le fond à l'aplomb des lieux de nourrissage (technique fréquente dans les élevages de crevettes). Mais ces correctifs sont rarement très satisfaisants.

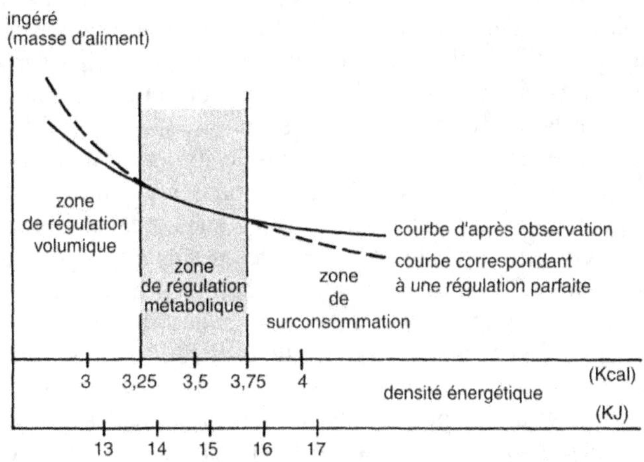

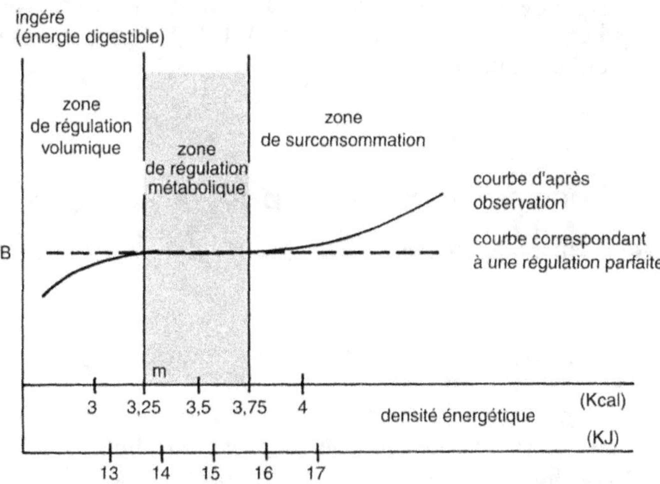

Figure 22.1. Régulation de l'ingéré en fonction de la densité énergétique de l'aliment. B : besoin énergétique ; m : niveau énergétique minimal.

Densité énergétique des aliments et régulation de la quantité ingérée par les poissons

La régulation de l'ingéré se fait, chez les poissons comme chez les animaux terrestres, par l'énergie alimentaire. À moyen terme, l'animal ajuste sa consommation de telle sorte que ses besoins énergétiques soient couverts. Avec des aliments peu énergétiques, la quantité d'aliment ingérée peut se trouver limitée par le volume stomacal et, dans certains cas, être insuffisante pour assurer de bonnes performances (fig. 22.1). À l'inverse, avec les aliments très énergétiques disponibles actuellement, la quantité d'énergie consommée n'est pas limitée par la capacité d'ingestion de l'animal et elle peut dépasser les besoins ; tout se passe comme si la brièveté du repas ne permettait pas aux mécanismes physiologiques de la satiété de se mettre en œuvre assez rapidement. Dans ce cas, la fraction excédentaire est stockée sous forme de graisses dans des compartiments corporels d'importance relative variable suivant les espèces : muscle, tissu adipeux péri-viscéral, foie et tissu sous-cutané, etc. (chap. 6). La ration doit ainsi être limitée pour minimiser les pertes à l'éviscération des poissons de grande taille destinés à la transformation. Le rationnement des animaux doit donc tenir compte des caractéristiques des aliments.

En pratique, la préoccupation de l'éleveur peut se limiter à la densité énergétique puisque le fabricant d'aliment est censé avoir assuré l'équilibre entre niveau énergétique et autres nutriments (protéines ou acides aminés, vitamines, minéraux, etc.). De même le fabricant est censé avoir tenu compte de facteurs de grande importance tels que la digestibilité des nutriments. La densité énergétique est généralement exprimée en kJ/g ou MJ/kg d'énergie digestible (dans la pratique, la kcal, chap. 4, est encore usitée). Elle présente un intérêt particulier pour le calcul des rations.

Principaux facteurs pris en compte pour l'établissement du taux de rationnement

Taille du poisson, température et croissance prévue

Les besoins des poissons en nutriments, donc en aliment, sont déterminés par de nombreux facteurs liés soit à l'animal (espèce, souche, taille, stade et état physiologique), soit au milieu (température, salinité, qualité de l'eau, teneur en oxygène dissous, etc.). Deux de ces facteurs sont généralement considérés comme prépondérants : la taille de l'animal et la température de l'eau. Cependant, même pour une température donnée, la taille est insuffisante pour

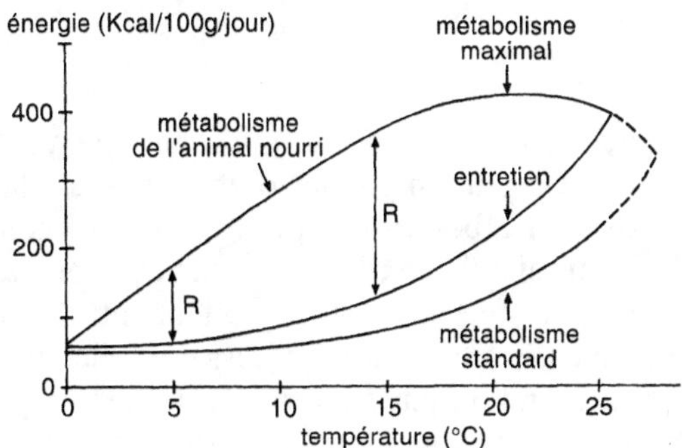

Figure 22.2. Influence de la température sur l'ingéré (KCal/100 g/j) et la rétention énergétiques (R).

déterminer les besoins. En effet, au besoin d'entretien qui est surtout fonction de la taille s'ajoute le besoin de croissance qui est, entre autres choses, fonction de la vitesse de croissance, donc du potentiel génétique. En d'autres termes, davantage que la masse corporelle, c'est la cinétique ou le potentiel de croissance qui détermine les besoins.

Le principe général de l'effet de la température de l'eau est bien connu ; les besoins augmentent avec la température jusqu'à un certain seuil considéré comme l'optimum thermique de l'espèce, puis ils diminuent (chap. 2, p. 35 et tabl. 5.5). Cet optimum correspond aussi, approximativement, à la meilleure efficacité alimentaire dans la mesure où le rapport entre la part de l'aliment utilisée pour la croissance et celle utilisée pour l'entretien est maximal (fig. 22.2 et tabl. 5.5). Cependant l'effet de la température n'est pas encore quantifié pour toutes les espèces élevées et la grande variété du matériel animal utilisé rend cette modélisation difficile.

Par ailleurs, bien d'autres facteurs sont susceptibles d'influencer les besoins : état sanitaire, état physiologique, environnement d'élevage, saison (pour une température donnée), etc. L'évaluation exacte des besoins énergétiques des poissons est donc particulièrement complexe. À défaut de solution scientifique, ce n'est qu'à la suite d'observations et de réévaluations successives que l'éleveur peut parvenir à une solution empirique. L'efficacité du rationnement en termes de performance économique de l'élevage dépendra fortement du suivi technique mis en place par le pisciculteur.

Limitations dues au milieu d'élevage

De nombreux facteurs liés au milieu d'élevage peuvent conditionner le niveau de rationnement. Le plus important d'entre eux est la concentration de l'eau en oxygène dissous. Le besoin des poissons en oxygène est directement lié à la quantité d'aliment distribuée ; la truite, par exemple, a besoin d'environ 250 à 300 g d'oxygène pour métaboliser 1 kg d'aliment. Si elle trouve difficilement dans le milieu l'oxygène qui lui est nécessaire, elle aura tendance à utiliser moins efficacement sa ration par suite du coût énergétique du prélèvement de l'oxygène (dépenses musculaires liées à la respiration). En dessous d'un certain seuil (4 à 5 ppm pour la truite), la prise d'aliment diminue et la croissance est ralentie. Au dessus de ce seuil, même si la quantité d'oxygène disponible est suffisante, le poisson exprime d'autant mieux son potentiel et transforme d'autant mieux l'aliment que la concentration en oxygène dissous est élevée, le coût énergétique du prélèvement de l'oxygène dans l'eau étant plus faible. L'éleveur doit donc réduire la ration si la concentration en oxygène n'est pas optimale pour l'espèce. Cette remarque est d'importance moindre pour les élevages semi-extensifs et les espèces capables de se satisfaire d'une oxygénation inférieure (carpe par exemple). Il faut cependant rappeler que les moyens d'oxygénation, utilisés de plus en plus couramment, permettent d'élever le cheptel dans un milieu rendu non limitant en oxygène et de maintenir une biomasse par unité de débit bien supérieure à celle qui pourrait l'être dans les conditions naturelles.

D'autres facteurs du milieu doivent être pris en compte. En particulier ceux qui sont susceptibles de limiter la disponibilité de l'oxygène pour le poisson ou de perturber son utilisation : agents portant atteinte à l'intégrité des branchies, soit par colmatage (matières en suspension, fer colloïdal), soit par nécrose ou hyperplasie (ammoniaque), soit par hypersécrétion de mucus (pH acide, produits agressifs). De même le taux de nitrite doit être surveillé, cet ion limitant l'utilisation de l'oxygène dans l'organisme par formation de méthémoglobine.

Réglementation des rejets

La plupart des élevages intensifs aquacoles sont ou vont être assujettis à des normes de rejet exprimées, soit en concentration pour les élevages en eau courante, soit en flux (quantité rejetée par unité de temps) pour les élevages marins. Les polluants visés par ces réglementations sont pour l'instant les résidus de la digestion (matières en suspension) et les excrétions métaboliques. La demande biologique en oxygène (DBO) qui traduit le métabolisme des bactéries transformant les déchets est étroitement liée au rejet des matières en suspension. Elle est généralement mesurée sur 5 h (DBO5). D'autres critères, comme les rejets de produits médicamenteux ou de traitement pourraient être pris en compte dans les années à venir. La quantité totale d'aliment qu'il est

possible de distribuer par unité de temps (24 h par exemple) peut être limitée
par ces normes. C'est parfois le cas en période estivale pour les salmonicultures.

Dans ces conditions, l'éleveur devrait ajuster la quantité totale d'aliment Q
qu'il peut distribuer par 24 h en fonction du débit de la rivière et des normes
de rejet qui s'appliquent à son exploitation par un calcul de type :

$$Q_{kg/j} = D_{m^3/j} \times N_{mg/L} \, / \, E_{g/kg}$$

où   D le débit de la rivière au droit de la pisciculture
       N la norme appliquée à l'exploitation[2]
       E la quantité de produit, issue de la digestion ou de l'excrétion, rejetée
       pour un kg d'aliment.

On peut remarquer que le niveau initial d'oxygène dans l'eau n'est pas pris
en compte puisqu'il peut être modifié par l'usage d'appareils appropriés.

Choix du taux de rationnement

Le taux de rationnement est choisi en fonction d'un objectif de croissance
qui peut être une croissance « standard » ou un niveau de performance dicté
par un impératif particulier. Il peut être pris dans une table de rationnement ou
calculé à partir des résultats antérieurs.

Tables de rationnement

Les tables de rationnement fournies avec les aliments du commerce ne prennent généralement en compte que l'espèce, la taille ou la masse des poissons
et la température de l'eau. Elles ne s'appliquent qu'à l'aliment concerné et à
un élevage où l'on recherche « les meilleures performances » (sans grande précision, en général, sur le compromis entre optimisation de la croissance et de
l'IC). Ces tables doivent donc être considérées comme indicatives et demandent à être adaptées en fonction des caractéristiques propres tant des poissons
que de l'environnement d'élevage, de l'exploitation, voire de la saison.

Une table de besoins en énergie fournit, pour une masse moyenne et une
température données, la quantité d'énergie nécessaire pour un poisson. L'usage
des tables demande parfois des interpolations pour la masse corporelle, la température ou les deux facteurs à la fois (encadré p. 420).

Les besoins en énergie des poissons sont calculés à partir des besoins
d'entretien (animaux à jeun), de la vitesse de croissance des animaux, de la
température et des pertes au cours de l'utilisation de l'aliment par le poisson.

---

2. Cette norme est fixée par la réglementation. En France elle varie selon les départements, par exemple
de 0,1 à 1 ppm pour l'azote ammoniacal ($N.NH_4$).

Calcul du taux de rationnement par double interpolation sur la masse corporelle et la température

Même si la variation du TR en fonction de la masse corporelle et de la température n'est pas linéaire, une interpolation linéaire permet une approximation suffisante. Elle se réalise en deux temps.

Interpolation sur les masses

soient t_1 et t_2 les températures et P_1 et P_2 les masses qui encadrent respectivement sur la table la température t et la masse P réelles,
soient à la température t_1, TP_1t_1 le taux de rationnement pour la masse P_1
et TP_2t_1 pour la masse P_2, le taux de rationnement TPt_1 pour la masse P sera :

$$TPt_1 = TP_1t_1 + (TP_2t_1 - TP_1t_1) \times \frac{P - P_1}{P_2 - P_1}$$

On calcule de la même manière TPt_2 pour la température t_2

$$TPt_2 = TP_1t_2 + (TP_2t_2 - TP_1t_2) \times \frac{P - P_1}{P_2 - P_1}$$

Interpolation sur les températures

soit TPt le taux de rationnement recherché pour la masse P et la température t

$$TPt = TPt_1 + (TPt_2 - TPt_1) \times \frac{t - t_1}{t_2 - t_1}$$

Cho (1992) a proposé une méthode simplifiée résumée dans l'encadré p. 421. Un exemple d'application de cette méthode est donné dans le tableau 22.1. À partir des calculs de Cho (1992), il est possible de déterminer également l'IC théorique que l'on devrait obtenir avec le TR préconisé, ce qui peut constituer une référence pour l'éleveur.

Les données nécessaires pour établir ces tables ne sont disponibles que pour un nombre restreint d'espèces (certains salmonidés). Les besoins en énergie des poissons pouvant varier sous l'effet d'un grand nombre de facteurs, l'adéquation de la ration énergétique distribuée aux besoins des poissons élevés doit être vérifiée par des contrôles réguliers des performances du cheptel. L'IC doit être suivi au cours du temps de façon régulière. Pour son calcul, il faut prendre garde à la précision des pesées, ajouter éventuellement la masse totale des morts et tenir une comptabilité précise des effectifs. Cet indice doit rester dans les limites habituellement retenues pour l'espèce et la taille d'une part, la densité énergétique de l'aliment, d'autre part. Un facteur correctif (coefficient multiplicateur) doit être appliqué à la ration si l'IC sort de ces limites. Ce coefficient doit, en général, être inférieur à 1 (IC au-dessus de la valeur supérieure de la fourchette). Par ailleurs, il ne faut pas oublier que l'IC peut refléter des caractéristiques variées de l'aliment et pas seulement la quantité distribuée.

Calcul du besoin énergétique d'un poisson (Cho, 1995)

Détermination du coefficient de croissance de l'espèce (ou de la souche)

$$CC = \frac{M_f^{1/3} - M_i^{1/3}}{t \times \Sigma\theta}$$

Ce coefficient très empirique est connu pour plusieurs espèces de salmonidés (truite, truite fario, saumons de l'Atlantique et quinnat...) où il a des valeurs relativement constantes. Il est nécessaire de le déterminer et de vérifier sa constance pour les autres espèces.

Prédiction de la masse corporelle à un instant t à partir de la masse à l'instant 0

$$M_t = [M_0^{1/3} + (CC \times t \times \Sigma\theta)]^3$$

Calcul du gain d'énergie GE à partir du gain de biomasse

$$GE = (M_t - M_0) \times ms \times ve$$

où   ms = teneur en matière sèche
ve = valeur énergétique de la matière sèche.

Calcul du besoin énergétique d'entretien (EE) approché

$$EE = (-1,04 + 3,26\theta + 0,05\theta^2) \times M^{0,824} \text{ en } kJ/j$$

où les coefficients de l'équation se rapportent à la truite.

Calcul de l'extrachaleur EC approchée

$$EC = 0,6 \, EE$$

Calcul des pertes énergétiques urinaires et branchiales

$$PEUB = 0,06 \, (GE + EE + EC)$$

Calcul du besoin énergétique total BE

$$BE = GE + EE + EC + PEUB$$

Rationnement à partir de résultats antérieurs

Le rationnement peut être établi pour que le lot de poissons considéré atteigne une masse corporelle moyenne donnée au bout d'un certain laps de temps. Cette méthode nécessite de connaître *a priori* le potentiel de croissance des animaux ainsi que l'évolution de l'IC en fonction de la taille. Elle suppose aussi que les poissons soient élevés dans des conditions optimales, ou, sinon, que l'objectif fixé soit inférieur ou égal au potentiel de la souche. Dans le cas où l'on a déjà atteint une masse donnée avec l'aliment que l'on souhaite conserver, deux paramètres sont nécessaires : TC et IC pendant la période antérieure.

Tableau 22.1. Prévisions de la masse corporelle (g), du besoin énergétique (kJED/100 g/j) et du taux de rationnement (%) pour trois températures chez la truite selon la méthode de Cho (1995).

Semaine	5°C			10 °C			15 °C		
	g	kJ	%	g	kJ	%	g	kJ	%
0	1			1			1		
1	1,2	0,33	1,93	1,4	0,68	3,98	1,7	1,04	6,14
2	1,4	0,37	1,82	1,9	0,85	3,56	2,5	1,45	5,17
3	1,7	0,42	1,73	2,5	1,05	3,22	3,7	1,94	4,47
4	1,9	0,46	1,65	3,3	1,28	2,95	5,2	2,50	3,96
5	2,2	0,52	1,58	4,2	1,52	2,72	7,0	3,14	3,55
6	2,5	0,57	1,51	5,2	1,79	2,53	9,2	3,85	3,23
7	2,9	0,63	1,45	6,4	2,09	2,36	11,8	4,65	2,97
8	3,3	0,69	1,39	7,7	2,40	2,22	14,9	5,53	2,75
9	3,7	0,75	1,34	9,2	2,75	2,10	18,5	6,50	2,56
10	4,2	0,82	1,29	10,9	3,12	1,99	22,6	7,55	2,40
11	4,7	0,89	1,25	12,8	3,51	1,89	27,3	8,69	2,26
12	5,2	0,96	1,21	14,9	3,93	1,80	32,6	9,92	2,14
13	5,8	1,03	1,17	17,3	4,37	1,72	38,5	11,23	2,03
14	6,4	1,11	1,14	19,8	4,85	1,65	45,1	12,64	1,93
15	7,0	1,19	1,10	22,6	5,35	1,59	52,4	14,14	1,84
16	7,7	1,28	1,07	25,7	5,87	1,53	60,5	15,73	1,77
17	8,4	1,37	1,04	29,0	6,42	1,47	69,3	17,42	1,69
18	9,2	1,46	1,02	32,6	7,00	1,42	79,0	19,20	1,63
19	10,0	1,55	0,99	36,4	7,61	1,37	89,5	21,08	1,57
20	10,9	1,65	0,97	40,6	8,25	1,33	100,9	23,05	1,51
21	11,8	1,75	0,94	45,1	8,91	1,29	113,3	25,13	1,46
22	12,8	1,86	0,92	49,9	9,61	1,25	126,6	27,30	1,42
23	13,9	1,96	0,90	55,0	10,33	1,22	141,0	29,57	1,37
24	14,9	2,08	0,88	60,5	11,08	1,18	156,4	31,95	1,33
25	16,1	2,19	0,86	66,3	11,86	1,15	172,8	34,42	1,30
26	17,3	2,31	0,85	72,4	12,67	1,12	190,4	37,00	1,26
27	18,5	2,43	0,83	79,0	13,51	1,10	209,1	39,69	1,23
28	19,8	2,55	0,81	85,9	14,38	1,07	229,1	42,48	1,19
29	21,2	2,68	0,80	93,2	15,28	1,05	250,2	45,37	1,17
30	22,6	2,81	0,78	100,9	16,21	1,02	272,6	48,37	1,14
31	24,1	2,95	0,77	109,1	17,17	1,00	296,3	51,48	1,11
32	25,7	3,09	0,75	117,6	18,16	0,98	321,4	54,69	1,09
33	27,3	3,23	0,74	126,6	19,18	0,96	347,8	58,02	1,06
34	29,0	3,38	0,73	136,1	20,24	0,94	375,6	61,45	1,04
35	30,7	3,52	0,72	146,0	21,32	0,92	404,9	65,00	1,02
36	32,6	3,68	0,70	156,4	22,44	0,90	435,7	68,66	1,00
37	34,5	3,83	0,69	167,2	23,59	0,89	468,0	72,43	0,98
38	36,4	3,99	0,68	178,6	24,77	0,87	501,8	76,31	0,96
39	38,5	4,16	0,67	190,4	25,98	0,86	537,2	80,30	0,94
40	40,6	4,32	0,66	202,8	27,22	0,84	574,3	84,41	0,92

Utilisation du Taux de croissance spécifique de la période précédente

Si P_2 est la masse recherchée, on a :

$$P_2 = P_1 \, (1 + TCSp)^D$$

où P_1 = la masse à la dernière pesée

        TCSp = le taux de croissance relevé au cours de la période précédente

        D   = la durée en jours nécessaire pour passer de P_1 à P_2.

N.B. : selon les cas, l'inconnue de l'équation est P_2 ou D.

L'inconvénient de cette méthode provient de ce qu'elle consiste à extrapoler la croissance observée sur la période précédente. Si celle-ci a été mauvaise ou mal évaluée, la croissance pour la période prévue risque d'être freinée. La méthode peut ne pas être non plus utilisable si la différence de température entre la période concernée et la période précédente est grande. Rappelons aussi que le TCS ne constitue pas le meilleur paramètre de croissance et qu'il peut entraîner des erreurs notables d'estimation pour des valeurs de D élevées (p. 34). Mais le même principe peut être appliqué à un autre paramètre de croissance.

Calcul ou évaluation de l'indice de consommation

L'IC est un paramètre important du calcul du TR. Il peut être choisi par l'éleveur, soit en fonction des résultats habituellement observés, soit fixé comme un objectif à atteindre, soit calculé en fonction de la masse à l'aide d'un modèle mathématique. Le modèle linéaire ci-après donne une bonne évaluation de ce coefficient dès lors que l'on dispose de données expérimentales pour le « valider » :

$$IC = a + b \times P_{kg}$$

où   a   est l'IC observé en début d'élevage,

      b   l'augmentation de ce coefficient par kg de masse moyenne,

      P   la masse moyenne du poisson.

Calcul du taux de rationnement

Connaissant la masse P_2, objectif de l'élevage, et donc le TCS permettant de l'atteindre à partir de P_1 ainsi que l'IC probable, le TR se calcule alors simplement par l'expression :

$$TR = IC \times TCS$$

Modalités de distribution de l'aliment

Distribution manuelle

Elle est encore largement utilisée. Elle a l'avantage d'impliquer une surveillance du comportement du poisson surtout si ce dernier n'est pas « sauvage » et se laisse aisément observer. Le coût de cette méthode est cependant souvent prohibitif au regard des marges dégagées par la pisciculture.

Distribution automatique

Elle permet, selon les appareils choisis, le fractionnement de la distribution ou la distribution en continu sur toute la période d'alimentation. Différents systèmes peuvent être utilisés, depuis des distributeurs à tapis qui déversent l'aliment en continu pendant toute la journée jusqu'à des automates qui assurent à la fois le calcul des rations, la pesée de l'aliment et sa distribution. Le facteur déterminant le choix entre ces différents systèmes est le plus souvent d'ordre économique.

La distribution automatique permet dans certains cas d'améliorer l'IC de l'aliment, surtout pour les espèces encore peu domestiquées dont le comportement alimentaire est aisément perturbé tout en étant difficile à observer (truite fario ou saumon atlantique par exemple). Le fractionnement de la ration qui en résulte présente aussi l'intérêt de limiter les risques inhérents à la distribution d'une quantité trop importante d'aliment à une période défavorable. Les cas de distribution excessive se rencontrent, par exemple, en mer pendant les étals de marée, périodes au cours desquelles le renouvellement d'eau des cages d'élevage est insuffisant pour maintenir un niveau d'oxygène suffisant.

Il est possible de combiner les différents modes de nourrissage pour profiter de leurs avantages ou limiter leurs inconvénients respectifs. Ainsi, la distribution automatique de 80 % d'une ration calculée peut être suivie en fin de journée d'un repas à satiété au cours duquel le comportement est soigneusement observé. Dans la plupart des cas cependant, l'évaluation des besoins quantitatifs des poissons reste nécessaire pour assurer une gestion rationnelle de l'alimentation.

Distribution à la demande

Dans ce système, le poisson lui-même vient prélever la quantité d'aliment qu'il désire à l'aide d'un dispositif approprié (tige tactile de commande mécanique ou électronique). La quantité d'aliment disponible dans le dispositif peut être déterminée par l'éleveur (ration journalière calculée), mais en règle générale elle est largement supérieure. Un dispositif électronique peut contrôler le délai de réponse aux sollicitations des poissons sur la tige tactile et la quantité distribuée à chaque sollicitation pour limiter les pertes d'aliment liées au « jeu » ou à des événements extérieurs (clapot, vent).

On reproche fréquemment au procédé d'exacerber les phénomènes de compétition et d'accroître ainsi les disparités de croissance. Cet inconvénient peut être limité par le nombre accru de points de distribution de l'aliment ou par une meilleure dispersion de ce dernier. Une technique complémentaire utilisée dans les bassins de type *raceway* consiste à positionner les distributeurs dans le dernier tiers des bassins pour provoquer le déplacement des poissons ayant mangé vers l'amont mieux oxygéné et permettre ainsi aux autres d'accéder au point de distribution. L'alimentation à la demande est une méthode relativement récente en conditions pratiques d'élevage. Il subsiste des incertitudes sur la qualité des produits obtenus, notamment sur leur teneur en lipides. De plus, le coût de l'investissement correspondant aux équipements à mettre en œuvre dès lors que l'on souhaite optimiser la distribution (contrôle électronique) peut faire hésiter les éleveurs. Cependant, vu l'intérêt de cette méthode qui permet de tenir compte des facteurs de variation de l'ingestion volontaire des poissons, on peut penser qu'elle se développera dans l'avenir.

Conclusion

Les techniques d'alimentation des poissons ont été abordées de façon très variable par les pisciculteurs. Aux méthodes manuelles avec rationnement empirique ont succédé les techniques automatiques où le recours à des programmes précis devenait de plus en plus nécessaire. Les modèles nécessaires à l'automatisation sont cependant peu nombreux. Les chercheurs se sont intéressés beaucoup plus à la détermination des besoins qu'à la manière dont l'aquaculteur pouvait les satisfaire via le rationnement. L'emploi du micro-ordinateur ouvre cependant de nombreuses perspectives à l'éleveur qui dispose désormais d'un outil puissant pour intégrer l'influence de nombreux paramètres sur les besoins des animaux et par suite sur la ration qu'il faut leur distribuer.

Références bibliographiques

BRETT J.R., 1976. *Feeding metabolic rates of young sockeye salmon,* Oncorhynchus nerka, *in relation to ration level and temperature.* Minist. Environ. Serv. Pêches et Sci. Mer. Rapport technique n° 675. Ottawa, Canada, 43 p.

CHO C.Y., 1992. Feeding systems for rainbow trout and other salmonids with reference to current estimate of energy and protein requirement, *Aquaculture*, 100, p. 107-123.

CHO C.Y., BUREAU D.P., 1995. Determination of the energy requirements of fish with particular reference to salmonids. *J. Appl. Ichtyol.*, 11, p. 141-163.

MULLER-FEUGA A., 1990. *Modélisation de la croissance des poissons en élevage.* Rapport technique Ifremer n° 3.

Cinquième partie

ANNEXES

Annexe A

COURBES DE CROISSANCE ET RELATION TAILLE - MASSE CORPORELLE CHEZ QUELQUES POISSONS

Les courbes de croissance théoriques présentées dans les figures A.1 à A.8 ont été tracées à l'aide du modèle de Muller-Feuga (chap. 2, encadré p. 35, 36). Les valeurs des paramètres des fonctions somatique et thermique sont indiquées dans la légende des figures. Les courbes de croissance des figures A.9 et A.10 ont été tracées à l'aide d'un modèle beaucoup plus simple tandis que les courbes de la figure A.11 correspondent à des données réelles sans modélisation.

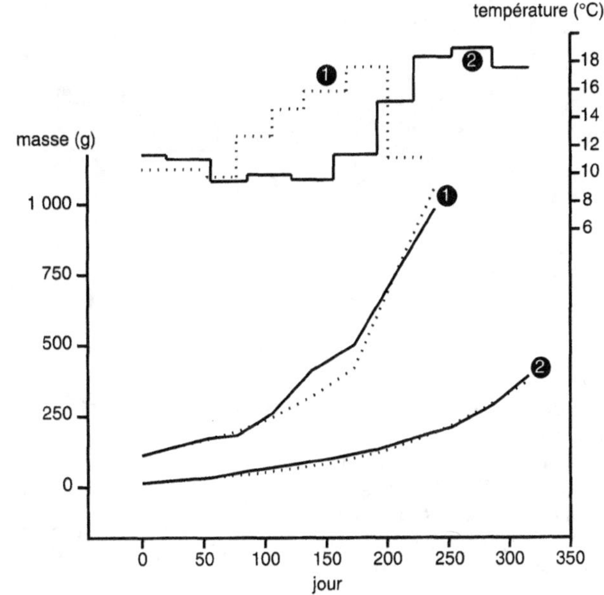

Figure A.1. Courbe type de croissance massale de la truite fario en eau douce-effet de la température (2 cycles thermiques : 1 et 2) ; valeurs observées (———) ; courbes modélisées (- - - -) ; $\alpha = 0,119$, $\beta = 0,140$, $\theta_M = 24$ et $\Gamma = 1$ (données SEMI*).

---

* Salmoniculture Expérimentale INRA-IFREMER, 29450 Sizun.

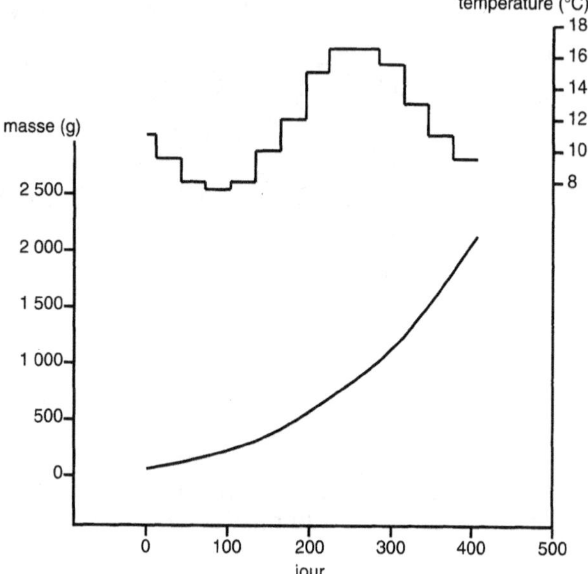

Figure A.2. Courbe type de croissance massale de la truite fario (phase marine) pour le régime thermique décrit ; $\alpha = 0,128$; $\beta = 0,156$; $\theta_M = 20$ et $\Gamma = 1$ (données SEMII).

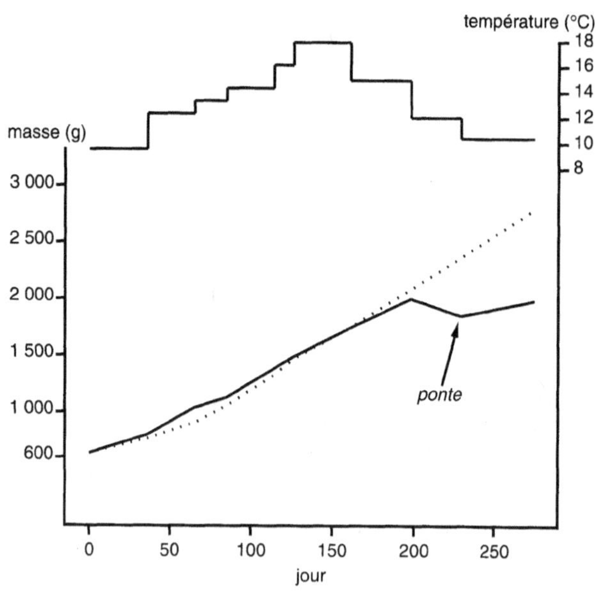

Figure A.3. Influence de la maturation sexuelle sur la croissance massale de la truite fario. Écart par rapport au modèle calculé (trait pointillé) pour le régime thermique décrit (données SEMII).

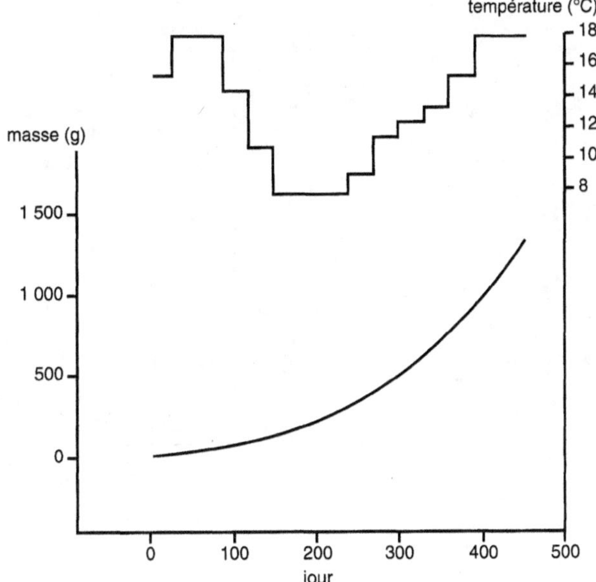

Figure A.4. Courbe type de croissance massale de la truite pour le régime thermique décrit ; $\alpha = 0,115$; $\beta = 0,137$; $\theta_M = 22$ et $\Gamma = 1$ (données SEMII).

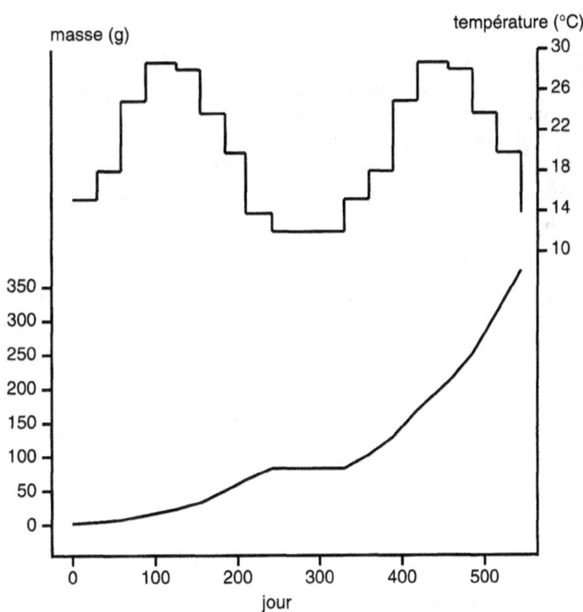

Figure A.5. Courbe type de croissance massale du bar pour la phase de grossissement et pour les régimes thermiques décrits ; $\alpha = 0,123$, $\beta = 0,140$, $\theta_M = 31,5$ et $\Gamma = 1$ (données IFREMER).

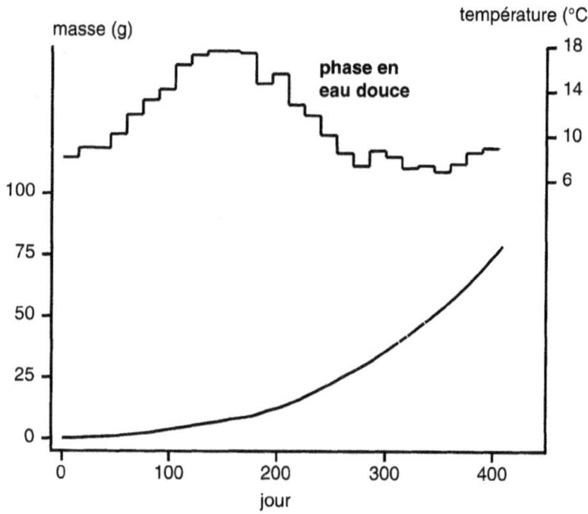

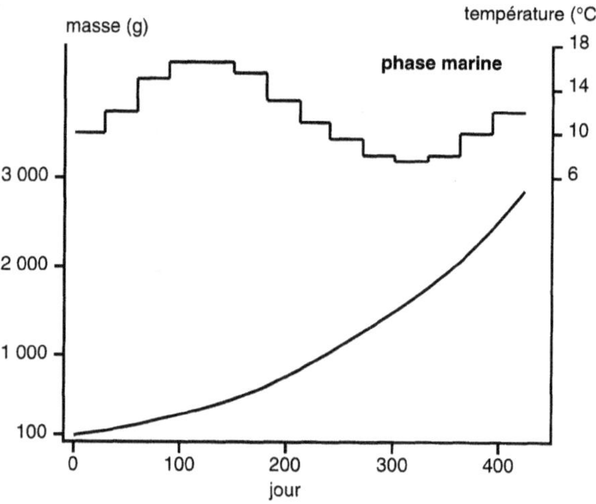

Figure A.6. ▲ ▶ Courbes types de croissance massale de saumons de l'Atlantique de souche norvégienne pour la phase en eau douce et la phase marine et pour les régimes thermiques décrits. Pour la phase en eau douce : $\alpha = 0{,}129$, $\beta = 0{,}140$, $\theta_M = 20$ et $\Gamma = 1$; pour la phase marine : $\alpha = 0{,}128$, $\beta = 0{,}157$, $\theta_M = 20$ et $\Gamma = 1$ (données IFREMER et SEMII).

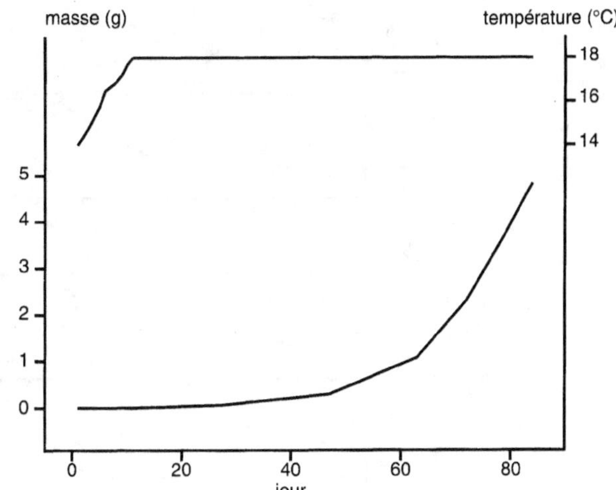

Figure A.7. ▶ ▼ Courbes types de croissance massale du turbot pour la phase de production de juvéniles ainsi que pour la phase de grossissement pour les régimes thermiques décrits. Les valeurs des paramètres sont indiquées dans le tableau ci-dessous (données IFREMER) :

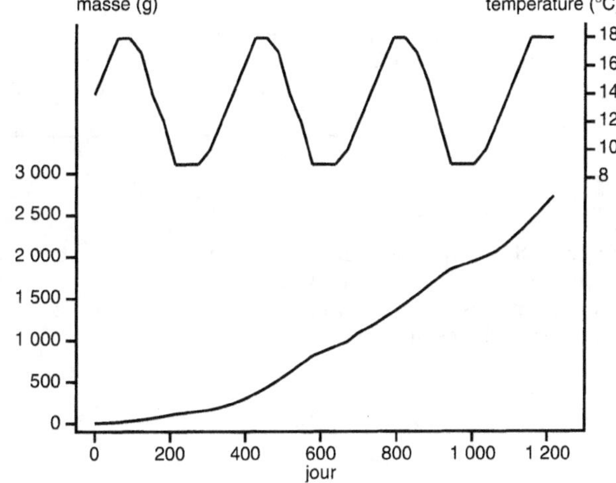

Masse	α	β	θ_M
< 1 kg	0,123 5	0,140	24,8
> 1 kg	0,130 5	0,140	24,8

Le meilleur ajustement aux valeurs observées nécessite une modification du paramètre du modèle au-delà d'une masse individuelle d'environ 1 kg qui correspond chez le turbot au début de maturation sexuelle des mâles.

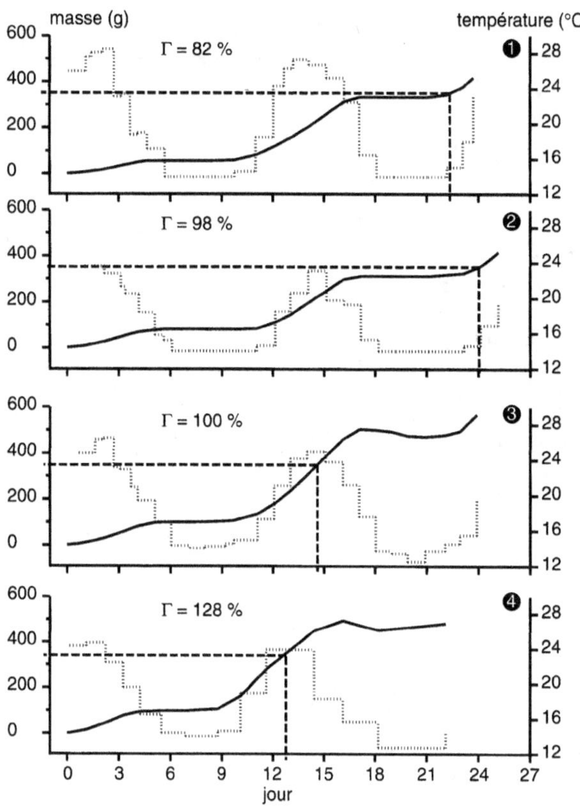

Figure A.8. Courbes de croissance massale de la daurade royale montrant l'influence du site d'exploitation et du régime thermique. Dans tous les cas $m = 0,5$, $\alpha = 0,136$, $\beta = 0,1965$ et $\theta_M = 31,5$. Les valeurs de l'indice de performance Γ retenues pour chaque exploitation et le type de site sont les suivantes :

Exploitation	Type de site	Γ
1	fermé	0,82
2	fermé	0,98
3	ouvert	1
4	ouvert	1,28

(données IFREMER)

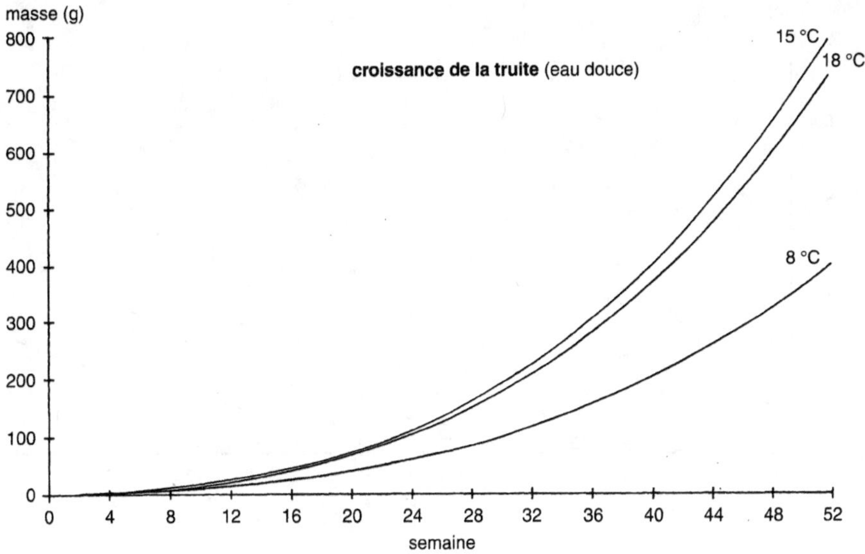

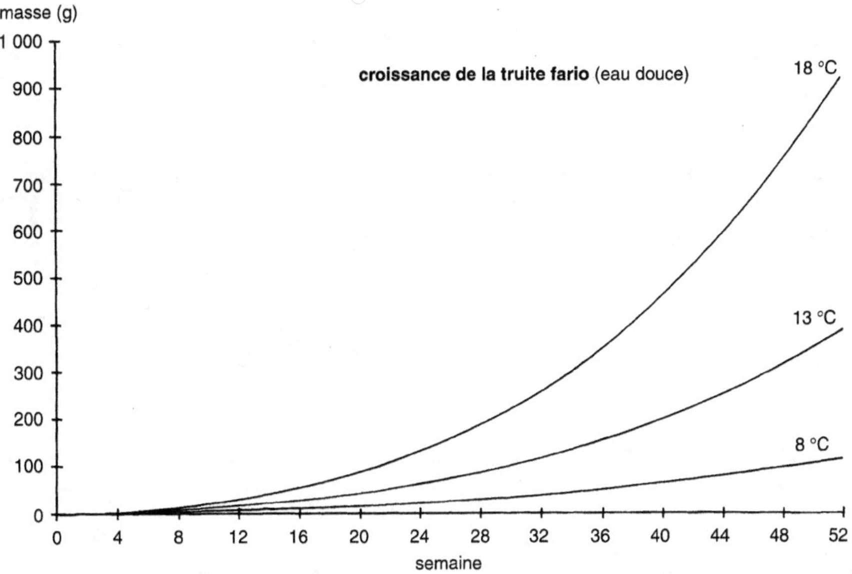

Figure A.9. Courbes théoriques de croissance massale dans des conditions idéales pour plusieurs températures supposées constantes pendant toute la durée d'élevage (modélisation S. Kaushik).

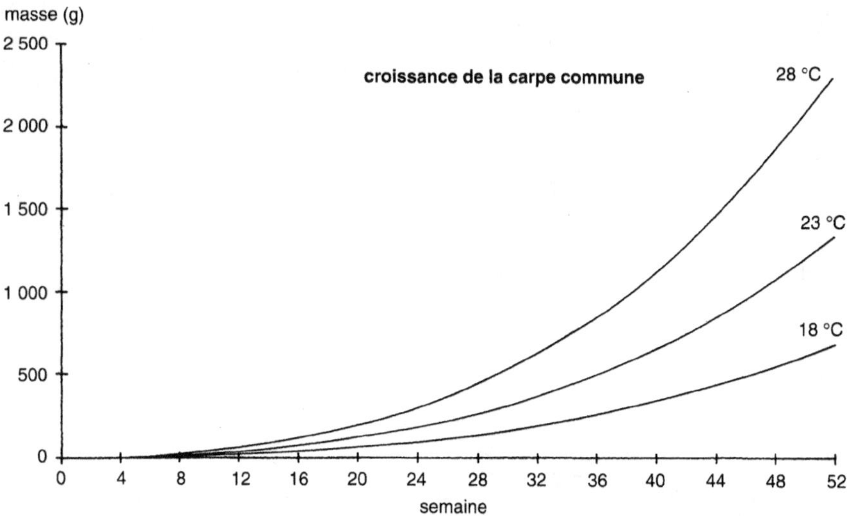

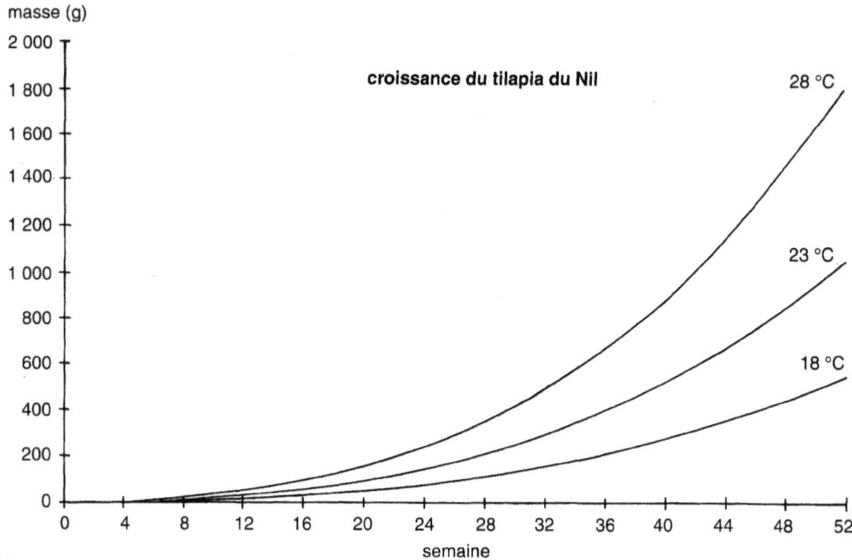

Figure A.9. (Suite). Courbes théoriques de croissance massale dans des conditions idéales pour plusieurs températures supposées constantes pendant toute la durée d'élevage (modélisation S. Kaushik).

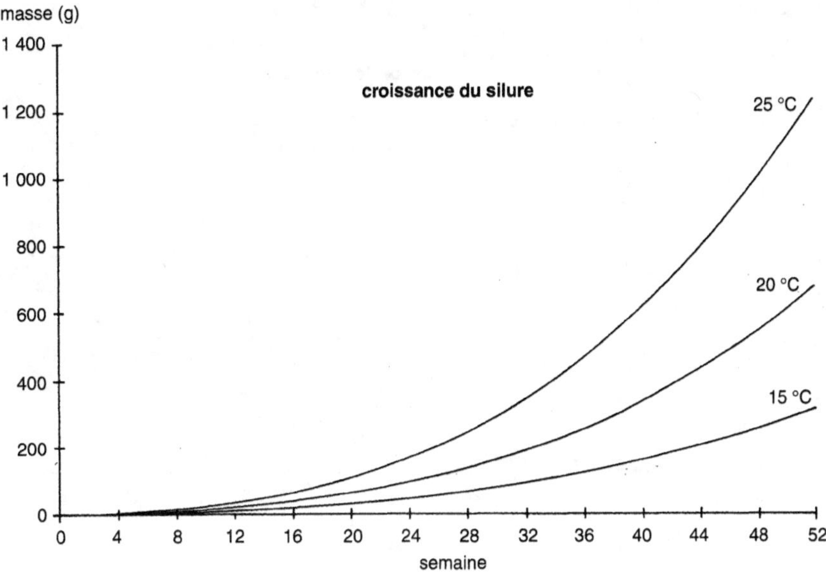

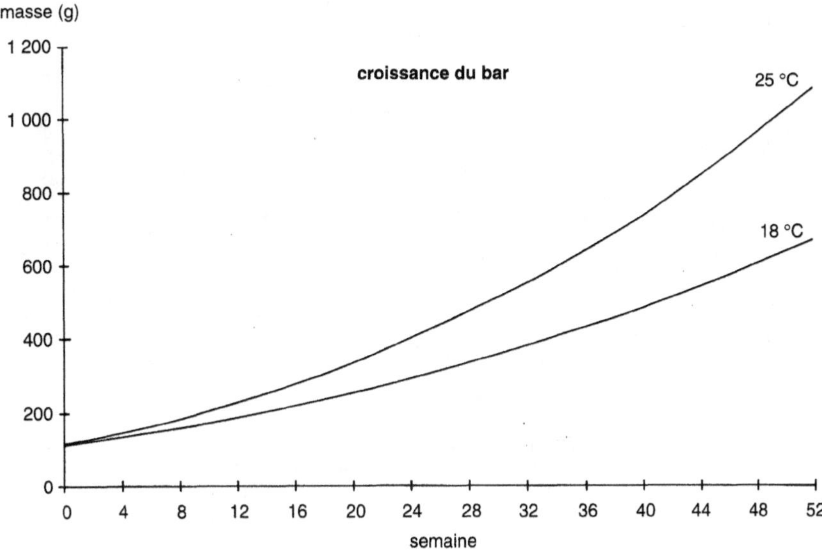

Figure A.9. (Suite). Courbes théoriques de croissance massale dans des conditions idéales pour plusieurs températures supposées constantes pendant toute la durée d'élevage (modélisation S. Kaushik).

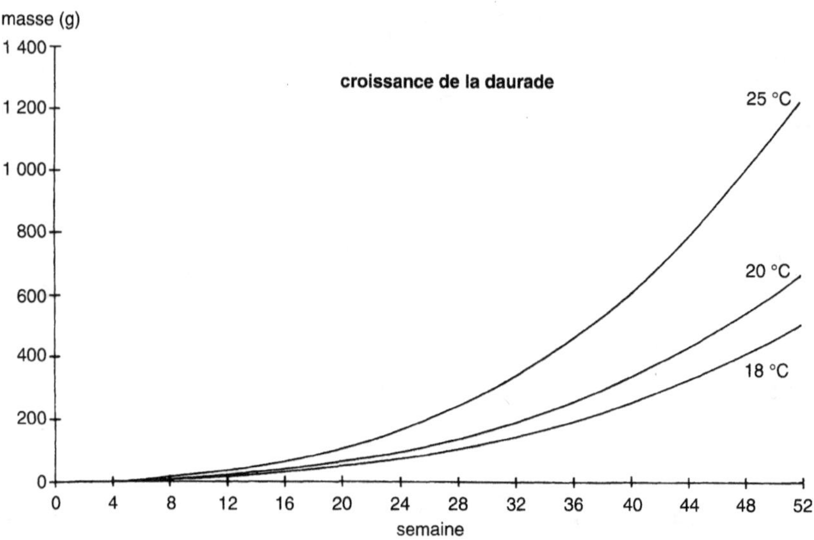

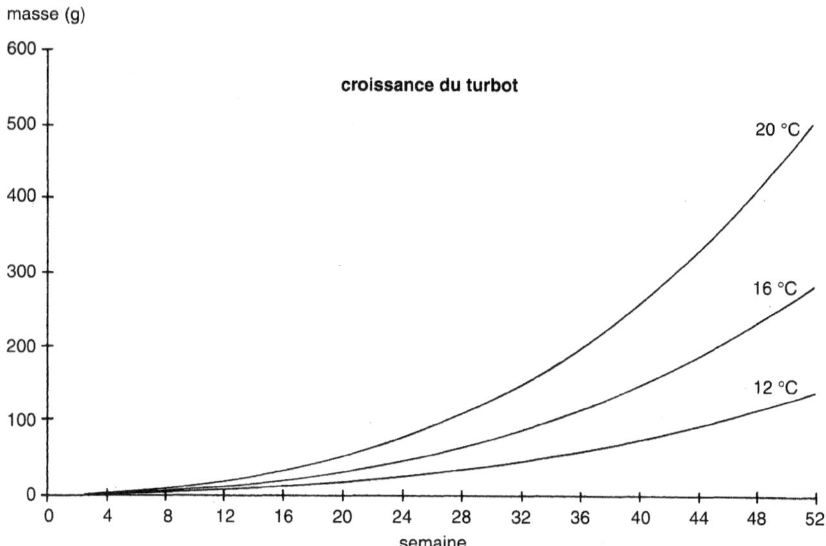

Figure A.9. (suite). Courbes théoriques de croissance massale dans des conditions idéales pour plusieurs températures supposées constantes pendant toute la durée d'élevage (modélisation S. Kaushik).

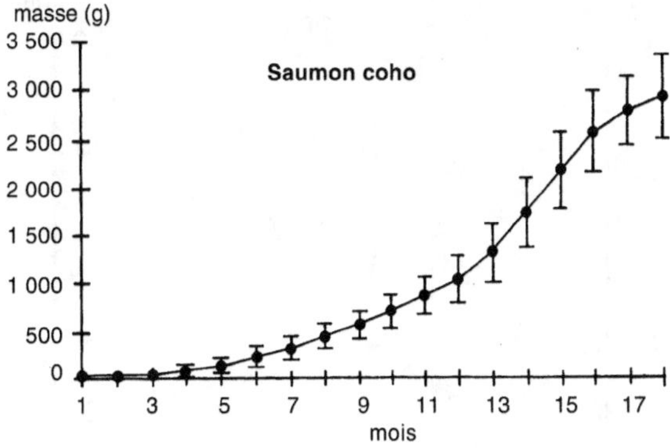

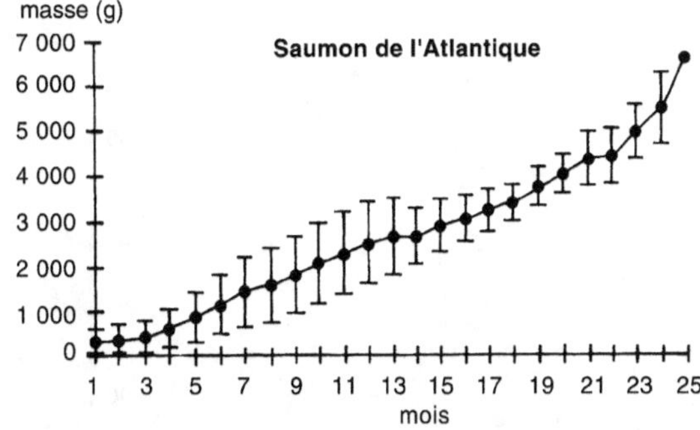

Figure A.10. Courbes réelles de croissance massale observées chez le saumon dans de bonnes conditions.

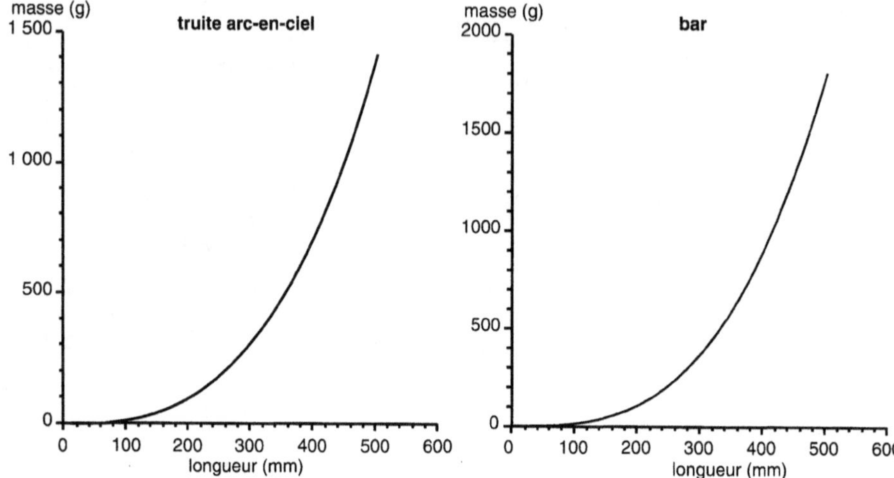

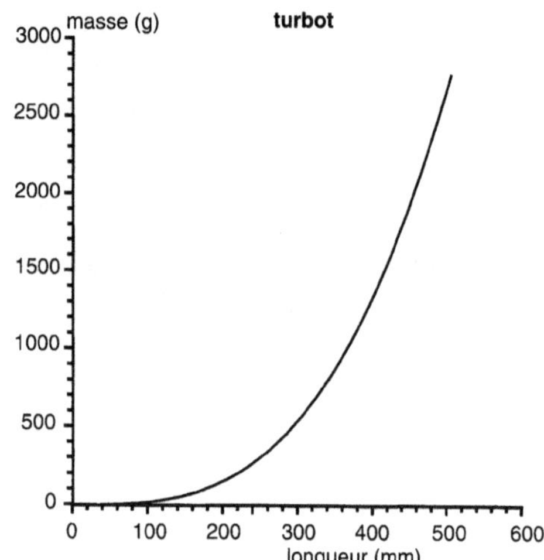

Figure A.11. Courbes traduisant la relation taille-masse corporelle chez quelques poissons.

Annexe B
COMPOSITION ET VALEUR NUTRITIVE DES MATIÈRES PREMIÈRES UTILISÉES

Les tables donnent la composition chimique ainsi que quelques autres caractéristiques nutritionnelles (énergie et protéines digestibles, phosphore disponible) des principales matières premières utilisées pour l'alimentation des poissons et crustacés.

Elles sont en grande partie extraites de l'ouvrage collectif publié par l'INRA *L'alimentation des animaux monogastriques, porc, lapin, volailles* (INRA, Paris, 1984). Quelques matières premières ne figurant pas dans l'ouvrage cité ont été rajoutées ; il s'agit de produits plus spécialement utilisés dans l'alimentation des animaux aquatiques (farines de calmar, de crevette...).

Une autre innovation concerne les acides gras essentiels des deux séries n-3 et n-6 qui ont une importance particulière en nutrition aquacole, ainsi que le cholestérol qui est un nutriment essentiel pour les crustacés. Les abréviations suivantes ont été adoptées :

Acides gras à longue chaîne polyinsaturés (AGLPI) : acides gras en n-3 ou n-6 à plus de 18 carbones.

Acides gras polyinsaturés (AGPI) : acides gras en n-3 ou n-6, y compris les acides gras à 18 carbones.

Rappelons que, d'une façon générale, les AGPI à 18 carbones, C18 : 3 n-3 et C18 : 2 n-6, ne peuvent couvrir les besoins en acides gras essentiels que chez les poissons d'eau douce (chap. 7).

Tableau B.1. Tables de composition.

• Matières premières d'origine marine.

Caractéristiques % produit brut	Farine de poisson			
	65 gras	**72 gras**	**65 maigre**	**72 maigre**
Matière sèche	**92**	**92**	**92**	**92**
Extractif non azoté	-	-	-	-
Amidon (hydrolyse acide)	-	-	-	-
Amidon (hydrolyse enzymatique)	-	-	-	-
Sucres	-	-	-	-
Cellulose	-	-	-	-
ADF	-	-	-	-
NDF	-	-	-	-
Protéines brutes	**66,2**	**71,6**	**64,6**	**71,3**
Lysine	5,03	5,48	5,04	5,42
Méthionine	1,92	2,08	1,81	2,07
Méthionine + cystine	2,52	2,80	2,39	2,71
Tryptophane	0,70	0,79	0,65	0,75
Thréonine	2,88	3,06	2,73	3,10
Leucine	5,10	5,20	4,81	5,20
Isoleucine	3,11	3,42	3,04	3,35
Valine	3,67	3,88	3,55	3,80
Histidine	1,52	1,61	1,58	1,63
Arginine	3,77	3,92	3,71	4,06
Phénylalanine + tyrosine	4,83	4,85	4,81	5,00
Matières grasses	**9,6**	**9,5**	**5,5**	**1,80**
AG saturés	1,86	2,05	1,19	0,39
AG monosaturés	4,82	5,30	3,07	1,00
AGLPI n-6	0,05	0,06	0,03	0,01
AGPI n-6	0,17	0,19	0,11	0,04
AGLPI n-3	1,27	1,39	0,80	0,26
AGPI n-3	1,37	1,50	0,87	0,28
Cholestérol	-	-	-	-
Cendres brutes	**15,6**	**11,0**	**21,4**	**16,8**
Calcium	3,90	2,70	6,30	4,20
Phosphore total	2,55	1,80	3,50	2,75
Sodium	0,90	0,77	1,00	0,95
Potassium	0,75	0,90	0,70	0,74
Chlore	1,15	1,00	1,30	1,20
Magnésium	0,20	0,18	0,23	0,21
Énergie brute				
MCal/kg	4,78	4,94	4,60	4,30
MJ/kg	18,7	20,7	19,3	18,0
Énergie digestible				
MCal/kg	4,14	4,41	3,73	3,77
MJ/kg	17,3	18,5	15,6	15,8
Protéines digestibles	59,6	64,4	58,1	64,2
Phosphore disponible	2,20	1,53	3,00	2,35

• Matières premières d'origine marine (suite).

Caractéristiques % produit brut	Farine de poisson basse température (LT)	Concentré protéique soluble de poisson	
		CPSP G	CPSP 90
Matière sèche	**92**	**95**	**95**
Extractif non azoté	-	-	-
Amidon (hydrolyse acide)	-	-	-
Amidon (hydrolyse enzymatique)	-	-	-
Sucres	-	-	-
Cellulose	-	-	-
ADF	-	-	-
NDF	-	-	-
Protéines brutes	**74,2**	**70,0**	**83,3**
Lysine	6,94	4,67	5,67
Méthionine	2,43	2,08	2,48
Méthionine + cystine	2,93	2,23	3,25
Tryptophane	0,75	0,52	0,62
Thréonine	2,65	2,66	3,16
Leucine	6,68	4,18	4,98
Isoleucine	4,04	2,52	3,00
Valine	4,38	3,00	3,56
Histidine	1,74	1,41	1,68
Arginine	5,55	4,52	5,38
Phénylalanine + tyrosine	5,94	4,40	5,24
Matières grasses	**11,0**	**18-20**	**7,5**
AG saturés	2,16	-	-
AG monosaturés	5,94	-	-
AGLPI n-6	0,06	-	-
AGPI n-6	0,20	-	-
AGLPI n-3	1,47	-	-
AGPI n-3	1,58	-	-
Cholestérol	-	-	-
Cendres brutes	**11,7**	**5,3**	**7,1**
Calcium	3,27	0,60	0,60
Phosphore total	0,70	0,60	0,80
Sodium	-	-	-
Potassium	-	-	-
Chlore	-	-	-
Magnésium	-	-	-
Énergie brute	-	-	-
MCal/kg	5,23	5,90	5,38
MJ/kg	21,9	24,6	22,5
Énergie digestible			
MCal/kg	4,76	5,23	5,16
MJ/kg	19,9	24,0	21,6
Protéines digestibles	67,9	65,6	79,1
Phosphore disponible	0,60	0,51	0,60

• Matières premières d'origine marine (suite).

Caractéristiques % produit brut	Farine de calmar	Farine de crevette
Matière sèche	**92**	**88**
Extractif non azoté	-	-
Amidon (hydrolyse acide)	-	-
Amidon (hydrolyse enzymatique)	-	-
Sucres	-	-
« Cellulose » (chitine)	-	12,8
ADF	-	-
NDF	-	-
Protéines brutes	**78**	**39,5**
Lysine	4,85	2,17
Méthionine	2,16	0,82
Méthionine + cystine	3,17	1,41
Tryptophane	-	0,42
Thréonine	3,17	1,42
Leucine	5,10	2,60
Isoleucine	3,00	1,46
Valine	2,82	1,83
Histidine	2,12	0,90
Arginine	5,20	2,35
Phénylalanine + tyrosine	-	1,59
Matières grasses	**6,0**	**3,2**
AG saturés	1,78	-
AG monosaturés	0,56	-
AGLPI n-6	0,03	-
AGPI n-6	0,04	-
AGLPI n-3	2,72	-
AGPI n-3	2,72	-
Cholestérol	-	-
Cendres brutes	**11,0**	**27,2**
Calcium	0,10	-
Phosphore total	0,60	-
Sodium	1,10	-
Potassium	-	-
Chlore	-	-
Magnésium	-	-
Énergie brute		
MCal/kg	4,70	3,60
MJ/kg	19,8	15,0
Énergie digestible		
MCal/kg	4,0	3,30
MJ/kg	16,8	13,8
Protéines digestibles	70,0	36,3
Phosphore disponible	-	-

• Matières premières d'origine animale terrestre.

Caractéristiques % produit brut	Farine de viande	
	50 maigre	60 maigre
Matière sèche	93	93
Extractif non azoté	-	-
Amidon (hydrolyse acide)	-	-
Amidon (hydrolyse enzymatique)	-	-
Sucres	-	-
Cellulose	-	-
ADF	-	-
NDF	-	-
Protéines brutes	**50,0**	**60,0**
Lysine	2,80	3,46
Méthionine	0,70	0,85
Méthionine + cystine	1,20	1,39
Tryptophane	0,28	0,36
Thréonine	1,79	2,15
Leucine	3,10	3,82
Isoleucine	1,40	1,94
Valine	2,30	2,80
Histidine	0,95	1,13
Arginine	3,48	3,89
Phénylalanine + tyrosine	2,75	3,36
Matières grasses	**5,0**	**4,0**
AG saturés	2,38	1,90
AG monosaturés	2,01	1,61
AGLPI n-6	traces	traces
AGPI n-6	0,16	0,12
AGLPI n-3	-	-
AGPI n-3	0,03	0,024
Cholestérol	0,035	0,028
Cendres brutes	**32,6**	**22,5**
Calcium	10,20	7,05
Phosphore total	4,85	3,35
Sodium	0,76	0,52
Potassium	0,54	0,37
Chlore	0,65	0,45
Magnésium	0,76	0,52
Énergie brute		
MCal/kg	3,28	3,75
MJ/kg	13,70	15,69
Énergie digestible		
MCal/kg	2,81	3,21
MJ/kg	11,7	13,4
Protéines digestibles	42,5	51,0
Phosphore disponible	3,90	2,70

• Matières premières d'origine animale terrestre (suite).

Caractéristiques % produit brut	Farine de creton	Farine de plume hydrolysée	Farine de sang
Matière sèche	**93**	**93**	**93**
Extractif non azoté	-	-	-
Amidon (hydrolyse acide)	-	-	-
Amidon (hydrolyse enzymatique)	-	-	-
Sucres	-	-	-
Cellulose	-	-	-
ADF	-	-	-
NDF	-	-	-
Protéines brutes	**67,2**	**85,8**	**84,0**
Lysine	3,72	1,84	7,62
Méthionine	0,95	0,53	0,93
Méthionine + cystine	1,57	4,08	1,68
Tryptophane	0,38	0,43	1,06
Thréonine	2,27	3,91	4,00
Leucine	4,00	7,14	11,58
Isoleucine	1,96	3,95	0,79
Valine	3,10	6,88	7,02
Histidine	1,12	0,58	5,18
Arginine	4,42	5,66	3,63
Phénylalanine + tyrosine	3,74	7,01	6,97
Matières grasses	**10,1**	**3,5**	**1,1**
AG saturés	4,80	0,93	-
AG monosaturés	4,06	1,51	-
AGLPI n-6	traces	traces	-
AGPI n-6	0,31	0,68	-
AGLPI n-3	-	-	-
AGPI n-3	0,06	0,04	-
Cholestérol	0,07	0,01	-
Cendres brutes	**15,0**	**3,2**	**4,5**
Calcium	4,10	0,20	0,30
Phosphore total	2,10	0,70	0,25
Sodium	1,00	-	0,32
Potassium	0,40	0,24	0,10
Chlore	-	-	0,40
Magnésium	0,12	0,18	0,22
Énergie brute			
MCal/kg	4,71	5,16	4,85
MJ/kg	19,69	21,60	20,27
Énergie digestible			
MCal/kg	4,08	4,50	4,31
MJ/kg	17,1	18,8	18,1
Protéines digestibles	57,8	74,6	74,8
Phosphore disponible	1,80	0,60	0,22

• Matières premières d'origine animale terrestre (suite).

Caractéristiques % produit brut	Lactosérum	Caséine lactique
Matière sèche	**95**	**91**
Extractif non azoté	**71,6**	**4,8**
Amidon (hydrolyse acide)	-	-
Amidon (hydrolyse enzymatique)	-	-
Sucres	66,5	-
Cellulose	-	-
ADF	-	-
NDF	-	-
Protéines brutes	**13,3**	**82,0**
Lysine	1,12	6,72
Méthionine	0,22	2,29
Méthionine + cystine	0,50	2,57
Tryptophane	0,15	1,39
Thréonine	0,72	4,02
Leucine	1,14	7,54
Isoleucine	0,72	5,00
Valine	0,67	5,91
Histidine	0,24	2,54
Arginine	0,33	3,36
Phénylalanine + tyrosine	0,77	9,26
Matières grasses	**1,3**	**1,5**
AG saturés	-	0,81
AG monosaturés	-	0,37
AGLPI n-6	-	traces
AGPI n-6	-	0,03
AGLPI n-3	-	0
AGPI n-3	-	0
Cholestérol	-	0,01
Cendres brutes	**8,8**	**2,7**
Calcium	0,94	0,12
Phosphore total	0,70	0,41
Sodium	0,80	0,004
Potassium	2,23	0,006
Chlore	1,20	0,04
Magnésium	0,12	0,002
Énergie brute		
MCal/kg	3,72	5,01
MJ/kg	15,58	20,95
Énergie digestible		
MCal/kg	3,20	4,78
MJ/kg	13,40	20,0
Protéines digestibles	11,5	78,7
Phosphore disponible	-	-

• Matières premières d'origine végétale.

Caractéristiques % produit brut	Tourteau de soja		Tourteau de colza double zéro
	44	50	
Matière sèche	**88**	**88**	**89**
Extractif non azoté	**30,3**	**28,5**	**33,3**
Amidon (hydrolyse acide)	3,3	3,1	5,2
Amidon (hydrolyse enzymatique)	-	-	-
Sucres	10,0	8,7	8,3
Cellulose	7,4	3,4	11,7
ADF	9,6	5,3	18,5
NDF	13,5	7,5	25,5
Protéines brutes	**42,5**	**48,0**	**38,7**
Lysine	2,70	3,05	1,97
Méthionine	0,59	0,66	0,76
Méthionine + cystine	1,27	1,43	1,73
Tryptophane	0,57	0,65	0,43
Thréonine	1,67	1,88	1,57
Leucine	3,26	3,68	2,43
Isoleucine	2,14	2,42	1,44
Valine	2,18	2,46	1,84
Histidine	1,05	1,19	0,92
Arginine	3,18	3,59	2,19
Phénylalanine + tyrosine	3,65	4,12	2,45
Matières grasses	**1,8**	**1,9**	**1,8**
AG saturés	0,23	0,24	0,11
AG monosaturés	0,31	0,35	0,94
AGLPI n-6	0	0	0
AGPI n-6	0,85	0,90	0,34
AGLPI n-3	0	0	0
AGPI n-3	0,12	0,12	0,14
Cholestérol	0	0	0
Cendres brutes	**6,0**	**6,2**	**7,0**
Calcium	0,30	0,27	0,75
Phosphore total	0,62	0,69	1,10
Sodium	0,01	0,01	0,07
Potassium	1,70	2,20	1,25
Chlore	traces	traces	-
Magnésium	0,25	0,28	0,45
Énergie brute			
MCal/kg	4,15	4,20	4,11
MJ/kg	17,36	17,57	17,18
Énergie digestible			
MCal/kg	3,11	3,23	3,40
MJ/kg	13,0	13,5	14,2
Protéines digestibles	34,1	41,1	36,0
Phosphore disponible	0,10	0,10	0,22

• Matières premières d'origine végétale (suite).

Caractéristiques % produit brut	Tourteau de copra	Tourteau de coton
Matière sèche	**90**	**91**
Extractif non azoté	**43,9**	**29,1**
Amidon (hydrolyse acide)	-	-
Amidon (hydrolyse enzymatique)	-	-
Sucres	9,0	-
Cellulose	16,0	13,0
ADF	30,0	21,1
NDF	54,0	29,8
Protéines brutes	**21,5**	**41,0**
Lysine	0,66	1,72
Méthionine	0,32	0,59
Méthionine + cystine	0,63	1,24
Tryptophane	0,15	0,49
Thréonine	0,67	1,39
Leucine	1,33	2,44
Isoleucine	0,76	1,39
Valine	1,18	1,97
Histidine	0,47	1,11
Arginine	2,62	4,33
Phénylalanine + tyrosine	1,50	3,30
Matières grasses	**1,6**	**1,4**
AG saturés	0,99	0,36
AG monosaturés	0,09	0,25
AGLPI n-6	0	0
AGPI n-6	0,03	0,72
AGLPI n-3	0	0
AGPI n-3	-	-
Cholestérol	0	0
Cendres brutes	**7,0**	**6,5**
Calcium	0,18	0,20
Phosphore total	0,60	1,00
Sodium	0,04	0,05
Potassium	1,20	1,25
Chlore	0,10	0,04
Magnésium	0,30	0,50
Énergie brute		
MCal/kg	3,85	4,28
MJ/kg	16,11	17,91
Énergie digestible		
MCal/kg	-	2,16*
MJ/kg	-	9,1*
Protéines digestibles	18,5	32,8
Phosphore disponible	0,09	0,10

* Calculé d'après National Research Council.

• Matières premières d'origine végétale (suite).

Caractéristiques % produit brut	Gluten de blé	Gluten de maïs
Matière sèche	**94**	**90**
Extractif non azoté	**-**	**37,7**
Amidon (hydrolyse acide)	10	-
Amidon (hydrolyse enzymatique)	-	-
Sucres	-	-
Cellulose	-	4,0
ADF	-	5,0
NDF	-	14,4
Protéines brutes	**79**	**60**
Lysine	1,44	0,77
Méthionine	1,21	1,02
Méthionine + cystine	2,65	1,65
Tryptophane	0,76	0,21
Thréonine	2,05	1,48
Leucine	5,39	7,20
Isoleucine	2,81	2,12
Valine	3,19	2,22
Histidine	1,59	1,01
Arginine	2,81	1,41
Phénylalanine + tyrosine	6,22	4,69
Matières grasses	**5,0**	**2,8**
AG saturés	0,95	0,31
AG monosaturés	0,48	0,62
AGLPI n-6	0	0
AGPI n-6	2,74	1,41
AGLPI n-3	0	0
AGPI n-3	0,16	-
Cholestérol	0	0
Cendres brutes	**1,0**	**2,8**
Calcium	-	0,15
Phosphore total	-	0,43
Sodium	-	0,008
Potassium	-	0,03
Chlore	-	0,10
Magnésium	-	0,08
Énergie brute		
MCal/kg	5,33	4,54
MJ/kg	22,32	19,00
Énergie digestible		
MCal/kg	4,73	4,21
MJ/kg	19,8	17,6
Protéines digestibles	75,1	57,6
Phosphore disponible	-	0,13

• Matières premières d'origine végétale (suite).

Caractéristiques % produit brut	Blé tendre	Maïs
Matière sèche	**86**	**86**
Extractif non azoté	**68,8**	**69**
Amidon (hydrolyse acide)	56	60,5
Amidon (hydrolyse enzymatique)	-	-
Sucres	-	2,1
Cellulose	2,3	2,2
ADF	3,3	3
NDF	10,5	9
Protéines brutes	**11,3**	**9,0**
Lysine	0,32	0,25
Méthionine	0,19	0,19
Méthionine + cystine	0,37	0,39
Tryptophane	0,2	0,06
Thréonine	0,5	0,32
Leucine	0,8	1,13
Isoleucine	0,4	0,35
Valine	0,5	0,46
Histidine	0,24	0,26
Arginine	0,49	0,43
Phénylalanine + tyrosine	0,82	0,85
Matières grasses	**1,9**	**4,20**
AG saturés	0,25	0,46
AG monosaturés	0,26	0,98
AGLPI n-6	0	0
AGPI n-6	0,77	2,11
AGLPI n-3	0	0
AGPI n-3	0,12	-
Cholestérol	0	0
Cendres brutes	**1,7**	**1,6**
Calcium	0,06	0,01
Phosphore total	0,33	0,27
Sodium	0,05	0,01
Potassium	0,40	0,33
Chlore	0,06	0,05
Magnésium	0,12	0,11
Énergie brute		
MCal/kg	**3,78**	**3,86**
MJ/kg	15,83	16,13
Énergie digestible		
MCal/kg	3,03	3,59
MJ/kg	12,7	15,0
Protéines digestibles	10,3	7,8
Phosphore disponible	0,18	0,05

• Matières premières d'origine végétale (suite).

Caractéristiques % produit brut	Lupin blanc dépelliculé extrudé	Pois extrudé dépelliculé
Matière sèche	**87**	**86**
Extractif non azoté	**27,6**	**52,7**
Amidon (hydrolyse acide)	-	42,4
Amidon (hydrolyse enzymatique)	0,3	-
Sucres	-	2,1
Cellulose	-	6,3
ADF	-	8,7
NDF	-	12,0
Protéines brutes	**47,1**	**22,0**
Lysine	1,68	1,60
Méthionine	0,28	0,25
Méthionine + cystine	0,80	0,59
Tryptophane	0,28	0,20
Thréonine	1,29	0,87
Leucine	2,50	1,53
Isoleucine	1,57	0,97
Valine	1,50	1,01
Histidine	0,82	0,52
Arginine	3,75	2,12
Phénylalanine + tyrosine	3,00	1,73
Matières grasses	**9,6**	**1,6**
AG saturés	1,19	-
AG monosaturés	4,96	-
AGLPI n-6	0	0
AGPI n-6	1,12	-
AGLPI n-3	0	0
AGPI n-3	0,44	-
Cholestérol	0	0
Cendres brutes	**3,4**	**3,4**
Calcium	0,18	0,08
Phosphore total	0,40	0,40
Sodium	0,01	0,01
Potassium	0,90	1,10
Chlore	0,02	0,03
Magnésium	0,15	0,12
Énergie brute		
MCal/kg	4,35	3,57
MJ/kg	18,2	14,9
Énergie digestible		
MCal/kg	3,14	3,18
MJ/kg	13,14	13,3
Protéines digestibles	54,9	21,2
Phosphore disponible	0,08	0,15

• Matières premières d'origine végétale (suite).

Caractéristiques % produit brut	Son de blé	Son de riz	Remoulage de blé
Matière sèche	**88**	**90**	**88**
Extractif non azoté	**53**	**41**	**54,6**
Amidon (hydrolyse acide)	53	41	54,6
Amidon (hydrolyse enzymatique)	19		
Sucres			
Cellulose	10	11,6	8,2
ADF	12,1	-	9,9
NDF	36,9	-	32,8
Protéines brutes	**15,6**	**12,8**	**16,4**
Lysine	0,65	0,56	0,74
Méthionine	0,25	0,22	0,24
Méthionine + cystine	0,62	0,42	0,56
Tryptophane	0,19	0,13	0,20
Thréonine	0,54	0,44	0,52
Leucine	0,99	0,90	1,06
Isoleucine	0,53	0,51	0,56
Valine	0,73	0,77	0,77
Histidine	0,38	0,34	0,39
Arginine	1,04	0,97	1,03
Phénylalanine + tyrosine	1,10	1,19	1,08
Matières grasses	**6,5**	**13,8**	**4,8**
AG saturés	-	0,81	-
AG monosaturés	-	6,00	-
AGLPI n-6	0	0	0
AGPI n-6	-	5,50	-
AGLPI n-3	0	0	0
AGPI n-3	-	0,11	-
Cholestérol	0	0	0
Cendres brutes	**4,4**	**10,7**	**4,0**
Calcium	0,15	0,07	0,13
Phosphore total	0,93	1,40	0,90
Sodium	-	0,05	-
Potassium	1,00	1,50	-
Chlore	0,06	0,06	-
Magnésium	0,35	0,85	-
Énergie brute			
MCal/kg	4,00	1,97	4,2
MJ/kg	16,7	8,2	17,6
Énergie digestible			
MCal/kg	3,7	-	3,8
MJ/kg	15,5	5,7	15,9
Protéines digestibles	13,9	11,9	13,9
Phosphore disponible	-	0,14	0,1

• Levures.

Caractéristiques % produit brut	Levure de bière	Levure lactique
Matière sèche	**93**	**95**
Extractif non azoté	**32,7**	**30,3**
Amidon (hydrolyse acide)	4,9	0,5
Amidon (hydrolyse enzymatique)	-	-
Sucres	6,9	-
Cellulose	2,8	-
ADF	-	-
NDF	-	-
Protéines brutes	**48,4**	**50,7**
Lysine	3,38	3,70
Méthionine	0,67	0,66
Méthionine + cystine	1,19	1,16
Tryptophane	0,55	0,55
Thréonine	2,21	2,99
Leucine	3,11	3,80
Isoleucine	2,15	2,28
Valine	2,48	2,68
Histidine	1,12	0,96
Arginine	2,27	2,43
Phénylalanine + tyrosine	3,36	3,74
Matières grasses	**1,8**	**6,2**
AG saturés	-	2,13
AG monosaturés	-	4,40
AGLPI n-6	-	0
AGPI n-6	-	1,40
AGLPI n-3	-	0
AGPI n-3	-	-
Cholestérol	0	0
Cendres brutes	**7,3**	**7,8**
Calcium	0,14	0,23
Phosphore total	1,40	1,80
Sodium	0,07	0,12
Potassium	1,70	2,20
Chlore	0,15	0,22
Magnésium	0,20	0,14
Énergie brute		
MCal/kg	4,30	-
MJ/kg	18,00	-
Énergie digestible		
MCal/kg	3,32	3,39
MJ/kg	13,9	14,2
Protéines digestibles	40,4	44,8
Phosphore disponible	0,91	1,20

Tableau B.2. Variabilité dans la composition chimique des farines de poisson. Données rapportées à la matière sèche (d'après Anderson *et al.*, 1993)[1].

	Gamme de variation
Protéine brute (%)	77,8 - 83,7
Matière grasse brute (%)	9,4 - 15,0
Cendres (%)	11,0 - 14,6
Energie brute (kJ/g)	21,4 - 22,9
Ca (%)	2,16 - 3,94
P (%)	1,69 - 2,44
Mg (%)	0,20 - 0,30
K (%)	0,43 - 1,05
Cu (ppm)	3,20 - 6,50
Fe (ppm)	76 - 220
Mn (ppm)	7 - 16
Zn (ppm)	78 - 120
Lysine disponible (g/16 g N)	7,13 - 9,00
Azote volatile (mg %)	46 - 156
Sulfhydriles (mM/16 g N)	0,48 - 4,19
Bisulfures (mM/16 g N)	0,65 - 3,34
Sulfhydriles + bisulfures (mM/16 g N)	1,86 - 5,62
Cystéine (g/ 16 g N)	1,98 - 5,98

Tableau B.3. Disponibilité (%) du phosphore de diverses sources chez la carpe, la truite et le poisson-chat (d'après NRC, 1983, McVey, 1991)[2].

Source	Carpe commune	Poisson-chat	Truite
Sels inorganiques			
Phosphate monosodique	94	90	98
Phosphate monopotassique	94	-	98
Phosphate de Ca			
monocalcique	94	94	94
bicalcique	46	65	71
tricalcique	13	-	64
Matières premières			
Farines de poisson	18-24	39-40	66-74
Caséine	97	90	90
Levure de bière	93	-	91
Germes de blé	57	-	58
Maïs	-	25	-
Tourteau de soja	-	29-54	-
Phytates	8-38	-	19

1. ANDERSON J.S., LALL S.P., ANDERSON D.M., CHANDRASOMA J., 1992. Apparent and true availability of amino-acids from common feed ingredients for Atlantic salmon *(Salmo salar)* reared in sea water. *Aquaculture,* 108, p. 111-124.
2. NRC (National Research Council), subcommittee on warmwater fish nutrition, 1983. Nutrient requirements of warmwater fishes and shellfishes. Revised edition. *In: Nutrient requirements of domestic animals,* VIII, National Academy Press, Washington DC, 102 p.
McVEY J.P. ed., 1991. *Handbook of mariculture.* CRC Press, Boca Raton FL USA, p. 21-41.

Annexe C
BESOINS NUTRITIONNELS, FORMULES TYPES, TABLES DE RATIONNEMENT ET DONNÉES DIVERSES

Tableau C.1. Niveau protéique optimal pour quelques poissons.

Espèce	Teneur optimale (% MS)
Saumon de l'Atlantique	45
Saumon quinnat	40
Saumon coho	40
Saumon rouge	45
Truite	40
Poisson-chat américain	32-36
Carpe commune	31-38
Carpe herbivore	41-43
Anguille japonaise	44
Esturgeons	40
Tilapia du Nil	30
Tilapia du Mozambique	40
Tilapia Zilli	35
Tilapia bleu	34
Poisson-lait (*milk-fish*)	40
Plie	50
Fugu	50
Bar (loup)	45-50
Turbot	55
Mérou	40-50
Daurade royale	40
Daurade japonaise	45-55
Black bass (hachigan) à petite bouche	45
Black bass (hachigan) à grande bouche	40
Bar rayé (bar américain)	47
Sériole	55

Tableau C.2. Besoins quantitatifs en acides aminés indispensables de quelques poissons téléostéens (g/16 g N).

Acide aminé	Salmonidés	Poisson-chat	Carpes	Tilapias	Anguilles	Poisson-lait	Daurade	Bar	Bar tropical
Arginine	4,4	4,3	4,4	4,1	4,5	5,6	< 6,0	4,1	3,6
Histidine	1,6	1,5	2,4	1,7	2,1	2,0	-	-	-
Isoleucine	2,0	2,6	3,0	3,1	4,0	4,0	-	-	-
Leucine	3,6	3,5	4,7	3,4	5,3	5,1	-	-	-
Lysine	4,8	5,0	6,0	4,6	5,3	4,0	5,0	4,8	4,5
Méthionine + cystine	3,3	2,3	3,5	3,2	3,2	4,8	4,0	4,4	3,4
Phénylalanine + tyrosine	5,3	4,8	8,2	5,6	5,8	5,2	-	-	-
Thréonine	2,0	2,1	4,2	3,8	4,0	4,9	-	-	-
Tryptophane	0,6	0,5	0,8	1,0	1,1	0,6	0,6	-	0,5
Valine	5,3	4,8	8,2	5,6	5,8	5,2	-	-	-

N.B. Ces valeurs, exprimées en % de la protéine brute, sont valables pour les niveaux protéiques utilisés par les chercheurs qui les ont déterminées. Si elles sont appliquées aux niveaux figurant sur le tableau C.1, certaines sous-estimations ou surestimations peuvent s'ensuivre (chap. 6).

Tableau C.3. Besoins en acides gras essentiels de quelques poissons téléostéens.

Espèce	Acide gras essentiel	Besoin (en % de la ration)
Truite	18 : 3 n-3	0,8-1,7
Saumon kéta	18 : 2 n-6 ou 20 : 4 n-6	1
(eau douce ou eau de mer)	18 : 3 n-3	1
Saumon argenté	18 : 3 n-3	1,0-2,5
Carpe commune	18 : 2 n-6	1
	18 : 3 n-3	1
Anguille	18 : 2 n-6	0,5
	18 : 3 n-3	0,5
Tilapia zilli	18 : 2 n-6 ou 20 : 4 n-6	1
Tilapia du Nil	18 : 2 n-6	0,5
Poisson-chat	18 : 3 n-3 ou	1,0-2,0
	AGPI n-3	0,5-0,75
Ayu	18 : 3 n-3 ou 20 : 5 n-3	1
Sériole	20 : 5 n-3 ou 22 : 6 n-3	0,5
Turbot	AGPI n-3	0,8
Daurade japonaise	AGLPI n-3	0,4
Bar rayé (bar américain)	AGLPI n-3	1,7

Tableau C.4. Besoins en vitamines de la truite et de la carpe commune (UI ou mg/kg aliment).

Vitamine	Truite	Carpe commune
Vitamine A (UI)	2000	1000 - 2000
Vitamine D (UI)	2400	-
Vitamine E	50	80 - 300
Vitamine K	10	-
Thiamine (B_1)	1,5	2 - 3
Riboflavine (B_2)	4	4 - 5
Pyridoxine (B_6)	3	4 - 10
Acide pantothénique	12	25 - 40
Niacine (PP)	10	30 - 50
Acide folique	5	35
Biotine	0,15	1 - 1,5
Vitamine B_{12}	0,015	-
Vitamine C	10 - 50	100 - 150
Choline	3000	500 - 3000
Inositol	-	200 - 440

Tableau C.5. Besoins (%MS) en macro-minéraux et en oligo-éléments de quelques poissons téléostéens.

	P	Ca	Mg	K	Zn	Mn
Saumon de l'Atlantique*	0,6	-	-	-	-	20
Saumon du Pacifique	0,6	-	-	0,8	R	R
Truite	0,5-0,8	0,03-0,24	0,05	-	15-2	12
Poisson-chat	0,45	0,45**	0,04	0,26	2	2,4
Carpe commune	0,65	0,3	0,05	-	25	13
Tilapias	0,9	0,65**	0,06	-	1	12
Anguilles	0,3	-	0,14	-	-	-
Ombrine	0,86		-	-	20	-
Daurade japonaise	-	0,34	-	-	-	-

*   en eau douce et en eau de mer
**   en eau sans Ca
R : requis (besoin existant).

Tableau C.6. Aliments pour poissons d'eau douce en élevage intensif (g/kg).

Ingrédients	Truite	Carpes	Poisson-chat	Tilapias	Anguilles
Farine de poisson	300	250	80	150	650
Farine de viande		40			
Lactosérum	100				
Tourteau de soja	130	60	482	200	
Gluten de maïs	170	50			
Germes de blé	165	410	100		
Maïs			312		
Blé				200	
Sorgho				450	
Son de riz		55			
Amidon gélatinisé/extrudé					210
Huile de poisson	115		15		50
Huile végétale		50			20
Suif		50			
Mélange vitaminique	10	5	0,5		20
Mélange minéral	10	5	0,5	20	
Phosphate bicalcique		25	10		
Liants					30
Protéines (g/kg MS)	380	310	320	290	360-400
Lipides (g/kg MS)	150	125	40	80	120-150
Énergie digestible (MJ/kg MS)	17,2	16,4	13,0	14,5	18,0

Tableau C.7. Aliments pour poissons marins en élevage intensif (g/kg).

Ingrédients	Saumon de l'Atlantique	Truite fario	Bar	Daurade	Turbot
Farine de poisson	550	340	360	430	300
CPSP		150	100	100	200
Farine de viande		150			
Tourteau de soja			50	100	100
Levure		50			
Gluten de maïs			90	100	
Blé extrudé	250				145
Remoulage de blé					150
Amidon gélatinisé/extrudé		120	230	170	
Huile de poisson	170	120	120	50	50
Huile végétale		50			20
Lécithine de soja	10	10			
Mélange vitaminique	10	20	20	20	20
Mélange minéral	10	10	10	10	10
Liants		20	20	20	25
Protéines (g/kg MS)	420	500	400	520	480-520
Lipides (g/kg MS)	210	150	180	120	120
Énergie digestible (MJ/kg MS)	19	19	21	19	18

Tableau C.8. Aliments semi-purifiés pour poissons d'eau douce (g/kg).

Ingrédients	Salmonidés	Poisson-chat	Esturgeon	Tilapias, Carpes
Caséine	400	320	310	330
Gélatine	40	80		
Gluten de blé			150	
Blanc d'œuf			40	
Amidon	115			200
Dextrine	90	330	280	270
Glucose	50			
Huile de poisson	150	30	40	
Huile végétale		30	80	80
DL-méthionine	5			
L-arginine	10			
Mélange vitaminique	30	10	40	20
Mélange minéral	80	40	30	50
Carboxyméthyl cellulose*		20		
Cellulose	30	140	30	50

* liant

Tableau C.9. Aliments semi-purifiés pour poissons marins (g/kg).

Ingrédients	Daurade	Turbot	Bar tropical	Sériole
Caséine	500	250	500	640
CPSP		313		
Gélatine			100	
Amidon			50	
Dextrine	100	50		30
Glucose	50	50		
Huile de poisson	120	80	60	140
Huile végétale			30	
DL-méthionine		10		5
L-arginine		7		20
Mélange d'acides aminés			70	27,17
Mélange vitaminique	10	28	20	30
Mélange minéral	40	5	40	80
Attractants	20	50		1,53
Carboxyméthyl cellulose*	50		50	26,3
Cellulose	110	157	80	

* liant

Tableau C.10. Aliments très simplifiés pour poissons en conditions d'élevage extensif en étang en milieu tropical (g/kg).

Ingrédients	Tilapias	Carpes	Crevettes
Farine de poisson	150		400
Déchets de crevette			100
Tourteau de soja	200		
Tourteau d'oléagineux		200-500	400
Blé entier	200		
Sorgho	450		
Son de riz		800-500	
Manioc			90
Mélanges de vitamines et minéraux			10

Tableau C.11. Aliments pour crevettes pénéides en élevage intensif et extensif (g/kg) *(Penaeus stylirostris, P. monodon, P. chinensis).*

Ingrédients	Type d'élevage	
	intensif	extensif
Farine de poisson	400	100
Farine de crevette	60	60
Tourteau de soja	100	190
Blé entier	250	
Remoulage de blé	150	600
Huile de poisson	20	20
Lécithine de soja	5	
Mélange vitaminique	10	5
Mélange minéral	5	1
Liant		24
Protéines (g/kg MS)	400	150
Lipides (g/kg MS)	80	50

N.B. : Pour les niveaux protéiques optimaux, se reporter aux valeurs indicatives données dans le tableau 17.1.

Tableau C.12. Aliments pour crevettes du genre *Penaeus* (g/kg).

Ingrédients	*P. monodon*	*P. stylirostris*	*P. vannamei*	*P. chinensis*
Farine de poisson	360	200	100	200
Farine de crevette	70	100	100	100
Déchets de calmar	30			50
CPSP G	10		20	
Levure	50	50		50
Tourteau de soja	100	150	250	150
Gluten de blé	50	50		
Farine de blé	260	370	450	390
Huile de poisson	20	30	25	20
Lécithine de soja	10	10	10	5
Cholestérol			5	5
Mélange vitaminique	10	10	10	10
Mélange minéral	20	20	20	10
Liant	10	10	10	10

Tableau C.13. Aliments inertes utilisés pour le sevrage des poissons (g/kg).

Régimes	I	II	III	IV	V
Farine de poisson	386		445		
Protéolysat de poisson	180	40			
Farine de moules		40			
Farine de coquilles St-Jacques			83		
Farine de calmar		140	53		
Farine de langoustine		140			
Gonade de poisson		190			
Farine de creton	180				
Foie de bœuf				350	
Jaune d'œuf de poule		140			
Caséine		40			
Caséine base					940
Protéine de légumineuse			94		
Levure lactique		40			
Levure de bière	60				
Levure Institut Français du Pétrole				500	
Huile de poisson	38	50	60		
Huile d'arachide					40
Lécithine de soja	10	30	30		
Mélange vitaminique	10	25	60	100	100
Vitamine C	2,8	25			
Vitamine E	0,35				
Chlorure de choline	6				
Phosphatidylcholine d'œuf					20
Acide cholique		0,02			
Mélange minéral	10	40	50	50	50
Attractants			36		
BHT	0,1				
Amidon prégélatinisé	117				
Zéine		60	80		
Cellulose			3		
Protéines (g/kg MS)	380	310	320	290	360-40
Lipides (g/kg MS)	150	125	40	80	120-15
Énergie digestible (g/kg MS)	17,2	16,4	13,0	14,5	18,0

I. Person-Le Ruyet J., Baudin-Laurencin F., Devauchelle N., Métailler R., Nicolas J.L., Robin J., Guillaume J., 1991. Culture of turbot *(Scophthalmus maximus)*. In: McVey J.P. ed., *CRC Handbook of mariculture*, CRC Press, Boca Raton FL USA, p. 21-41.
II. IFREMER, 1990. Rapport interne. Données non publiées.
III. Kanazawa A., Koshio S., Teshima S.-I., 1989. Growth and survival of larval red sea bream *Pagrus major* and Japanese flounder *Paralichthys olivaceus* fed microbound diets. *J. World Aquac. Soc.*, 20, p. 31-37.
IV. Szlaminska M., Escaffre A.M., Alami-Durante H., Charlon N., Bergot P., 1990. Casein in the place of beef liver in artificial diets for common carp *(Cyprinus carpio* L.) larvae. *Aquat. Living Resour.*, 3, p. 229-234.
V. Radünz-Neto J., Corraze G., Bergot P., Kaushik S.J., 1996. Estimation of essential fatty acid requirements of common carp larvae using semi-purified artificial diets. *Arch. Anim. nutr.* 49, p. 41-48.

Tableau C.14. Aliment alginaté à base de calmar pour larves de chevrettes : microparticules « Acal ».

Ingrédients	g/kg
Calmar broyé	400
Crevette broyée	150
Moules	100
Rogue	50
Œuf frais	30
Prémélange vitamines et minéraux	120
Alginate de sodium	150
Humidité	10
Protéines (g/kg MS)	40
Lipides (g/kg MS)	23

Tableau C.15. Exemple de mélange vitaminique pour poissons.

Vitamines	UI ou mg/kg aliment
Vitamine A acétate (UI)	2500
Vitamine D_3 (UI)	2400
Vitamine E acétate	50
Vitamine K_3	10
Thiamine	1
Riboflavine	4
Pyridoxine	3
Pantothénate de Ca	20
Niacine	10
Biotine	0,15
Acide folique	1
Vitamine B_{12}	0,01
Ac. ascorbique monophosphate	50
Choline	1000

Taux d'incorporation indicatif : 1 % dans les aliments à base d'ingrédients courants (farine de poisson, tourteaux ...) ; 2-3 % dans les aliments semi-purifiés.

Tableau C.16. Exemple de mélange minéral pour poissons.

Ingrédients	g/kg prémélange
Phosphate bicalcique $CaHPO_4.2H_2O$	500,00
Carbonate ou chlorure de Ca ($CaCO_3/CaCl_2$)	215,00
Sel marin (NaCl)	40,00
Chlorure de potassium (KCl)	90,00
Hydroxyde de Mg ($Mg(OH)_2$) ou carbonate de Mg*	124,00
Citrate ou sulfate de fer ($FeSO_4.7H_2O$)	20,00
Sulfate de zinc ($ZnSO_4.7H_2O$)	4,00
Sulfate de cuivre ($CuSO_4.5H_2O$)	3,00
Iodure de potassium (KI)	0,004
Sulfate de cobalt ($CoSO_4$)	0,02
Sulfate de manganèse ($MnSO_4.H_2O$)	3,00
Fluorure de sodium (NaF)	1,00

Tous les ingrédients doivent être broyés fins ($< 300\mu m$) avant mélange. Taux d'incorporation dans l'aliment : 1 à 2 %. * Peut être remplacé par sulfate de Mg ($MgSO_4.7H_2O$), 62 au lieu de 124 g.

Tableau C.17. Exemple de mélange minéral simplifié pour aliments contenant des ingrédients naturels (farine de poisson, tourteaux, etc.)

Ingrédients	g/kg prémélange
Sel marin (NaCl, 39 % Na)	300,00
Sulfate de fer ($FeSO_4.7H_2O$, 21 % Fe)	6,30
Sulfate de zinc ($ZnSO_4.7H_2O$, 36 % Zn)	14,40
Sulfate de cuivre ($CuSO_4.5H_2O$, 25 % Cu)	2,50
Iodure de potassium (KI, 76 % I)	0,80
Sulfate de manganèse ($MnSO_4.H_2O$, 33 % Mn)	8,60
Cellulose ou glucose q.s.p.	1000,00

Niveau d'incorporation dans l'aliment : 1 à 2 % de la ration.

Tableau C.18. Composition moyenne en acides aminés de différentes espèces de poissons (g/16 gN).

Acide aminé	Muscle		Poisson entier	
	moyenne	écart-type	moyenne	écart-type
Alanine	5,74	0,14	5,60	0,96
Arginine	5,70	0,47	5,25	1,31
Acide aspartique	10,18	0,26	8,83	1,10
Cystine	0,94	0,37	0,93	0,32
Acide glutamique	13,87	0,29	13,03	1,26
Glycine	4,60	0,13	5,93	2,57
Histidine	3,15	0,36	2,36	0,82
Isoleucine	4,60	0,56	4,08	0,49
Leucine	8,00	0,58	7,06	0,37
Lysine	9,11	0,45	7,82	0,85
Méthionine	2,28	0,81	2,90	0,31
Phénylalanine	4,33	0,41	4,14	0,71
Proline	3,37	0,37	4,13	1,16
Sérine	3,92	0,18	3,97	0,75
Thréonine	4,71	0,30	4,38	0,85
Tryptophane	1,18	0,15	0,93	0,05
Tyrosine	3,29	0,37	3,04	0,39
Valine	5,33	0,52	5,10	0,64
Méthionine + Cystine	3,21	1,07	3,46	0,72
Phénylanine + Tyrasine	7,61	0,74	7,18	1,06

Tableau C.19. Composition en acides gras du muscle de quelques poissons (% des acides gras).

Acides gras	Truite	Carpe	Bar	Turbot
C14:0	6,40	2,3	3,72	4,30
C15:0	0,44		0,26	0,30
C16:0	23,87	19,6	18,33	13,50
C18:0	3,89	4,5	0,15	2,50
C20:0	0,11		6,65	
C16:1	8,93		3,38	7,90
C17:1	0,49		6,05	
C18:1	24,45	23,4	19,69	20,90
C20:1	3,52	0,8	3,82	7,50
C22:1	2,16		8,24	0,55
C24:1			2,04	0,45
18:2n-6	4,33	3,9	0,48	7,70
20:2n-6	0,26		0,10	0,20
20:3n-6	0,13		0,58	
20:4n-6	0,56	3,5	0,95	0,70
18:3n-3	1,02	6,0	0,37	1,40
18:4n-3	1,16	0,2	4,01	2,23
20:3n-3	0,11		1,71	
20:4n-3	0,46		0,56	0,60
20:5n-3	3,51	6,0	13,95	7,60
22:5n-3	0,91	1,2	1,07	2,25
22:6n-3	8,60	5,1	3,70	11,20
Saturés	35,83	36,3	29,22	20,60
Mono-insaturés	39,76	35,6	43,28	36,80
n-6	5,55	9,4	2,12	8,60
n-3	15,77	18,5	25,38	25,40
AGPI	21,32	27,9	27,49	34,0
AGPI saturés	0,59	0,78	0,94	1,65
n-3/n-6	2,84	2,0	11,99	2,95

N.B. Il ne faut pas négliger le fait que cette composition est fortement influencée par l'alimentation lipidique.

Tableau C.20. Rationnement et fréquence des repas du tilapia élevé en étang (25-28 °C) exprimés en quantité d'aliment sec (g/100 g de biomasse/jour).

Poids vif (g)	Ration (par 100 g)	Nombre de repas
< 1 g	30-10	> 8
1-5	10-6	6
5-20	6-4	4
20-100	4-3	3-4
> 100	3	3

Tableau C.21. Rationnement recommandé pour crevettes du genre *Penaeus* (*P. vannamei, P. stylirostris, P. monodon*) en fonction de la masse corporelle : quantités d'aliments sec (g)/100 g de biomasse/jour.

Masse corporelle (g)	Ration
1	11-16
2	8-11,7
3	4,7-8,6
4	4,2-7,2
5	3,9-6,2
6	3,6-6,0
7	3,2-5,0
8	3,0-4,4
9	2,9-4,0
10	2,8-3,9
11	2,6-3,6
12	2,5-3,4
13	2,3-3,2
14	2,2-3,0
15	2,1-2,9
16	2,0-2,8
17	2,0-2,7
18	1,9-2,7
19	1,8-2,6
20	1,8-2,6

Tableau C.22. Rationnement recommandé pour la truite en fonction de la taille des poissons et de la température de l'eau : quantités d'aliment sec (g/100 g de biomasse/jour).

Longueur (cm) / Température (°C)	4	6	8	10	12	14	16	18	20
2,5-3,5	2,6	3,0	3,5	4,1	4,8	5,6	6,5	4,6	2,8
3,5-5	2,4	2,8	3,3	3,9	4,6	5,4	6,3	4,4	2,6
5-5,7	2,1	2,5	2,9	3,4	4,0	4,6	5,3	3,7	2,3
7,5-10	1,8	2,1	2,4	2,8	3,2	3,7	4,3	3,0	2,0
10-12,5	1,5	1,7	1,9	2,2	2,5	2,9	3,5	2,4	1,6
12,5-15	1,3	1,5	1,7	2,0	2,3	2,6	3,0	2,2	1,4
15-17,5	1,1	1,3	1,5	1,7	2,0	2,3	2,6	1,9	1,2
17,5-20	0,9	1,1	1,3	1,5	1,7	2,0	2,3	1,6	1,0
20-22,5	0,8	1,0	1,2	1,4	1,6	1,8	2,1	1,5	0,9
22,5-25	0,7	0,9	1,1	1,3	1,5	1,7	2,0	1,4	0,8

GLOSSAIRE
DES NOMS VERNACULAIRES
ET SCIENTIFIQUES DES ESPÈCES CITÉES

Nom vernaculaire français	Nom vernaculaire anglais	Nom scientifique
Anchoveta (anchois du Pacifique sud)	South Pacific anchovy, South American anchovy	*Engraulis ringens*
Anguille européenne	European eel	*Anguilla anguilla*
Anguille japonaise	Japanese eel	*Anguilla japonica*
Artémia, artémie, crevette des marais salants	Artemia, brine shrimp	*Artemia salina*
Atipa	Atipa	*Hoplostermum littorale*
Ayu	Ayu	*Plecoglossus altivelis*
Bar (européen), loup	Sea-bass	*Dicentrarchus labrax*
Bar américain	Stripped bass	*Morone* sp.
Bar tropical	Tropical sea-bass	*Lates calcarifer*
Barbue	Brill	*Scophthalmus rhombus*
Black bass à petite bouche = hachigan à petite bouche (can.)	Smallmouth bass	*Micropterus dolomieui*
Black bass à grande bouche = hachigan à grande bouche (can.)	Largemouth bass	*Micropterus salmoides*
Brochet	Pike	*Esox* sp.
Capelin	Capelin	*Mallotus villosus*
Carassin	Goldfish	*Carassius carassius*
Carpe argentée	Silver carp	*Hypophtalmichthys molitrix*
Carpe commune	Common carp	*Cyprinus carpio*
Carpe herbivore	Grass carp	*Ctenopharyngodon idella*
Carpe indienne	Indian major carp	*Catla catla*

Nom vernaculaire français	Nom vernaculaire anglais	Nom scientifique
Chabot	Sculpin	*Cottus* sp.
Chevrette	Giant fresh water shrimp (prawn)	*Macrobrachium rosenbergii*
Corégone	White fish	*Coregonus* sp.
Crabe violoniste	Fiddler crab	*Uca pugilator*
Crevette bleue	Blue shrimp (prawn)	*Penaeus vannamei*
Crevette bouquet	Common prawn	*Palaemon serratus*
Crevette chinoise	Chinese shrimp (prawn)	*Penaeus chinensis (orientalis)*
Crevette indienne	Indian shrimp (prawn)	*Penaeus indicus*
Crevette japonaise	Japanese shrimp (prawn)	*Penaeus japonicus*
Crevette tigrée ou géante	Tiger shrimp (prawn)	*Penaeus monodon*
Daurade du Japon	Red sea bream	*Chrysophrys major*
Daurade royale	Gilthead seabream	*Chrysophrys aurata*
Écrevisse	European crayfish (crawfish)	*Astacus fluviatilis*
Églefin (ou aiglefin)	Haddock	*Gadus eglefinus*
Éperlan	Smelt	*Osmerus* sp.
Épinoche	Stickleback	*Gasterosteus aculeatus*
Esturgeon blanc	White sturgeon	*Acipenser transmontanus*
Esturgeon de Sibérie	Siberian sturgeon	*Acipenser baeri*
Flet	Flounder	*Platichthys flesus*
Flétan	Halibut	*Hypoglossus* sp.
Fugu (poisson armé)	(Japanese) puffer	*Fugu* sp.
Hareng	Herring	*Clupea harengus*
Hiramé	Japanese flounder	*Paralichthys olivaceus*
Homard américain	American lobster	*Homarus americanus*
Krill	Krill	*Euphasia superba*
Lançon	Sand eel	*Ammodytes tobianus*
Lieu noir	Saithe, coalfish	*Pollachius virens*
Limande	Dab	*Limanda limanda*
Lingue bleue	Blue ling	*Mova dypterygia* ou *M. byrkelange*
Maquereau	Mackerel	*Scomber* sp.
Médaka	Medaka	*Oryzias latipes*
Menhaden	Menhaden	*Brevoortia* sp.
Merlu	Hake	*Merluccius* sp.

Nom vernaculaire français	Nom vernaculaire anglais	Nom scientifique
Mérou	Grouper	*Epinephelus* sp.
Morue	Cod	*Gadus morhua*
Mulet	Mulet	*Mugil* sp.
Ombre	Grayling	*Thymallus thymallus*
Ombrine	Red drum	*Scianops ocellatus*
Pagre	Couch's sea bream	*Pagrus pagrus*
Perche	Perch	*Perca fluviatilis*
Plie	Plaice	*Pleuronectes platessa*
Poisson-chat africain	African catfish	*Clarias gariepinus*
Poisson-chat américain, barbue de rivière (can.)	Channel catfish	*Ictalurus punctatus*
Poisson-lait, bandeng	Milk-fish	*Chanos chanos*
Raie	Skate	*Raja* sp.
Sandre	Yellow pickerel	*Stizostedion vitreum*
Sardine, pilchard	Pilchard, sardine	*Sardina pilchardus*
Sardine, pilchard (Afrique, Amérique du Sud, Japon)	American, South African, Japan pilchard	*Sardinops* sp.
Saumons du Pacifique	Pacific salmon	*Oncorhynchus* sp.
Saumon rouge (sockeye)	Sockeye salmon	*Oncorhynchus gorbuscha*
Saumon argenté (coho)	Coho salmon	*Oncorhynchus kisutch*
Saumon de l'Atlantique	Atlantic salmon	*Salmo salar*
Saumon kéta (chum)	Chum salmon	*Oncorhynchus keta*
Saumon quinnat (chinook)	Chinook salmon	*Oncorhynchus tshawytscha*
Sébaste	Red fish	*Sebastes* sp.
Seiche	Cuttle fish	*Sepia* sp.
Sériole	Yellowtail	*Seriola quinqueradiata*
Silure	Sheatfish	*Silurus glanis*
Sprat	Sprat	*Sprattus sprattus*
Sole	Dover sole	*Solea solea*
Tacaud	Pout	*Trisopterus luscus*
Tilapia Zilli	Zilli tilapia	*Tilapia zilli*
Tilapia aurea	Blue tilapia	*Oreochromis aureus*
Tiliapa du Mozambique	Mozambique tilapia	*Oreochromis mozambicus*
Tilapia du Nil	Nile tilapia	*Oreochromis niloticus*
Truite-arc-en-ciel (truite)	Rainbow trout	*Oncorhynchus mykiss* (ex. *Salmo gairdneri*)
Truite commune (truite fario)	Brown trout	*Salmo trutta*
Turbot	Turbot	*Scophthalmus maximus*

GLOSSAIRE
DES TERMES TECHNIQUES
ET DES ABRÉVIATIONS

AA : acide aminé.

AAI : acide aminé indispensable (chap. 6).

AANI : acide aminé non indispensable (chap. 6).

accrétion : augmentation de la masse d'un composant de l'organisme, par exemple des protéines au cours de la croissance.

absorption : passage (des nutriments) au travers de la paroi intestinale ; n'a jamais le sens d'ingestion ou de consommation (chap. 4).

ADF : Acid detergent fiber (chap. 8).

ADP : adénosine diphosphate.

ADS : action dynamique spécifique : voir extrachaleur (chap. 5).

AG : acide gras (chap. 7).

AGPI : acide gras polyinsaturé (anglais PUFA) (chap. 7).

AGLPI : acide gras à longue chaîne polyinsaturé (anglais HUFA) (chap. 7).

agastre : sans estomac (chap. 4).

aliment composé : aliment inerte élaboré à partir de plusieurs matières premières.

aliment inerte : tout aliment autre que proie vivante.

aliment purifié : aliment composé dont les matières premières sont des produits chimiquement purifiés.

ammoniotélie (=ammoniotélisme) : caractéristique des animaux excrétant leurs déchets azotés principalement sous forme ammoniacale (chap. 6).

AMP : adénosine monophosphate.

apical : en anatomie : proche de l'apex (tête).

appétence : attraction d'un animal vers un aliment.

appétibilité : caractère d'un aliment qui entraîne une appétence de l'animal. Synonyme approximatif : « palatibilité ».

Le chapitre où le terme est défini ou explicité est indiqué entre parenthèses.

artémia (artémie) : crustacé primitif (branchiopode) du genre *Artemia* utilisé comme proie vivante en aquaculture (chap. 13).

ATP : adénosine triphosphate.

besoin absolu : besoin exprimé par rapport à l'animal (par exemple en quantité par jour) (chap. 2).

besoin nutritionnel : « niveau » d'un nutriment nécessaire pour que les performances d'un animal soient optimales (chap. 2).

besoin relatif : besoin exprimé par rapport à l'aliment (par exemple en %) (chap. 2).

bioconversion : transformation d'une molécule par un organisme, souvent restreint en nutrition aux processus d'élongation-désaturation des AGPI (chap. 7).

biomasse : masse d'un ensemble d'organismes vivants.

bordure en brosse : bordure des cellules du tube digestif faisant face à la lumière. Elle est garnie de microvillosités (chap. 4).

brachionus : genre de rotifères utilisés en aquaculture comme proies vivantes (chap. 13).

calorimétrie indirecte : mesure indirecte de l'énergie thermique dégagée par un animal au moyen de ses échanges respiratoires (chap. 5).

cellulose brute : fraction des fibres dosée par la méthode de Weende (chap. 8).

CEP : coefficient d'efficacité protéique (chap. 6).

chaîne trophique : succession des organismes vivants d'un écosystème, de la production primaire au prédateur d'ordre le plus élevé.

coefficient d'utilisation digestive : critère permettant de quantifier l'efficacité digestive d'un nutriment (chap. 4).

coefficient d'utilisation digestive apparent : l'une des définitions du coefficient d'utilisation digestive (chap.4).

coefficient d'utilisation digestive réel : l'une des définitions du coefficient d'utilisation digestive (chap. 4).

coefficient de variation : en statistique : rapport de l'écart type à la moyenne, en pourcentage.

consommation : ingestion.

copépode : crustacé primitif abondant dans le zooplancton (chap. 13).

CUD : coefficient d'utilisation digestive (chap. 4).

CUDa : coefficient d'utilisation digestive apparent (chap. 4).

CUDr : coefficient d'utilisation digestive réel (chap. 4).

CV : coefficient de variation (chap. 2).

diffusion facilitée : l'un des mécanismes impliqués dans l'absorption des nutriments (chap. 4).

diffusion passive : l'un des mécanismes impliqués dans l'absorption des nutriments (chap. 4).

digestibilité : utilisation digestive considérée du point de vue du bilan global (chap. 4).

digestible : qui peut être digéré, différent de l'adjectif trivial « digeste ».

disponibilité : notion équivalente à celle de digestibilité mais appliquée à un nutriment qui ne subit pas de digestion (hydrolyse) (chap. 2).

distal : en anatomie : éloigné de l'extrémité antérieure.

duodénum : partie antérieure de l'intestin grêle.

ectothermie (synonyme approximatif : poecilothermie) : caractéristique des animaux dont la température interne est voisine de celle du milieu.

ED : énergie digestible (chap. 5).

efficacité alimentaire : rapport production (en général gain de masse corporelle)/aliment ingéré (chap. 2).

élasmobranche : Sélacien.

EM : énergie métabolisable (chap. 5).

EN : énergie nette (chap. 5).

endocytose : pénétration sans hydrolyse préalable de molécules à l'intérieur d'une cellule (chap. 4).

entérocyte : cellule de la paroi intestinale (chap. 4).

enthalpie : chaleur de combustion (chap. 5).

entretien : processus assurant le maintien de l'organisme sans accrétion ni perte.

essentiel : nécessaire à l'animal pour avoir des performances optimales (chap. 2).

euryhalin : qui peut s'adapter à des salinités variables.

eurytherme : qui peut s'adapter à des températures variables.

excrétion : rejet de composés issus du métabolisme de l'organisme.

extractif non azoté : dans l'analyse par la méthode de Weende : ensemble des glucides obtenu par différence entre matière organique et somme protéines, lipides et cellulose brute.

facteur limitant : nutriment dont l'apport est le plus faible par rapport aux besoins.

fibre : ensemble des glucides non digestibles (chap. 8).

glande digestive = glande de l'intestin moyen : glande assurant chez de nombreux invertébrés (dont les crustacés) des fonctions variées et en particulier la digestion et l'absorption (chap. 15).

grossissement : terme technique consacré par l'usage pour désigner la phase de production allant de la fin de l'élevage en écloserie jusqu'à l'obtention de la taille commerciale.

hépatopancréas : 1. Chez les poissons : organe formé par les cellules du foie et du pancréas intimement mêlées (chap. 4). 2. Chez les crustacés : glande digestive (chap. 15).

IC : indice de consommation (chap. 2).

ICJ : indice de croissance journalier (chap. 2).

iléon : partie médiane de l'intestin grêle.

indice de consommation : rapport aliment ingéré/production (en général gain de masse corporelle).

indispensable : se dit d'un nutriment nécessaire que l'animal ne peut synthétiser (terme plus absolu qu'essentiel) (chap. 2).

ingestion : consommation (ne pas confondre avec absorption).

ingrédient : matière première ou autre composé rentrant dans la formule d'un aliment composé.

jejunum : partie médiane de l'intestin grêle.

macronutriment : molécule dont la digestion fournit des nutriments (chap. 2).

masse corporelle : appellation retenue dans cet ouvrage au lieu des expressions triviales de poids corporel ou poids vif.

matières en suspension : matières non dissoutes relarguées par les effluents de pisciculture et contenant principalement des fèces.

microparticule : particule d'aliment composé obtenue avec un procédé spécial et de taille adaptée à celle de la bouche d'une larve de poisson ou de crustacé (chap.

nauplius : premier stade larvaire chez les crustacés (chap. 16).

National Research Council (NRC) : organisme américain dont les commissions spécialisées publient, entre autres choses, des normes pour l'alimentation animale.

NDF : neutral detergent fiber (chap. 8).

nutriment : molécule douée de propriétés nutritives (chap. 2).

peroxydation : processus d'oxydation en chaîne affectant en particulier certains acides gras (chap. 7).

PG : prostaglandine.

pinocytose : à peu près synonyme d'endocytose.

PL : phospholipides.

PLn : post-larve de n jours (chap. 16).

poecilothermie (= poïkilothermie) : À peu près synonyme d'ectothermie.

PrD : protéines digestibles.

preferendum : plage (de température, salinité…) convenant le mieux à une espèce.

prégrossissement : terme technique consacré par l'usage désignant un début de grossissement avant passage des animaux dans les installations de grossissement proprement dites.

production : en zootechnie : s'applique aux produits valorisables par l'homme (chair, œufs…).

proximal : en anatomie : proche de l'extrémité antérieure.

protéines brutes : protéines calculées à l'aide de la teneur en azote ($N \times 6,25$).

Q_{10} : coefficient par lequel est multipliée une grandeur physiologique ou biochimique (par exemple une activité enzymatique) pour un accroissement de la température de 10 °C.

ration : quantité d'aliment distribuée.

rationnement : établissement des rations. N'implique pas forcément une restriction (chap. 22).

régime : aliment (surtout employé en expérimentation).

répétition : dans une expérience, nombre de lots soumis à un même traitement.

rétention : différence entre absorption et excrétion chez un animal en bilan positif.

sélacien : l'une des sous-classes de poissons cartilagineux comprenant les requins et les raies.

semi-indispensable : se dit d'un nutriment essentiel synthétisable par l'organisme, mais à partir d'un nutriment indispensable.

sténohalin : qui ne peut vivre que dans une plage de salinité étroite.

sténotherme : qui ne peut vivre que dans une plage de température étroite.

TAG : triacylglycérol.

taux de croissance journalier : coefficient utilisé pour caractériser une courbe de croissance.

taux de croissance spécifique : coefficient utilisé pour caractériser une courbe de croissance (chap. 2).

téléostéen : poisson osseux (correspond en systématique à un super ordre).

transport actif : l'un des processus d'absorption des nutriments (chap. 4).

triacylglycérol : nouvelle dénomination de triglycéride.

uréotélie (= uréotélisme) : caractéristique des animaux excrétant leurs déchets azotés principalement sous forme d'urée.

utilisation digestive : utilisation des aliments dans le tube digestif (de l'ingestion à l'absorption) (chap. 2).

utilisation métabolique : utilisation de l'aliment dans l'organisme lui-même (rétention, bioconversion, catabolisme…) (chap. 2).

valeur nette des protéines : critère caractérisant l'utilisation globale des protéines (chap. 5).

VB : valeur biologique (chap. 6).

INDEX

LISTE DES AUTEURS

Jacqueline **ARZEL**
Institut Français de Recherches
pour l'Exploitation de la Mer
Unité Mixte INRA-IFREMER
de Nutrition des Poissons
IFREMER, Centre de Brest
BP 70
29280 Plouzané

Pierre **BERGOT**
Institut National de la Recherche
Agronomique
Unité Mixte INRA-IFREMER
de Nutrition des Poissons
INRA, Station d'Hydrobiologie
64310 Saint-Pée sur Nivelle

Thierry **BOUJARD**
Institut National de la Recherche
Agronomique
Unité Mixte INRA-IFREMER
de Nutrition des Poissons
INRA, Station d'Hydrobiologie
64310 Saint-Pée-sur-Nivelle

Chantal **CAHU**
Institut Français de Recherches
pour l'Exploitation de la Mer
Unité Mixte INRA-IFREMER
de Nutrition des Poissons
IFREMER, Centre de Brest
BP 70
29280 Plouzané

Hubert J. **CECCALDI**
Centre d'Étude des Ressources
Animales Marines
Université Aix-Marseille III,
Faculté de Sciences et Techni-
ques de Saint-Jérôme
avenue Normandie-Niemen
13397 Marseille cedex 13

Georges **CHOUBERT**
Institut National de la Recherche
Agronomique
Unité Mixte INRA-IFREMER
de Nutrition des Poissons
INRA, Station d'Hydrobiologie
64310 Saint-Pée-sur-Nivelle

Geneviève **CORRAZE**
Institut National de la Recherche
Agronomique
Unité Mixte INRA-IFREMER
de Nutrition des Poissons
INRA, Station d'Hydrobiologie
64310 Saint-Pée-sur-Nivelle

Gérard **CUZON**
Institut Français de Recherches
pour l'Exploitation de la Mer
Centre Océanologique du Pacifique
BP 7004
Taravao, Tahiti,
Polynésie Française

André **FAURÉ**
Institut National de la Recherche
Agronomique, Salmoniculture
expérimentale
IFREMER-INRA, Le Drennec
BP 17 29450 Sizun
Adresse actuelle : INRA,
Centre de Tours-Nouzilly,
Services Généraux
37380 Monnaie

Jean-Louis **GAIGNON**
Institut Français de Recherches
pour l'Exploitation de la Mer
Laboratoire de Physiologie
des Poissons
IFREMER, Centre de Brest
BP 70 29280 Plouzané

François-Joël **GATESOUPE**
Institut National de la Recherche
Agronomique
Unité Mixte INRA-IFREMER
de Nutrition des Poissons
IFREMER, Centre de Brest
BP 70, 29280 Plouzané

Marie-Françoise **GOUILLOU-
COUSTANS**
Institut Français de Recherches
pour l'Exploitation de la Mer
Unité Mixte INRA-IFREMER
de Nutrition des Poissons
IFREMER, Centre de Brest
BP 70, 29280 Plouzané

Jean **GUILLAUME**
Institut National de la Recherche
Agronomique
Unité Mixte INRA-IFREMER
de Nutrition des Poissons
IFREMER, Centre de Brest
BP 70 29280 Plouzané

Sadasivam J. **KAUSHIK**
Institut National de la Recherche
Agronomique
Unité Mixte INRA-IFREMER
de Nutrition des Poissons
INRA, Station d'Hydrobiologie
64310 Saint-Pée-sur-Nivelle

Laurent **LABBÉ**, Institut National
de la Recherche Agronomique,
Salmoniculure expérimentale
IFREMER-INRA, Le Drennec
BP 17
29450 Sizun

Muriel **MAMBRINI**
Institut National de la Recherche
Agronomique
Unité Mixte INRA-IFREMER
de Nutrition des Poissons
Station d'Hydrobiologie
64310 Saint-Pée-sur-Nivelle
Adresse actuelle : INRA, Labora-
toire de Génétique des poissons
Domaine de Vilvert
78280 Jouy-en-Josas

Françoise **MÉDALE**
Institut National de la Recherche
Agronomique
Unité Mixte INRA-IFREMER
de Nutrition des Poissons
INRA, Station d'Hydrobiologie
64310 Saint-Pée-sur-Nivelle

Jean-Pierre **MELCION**
Institut National de la Recherche
Agronomique
Laboratoire de Technologie
appliquée à la Nutrition
BP 1627
44316 Nantes cedex 03

Robert **MÉTAILLER**
Institut Français de Recherches
pour l'Exploitation de la Mer
Unité Mixte INRA-IFREMER
de Nutrition des Poissons
IFREMER, Centre de Brest
BP 70
29280 Plouzané

Jeanine **PERSON-LE RUYET**
Institut Français de Recherches
pour l'Exploitation de la Mer
Laboratoire de Physiologie
des Poissons
IFREMER, Centre de Brest
BP 70
29280 Plouzané

Loïc **QUÉMÉNER**
Institut Français de Recherches
pour l'Exploitation de la Mer
Laboratoire de Physiologie
des Poissons
IFREMER, Centre de Brest
BP 70
29280 Plouzané

Jean Henri **ROBIN**
Institut Français de Recherches
pour l'Exploitation de la Mer
Unité Mixte INRA-IFREMER
de Nutrition des Poissons
IFREMER, Centre de Brest
BP 70
29280 Plouzané

José Luis **ZAMBONINO INFANTE**
Institut Français de Recherches
pour l'Exploitation de la Mer
Unité Mixte INRA-IFREMER
de Nutrition des Poissons
IFREMER, Centre de Brest
BP 70
29280 Plouzané

Fichier préparé par Nicolas Perrier, société 4P
Imprimé pour vous par Libri Plureos GmbH (Allemagne)